IPythonデータサイエンス クックブック
第2版
対話型コンピューティングと可視化のためのレシピ集

Cyrille Rossant 著

菊池 彰 訳

本文中の製品名は、一般に各社の登録商標、商標、または商品名です。
本文中では™、®、©マークは省略しています。

IPython Interactive Computing and Visualization Cookbook

Second Edition

Over 100 hands-on recipes to sharpen your skills in high-performance numerical computing and data science in the Jupyter Notebook

Cyrille Rossant

BIRMINGHAM - MUMBAI

Copyright © Packt Publishing 2018. First published in the English language under the title 'IPython Interactive Computing and Visualization Cookbook, Second Edition - (978-1-78588-863-2)'. Japanese language edition published by O'Reilly Japan, Inc., Copyright © 2019.

本書は、株式会社オライリー・ジャパンがPackt Publishing Ltd.の許諾に基づき翻訳したものです。日本語版についての権利は、株式会社オライリー・ジャパンが保有します。

日本語版の内容について、株式会社オライリー・ジャパンは最大限の努力をもって正確を期していますが、本書の内容に基づく運用結果については責任を負いかねますので、ご了承ください。

訳者まえがき

　1991年にバージョン0.9が公開されたPythonは、着実に進化を遂げてバージョン2.0が2000年に、バージョン3.0が2008年にリリースされました。当時は軽量（LL：Lightweight Language）プログラミング言語などとも呼ばれ、PerlやPHP, Ruby, AWKなど数あるスクリプト言語の1つでしたが、NumPy, Pandasなどのエコシステムが発展し、データ解析の分野でも専用のR言語に劣らない機能を獲得すると共に、近年の機械学習ブームを経て非常に人気の高い言語に成長しています。

　訳者である私がPythonを本格的に使うようになったのは、本書の第1版である『IPythonデータサイエンスクックブック』の翻訳がきっかけでした。単なるスクリプト言語ではないと認識を改めただけではなく、特にプログラムと実行のインターフェースであるNotebookに強い感銘を受けました。実行済みのコードを修正して再実行する、試行錯誤の中でコードの実行順を変更する、既存のコード片をコピーして実行するといった作業は、REPL環境で行うには多少面倒なところがあるものです。しかしながら、Webブラウザ上でビジュアルに提供されるNotebookのインターフェースは、コードを思うがままに制御し、プログラムを組み上げていくという感覚を与えてくれる素晴らしいツールでした。

　さて、第1版のまえがきにも書きましたが、プログラム言語を学ぶ最良の方法は、それを使ってみることです。とは言うものの、何のためにプログラム言語を学ぶのでしょう。プログラミングで何ができるのでしょう。

　自分の知らないことは、それが解決すべき問題であるとは認識できません。プログラムでどのような問題を解決できるのか、それをどのように解決するのかを本書は教えてくれます。本書はクックブック（料理本）なのです。読者の興味を引くであろう問題が、その解決方法と共に数多く掲載されています。前から順に読んでも、必要な箇所だけをつまみ食いしても構いません。料理本が料理のレパートリーを増やしてくれるように、本書は読者が扱うことのできる世界と問題解決能力を格段に広げてくれるでしょう。

　本書は、Cyrille Rossant著『IPython Interactive Computing and Visualization Cookbook Second Edition』の邦訳です。Second Edition（第2版）となり、さまざまな改良が行われましたが、Python 3への対応もその1つです。IPython NotebookはJupyter Notebookへと発展し、IPythonはPython言

語のJupyterカーネルを指すものに変化しましたが、Notebook環境を用いた対話的な環境が問題解決を容易にするという本書の本質は変わっていません。本書のレシピは、単に読むだけでなくNotebook上で実行してみることをお勧めします。Notebookの対話性が手放せないものであることを実感できるはずです。

　最後になりますが、本書を翻訳するにあたり大橋真也氏、鈴木駿氏、藤村行俊氏、輿石健太氏には翻訳のレビューを行っていただき、翻訳をわかりやすく、より正しくするだけでなく、最新の情報を反映するための貴重なアドバイスを数多くいただきました。この場を借りてお礼申し上げます。また、オライリー・ジャパンの赤池氏には、第1版に続き第2版翻訳の機会を与えていただくと共に、翻訳活動全体を通して広範なサポートをいただきました。深く感謝いたします。

2019年5月

菊池 彰

まえがき

科学、エンジニアリング、政治、経済、報道、商取引など多くの分野から洪水のようにデジタルデータが溢れ出ています。その結果、データの分析、可視化、利用は多数のそして多様な人々により行われています。プログラミング、数値計算、数学、統計学、データマイニングといったデータサイエンスの中核を成す数量を扱うスキルが活躍する分野は、とてつもないスピードで増え続けています。

Pythonは広く知られているプログラミング言語であり、データサイエンスのためのオープンなプラットフォームの1つです。IPythonはPythonを対話的に操作するために開発された歴史のあるPythonプロジェクトで、コンピューティング、データ分析、可視化、文書作成のための対話的で高品質な環境を提供することを目的とした、Project Jupyterの一部です。今日、Jupyterには数百万人のユーザがいると推定されています。

『Learning IPython for Interactive Computing and Data Visualization』は、Python、IPython、Jupyterを使った数値計算とデータサイエンスの入門書で、本書の前編とも言える内容です。2013年に第1版を、2015年に第2版を出版しました。

本書は、科学技術計算とデータサイエンスを対話的に行うための100以上のレシピを提示します。これらのレシピは、数値計算、高性能コンピューティング、並列コンピューティング、対話的な可視化などのプログラミングトピックだけでなく、統計学、データマイニング、機械学習、信号処理、グラフ理論、数値最適化などのデータ解析トピックやその他の話題も広くカバーしています。第1版を2014年に出版しました。

この第2版では、Pythonの実行環境とそのライブラリの最新バージョンに対応しました。Python 3の最新機能をより有効に活用するためのレシピを新たに取り上げ、JupyterLab、Altair、Daskなどの有望な新しいプロジェクトもカバーしています。

本書の執筆にあたり、広く浅くを心がけました。さまざまなライブラリや手法について幅広く取り上げましたが、包括的な説明は行っていません。代わりに、個々の手法について学べるように多くの参考文献を提供しました。本書の目的は、読者をそれぞれの分野の専門

家にするのではなく、あらゆる問題に取り組むことができるように多様なアプリケーション
を紹介することです。

本書のレシピはすべて、Jupyter Notebookとしてオンラインで入手できます。Notebook
を使用すると、対話的にコードを理解、実行、変更することができ、学習プロセスをより魅
力的でダイナミックにできます。

本書の内容は、GitHub（https://ipython-books.github.io/）からオンラインで入手できます。
更新と修正は定期的に行われるので、最新版をチェックするようにしてください。

対象とする読者

本書が対象としているのは、データ分析や数値計算に興味のある研究者、エンジニア、データサイ
エンティスト、教師、学生、アナリスト、ジャーナリスト、エコノミスト、ホビイストなどです。

科学技術計算向けPythonのエコシステムに精通しているなら、IPythonおよびJupyterを使ったハ
イパフォーマンスな対話型コンピューティングのスキルを向上させる多くの情報を本書から得られる
でしょう。

特定分野のアプリケーションアルゴリズムを実装する必要がある読者には、本書のデータ分析や応
用数学に関する幅広い例題が役立つに違いありません。

Pythonによる数値計算に詳しくないのであれば、本書の前編にあたるCyrille Rossant著、『Learning
IPython for Interactive Computing and Data Visualization』、Packt Publishing刊が役に立つでしょう。
第2版は2015年に出版されました[*1]。

本書の内容

本書は大きく2部に分かれます。

Ⅰ部（1章〜6章）

数値計算、ハイパフォーマンスコンピューティング、データの可視化を対話的に行うための
比較的高度な手法を取り上げます。

Ⅱ部（7章〜15章）

データサイエンスおよび数学モデリングの標準的な手法を紹介します。これらの手法の多く
は、現実のデータに対して適用します。

[*1] 訳注：この書籍の日本語版はない。IPythonについての邦訳書籍としては、『Pythonによるデータ分析入門第2版』、
『Pythonデータサイエンスハンドブック』（共にオライリー・ジャパン刊、2018）が参考になる。

I部：Jupyterを使った対話的コンピューティング

「1章　JupyterとIPythonによる対話的コンピューティング入門」は、IPythonとJupyterを使ったデータ分析や数値計算に関する簡潔かつ興味深い紹介です。Python、NumPy、Pandas、Matplotlibなどの標準的なパッケージを扱うだけでなく、Notebookの対話的ウィジェットやカスタムmagicコマンド、設定可能なIPython拡張、そしてカスタムJupyterカーネルなど、IPython/Jupyterの高度な話題を取り上げます。

「2章　対話的コンピューティングのベストプラクティス」では、作業の自動化、Gitによるバージョン管理、IPython/Jupyterによる対話的作業、単体テスト、継続的インテグレーション、デバッグなどの作業に対して再現可能で品質の良いコードを書くためのベストプラクティスを紹介します。これらは、コンピュータ科学やデータ分析の分野では、非常に重要な話題です。

「3章　Jupyter Notebookを使いこなす」では、Notebookのフォーマット、Notebookの形式変換、対話型ウィジェットなどJupyter Notebookに関する高度な話題を取り上げます。

「4章　プロファイリングと最適化」では、コードを高速かつ効率的に実行する方法を紹介します。CPUとメモリプロファイリング、（大規模な配列の操作を含めた）NumPyの最適化手法、巨大な配列のメモリマッピングなどです。これらは、ビッグデータ分析では必須の手法となります。

「5章　ハイパフォーマンスコンピューティング」では、コードをさらに高速化する方法を紹介します。NumbaとCythonによるコード高速化、ctypesを使ったC言語ライブラリのラッピング、OpenMP、Daskを用いたIPython上での並列コンピューティング、CUDAによる画像処理用演算プロセッサ上の汎用計算（GPGPU）などを扱います。また、この章の最後では、高パフォーマンスな数値計算をJupyter Notebook上でも実行できる言語である、Juliaを取り上げます。

「6章　データビジュアライゼーション」では、Matplotlib、Seaborn、Bokeh、D3、Altairなどのビジュアライゼーションライブラリを紹介します。

II部：データサイエンスと応用数学の標準的技法

「7章　統計的データ分析」では、データに対する洞察を得るための方法を紹介します。古典的な頻度主義とベイズ主義による仮説検定、パラメトリックおよびノンパラメトリック推定、モデル推論などを扱います。この章では、Pandas、SciPy、StatsModels、PyMCなどのPythonライブラリを活用します。Jupyter Notebookの環境からでも簡単に使える、統計向けの言語であるRを最後に紹介します。

「8章　機械学習」では、データから学習し予測を行う方法を扱います。scikit-learnパッケージを利用し、教師あり学習、教師なし学習、分類、回帰、特徴選択、特徴抽出、過学習、正則化、交差検証、グリッドサーチといった基本的なデータマイニングおよび機械学習の考え方を学びます。この章では、ロジスティック回帰、ナイーブベイズ、K近傍、サポートベクターマシン、ランダムフォレストなどのアルゴリズムに取り組み、数値データ、画像、テキストなどのさまざまなデータに適用します。

「9章　数値最適化」では、関数を最大化または最小化する方法を学びます。この手法はデータサイエンスのあらゆる場面、特に統計学、機械学習、信号処理などで頻繁に使用されます。この章では

SciPyで提供されているいくつかの求根法、最小化、曲線あてはめ関数の使い方を示します。

「10章 信号処理」は、複雑でノイズを含むデータから対象とするデータを抽出する方法を扱う章です。統計処理やデータマイニング処理に先立ち、この処理を必ず行わなければならない場合があります。この章では、フーリエ変換やデジタルフィルタなど基本的な信号処理手法を紹介します。

「11章 画像処理と音声処理」では、画像と音声データに対する信号処理手法を扱います。scikit-imageとOpenCVを使って画像フィルタ、画像の分割、画像認識、顔認識などを行います。また、音声信号処理と音声合成も紹介します。

「12章 決定論的力学系」では、データの背後にある力学過程について扱います。ここでは、離散時間力学系、常微分方程式、偏微分方程式などのシミュレーション手法を学びます。

「13章 確率力学系」では、特定のデータに潜む確率力学過程を扱います。離散マルコフ過程、点過程、確率微分方程式によるシミュレーション手法を紹介します。

「14章 グラフ、幾何学、地理情報システム」では、グラフ、航空路線、道路網、地図、地理情報データを分析し、可視化する方法を紹介します。

「15章 記号処理と数値解析」では、Pythonで記号処理を行うための、数式処理システムであるSymPyを取り上げます。この章の最後では、Pythonベースの計算数学システムであるSageを紹介します。

本書を最大限に活用するために必要なこと

本書は初心者でも読めます。しかし、筆者の前編である『Learning IPython for Interactive Computing and Data Visualization』（通称「IPythonミニブック」とも呼ばれます）の内容を理解していれば、より簡単に読み進めることができるでしょう。ミニブックではPythonによるプログラミング、IPythonコンソールとJupyter Notebookの使い方、NumPyを使った数値計算、Pandasによるデータ分析、そしてMatplotlibによるグラフの作成などを解説しています。本書ではこれらのツールすべてを使って、さまざまな科学技術分野の問題に取り組みます。

II部にはさまざまな理論が登場します。微積分、線形代数、確率論（つまり、実数値関数、積分と微分、微分方程式、行列、ベクトル空間、確率、確率変数など）の基礎を知っていれば、内容を把握するのは容易になるはずです。これらの章では、統計学、機械学習、数値最適化、信号処理、力学系、グラフ理論など、データサイエンスと応用数学、に関するさまざまなトピックを紹介し、Pythonを使ってそれらを解決する方法を学びます。

Pythonのインストール

本書では、フリーのAnacondaディストリビューション（https://www.anaconda.com/download/）を使用しています。AnacondaにはPython 3、IPython、Jupyter、そして本書で使用するほぼすべてのパッケージが含まれていると共にCondaと呼ばれる強力なパッケージシステムも提供されていま

す。第1章の冒頭で、詳しく説明します。

　本書のコードはPython 3向けに書かれており、Pythonの古いバージョンである、Python 2とは互換性がありません（ただし、互換性を持たせるために必要な変更は最小限です）。

GitHubリポジトリ

　本書は、Webサイトhttps://ipython-books.github.ioでも公開しています。また、この本のテキスト、コード、データは、https://github.com/ipython-books/cookbook-2nd-code以下のGitHubリポジトリから利用できます。また、Binderプロジェクトのおかげで、コンピュータに何もインストールすることなく、Webブラウザからこれらのコードを対話的に実行できます。

　https://ipython-books.github.ioとリポジトリをチェックして最新のアップデートと修正を入手してください。また、issueを上げたりpullリクエストを使って、修正や提案を筆者に知らせることができます。

　筆者の最新の動向を知りたければ、Webサイトhttps://cyrille.rossant.netやTwitter（@cyrillerossant）で筆者をフォローしてください。

セクションの構成

　本書では、各レシピは同じ見出しのセクションで構成されています。
　各レシピは次のセクションで明確に説明されています。

準備

　このセクションでは、レシピに必要なソフトウェアや事前設定を設定する方法について説明します。

手順

　このセクションには、レシピを実行するために必要な手順を記載します。

解説

　このセクションは、手順のセクションで行われた内容について詳細に説明します。

応用

　このセクションでは、レシピに関する知識を深めるための追加情報を記載しています。

関連項目

　このセクションでは、レシピについて他の有益な情報へのリンクを示します。

本書の表記法

本書では、次のような表記法を使います。

ゴシック（サンプル）
　　新しい用語を示す。

等幅（`sample`）
　　プログラムリストに使われるほか、本文中でも変数、関数、データベース、データ型、環境変数、文、キーワードなどのプログラムの要素を表すために使う。

イタリック（*sample*）
　　数式に使う。

太字の等幅（`sample`）
　　ユーザが文字通りに入力すべきコマンド、その他のテキストを表す。

　　ヒント、参考情報を示す。

　　一般的なメモを示す。

問い合わせ先

本書に関するご意見、ご質問などは、出版社にお送りください。

　　株式会社オライリー・ジャパン
　　電子メール japan@oreilly.co.jp

本書には、正誤表、追加情報を掲載したWebサイトがあります。

　　https://www.oreilly.co.jp/books/9784873118543/

目次

訳者まえがき v

まえがき vii

Ⅰ部
Jupyterを使った対話的コンピューティング

1章　JupyterとIPythonによる対話的コンピューティング入門 3

はじめに 3

レシピ1.1　IPythonとJupyter Notebook入門 8

レシピ1.2　はじめてのJupyter Notebookによる探索的データ分析 16

レシピ1.3　高速配列計算のためのNumPy多次元配列 21

レシピ1.4　カスタムmagicコマンドによるIPython拡張の作成 25

レシピ1.5　IPythonの設定システム 29

レシピ1.6　単純なカーネルの作成 33

2章　対話的コンピューティングのベストプラクティス 41

はじめに 41

レシピ2.1　Unixシェルの基礎 41

レシピ2.2　Python 3最新機能の紹介 46

レシピ2.3　分散型バージョン管理システムGitの基礎 51

レシピ2.4　Gitブランチを使った典型的な作業の流れ 57

レシピ2.5　IPythonの効果的な対話的コンピューティング 61

レシピ2.6　再現性の高い実験的対話型コンピューティングを行うための10のヒント 64

レシピ2.7	高品質なPythonコード	68
レシピ2.8	pytestを使った単体テスト	72
レシピ2.9	IPythonを使ったデバッグ	77

3章 Jupyter Notebookをマスターする 81

はじめに		81
レシピ3.1	NotebookとIPython blocksを用いたプログラミング教育	84
レシピ3.2	nbconvertによるJupyter Notebookから他フォーマットへの変換	88
レシピ3.3	Jupyter Notebookのウィジェットをマスターする	94
レシピ3.4	Python、HTML、JavaScriptでカスタムJupyter Notebookウィジェットを作成する	
		101
レシピ3.5	Jupyter Notebookの設定	104
レシピ3.6	はじめてのJupyterLab	108

4章 プロファイリングと最適化 121

はじめに		121
レシピ4.1	IPythonの実行時間計測	122
レシピ4.2	cProfileとIPythonによるコードプロファイリング	123
レシピ4.3	line_profilerを使った行単位のコードプロファイリング	127
レシピ4.4	memory_profilerを使ったメモリ使用状況のプロファイリング	129
レシピ4.5	不必要な配列コピーを排除するためのNumPy内部構造解説	131
レシピ4.6	NumPyのストライドトリック	137
レシピ4.7	ストライドトリックを使った移動平均の効率的計算アルゴリズム	140
レシピ4.8	メモリマップを使った巨大NumPy配列処理	143
レシピ4.9	HDF5による巨大配列の操作	145

5章 ハイパフォーマンスコンピューティング 149

はじめに		149
レシピ5.1	Pythonコードの高速化	152
レシピ5.2	NumbaとJust-In-Timeコンパイルを使ったPythonコードの高速化	156
レシピ5.3	NumExprを使った配列計算の高速化	160
レシピ5.4	ctypesを使ったCライブラリのラッピング	162
レシピ5.5	Cythonによる高速化	165
レシピ5.6	より多くのCコードを使ったCythonコードの最適化	170
レシピ5.7	CythonやOpenMPでマルチコアプロセッサの利点を生かすためのGIL解放	176
レシピ5.8	CUDAとNVIDIAグラフィックカード（GPU）による超並列化コード	178

レシピ5.9	IPythonによるPythonコードのマルチコア分散実行	184
レシピ5.10	IPython非同期タスクの操作方法	187
レシピ5.11	Daskを使ったメモリ外巨大配列の計算実行	190
レシピ5.12	Jupyter NotebookとJulia言語	195

6章　データビジュアライゼーション　201

はじめに		201
レシピ6.1	Matplotlibのスタイル	201
レシピ6.2	Seabornによる統計グラフの作成	205
レシピ6.3	BokehとHoloViewsによるWeb上の対話型可視化環境	209
レシピ6.4	Jupyter NotebookとD3.jsによるNetworkXグラフの可視化	215
レシピ6.5	Jupyter Notebook上の対話型可視化ライブラリ	219
レシピ6.6	AltairとVispy-Liteによるグラフ作成	223

II部
データサイエンスと応用数学の標準的技法

7章　統計的データ分析　233

はじめに		233
レシピ7.1	PandasとMatplotlibを使った探索的データ分析	236
レシピ7.2	はじめての統計的仮説検定：簡単なZ検定	240
レシピ7.3	はじめてのベイズ法	244
レシピ7.4	分割表とカイ二乗検定を用いた二変数間の相関推定	248
レシピ7.5	最尤法を用いたデータへの確率分布のあてはめ	252
レシピ7.6	カーネル密度推定によるノンパラメトリックな確率密度の推定	258
レシピ7.7	マルコフ連鎖モンテカルロ法を使った事後分布サンプリングからのベイズモデルあてはめ	263
レシピ7.8	Jupyter Notebookとプログラミング言語Rによるデータ分析	268

8章　機械学習　273

はじめに		273
レシピ8.1	はじめてのscikit-learn	279
レシピ8.2	ロジスティック回帰を使ったタイタニック生存者の予測	287
レシピ8.3	K近傍分類器を用いた手書き数字認識の学習	292
レシピ8.4	テキストからの学習：ナイーブベイズによる自然言語処理	296

レシピ8.5	サポートベクターマシンを使った分類	300
レシピ8.6	ランダムフォレストによる重要な回帰特徴の選択	305
レシピ8.7	主成分分析によるデータの次元削減	309
レシピ8.8	データの隠れた構造を抽出するクラスタリング	313

9章　数値最適化 **319**

はじめに	319
レシピ9.1	数学関数の求根アルゴリズム	322
レシピ9.2	数学関数の最小化	325
レシピ9.3	非線形最小二乗法を使ったデータへの関数あてはめ	332
レシピ9.4	ポテンシャルエネルギー最小化による物理系の平衡状態	334

10章　信号処理 **341**

はじめに	341
レシピ10.1	高速フーリエ変換による信号の周波数成分分析	344
レシピ10.2	デジタル信号の線形フィルタ処理	351
レシピ10.3	時系列の自己相関	356

11章　画像処理と音声処理 **361**

はじめに	361
レシピ11.1	画像の露出補正	362
レシピ11.2	画像のフィルタ処理	365
レシピ11.3	画像の分割	370
レシピ11.4	特徴点の検出	376
レシピ11.5	OpenCVを使った顔検出	379
レシピ11.6	音声へのデジタルフィルタ処理	383
レシピ11.7	Notebook上のシンセサイザー作成	386

12章　決定論的力学系 **389**

はじめに	389
レシピ12.1	カオス力学系の分岐図作成	391
レシピ12.2	基本セルオートマトンのシミュレーション	396
レシピ12.3	SciPyを使った常微分方程式のシミュレーション	399
レシピ12.4	偏微分方程式のシミュレーション：反応拡散系とチューリングパターン	404

13章　確率力学系　　409

はじめに　409
レシピ13.1　離散時間マルコフ連鎖のシミュレーション　410
レシピ13.2　ポアソン過程のシミュレーション　414
レシピ13.3　ブラウン運動のシミュレーション　417
レシピ13.4　確率微分方程式のシミュレーション　419

14章　グラフ、幾何学、地理情報システム　　423

はじめに　423
レシピ14.1　NetworkXを使ったグラフ操作と可視化　427
レシピ14.2　NetworkXによる飛行ルートの描画　430
レシピ14.3　トポロジカルソートを使った有向非巡回グラフの依存関係の解決　436
レシピ14.4　画像中の連結成分の処理　440
レシピ14.5　点集合に対するボロノイ図の計算　444
レシピ14.6　Cartopyによる地理空間データの操作　449
レシピ14.7　道路網の経路探索　452

15章　記号処理と数値解析　　459

はじめに　459
レシピ15.1　はじめてのSymPy記号処理　460
レシピ15.2　方程式と不等式の解　462
レシピ15.3　実数値関数の解析　464
レシピ15.4　正確な確率の計算と確率変数の操作　466
レシピ15.5　SymPyを使った簡単な数論　468
レシピ15.6　真理値表から論理命題式を生成する　471
レシピ15.7　非線形微分系の分析：ロトカ-ヴォルテラ（捕食者と被食者）方程式　473
レシピ15.8　はじめてのSage　476

付録A　日本語の取り扱い　　481

A.1　文字列とエンコーディング　481
A.2　Jupyter Notebookと日本語　483
A.3　Matplotlibと日本語　483

索引　489

I部
Jupyterを使った
対話的コンピューティング

1章
JupyterとIPythonによる
対話的コンピューティング入門

本章で取り上げる内容
- IPythonとJupyter Notebook入門
- はじめてのJupyter Notebookによる探索的データ分析
- 高速配列計算のためのNumPy多次元配列
- カスタムmagicコマンドによるIPython拡張の作成
- IPythonの設定システム
- 簡単なカーネルの作成

はじめに

ここでは、Python、IPython、Jupyter、および科学技術分野におけるPythonエコシステムの概要を説明します。

Pythonとは

Pythonは、1980年代後半にGuido van Rossumによって開発された、オープンソースの汎用プログラミング言語です。この名前は、英国のコメディである空飛ぶモンティ・パイソン（Monty Python Flying Circus）に由来しているとされています。この使いやすい言語は、システム管理者がさまざまなシステムコンポーネントをつなぎ合わせるためのグルー（糊）言語として一般的に使用されていました。また、大規模なソフトウェア開発にも使用できる堅牢な言語でもあります。さらにPythonには、文字列処理、インターネットプロトコル、オペレーティングシステムインターフェース、など多様な分野の豊富な標準ライブラリが付属しています（これを、別売りの電池を必要としない、「電池が付属しています（the batteries included）」原則と呼びます）。

過去20年間で、Pythonは科学技術計算やデータ分析用途でも広く使用されてきました。競合するプラットフォームとして、商用ソフトウェアにはMATLAB、Maple、Mathematica、Excel、SPSS、

SASなどが、オープンソースソフトウェアにはJulia、R、Octave、Scilabなどが存在します。これらの多くは科学技術計算に特化していますが、Pythonは汎用プログラミング言語であり、当初は科学計算用に設計されたものではありませんでした。

しかし、数多くのツールが開発され幅広いエコシステムが構築されたことで、Pythonは科学技術計算分野においても、これら他のコンピューティングシステムに引けを取らないレベルにまで引き上げられました。多くの研究分野や業界で使用されていた汎用言語に科学技術計算機能を持ち込んだことが、今日Pythonの大きな利点であり、Pythonが広く普及した主な理由の1つとなっています。これにより、研究レベルから現場レベルへの移行がはるかに容易になります。

IPythonとは

IPythonは元々Pythonが提供するデフォルトの対話型シェルを改善し、ユーザに使いやすい環境を提供することを意図したPythonライブラリです。2011年、IPythonの最初のリリースから10年後に、IPython Notebookが導入されました。このWebベースのIPythonインターフェースは、コード、テキスト、数式、インラインプロット、対話的なグラフ、ウィジェット、グラフィカルインターフェース、およびその他のリッチメディアを、共有可能なWebドキュメントに統合します。このプラットフォームは、インタラクティブな科学技術計算とデータ分析への理想的な入り口です。IPythonは、研究者、エンジニア、データ科学者、教師、学生にとって不可欠なものとなっています。

Jupyterとは

数年のうちに、IPythonは科学技術コミュニティの間で絶大な人気を博しました。Notebookは、Python以外のさまざまなプログラミング言語もサポートし始めました。2014年に、IPython開発者はNotebookの実装を改善し、言語に依存しないような設計とする取り組みとして**Jupyter**プロジェクトを発表しました。プロジェクトの名前は、Notebookでサポートされている3つの科学技術計算言語である、Julia、Python、Rに由来し、これらの言語の重要性を反映しています。

今や、Jupyterは、いくつかのNotebookに代わるインターフェース（JupyterLab、nteract、Hydrogenなど）、対話型可視化ライブラリ、およびNotebookと互換性のあるオーサリングツールを含むエコシステムです。また、Jupyter向けのカンファレンス、JupyterConも開催されるようになりました。そしてこのプロジェクトには、アルフレッド・P.スローン財団とゴードン・アンド・ベティ・ムーア財団を含むいくつかの企業が資金を提供しています。

SciPyエコシステムとは

SciPyは、科学技術計算のためのPythonパッケージの名前ですが、より一般的には、科学技術計算機能をPythonにもたらすために開発されたすべてのPythonツールを指します。

1990年代の後半には、Travis Oliphantらが数値データをPythonで扱うためのツールを構築し始

めます。それらはNumeric、Numarrayと発展し最終的にNumPyとなります。数値計算アルゴリズムを実装したSciPyはNumPyの上に構築されています。2000年代初頭にはJohn Hunterが開発したMatplotlibがPythonに科学技術用のグラフ描画機能をもたらします。同時期にFernando PerezがIPythonを開発し、対話性と生産性を向上させました。2000年代後半になるとWes McKinneyが数値テーブルや時系列の分析および操作を行うPandasを開発します。それ以来、数百人のエンジニアと研究者が協力して、SciPyを科学技術計算とデータサイエンスのための主要なオープンソースプラットフォームに発展させました。

SciPyツールの多くは、エコシステムの持続可能な開発を促進するための非営利団体であるNumFOCUSの資金援助を受けています。NumFOCUSはMicrosoft、IBM、Intelなどの大企業がサポートしています。

SciPyは独自のカンファレンスも行っています。米国ではSciPy、ヨーロッパではEuroSciPyと呼ばれます（https://conference.scipy.org/ を参照）[*1]。

SciPyエコシステムの新機能

2014年に出版された本書の第1版以後、SciPyエコシステムに行われた主な変更点を簡単に紹介します。

古くからのユーザでなければ、このセクションはスキップして構いません。

IPythonの最新バージョンは、2019年3月にリリースされたIPython 7.4です。これはPython 2との互換性を持たない最初のバージョンです。互換性を維持しないことにより、開発者は内部コードを簡潔にし、言語の新機能をより有効に活用することができるようになりました。

IPythonは、Notebookとして使用するWebベースのインターフェースを持ちます。キーボードショートカットは、Notebookインターフェースから直接編集できます。複数のセルを選択し、Notebook間でコピー／ペーストすることができます。Notebookには、「Restart & Run All」と「Find and Replace」コマンドが加わりました。詳細はhttps://ipython.readthedocs.io/en/stable/whatsnew/index.htmlを参照してください。

2019年2月にリリースされたNumPy 1.16.2では、行列間の@乗算演算子でnp.dot()関数が呼び出されます。$a+b+c$といった計算は、一部のシステムにおいては（一時変数の使用が省略され）少ないメモリで高速に実行されます。np.block()関数が追加され、ブロック行列を定義できます。

[*1] 訳注：日本でもSciPy Japanが2019年4月に開催された。

np.stack()関数が追加され、軸に沿って一連の配列を結合できます。詳細はhttps://docs.scipy.org/doc/numpy-1.13.0/release.htmlを参照してください。

　SciPy 1.2.1は、2019年2月にリリースされました。SciPyは、安定的で成熟したライブラリとなったことを意味するバージョン1.0になるまでに16年の開発期間を要しました。詳細はhttps://docs.scipy.org/doc/scipy/reference/release.htmlを参照してください。

　2019年2月にバージョン3.0.3がリリースされたMatplotlibは、スタイルを改良すると共に、デフォルトのカラーマップをjetからviridisに変更して、見た目が改善されました。詳細については、https://github.com/matplotlib/matplotlib/releasesを参照してください。

　Pandas 0.24.2は、2019年3月にリリースされました。バージョン0.21では、カテゴリデータがサポートされました。ここ数年で、.ix構文とPanel（xarrayライブラリで代替できる）と共にいくつもの機能が廃止されました。詳細はhttps://pandas.pydata.org/pandas-docs/stable/release.htmlを参照してください。

Pythonのインストール

　本書では、https://www.anaconda.com/download/から入手できるAnacondaディストリビューションを使用します。AnacondaはLinux、macOS、Windowsで動作します。Anacondaの最新バージョン（本書の翻訳時点では2019.03）をインストールしてください。Pythonの64ビット版の最新（本書の翻訳時点では3.7.3）を選択します[*1]。Python 2.7は古いバージョンであり、2020年には正式なサポートが行われなくなります。

　Anacondaには、PythonだけでなくIPython、Jupyter、NumPy、SciPy、Pandas、Matplotlib、そして本書で使用するその他の科学技術パッケージのほぼすべてが付属しています。どのパッケージが含まれているかは、https://docs.anaconda.com/anaconda/packages/pkg-docsで調べられます。

Anacondaの軽量版であるMinicondaでは、Pythonと他のいくつかの重要なパッケージのみがインストールされます。必要なパッケージはcondaパッケージマネージャを使用して、後から1つずつインストールする必要があります。

　本書では、その他のさまざまに存在するPythonディストリビューションをインストールする方法については取り上げません。

　AnacondaのWebサイトには、Anacondaをインストールするための手順が示されています。新しいパッケージをインストールするには、Anacondaに付属のcondaパッケージマネージャを使用します。例えば、（デフォルトではAnacondaにインストールされていない）ipyparallelパッケージをインストールするには、ターミナルで`conda install ipyparallel`を実行します。

[*1] 訳注：Pythonの3.7および2.7をベースにしたパッケージがそれぞれ提供されており、本書では3.7ベースのパッケージを使用する。

システムシェルの簡単な紹介は、「2章　対話的コンピューティングのベストプラクティス」の「レシピ2.1　Unixシェルの基礎」で解説します。

パッケージをインストールするもう1つの方法は、conda-forge (https://conda-forge.org/) を使う方法です。これはGitHubで利用可能なパッケージの最新バージョンを自動的にビルドし、それらをcondaで利用可能にするコミュニティ主導の取り組みです。パッケージが`conda install` パッケージ名でインストールできない場合は、そのパッケージがconda-forgeで提供されているのなら、`conda install --channel conda-forge` パッケージ名コマンドでインストールできます。

GitHubは、ソフトウェアリポジトリの無料および有料のホスティングを提供する商用サービスです。オープンソースを共同で開発するための、最も一般的なプラットフォームの1つです。

pipはPythonのパッケージマネージャです。condaとは異なり、pipはAnacondaだけでなくあらゆるPythonディストリビューションで動作します。pipからインストール可能なパッケージは、https://pypi.python.org/pypi のPythonパッケージインデックス (PyPI) で管理されています。

condaで利用できるほとんどのPythonパッケージはpipからでもインストールできますが、その逆は真ではありません。実際には、パッケージがcondaまたはconda-forgeからインストールできない場合には、`pip install` パッケージ名を使ってインストールする必要があります。condaパッケージは最も一般的なプラットフォーム用にコンパイルされたバイナリとして用意されていますが、pipパッケージでは必ずしもそうではありません。pipパッケージはローカルでコンパイルする必要のあるソースコードで提供されている可能性もあります (互換性のあるコンパイラがインストールされ、使用できるようになっている必要があります)。その場合でも、コンパイルされたバイナリも提供されている可能性があります。

応用

以下参考資料です。

- PythonのWebページ (https://www.python.org)
- Wikipedia「Python」記事 (https://en.wikipedia.org/wiki/Python_%28programming_language%29、またはWikipedia日本語版の「Python」記事)
- Pythonの標準ライブラリマニュアル (https://docs.python.org/jp/3/library/)
- Guido van Rossamへのインタビュー記事「Pythonの誕生」(https://www.artima.com/intv/pythonP.html)
- Travis OliphantによるSciPyの歴史 (https://fr.slideshare.net/shoheihido/sci-pyhistory)

- Fernando Perez による IPython Notebook の歴史 (https://blog.fperez.org/2012/01/ipython-notebook-historical.html)
- JupyterCon サイト (https://conferences.oreilly.com/jupyter/jup-ny)

以下、科学技術関連の Python 参考資料です。

- GitHub で公開されている書籍「Introduction to Python for Computational Science and Engineering」(https://github.com/fangohr/introduction-to-python-for-computational-science-and-engineering)
- Duke 大学の講義「STA 663: Computational Statistics and Statistical Computing」(https://people.duke.edu/~ccc14/sta-663-2017/)
- SciPy 2017 のビデオ (https://www.youtube.com/playlist?list=PLYx7XA2nY5GfdAFycPLBdUDOUtdQIVoMf)

レシピ 1.1　IPython と Jupyter Notebook 入門

Jupyter Notebook は、コード、リッチテキスト、画像、動画、アニメーション、数式、グラフ、地図、対話的な図やウィジェット、グラフィカルユーザインターフェースを 1 つの文書として組み合わせられる Web ベースの対話型環境です。このツールは、Python、R、Julia、またはその他の言語を使った数値計算やデータサイエンスの理想的な入り口です。本書では、主に Python 言語を使用しますが、R と Julia を使用するレシピもあります。

このレシピでは、Jupyter Notebook の使い方を説明します。

準備

本章の最初で説明したように、まず Anaconda ディストリビューションをインストールしてください。Anaconda には、本書で使用するほとんどのライブラリと Jupyter が含まれます。

Anaconda がインストールされたら、本書の Web サイト (https://github.com/ipython-books/cookbook-2nd-code) からコードをダウンロードし、ターミナルでそのフォルダに移動します。jupyter notebook コマンドを実行すると、デフォルトの Web ブラウザがアドレス http://localhost:8888 を自動的に開きます (Web サーバは、コマンドを実行したコンピュータ)。これで、このレシピを始める準備ができました。

手順

1. まず新しい Notebook を作る[*1]。その後で、セルに次のコードを入力し、Shift + Enter キーを押し

[*1] 訳注：jupyter notebook コマンドを実行すると、Web ブラウザで Jupyter の Home 画面が開く。右上にある New ボタンから、「Python 3」を選択すると Python3 用の新しい Notebook が作成される。

て実行する。

```
>>> print("Hello world!")
Hello world!
```

図1-1　Jupyter Notebookの実行イメージ

Notebook上には、**セル**と**出力領域**が連続している。セルにはPythonのコードを記述する。コードは1行でも複数行でも構わない。コードの実行結果は対応する出力領域に表示される。

本書では、>>>はプロンプトを表し、その後に続くものをすべて入力する必要があることを意味します[*1]。つまり、>>>自体は入力しません。

2. 単純な計算を行う。

```
>>> 2 + 2
4
```

計算結果は出力領域に表示される。より正確に言うと、出力領域にはセル内のコードによって出力されたテキストだけではなく、最後に返されたオブジェクトのテキスト表現も表示される。ここでは最後のオブジェクトは2 + 2を計算した結果であり、それは4と表示されている。

3. 次のセルでは、特殊変数_（アンダースコア）を使って最後に評価されたオブジェクト値を取り出す[*2]。myresult = 2 + 2のように名前付きの変数を使うよりも、簡単に使える。

```
>>> _ * 3
12
```

4. IPythonが受け付けるのはPythonコードだけではく、オペレーティングシステムが提供するコマ

[*1] 訳注：>>>は、Pythonインタープリタのプロンプトでもある。本書の第1版では、IPython形式であるIn[1]をプロンプトとして表記していたが、第2版では>>>が使用されている。
[*2] 訳注：ここでは、直前に行った2 + 2の結果である4が_に入っている。

ンドも実行できる。コマンドの前には！を付けてコードと区別する。次の例は、Linux か macOS
を前提として、Notebook のカレントディレクトリのファイルを表示する。

```
>>> !ls
my_notebook.ipynb
```

Windows では、`ls` ではなく `dir` を使う。

5. IPython は、magic コマンドのライブラリを提供する。magic コマンドは、頻繁に行われる作
業を簡易に実行するために用意されている。コマンドはすべて％（パーセント文字）で始まる。
`%lsmagic` コマンドは、magic コマンドを一覧表示する[*1]。

```
>>> %lsmagic
Available line magics:  行 magic コマンド
%alias %alias_magic %autocall %automagic %autosave %bookmark %cat %cd %clear %colors
%config %connect_info %cp %debug %dhist %dirs %doctest_mode %ed %edit %env %gui
%hist %history %killbgscripts %ldir %less %lf %lk %ll %load %load_ext %loadpy
%logoff %logon %logstart %logstate %logstop %ls %lsmagic %lx %macro %magic %man
%matplotlib %mkdir %more %mv %notebook %page %pastebin %pdb %pdef %pdoc %pfile
%pinfo %pinfo2 %popd %pprint %precision %profile %prun %psearch %psource %pushd %pwd
%pycat %pylab %qtconsole %quickref %recall %rehashx %reload_ext %rep %rerun %reset
%reset_selective %rm %rmdir %run %save %sc %set_env %store %sx %system %tb %time
%timeit %unalias %unload_ext %who %who_ls %whos %xdel %xmode
Available cell magics:  セル magic コマンド
%%! %%HTML %%SVG %%bash %%capture %%debug %%file %%html %%javascript %%js %%latex
%%markdown %%perl %%prun %%pypy %%python %%python2 %%python3 %%ruby %%script %%sh
%%svg %%sx %%system %%time %%timeit %%writefile

Automagic is ON, % prefix IS NOT needed for line magics.  automagic が ON になっていれば、
                                                          magic コマンドの前に％は不要。
```

セル magic コマンドは、％％で始まり、セル全体を対象とする。

6. 例えば、`%%writefile` セル magic コマンドは、テキストファイルを作成する。このコマンドはファ
イル名をパラメータとして受け付ける。セル内のコマンドに続くすべての行がテキストファイル
に直接出力される。この例では、`test.txt` ファイルに `Hello world!` と書き込まれる。

```
>>> %%writefile test.txt
    Hello world!
Writing test.txt
>>> # Let's check what this file contains.  ファイルの中身を確認する
    with open('test.txt', 'r') as f:
        print(f.read())
Hello world!
```

[*1] 訳注：出力にもあるように、automagic が ON に設定されていれば magic コマンドに％を前置する必要がない。
`%automagic ON` で ON に、`%automagic OFF` で OFF に設定できる。パラメータなしで `%automagic` を実行した場合には、
現在の設定が ON か OFF かを表示する。

7. 出力結果通り、IPythonには多くのmagicコマンドが用意されている。いずれのコマンドに対しても末尾に？を付加することで、コマンドの説明が表示される。例えば%runコマンドの説明を表示するには、%run?と入力する。

```
>>> %run?
```

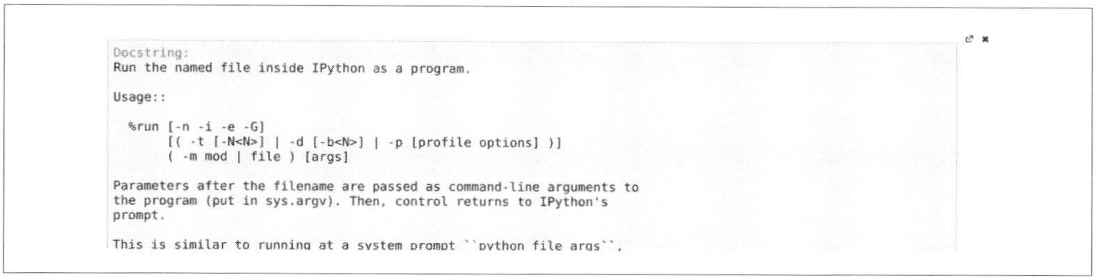

図1-2　%runコマンドのヘルプ

テキスト表示領域が画面下部に開き、%run magicコマンドのヘルプが表示される。

8. Notebookの基礎を見てきたが、以降はNotebookの豊かな表現力と対話環境について探ってみよう。ここまではコードを書き込むためのコードセルしか使用していないが、Jupyterは他の種類のセルも用意している。セルの種類はNotebookツールバーのプルダウンメニューから選択できる。コードセルに次いで一般的なセルがMarkdownセルである。

Markdownセルは、Markdown言語によりフォーマットされたリッチテキスト用のセルである。Markdownを使うと、通常のテキストに加えて次の例のような、文書ヘッダ、太字、斜体、ハイパーテキストリンク、画像、LaTeX（数式記述向けの組版システム）方式の数式、コード、HTML要素などが記述できる。

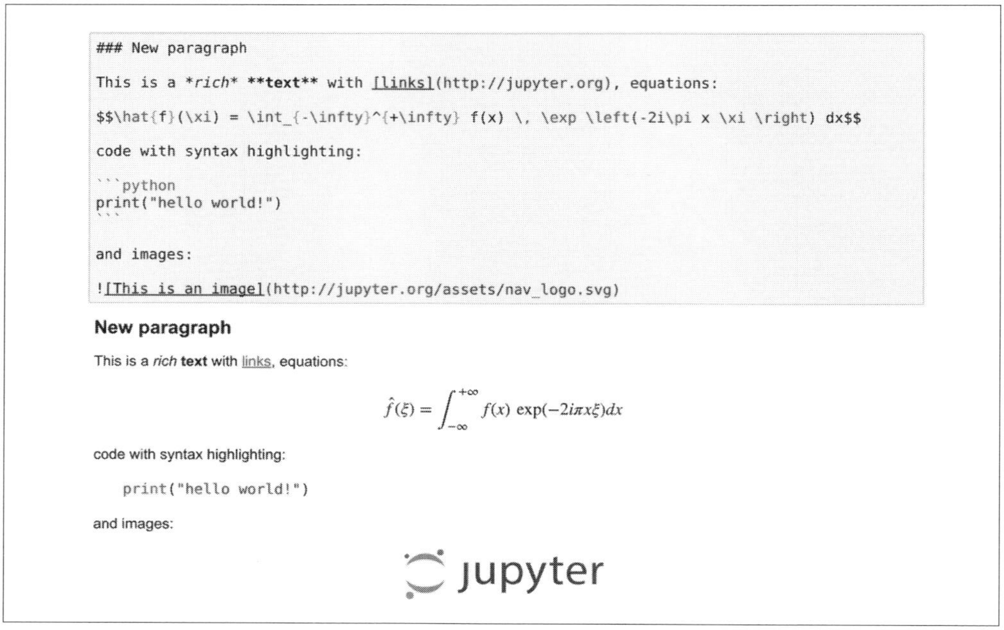

12 | 1章　JupyterとIPythonによる対話的コンピューティング入門

```
### New paragraph

This is a *rich* **text** with [links](http://jupyter.org), equations:

$$\hat{f}(\xi) = \int_{-\infty}^{+\infty} f(x) \, \exp \left(-2i\pi x \xi \right) dx$$

code with syntax highlighting:

```python
print("hello world!")
```

and images:

![This is an image](http://jupyter.org/assets/nav_logo.svg)
```

New paragraph

This is a *rich* **text** with links, equations:

$$\hat{f}(\xi) = \int_{-\infty}^{+\infty} f(x) \, \exp(-2i\pi x\xi) dx$$

code with syntax highlighting:

```
print("hello world!")
```

and images:

○ Jupyter

図1-3　Jupyter NotebookでMarkdownを使ったリッチテキストの表示例

　　Markdownセルを実行（コードセルと同じようにShift + Enterを押す）すると、図1-3の下半分に示すような出力が得られる。

　　コードセルとMarkdownセルを組み合わせれば、コード（およびその実行結果）、テキスト、画像が混在した対話的な文書が作成できる。

9.　Jupyter Notebookは、豊富なWeb要素をNotebookに含めるための洗練された表示システムを備えている。ここでは、HTML、**スケーラブルベクターグラフィックス**（SVG：Scalable Vector Graphics）、さらにYouTubeビデオをNotebookに追加する方法を示す。最初に必要なクラスをインポートする。

```
>>> from IPython.display import HTML, SVG, YouTubeVideo
```

10.　Pythonを使ってHTMLの表を動的に作成し、Notebookに表示する。

```
>>> HTML('''
    <table style="border: 2px solid black;">
    ''' +
        ''.join(['<tr>' +
                ''.join([f'<td>{row},{col}</td>'
                        for col in range(5)]) +
                '</tr>' for row in range(5)]) +
        '''
```

```
        </table>
''')
```

0,0	0,1	0,2	0,3	0,4
1,0	1,1	1,2	1,3	1,4
2,0	2,1	2,2	2,3	2,4
3,0	3,1	3,2	3,3	3,4
4,0	4,1	4,2	4,3	4,4

図1-4　Notebook上のHTMLテーブル表示

11. 同様にSVGイメージを動的に作成する。

```
>>> SVG('''<svg width="600" height="80">''' +
    ''.join([f'''<circle
        cx="{(30 + 3*i) * (10 - i)}"
        cy="30"
        r="{3. * float(i)}"
        fill="red"
        stroke-width="2"
        stroke="black">
       </circle>''' for i in range(10)]) +
    '''</svg>''')
```

図1-5　Notebook上のSVG表示

12. YouTubeの識別子を指定してYouTubeビデオを表示する。

```
>>> YouTubeVideo('VQBZ2MqWBZI')
```

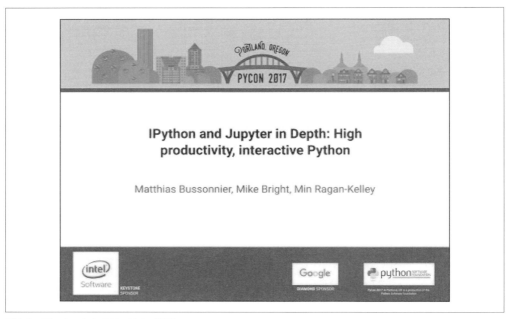

図1-6　Notebook上のYouTube表示

応用

　Notebookは構造化されたテキストファイル（JSONフォーマット）で保存され、共有や再利用が容易です。次に単純なNotebookの中身を示します。

```
{
 "cells": [
  {
   "cell_type": "code",
   "execution_count": 1,
   "metadata": {},
   "outputs": [
    {
     "name": "stdout",
     "output_type": "stream",
     "text": [
      "Hello world!\n"
     ]
    }
   ],
   "source": [
    "print(\"Hello world!\")"
   ]
  }
```

```
    ],
    "metadata": {},
    "nbformat": 4,
    "nbformat_minor": 2
    }
```

Jupyterはnbconvertと呼ばれるNotebookをHTMLやPDFに変換するツールを提供しています（https://nbconvert.readthedocs.io/en/stable/）。

オンラインのツールであるnbviewer（http://nbviewer.ipython.org）を使うと、Notebookの実行結果をオンラインで公開できます。

こうしたNotebookの機能の多くは、この後の章で順次扱います。特に「3章　Jupyter Notebookを使いこなす」で詳しく解説します。

Notebookドキュメントを操作するためのさまざまなJupyter Notebookフロントエンドが開発されています。対話型コンピューティングとデータサイエンスのためのIDEであるJupyterLabは、Jupyter Notebookの進化形です。これは、「3章　Jupyter Notebookをマスターする」で紹介します。nteractは、ターミナルやWebブラウザを使用せずに、Notebookファイルを開くことができるデスクトップアプリケーションです。HydrogenはAtomテキストエディタのプラグインで、Notebookに対する豊富な実行環境をAtom上で提供します。JunoはiPad用のJupyter Notebookクライアントです。

以下参考資料です。

- Jupyterのインストール手順（https://jupyter.org/install.html）
- Jupyterのオンラインドキュメント（https://jupyter.readthedocs.io/en/latest/index.html）
- Jupyter Notebookのセキュリティについて（https://jupyter-notebook.readthedocs.io/en/stable/security.html#Security-in-notebook-documents）
- キュレータ管理のJupyter Notebookギャラリー（https://github.com/jupyter/jupyter/wiki/A-gallery-of-interesting-Jupyter-Notebooks）
- JupyterLabのGitHubリポジトリ（https://github.com/jupyterlab/jupyterlab）
- nteract（https://nteract.io）
- Hydrogen Webサイト（https://nteract.io/atom）
- Juno Webサイト（https://juno.sh/）

関連項目

- 「レシピ1.2　はじめてのJupyter Notebookによる探索的データ分析」
- 「レシピ3.6　はじめてのJupyterLab」

レシピ1.2　はじめてのJupyter Notebookによる探索的データ分析

　このレシピではJupyterを使ったデータ分析を紹介します。内容は『Learning IPython for Interactive Computing and Data Visualization, Second Edition』で取り上げたものですが、復習も兼ねて基本をおさらいします。

　モントリオール市の自転車通行量データをダウンロードして分析します。この例はJulia Evansの発表（https://github.com/jvns/talks/blob/master/2013-04-mtlpy/pistes-cyclables.ipynbで参照できます）に強く影響を受けています。ここでは、下記内容の紹介を意識しています。

- Pandasによるデータ操作
- Matplotlibによるデータ可視化
- 対話型ウィジェット

手順

1. 最初のステップで、このレシピで使用するNumPy、Pandas、Matplotlibパッケージをインポートする。Matplotlibの描画をNotebookのインラインに行うよう指示を加える。

    ```
    >>> import numpy as np
        import pandas as pd
        import matplotlib.pyplot as plt
        %matplotlib inline
    ```

    Retinaディスプレイなどの高解像度ディスプレイを使っている場合には、次のコマンドで高解像度のMatplotlib描画を有効にできます。

    ```
    from IPython.display import set_matplotlib_formats
    set_matplotlib_formats('retina')
    ```

2. 次にCSV（Comma-separated values：カンマ区切り）データファイルのアドレスを変数urlに割り当てる。CSVは表形式のデータをテキストで表現する標準的なデータフォーマットである。

    ```
    >>> url = ("https://raw.githubusercontent.com/"
               "ipython-books/cookbook-2nd-data/"
               "master/bikes.csv")
    ```

3. PandasにはCSVファイルを読み込むread_csv()関数が用意されている。ここではファイルのURLを渡すとPandasがファイルを読み込み、構文解析を行い、DataFrameオブジェクトを返す。日付のデータが正しく解釈されるように、オプションをいくつか指定する。

    ```
    >>> df = pd.read_csv(url, index_col='Date',
                         parse_dates=True, dayfirst=True)
    ```

4. 2次元の表データを保持するためのPandasデータ構造であるDataFrameオブジェクトが、変数 df に格納される。head(n) メソッドは最初のn行を表示する。Notebookでは、次の例のように DataFrame オブジェクトをHTMLの表として表示する。

```
>>> df.head(2)
```

Date	Unnamed: 1	Berri1	CSC	Mais1	Mais2	Parc	PierDup	Rachel1	Totem_Laurier
2013-01-01	00:00	0	0	1	0	6	0	1	0
2013-01-02	00:00	69	0	13	0	18	0	2	0

図1-7　DataFrameデータの最初の数行

各行は、道路ごとの自転車通行量を日別に表したものである。

5. describe() メソッドにより、要約統計量を算出する。

```
>>> df.describe()
```

	Berri1	CSC	Mais1	Mais2	Parc	PierDup	Rachel1	Totem_Laurier
count	261.000000	261.000000	261.000000	261.000000	261.000000	261.000000	261.000000	261.000000
mean	2743.390805	1221.858238	1757.590038	3224.130268	1669.425287	1152.885057	3084.425287	1858.793103
std	2247.957848	1070.037364	1458.793882	2589.514354	1363.738862	1208.848429	2380.255540	1434.899574
min	0.000000	0.000000	1.000000	0.000000	6.000000	0.000000	0.000000	0.000000
25%	392.000000	12.000000	236.000000	516.000000	222.000000	12.000000	451.000000	340.000000
50%	2771.000000	1184.000000	1706.000000	3178.000000	1584.000000	818.000000	3111.000000	2087.000000
75%	4767.000000	2168.000000	3158.000000	5812.000000	3068.000000	2104.000000	5338.000000	3168.000000
max	6803.000000	3330.000000	4716.000000	7684.000000	4103.000000	4841.000000	8555.000000	4293.000000

図1-8　DataFrameの要約統計量

6. グラフを表示してみよう。2つの道路を選び、日別の自転車走行数をプロットする。最初に2つの列「Berri1」と「PierDup」を選択し、plot() メソッドを呼ぶ[*1]。

```
>>> df[['Berri1', 'PierDup']].plot(figsize=(10, 6),
                                   style=['-', '--'],
                                   lw=2)
```

[*1] 訳注：プロットを行うライブラリのデフォルトスタイルが変更されることにより、配色や目盛の形式など、プロットの見た目はいつでも同じように表示されるとは限らない。翻訳を行った時点では、白い背景のよりシンプルなプロットがデフォルトになっていた。6章で紹介するSeabornを使用して、次のコードをプロットの前に追加することで、ほぼ同じ見た目にすることが可能となる。

```
import seaborn as sns
sns.set_style("darkgrid", {'grid.color': '.8'})
```

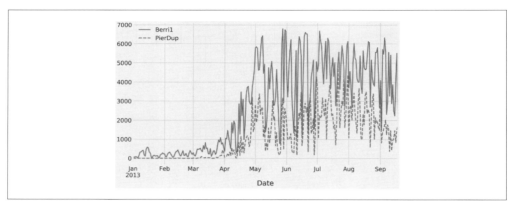

図1-9　2つの地区の日別自転車通行量

7. 次に、もう少し高度な分析を行う。路上の自転車通行量を曜日の関数として見てみよう。まず、Pandasを使って曜日を求める。DataFrameオブジェクトのインデックスは日付[*1]であるため、インデックスはweekday_name（曜日）などの日付に関連した属性を持つ。

```
>>> df.index.weekday_name
Index(['Tuesday', 'Wednesday', 'Thursday', 'Friday',
       'Saturday', 'Sunday', 'Monday', 'Tuesday',
       ...
       'Friday', 'Saturday', 'Sunday', 'Monday',
       'Tuesday', 'Wednesday'],
      dtype='object', name='Date', length=261)
```

8. 自転車の通行量を曜日の関数とするため、表の要素を曜日でまとめる必要がある。groupby()はそのための関数である。曜日の順番を維持したいので、weekday_nameではなくweekday属性（月曜日が0、火曜日が1...）を使用する。グループごとにまとめてから、その合計を計算する。

```
>>> df_week = df.groupby(df.index.weekday).sum()
>>> df_week
```

[*1] 訳注：dfオブジェクトを作成した際に使用したread_csvメソッドで、index_colとして"Date"の列を指定し、parse_datesをtrueにしているため、各行の索引はCSVファイルのDate列のデータが使われ、日付として解釈されている。

	Berri1	CSC	Mais1	Mais2	Parc	PierDup	Rachel1	Totem_Laurier
Date								
0	106826	51646	68087	129982	69767	44500	119211	72883
1	117244	54656	76974	141217	74299	40679	123533	76559
2	120434	59604	79033	145860	80437	42564	125173	79501
3	115193	52340	76273	141424	73668	36349	120684	74540
4	105701	44252	71605	127526	64385	36850	118556	71426
5	75754	27226	45947	79743	35544	46149	97143	56438
6	74873	29181	40812	75746	37620	53812	100735	53798

図1-10　Pandasによるデータの集計

9. 次にこのデータをグラフに表示しよう。`DataFrame`の`plot()`メソッドを使ってMatplotlibのプロットを作成する。

```
>>> fig, ax = plt.subplots(1, 1, figsize=(10, 8))
df_week.plot(style='-o', lw=3, ax=ax)
ax.set_xlabel('Weekday')
# We replace the labels 0, 1, 2... by the weekday     x軸ラベルは0, 1, 2...ではなく曜日
# names.                                              名に置き換える
ax.set_xticklabels(
    ('Monday,Tuesday,Wednesday,Thursday,'
     'Friday,Saturday,Sunday').split(','))
ax.set_ylim(0)  # Set the bottom axis to 0.    y軸の原点を0とする
```

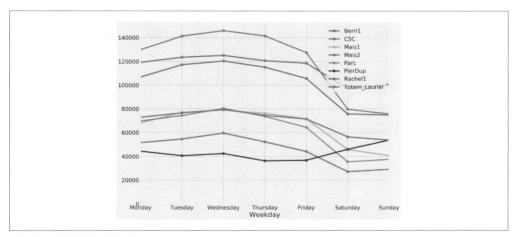

図1-11　曜日ごとにグラフ化

10. 最後に、Notebookのインタラクティブ機能を説明する。道路ごとの通行量を時間の関数として平滑化（**移動平均**）したグラフを作ろう。各日付の近傍との平均をその日の値とする。対象の区間を広く取ればグラフの曲線は滑らかになる。Notebookにスライダーコントロールを追加し、区

間の広さの変更をリアルタイムに反映できるようにする。これはplot関数の前に@interactデコレータを付けるだけで可能となる。

```
>>> from ipywidgets import interact

@interact
def plot(n=(1, 30)):
    fig, ax = plt.subplots(1, 1, figsize=(10, 8))
    df['Berri1'].rolling(window=n).mean().plot(ax=ax)
    ax.set_ylim(0, 7000)
    plt.show()
```

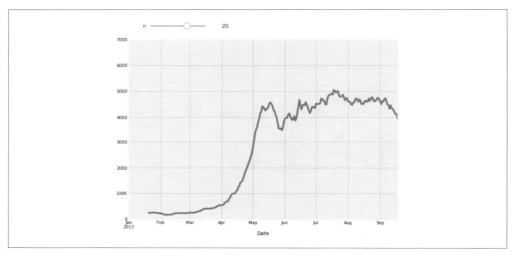

図1-12　Notebookの対話ウィジェット

解説

　Matplotlibプロットを作成する場合、`plt.subplots()`メソッドを使って1つのFigureインスタンスと必要なだけのAxis（サブプロットそれぞれのax object）インスタンスを作成する方法をお勧めします。その際、`figsize`キーワード引数を使用すると、プロットのサイズをインチ単位で指定できます。Axisインスタンスに対して、直接プロットメソッドを呼び出します。ここでは、`set_ylim()`メソッドを使用して軸のy制限を設定しています。PandasのDataFrameインスタンスによって提供される`plot()`メソッドのような、既存のプロットコマンドがある場合、Axisインスタンスは`ax`キーワード引数として渡すことができます。

応用

　PandasはPythonでデータを読み込み、操作するための主要なライブラリです。他のツールや関数はより高度な分析（信号処理、統計、数学モデリングなど）を行う際に必要となります。これらの話題

は「7章　統計的データ分析」から始まる本書の後半で扱います。

Pandasのデータ操作に関する参考資料です。

- 本書の前編にあたる入門書『Learning IPython for Interactive Computing and Data Visualization, Second Edition』、Packt Publishing刊、2015
- Pandasの作者Wes McKinneyによる『Python for Data Analysis, 2nd Edition』、O'Reilly Media刊、2017（邦訳『Pythonによるデータ分析入門第2版』、瀬戸山雅人他訳、オライリー・ジャパン刊、2018）
- Jake VanderPlasによる『Python Data Science Handbook』、O'Reilly Media刊、2016（邦訳『Pythonデータサイエンスハンドブック』、菊池彰訳、オライリー・ジャパン刊、2018）
- Pandasのマニュアル（https://pandas.pydata.org/pandas-docs/stable/）
- Matplotlibのチュートリアル（https://matplotlib.org/tutorials/introductory/usage.html）

関連項目

- 「レシピ1.3　高速配列計算のためのNumPy多次元配列」

レシピ1.3　高速配列計算のためのNumPy多次元配列

　科学技術計算のためのPythonエコシステムの中心がNumPyです。このライブラリは、高速数値計算のためのデータ構造、すなわち**多次元配列**を提供します。Pythonは高水準の動的言語であるため、使いやすい代わりにC言語などの低水準言語と比較して性能が犠牲となっていました。NumPyは多次元配列をC言語で実装し、Pythonに対する利便性の高いインターフェースを提供しました。そのため、性能と使いやすさが両立しています。NumPyは、多くのPythonライブラリで利用されています。例えば、PandasはNumPyライブラリの上に構築されています。

　このレシピでは、多次元配列の基本概念を紹介します。より包括的な解説は、『Learning IPython for Interactive Computing and Data Visualization, Second Edition』を参照してください。

手順

1. Pythonの乱数モジュールとNumPyをインポートする。

```
>>> import random
    import numpy as np
```

2. 次にPythonのリストを2つ用意する。どちらも0と1の間の乱数を100万個保持する。

```
>>> n = 1000000
    x = [random.random() for _ in range(n)]
    y = [random.random() for _ in range(n)]
>>> x[:3], y[:3]
([0.926, 0.722, 0.962], [0.291, 0.339, 0.819])
```

3. 要素ごとの和を求める。xの最初の要素とyの最初の要素を足す。続いてxの2番目とyの2番目を足す。forループを使ってリストを最後まで順にたどる。

    ```
    >>> z = [x[i] + y[i] for i in range(n)]
        z[:3]
    [1.217, 1.061, 1.781]
    ```

4. この処理にはどのくらい時間がかかるだろうか。IPythonは実行時間を計測するための%timeit magicコマンドを提供しているので、それを使って計測する。

    ```
    >>> %timeit [x[i] + y[i] for i in range(n)]
    101 ms ± 5.12 ms per loop (mean ± std. dev. of 7 runs,
        10 loops each)
    ```

5. NumPyを使って同じ操作を実行してみよう。NumPyは多次元配列を扱うので、ここで使ったリストをnp.array()関数を使って配列に変換する。

    ```
    >>> xa = np.array(x)
        ya = np.array(y)
    >>> xa[:3]
    array([ 0.926, 0.722, 0.962])
    ```

    配列xaとyaにはそれぞれxとyと同じ数値が入っている。リストはPythonの組み込みクラスのインスタンスだが、配列はNumPyのndarrayクラスのインスタンスである。これらはそれぞれまったく異なる方法で実装されている。例えば、リストの代わりに配列を使うことで、パフォーマンスは劇的に向上する。

6. この配列に対して、要素ごとの計算を行う。ここでforループは必要ない。NumPyでは2つの配列の和は、要素ごとの和を意味する。これは線形代数(配列計算)における標準的な記法である。

    ```
    >>> za = xa + ya
        za[:3]
    array([ 1.217, 1.061, 1.781])
    ```

    リストzと配列zaには、同じ要素(xとyの要素ごとの和)が入っていることがわかる。

    Pythonリストに+演算子を使用しないように注意してください。この演算子はリストに対しても有効であるためエラーは発生しませんが、微妙でわかりにくいバグにつながる可能性があります。実際、list1 + list2は2つのリストの連結であり、要素ごとの加算ではありません。

7. NumPyによる計算とPythonのloopを使った計算とのパフォーマンスを比較してみよう。

    ```
    >>> %timeit xa + ya
    1.09 ms ± 37.3 µs per loop (mean ± std. dev. of 7 runs,
        1000 loops each)
    ```

レシピ1.3　高速配列計算のためのNumPy多次元配列 | **23**

Pythonの組み込み操作に比べて、1桁以上の速度向上が見られた。100ミリ秒かかっていた100万回の加算が、NumPyを使うと1ミリ秒に短縮できた。

8. 他の計算も試してみよう。xまたはxa内すべての要素の和を求める。要素ごとの操作ではないが、それでもNumPyは高いパフォーマンスを示す。Pythonのリストを使う計算では組み込みのsum()関数をリストに対して使う。NumPyでは、np.sum()関数を配列に対して適用する。

```
>>> %timeit sum(x)  # pure Python
3.94 ms ± 4.44 μs per loop (mean ± std. dev. of 7 runs
    100 loops each)
>>> %timeit np.sum(xa)  # NumPy
298 μs ± 4.62 μs per loop (mean ± std. dev. of 7 runs,
    1000 loops each)
```

ここでもパフォーマンスは劇的に向上している。

9. 最後の例として、2つのリストに入っている数値すべての組み合わせの距離を計算する（計算時間を適切にするため、最初の1000要素のみを計算の対象とする）。まず、二重のforループによる計算を行う。

```
>>> d = [abs(x[i] - y[j])
         for i in range(1000)
         for j in range(1000)]
>>> d[:3]
[0.635, 0.587, 0.106]
```

10. 続いて同じ処理を2種類のNumPy機能を使って実装してみよう。1つ目は**2次元の配列**（行列）として、2つのインデックスiとjを使って操作する。2つ目は**ブロードキャスト**を使い、2次元配列と1次元配列との間で計算を行う。詳細は、「解説」セクションで説明する。

```
>>> da = np.abs(xa[:1000, np.newaxis] - ya[:1000])
>>> da
array([[ 0.635,  0.587,  ...,  0.849,  0.046],
       [ 0.431,  0.383,  ...,  0.646,  0.158],
       ...,
       [ 0.024,  0.024,  ...,  0.238,  0.566],
       [ 0.081,  0.033,  ...,  0.295,  0.509]])
>>> %timeit [abs(x[i] - y[j]) \
             for i in range(1000) \
             for j in range(1000)]
134 ms ± 1.79 ms per loop (mean ± std. dev. of 7 runs,
    1000 loops each)
>>> %timeit np.abs(xa[:1000, np.newaxis] - ya[:1000])
1.54 ms ± 48.9 μs per loop (mean ± std. dev. of 7 runs
    1000 loops each)
```

ここでも、大きな速度向上が見られた。

解説

NumPy 配列は多次元の有限の大きさを持つ格子として作られた均質なデータの集まりです。配列の要素はすべて dtype に格納された同一の型（整数、浮動小数点数など）を持ちます。shape は、各次元の要素数をタプル[*1]で表します。

- 1次元の配列は**ベクトル**であり、shape は要素の数である。
- 2次元の配列は**マトリクス**であり、shape は行の数と列の数である。
- 次の図は各次元のサイズが 3, 4, 2 で 24 個の要素を持つ 3 次元の配列を表す。

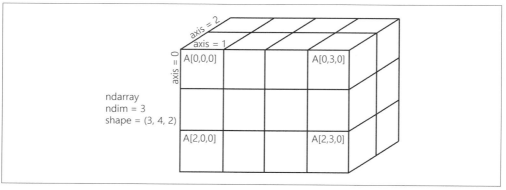

図 1-13　NumPy 配列

Python 形式のスライスシンタックスは、NumPy の配列インデックスに変換されます。np.newaxis を指定すると既存の配列に次元を追加することも可能です。

同じ shape を持つ NumPy 配列同士は、要素ごとの算術演算が行えます。ブロードキャストはこの制限を緩和して、特定の条件下で異なる shape を持つ配列間の計算を可能とします。特に、一方の配列の次元が他方の次元よりも小さい場合、仮想的な拡張を行い次元を一致させます。これは、xa と ya のすべての要素間で距離を計算した例で使われました[*2]。

どのような仕組みで Python のループよりも高速に計算できるのでしょうか。これにはいくつかの理由があり、「4 章　プロファイリングと最適化」で詳しく取り上げます。この時点では、下記 2 点に留めておきましょう。

- NumPy の配列演算では、Python のループではなく C 言語のループを内部で使用している。イ

[*1] 訳注：タプル (tuple) はリストと同じように複数の値を 1 つのデータとして表す Python の型の 1 つ。リストと異なり、要素の追加、削除、および要素の値変更はできない。値をカンマで区切ってカッコで囲む。

[*2] 訳注：xa と ya はそれぞれ 1,000 要素を使用したので、その組み合わせは 1000×1000 の行列となる。このテクニックでは、np.newaxis を使って xa を 2 次元にした上で、ブロードキャストで ya が 2 次元に拡張されるものとの差を計算している。

ンタープリタ言語であり、動的型付け言語であるPythonは、たいていの場合でC言語ほどパフォーマンスが良くない。

- NumPyのデータは、主記憶上で連続した領域に格納されるよう配慮されている。そのため、CPUサイクルとキャッシュを効率良く使うことができる。

応用

この話題について、少しだけ補足します。本書の前編である『Learning IPython for Interactive Computing and Data Visualization, Second Edition』では基本的な配列の操作について、詳しく取り上げました。配列データ構造は本書でも繰り返し使用します。「4章　プロファイリングと最適化」ではNumPy配列の高度なテクニックについて扱います。

以下参考資料です。

- NumPy 配列マニュアルの ndarray 解説（https://docs.scipy.org/doc/numpy/reference/arrays.ndarray.html）
- NumPy 配列チュートリアル（https://docs.scipy.org/doc/numpy-dev/user/quickstart.html）
- SciPy チュートリアル中のNumPy配列に対する説明（https://scipy-lectures.github.io/intro/numpy/array_object.html）
- MATLABユーザに対するNumPy解説（https://docs.scipy.org/doc/numpy/user/numpy-for-matlab-users.html）

関連項目

- 「レシピ1.2　はじめてのJupyter Notebookによる探索的データ分析」
- 「レシピ4.5　不必要な配列コピーを排除するためのNumPy内部構造解説」

レシピ1.4　カスタムmagicコマンドによるIPython拡張の作成

IPythonでは多数のmagicコマンドが提供されていますが、新しいmagicコマンドが必要となる状況も考えられます。このレシピでは、行magicコマンドとセルmagicコマンドを作成し、IPythonの拡張として組み込む方法を紹介します。

手順

1. IPython magicモジュールから、必要な関数をインポートする。

```
>>> from IPython.core.magic import (register_line_magic,
                                    register_cell_magic)
```

26 | 1章　JupyterとIPythonによる対話的コンピューティング入門

2. 行magicコマンドの定義は単純である。まず入力行の内容を受け取る関数を定義する。この関数の名前がmagicコマンド名となる（関数名に%の前置は不要）。次にこの関数定義を@register_line_magicでデコレートする。

```
>>> @register_line_magic
    def hello(line):
        if line == 'French':
            print("Salut tout le monde!")
        else:
            print("Hello world!")
>>> %hello
Hello world!
>>> %hello French
Salut tout le monde!
```

3. 次に、CSV文字列を受け取ってPandasのDataFrameオブジェクトを返す%%csvセルmagicコマンドを作ってみよう。この場合、関数に対する引数はセル中で先頭行の%%csvコマンドに続く文字列と、2行目以降最後の行までのセルの内容となる。

```
>>> import pandas as pd
    from io import StringIO

    @register_cell_magic
    def csv(line, cell):
        # We create a string buffer containing the     セル全体を格納する文字列を作成
        # contents of the cell.
        sio = StringIO(cell)
        # We use Pandas' read_csv function to parse    Pandasのread_csv()を使って、CSVを読み込む
        # the CSV string.
        return pd.read_csv(sio)
>>> %%csv
    col1,col2,col3
    0,1,2
    3,4,5
    7,8,9
```

	col1	col2	col3
0	0	1	2
1	3	4	5
2	7	8	9

図1-14　%%csvセルmagicコマンドで作成したCSVを表示

直前に作成されたオブジェクトは、_を使ってアクセスできる。

```
>>> df = _
    df.describe()
```

	col1	col2	col3
count	3.000000	3.000000	3.000000
mean	3.333333	4.333333	5.333333
std	3.511885	3.511885	3.511885
min	0.000000	1.000000	2.000000
25%	1.500000	2.500000	3.500000
50%	3.000000	4.000000	5.000000
75%	5.000000	6.000000	7.000000
max	7.000000	8.000000	9.000000

図1-15　作成したオブジェクトを表示

4. ここで説明した手順は、その対話セッション内で利用可能であるが、これを別のNotebookセッションで使用したり第三者に配布するのであれば、このmagicコマンドをIPython拡張として作成する必要がある。まず最初に、magicコマンドを実装したPythonスクリプト（ここではcsvmagic.pyとする）を作成し、続いてload_ipython_extension(ipython)関数を用意する。

```
>>> %%writefile csvmagic.py
    import pandas as pd
    from io import StringIO

    def csv(line, cell):
        sio = StringIO(cell)
        return pd.read_csv(sio)

    def load_ipython_extension(ipython):
        """This function is called when the extension is
        loaded. It accepts an IPython InteractiveShell
        instance. We can register the magic with the
        `register_magic_function` method of the shell
        instance."""
        ipython.register_magic_function(csv, 'cell')
    Writing csvmagic.py
```

> 拡張がロードされる際に、この関数が呼ばれる。パラメータとしてIPythonのInteractiveShellインスタンスが渡される。そのインスタンスのregister_magic_functionメソッドを呼び出して、magicコマンドを登録する。

5. 拡張モジュールを作成したなら、%load_extmagicコマンドを使ってIPythonセッションにインポートする。次の例では、作成したIPython拡張をインポートした直後に%%csv magicコマンドを使用している。

```
>>> %load_ext csvmagic
>>> %%csv
    col1,col2,col3
    0,1,2
    3,4,5
    7,8,9
```

28 | 1章　JupyterとIPythonによる対話的コンピューティング入門

	col1	col2	col3
0	0	1	2
1	3	4	5
2	7	8	9

図1-16　再度CSVファイルを表示する

解説

IPython拡張とは、load_ipython_extension(ipython)を実装したPythonのモジュールです。%load_extmagicコマンドが実行された際にモジュールがロードされ、load_ipython_extension(ipython)関数が実行されます。この関数には引数として現在実行中のInteractiveShellインスタンスが渡されます。このオブジェクトはIPythonセッションとやり取りをするためのメソッドを定義しています。

InteractiveShellクラス

IPythonの対話セッションは、InteractiveShellクラスのシングルトンインスタンスとして表現されます。対話セッションの履歴や名前空間、およびセッションの中で利用するほとんどの機能は、このオブジェクトを通して利用できます。

対話セッションの中では、get_ipython()関数を使ってInteractiveShellのインスタンスにアクセスできます。

InteractiveShellのすべてのメソッドは、APIリファレンス（このレシピの最後のリンクを参照）に記載されています。頻繁に使うであろう重要な属性とメソッドを以下にリストします。

user_ns	ユーザ名前空間（Python辞書として実装）
push()	対話環境の名前空間にPython変数を追加する
ev()	ユーザ名前空間で、Python式を評価する
ex()	ユーザ名前空間で、Python文を実行する
run_cell()	（文字列として渡された）セルの内容を実行する。IPython magicコマンドを含んでいても良い
safe_execfile()	Pythonスクリプトファイルを安全に実行する
system()	システムコマンドを実行する
write()	デフォルトの出力先に文字列を出力する
write_err()	デフォルトのエラー出力に文字列を出力する
register_magic_function()	関数をIPythonのmagicコマンドとして登録する

IPython拡張を読み込む

Pythonの拡張モジュールは、%load_extコマンドで読み込みます。ここではモジュールをカレントディレクトリに置いてあるものとしました。別の状況ではPythonに関連するパスに置かなければなりません。~\.ipython\extensionsは自動的にPythonに関係するパスとして登録されるため、拡張モジュールを置く場所として適切です。

拡張したmagicコマンドを自動的に使用可能とするため、対話シェルが起動されたタイミングで拡張が自動的にロードされるようにしましょう。そのために、~/.ipython/profile_default/ipython_config.pyファイルを開き、c.InteractiveShellApp.extensionsリストに、今回作成したcsvmagicを追加します。csvmagicモジュールはインポート可能な場所に置かなければなりません。IPython拡張を作成する際には、自分自身をmagicコマンドとして登録するよう実装します。

応用

多くのIPython拡張がサードパーティから提供されています。%%cython magicコマンドを使うと、Notebookに直接書いたCythonのコードを実行できます。

以下参考資料です。

- IPython 拡張システムのマニュアル（https://ipython.readthedocs.io/en/stable/config/extensions/index.html）
- 新しいmagic コマンドの定義方法（https://ipython.readthedocs.io/en/stable/config/custommagics.html）
- IPython拡張の一覧（https://github.com/ipython/ipython/wiki/Extensions-Index）
- InteractiveShellクラスのAPIリファレンス（https://ipython.readthedocs.io/en/stable/api/generated/IPython.core.interactiveshell.html）

関連項目

- 「レシピ1.5　IPythonの設定システム」

レシピ1.5　IPythonの設定システム

IPython由来であるtraitletsパッケージ（https://traitlets.readthedocs.io/en/stable/）は、非常に強力な設定システムを提供しています。このシステムはプロジェクト全体で使用されていますが、IPython拡張機能でも、まったく新しいアプリケーションでも使用できます。

このレシピでは、このシステムを使用して設定を変更できるIPython拡張を作る方法を紹介します。ここでは乱数を表示する簡単なmagicコマンドを作成します。このmagicコマンドは、ユーザがIPythonの設定ファイルに指定した値で初期設定されます。

手順

1. IPython拡張を random_magics.py ファイルに作成する。オブジェクトのインポートを最初に行う。

   ```
   >>> %%writefile random_magics.py

       from traitlets import Int, Float, Unicode, Bool
       from IPython.core.magic import (Magics, magics_class,
                                       line_magic)
       import numpy as np
   Writing random_magics.py
   ```

2. Magicsクラスを継承したRandomMagicsクラスを作る。このクラスには設定可能なパラメータを用意する。

   ```
   >>> %%writefile random_magics.py -a

       @magics_class
       class RandomMagics(Magics):
           text = Unicode(u'{n}', config=True)
           max = Int(1000, config=True)
           seed = Int(0, config=True)
   Appending to random_magics.py
   ```

3. 親クラスのコンストラクターを呼び出し、そのあと乱数生成関数を seed の値で初期化する。

   ```
   >>> %%writefile random_magics.py -a

       def __init__(self, shell):
           super(RandomMagics, self).__init__(shell)
           self._rng = np.random.RandomState(
               self.seed or None)
   Appending to random_magics.py
   ```

4. 乱数を表示する %random magic コマンドを定義する。

   ```
   >>> %%writefile random_magics.py -a

       @line_magic
       def random(self, line):
           return self.text.format(
               n=self._rng.randint(self.max))
   Appending to random_magics.py
   ```

5. 拡張がロードされた際に magic コマンドが登録されるようにする。

   ```
   >>> %%writefile random_magics.py -a

   def load_ipython_extension(ipython):
       ipython.register_magics(RandomMagics)
   Appending to random_magics.py
   ```

レシピ1.5　IPythonの設定システム | **31**

6. 作成した拡張をNotebookでテストする。

```
>>> %load_ext random_magics
>>> %random
'430'
>>> %random
'305'
```

7. このmagicコマンドは設定可能なパラメータを持つ。この値はユーザがIPythonの設定ファイル
で設定するか、IPythonを開始する際に指定することを意図している。ターミナルから設定する
には、次のコマンドをシェルから実行する。

```
ipython --RandomMagics.text='Your number is {n}.' \
        --RandomMagics.max=10 \
        --RandomMagics.seed=1
```

この場合、%randomコマンドの表示は「Your number is 5.」となる[*1]。

8. IPython設定ファイルで値を設定する場合、~/.ipython/profile_default/ipython_config.py
を編集して次の行を加える。

```
c.RandomMagics.text = 'random {n}'
```

IPythonを起動し "%load_ext random_magics" を実行した後表示は「random 652.」のようになる。

解説

IPythonの設定システムは、いくつかのコンセプトに基づいて定義されています。

- **ユーザプロファイリング**は、ユーザそれぞれのパラメータ、ログ、コマンド履歴の集合である。
  ユーザはプロジェクトごとに異なるプロファイリングを持つことができる。xxxプロジェクトの
  プロファイリングは、~/.ipython/profile_xxxに格納する。ここで ~ はユーザのホームディ
  レクトリを表す。

  ○ Linux システムでは/home/ユーザ名/.ipython/profile_xxxが一般的である。
  ○ macOS システムでは/home/ユーザ名/.ipython/profile_xxxが一般的である。
  ○ Windows システムではC:\Users\ユーザ名\.ipython\profile_xxxが一般的である。

- **設定オブジェクト**であるConfigは、キー・バリュー形式で値を格納するPythonの辞書である。
  Configクラスはdictを継承している。
- HasTraitsクラスは、トレイト（trait）属性を持つ。トレイトは特殊な型とデフォルトの値を持つ

---

*1　訳注：このコマンドを実行するとipythonのインタラクティブシェルが起動するので、レシピで行ったように
"%load_ext random_magics" を実行して%random magicコマンドをロードし、%randomを実行する。

洗練されたPythonの属性値である。トレイトの値が変更された際には、コールバック関数が自動的に呼び出される。この仕組みにより、トレイトが変更された場合に通知を受けるクラスを用意することができる。

- ConfigurableクラスはIPython設定システムの恩恵を受けるすべてのクラスの親クラスとなる。Configurableクラスは設定可能な属性を持つ。これらの属性にはクラス定義の中でデフォルトの値を指定できる。Configurableクラスの主な目的は、設定ファイルでクラスごとの値を新たに定義可能とすることである。このためConfigurableクラスのインスタンスは、値を容易に変更することができる。
- **設定ファイル**には、Python形式またはJSON形式でConfigurableクラスの値を記入する。

Configurableクラスと設定ファイルは継承モデルをサポートしています。Configurableクラスは他のConfigurableクラスを継承し、パラメータをオーバーライドします。同様に、設定ファイルは他の設定ファイルを読み込むことが可能です。

Configurableクラス

Configurableクラスの例を次に示します。

```
from traitlets.config import Configurable
from traitlets import Float

class MyConfigurable(Configurable):
    myvariable = Float(100.0, config=True)
```

MyConfigurableクラスは、デフォルト値として100.0を持つmyvariable属性を持ちます。IPython設定ファイルに次の行があるとします。

```
c = get_config()
c.MyConfigurable.myvariable = 123.
```

この場合、myvariable属性のデフォルト値は123になります。このデフォルト値の変更は、インスタンスが作成される際に行われます。

get_config()関数は、設定ファイル内で使用できる特殊な関数です。

このレシピにも出てきたように、Configurableの属性値はIPythonの起動コマンドパラメータとして指定することもできます。

この設定システムは、すべてのIPythonアプリケーション(特に、対話シェル、Qt console、Notebook)で活用されています。これらのアプリケーションは設定可能な属性を数多く持っています。どのような属性があるかを知るには、各自の設定ファイルを調べてみると良いでしょう。

Magicクラス

MagicsクラスはConfigurableを継承し設定可能な属性を持つことができます。また、@line_magicか@cell_magicで修飾することによりmagicコマンドを定義できます。Magicsクラスを使用す

れば、（以前のレシピで使用した）magic関数を使ったmagicコマンド定義とは異なり、（クラスを使って定義しているため）別々のセルに分かれたmagicコマンド間で状態を共有できます。

応用

以下参考資料です。

- IPythonの設定とカスタマイズ（https://ipython.readthedocs.io/en/stable/config/）
- magicコマンド作成方法の解説（https://ipython.readthedocs.io/en/stable/config/custommagics.html）
- Configurationシステムの詳細（https://traitlets.readthedocs.io/en/stable/config.html）

関連項目

- 「レシピ1.4　カスタムmagicコマンドによるIPython拡張の作成」

レシピ1.6　単純なカーネルの作成

　Jupyterのアーキテクチャは、プログラミング言語から独立しています。クライアントとカーネル間が疎結合であるため、カーネルを任意の言語で作成することが可能です。クライアントはソケットベースのプロトコルを使ってカーネルと通信を行います。

　しかしながら、通信プロトコルは単純ではないため、ゼロからカーネルを作るのは簡単ではありません。幸いにもJupyterは、Pythonから呼び出せる言語のための軽量なラッパーカーネルインターフェースを提供しています。

　このインターフェースはJupyter Notebook（または対話シェルのような他のクライアント）のユーザインターフェースを完全に作り変えるためにも使えます。コードセルには、Python言語のコードが書き込まれますが、他のドメイン固有言語用のカーネルを作ることも可能です。（コードセルの内容である）文字列を受け取り、出力としてテキストやリッチデータを返すPythonの関数を作れば良いのです。入力コードを補完したり、検査する仕組みを作るのも容易です。

　Jupyterよりもずっと便利な対話型アプリケーションがあるなら、おそらくそれはプログラミングを職業としない、例えば高校生のようなユーザでも便利に使えるものとなるでしょう。

　このレシピでは、簡単なグラフィック計算機を作ります。この計算機は、NumPyとMatplotlibの機能をそのまま使います。コードセルに書かれた y = f(x) 形式の関数のグラフを描画します。

手順

1. 最初に plotkernel.py ファイルを作成する。このファイルにはカスタムカーネルのコードを保存する。いくつか必要なモジュールをインポートしよう。

34 | 1章 JupyterとIPythonによる対話的コンピューティング入門

```
>>> %%writefile plotkernel.py

    from ipykernel.kernelbase import Kernel
    import numpy as np
    import matplotlib.pyplot as plt
    from io import BytesIO
    import urllib, base64
Writing plotkernel.py
```

2. 次にMatplotlibによるPNGフォーマットの画像をbase64エンコードする関数を作る。

```
>>> %%writefile plotkernel.py -a

    def _to_png(fig):
        """Return a base64-encoded PNG from a    Matplotlibが出力したPNG画像をbase64エンコードする
        matplotlib figure."""
        imgdata = BytesIO()
        fig.savefig(imgdata, format='png')
        imgdata.seek(0)
        return urllib.parse.quote(
            base64.b64encode(imgdata.getvalue()))
Appending to plotkernel.py
```

3. y = f(x)形式の入力を解析して、NumPy関数を返す関数を作る。ここで、fはNumPy関数を表す任意のPython式となる。

```
>>> %%writefile plotkernel.py -a

    _numpy_namespace = {n: getattr(np, n)
                        for n in dir(np)}
    def _parse_function(code):
        """Return a NumPy function from a    文字列y = f(x)の表すNumPy関数を返す
        string 'y=f(x)'."""
        return lambda x: eval(code.split('=')[1].strip(),
                            _numpy_namespace, {'x': x})
Appending to plotkernel.py
```

4. ラッパーカーネルとしてKernelクラスを継承したクラスを作る。いくつかのメタデータに値を代入する。

```
>>> %%writefile plotkernel.py -a

    class PlotKernel(Kernel):
        implementation = 'Plot'
        implementation_version = '1.0'
        language = 'python'  # will be used for     Python形式のシンタックスハイライト
                            # syntax highlighting    を使用するために指定する
        language_version = '3.6'
        language_info = {'name': 'plotter',
                        'mimetype': 'text/plain',
```

レシピ1.6 単純なカーネルの作成 | **35**

```
                    'extension': '.py'}
        banner = "Simple plotting"
Appending to plotkernel.py
```

5. 入力を受け取り、クライアントに結果を返す do_execute() 関数を実装する。

```
>>> %%writefile plotkernel.py -a

def do_execute(self, code, silent,
               store_history=True,
               user_expressions=None,
               allow_stdin=False):

    # We create the plot with matplotlib.
    fig, ax = plt.subplots(1, 1, figsize=(6,4),
                           dpi=100)
    x = np.linspace(-5., 5., 200)
    functions = code.split('\n')
    for fun in functions:
        f = _parse_function(fun)
        y = f(x)
        ax.plot(x, y)
    ax.set_xlim(-5, 5)

    # We create a PNG out of this plot.
    png = _to_png(fig)

    if not silent:
        # We send the standard output to the
        # client.
        self.send_response(
            self.iopub_socket,
            'stream', {
                'name': 'stdout',
                'data': ('Plotting {n} '
                        'function(s)'). \
                        format(n=len(functions))})

        # We prepare the response with our rich
        # data (the plot).
        content = {
            'source': 'kernel',

            # This dictionary may contain
            # different MIME representations of
            # the output.
            'data': {
                'image/png': png
            },
```

> Matplotlib でグラフを作成する

> このグラフから PNG 画像を生成する

> クライアントの標準出力へ送信する

> リッチデータ (描画したグラフ) の結果を出力として用意する

> この辞書には、出力の MIME 表現として通常と異なる値を持たせる

```
                    # We can specify the image size                      フィールドに画像の大きさを指定する
                    # in the metadata field.
                    'metadata' : {
                            'image/png' : {
                                'width': 600,
                                'height': 400
                            }
                        }
                }

                    # We send the display_data message with       contentをdisplay_dataメッセージとして
                    # the contents.                                送信する
                    self.send_response(self.iopub_socket,
                        'display_data', content)

            # We return the exection results.                     実行結果を返す
            return {'status': 'ok',
                    'execution_count':
                        self.execution_count,
                    'payload': [],
                    'user_expressions': {},
                }
    Appending to plotkernel.py
```

6. ファイルの最後に次のコードを追加する。

```
>>> %%writefile plotkernel.py -a

    if __name__ == '__main__':
        from ipykernel.kernelapp import IPKernelApp
        IPKernelApp.launch_instance(
            kernel_class=PlotKernel)
    Appending to plotkernel.py
```

7. カスタムカーネルの準備ができた。次のステップで、新しいカーネルの存在をIPythonに知らせる。そのために、以下の内容を記述したkernel.jsonファイルを~/.ipython/kernels/plot/に配置する。

```
>>> %mkdir -p plotter
>>> %%writefile plotter/kernel.json
    {
      "argv": ["python", "-m",
              "plotkernel", "-f",
              "{connection_file}"],
      "display_name": "Plotter",
      "name": "Plotter",
      "language": "python"
    }
    Writing plotter/kernel.json
```

8. カーネルをインストールする。

    ```
    >>> !jupyter kernelspec install --user plotter
    [InstallKernelSpec] Installed kernelspec plotter in
    ~/.local/share/jupyter/kernels/plotter
    ```

9. Plotterカーネルが、一覧に表示された[*1]。

    ```
    >>> !jupyter kernelspec list
    Available kernels:
      bash       ~/.local/share/jupyter/kernels/bash
      ir         ~/.local/share/jupyter/kernels/ir
      plotter    ~/.local/share/jupyter/kernels/plotter
      sagemath   ~/.local/share/jupyter/kernels/sagemath
      ...
    ```

    plotkernel.pyファイルはPythonへインポートできる必要があるため、ここではカレントディレクトリに配置した。

10. Jupyter Notebookのメインページをリフレッシュする（または必要に応じてJupyter Notebookを再起動する）と、Plotterカーネルがカーネルのリストに表示される。

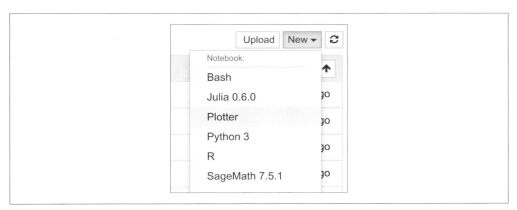

図1-17　新しいNotebookのカーネル候補にPlotterが追加された

11. Plotterカーネルを指定して新しいNotebookを作る。単純にコードとして y = f(x) という形式の方程式を実行すると、次の例のように対応するグラフが出力領域に表示される。

---

*1 訳注：筆者は、さまざまなカーネルをIPythonに組み込んでいるが、通常Anacondaをインストールした後、このレシピを実行した状態では、Plotterカーネル以外には、Python3カーネルだけがリストされる。

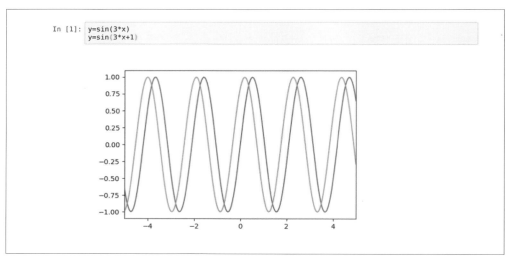

図1-18　Plotterカーネルの実行例

解説

カーネルとクライアントは異なるプロセスとして動作します。両者はソケット上に実装されたプロトコルで通信します。現在のところ、メッセージの中身はテキストベースの構造化フォーマットであるJSONを使っています。

カーネルは、（例えばNotebookなどの）クライアントからコードを受け取ります。ユーザがセルに入力したコードは、do_execute()関数に渡されます。

カーネルがクライアントにメッセージを送り返すには、self.send_response()メソッドを使います。

- 最初の引数は、ソケット。ここではIOPubソケットを使用した。
- 2番目の引数では、メッセージの種類を指定する。ここでは標準出力か標準エラー出力へ送るstreamとリッチデータを送るdisplay_dataを使用した。
- 3番目の引数に、メッセージの中身をPython辞書の形式で渡す。

データには、text、HTML、SVG、イメージなど複数のMIME表現を同梱できます。これらのデータの扱いは、クライアント側の責任で行われます。例えばHTML Notebookクライアントはこれらのデータをブラウザで表示する方法を知っていなければなりません。

実行結果は辞書として返します。この簡単な例では、実行結果として常にOKを返します。実用的なコードでは、エラー（例えば、としてシンタックスエラーの有無など）が発生したか否かを検知して、その結果を返すようにすべきです。

通信プロトコルの詳細は、このレシピの最後のリンク先を参照してください。

応用

ラッパーカーネルには、コードの補完や検査の仕組みを含めることが可能です。例えば、コード入力の補完を行うのであれば、次のメソッドを実装します。

```
def do_complete(self, code, cursor_pos):
    return {'status': 'ok',
            'cursor_start': ...,
            'cursor_end': ...,
            'matches': [...]}
```

この関数はユーザがコードの補完を要求した際に呼び出されます。その際、入力カーソルの位置は、cursor_pos引数で渡されます。関数の結果としてコード補完した内容が上書きする領域をcursor_startとcursor_endで示し、matchesで補完候補を渡します。

以下参考資料です。

- カスタムカーネルの例 (https://github.com/jupyter/echo_kernel)
- ラッパーカーネル (https://jupyter-client.readthedocs.io/en/latest/wrapperkernels.html)
- Jupyterのメッセージプロトコル (https://jupyter-client.readthedocs.io/en/latest/messaging.html#execution-results)
- Jupyterのカーネル作成方法 (https://jupyter-client.readthedocs.io/en/latest/kernels.html)
- JupyterでC++を使用する方法 (https://blog.jupyter.org/interactive-workflows-for-c-with-jupyter-fe9b54227d92)

2章
対話的コンピューティングの
ベストプラクティス

本章で取り上げる内容
- Unix シェルの基礎
- Python 3 最新機能の紹介
- 分散型バージョン管理システム Git の基礎
- Git ブランチを使った典型的な作業の流れ
- IPython の効果的な対話的コンピューティング
- 再現性の高い実験的対話型コンピューティングを行うための10のヒント
- 高品質な Python コード
- pytest を使った単体テスト
- IPython を使ったデバッグ

はじめに

　この章は対話環境を使うための、より良い指針を扱う特別な章です。ここでは本書が扱うツールを正しく適切に使う方法を説明します。(Jupyter Notebook を使用した) 再現可能な対話作業を行う方法を扱う前に、一般的なツールである Unix シェル、Python 3 の最新機能、Git について紹介します。

　また、ソフトウェア開発に関する一般的な話題、例えばコードの品質、デバッグ、テストなども扱います。こうした点に注意することで、最終的な成果物 (ソフトウェア、研究成果、出版物など) の品質を大幅に向上させることができます。この種の重要なトピックについて、本書で取り上げるのは表面的なものでしかありませんが、より深く学ぶための参考資料を掲載するので、適宜参照してください。

レシピ2.1　Unix シェルの基礎

　コマンドラインインターフェース (またはターミナル) を使用してオペレーティングシステムを操作する方法を学ぶことは、対話型のコンピューティングとデータ分析に必要なスキルです。本書のほと

42 | 2章　対話的コンピューティングのベストプラクティス

んどのレシピでは、コマンドラインインターフェースを使用します。IPythonとJupyter Notebookの起動や、Pythonパッケージのインストールは、通常ターミナルから行います。

このレシピでは、（Debian、Ubuntuなどの）LinuxディストリビューションとmacOSで利用できるUnixシェルの簡単な基礎を紹介します。Windows 10では、Windowsオペレーティングシステムに統合されたUnixサブシステムのコマンドラインインターフェースであるWindows Subsystem for Linuxが使えます（https://docs.microsoft.com/windows/wsl/aboutを参照）。

準備

macOS、Linux、およびWindowsでUnixシェルを開く方法を説明します。このレシピでは、最も一般的なUnixシェルであるbashを使用します。

macOSでは、Spotlight検索を起動[*1]し、「ターミナル」と入力してからEnterキーを押します。

Windowsの場合は、まずhttps://docs.microsoft.com/en-us/windows/wsl/install-win10の指示に従ってください。続いて、Windowsメニューを開き、bashと入力してEnterを押します。

Ubuntu Desktopでは、デスクトップ上の左上のアイコンをクリックしてDashを開き[*2]、terminalと入力してTerminal（端末）を開きます。

このレシピのコードをJupyterで実行したい場合は、https://github.com/takluyver/bash_kernelのbash_kernel[*3]をインストールする必要があります。ターミナルから、pip install bash_kernel && python -m bash_kernel.installと入力します。

このコマンドでJupyterにbashカーネルがインストールされ、このレシピのコードをNotebookで直接実行できるようになります[*4]。

手順

Unixシェルからは何百ものコマンドが実行できますが、このレシピでは最も一般的なものを使います。

1. ターミナルには、キーボードからコマンドを入力する。Enterキーを押すとそのコマンドが実行され、入力したコマンドの下に出力が表示される。ターミナルで現在アクティブなファイルシステ

[*1] 訳注：Spotlight検索を起動するには、Commandキー＋スペースバーを押すか、画面右上のメニューバーにある虫メガネの形のSpotlightアイコンをクリックする。アプリケーションのユーティリティフォルダの中にあるターミナルを起動しても良い。

[*2] 訳注：Ubuntuは18.04からUnityインターフェースからGnomeインターフェースに切り替わったため、左上にUbuntuのアイコンはない。左上の「Activities」（アクティビティ）をクリックして「Type to search...」（検索ワードを入力...）欄にterminalと入力してTerminal（端末）を開く。

[*3] 訳注：IPythonカーネルが、JupyterでPythonコードを実行するためのカーネルであるようにbash_kernelはbashのコマンドをJupyterで実行するためのカーネル。

[*4] 訳注：「レシピ1.6　単純なカーネルの作成」で行ったように、bashカーネルをインストールすると新しいNotebookとしてbashが選択できるようになるので、そのNotebookを使ってbashコマンドを実行する。

ムのディレクトリを作業ディレクトリと呼び、次のコマンドで作業ディレクトリの絶対パスを取得できます。

```
$ pwd
/home/cyrille/git/cookbook-2nd/chapter02_best_practices
```

ドル$記号は入力しません。これはユーザが入力を開始できる場所を示すためのプロンプトとしてシェルが出力するものであり、Enterキーを押す前に入力したのはpwdの3文字だけです。

2. 作業ディレクトリ内のすべてのファイルとサブディレクトリを一覧表示できます。

```
$ ls
00_intro.md    03_git.md           07_high_quality.md
01_shell.md    04_git_advanced.md  08_test.md
02_py3         05_workflows.md     09_debugging.md
02_py3.md      06_tips.md          images
$ ls -l
total 100
-rw-rw-r-- 1 owner    769 Dec 12 10:23 00_intro.md
-rw-rw-r-- 1 owner   2473 Dec 12 14:21 01_shell.md
...
-rw-rw-r-- 1 owner   9390 Dec 12 11:46 08_test.md
-rw-rw-r-- 1 owner   5032 Dec 12 10:23 09_debugging.md
drwxrwxr-x 2 owner   4096 Aug  1 16:49 images
```

-lオプションを指定すると、ディレクトリの内容が詳細なリストとして表示され、ファイルのアクセス権と所有者、ファイルサイズ、および最後に変更された日付も表示されます。ほとんどのシェルコマンドには、動作を変更し、任意に組み合わせることができる多くのオプションがあります。

3. cdコマンドを使ってサブディレクトリ間を移動します。作業ディレクトリを.（ドット1つ）で、その親ディレクトリを..（ドット2つ）で表します。

```
$ cd images
$ pwd
/home/cyrille/git/cookbook-2nd/chapter02_best_practices/images
$ ls
folder.png   github_new.png
$ cd ..
$ pwd
/home/cyrille/git/cookbook-2nd/chapter02_best_practices
```

4. 移動先は相対パス（起点となるディレクトリである作業ディレクトリに通常は依存する）または絶対パスで指定します。~で指定するホームディレクトリには、ユーザの個人用ファイルが格納さ

れます。設定ファイルは、「~/.プログラム名」のようなディレクトリに格納されることがあります。例えば、`~/.ipython`にはIPythonの設定ファイルが置かれます。

```
$ ls -la ~/.ipython
total 20
drwxr-xr-x  5 cyrille 4096 Nov 14 16:16 .
drwxr-xr-x 93 cyrille 4096 Dec 12 10:50 ..
drwxr-xr-x  2 cyrille 4096 Nov 14 16:16 extensions
drwxr-xr-x  2 cyrille 4096 Nov 14 16:16 nbextensions
drwxr-xr-x  7 cyrille 4096 Dec 12 14:18 profile_default
```

bashではほとんどのターミナルにおいて、キーボードの矢印キーを使用して過去のコマンド履歴を順に表示できます。また、Tabキーを使用すると、コマンドやファイルの最初の文字を使ったタブ補完機能が使えます。例えば、`ls -la ~/.ipy`と入力してTabキーを押すと、`ls -la ~/.ipython`の入力が完成します。`~/.ipy`で始まるファイルやディレクトリが複数ある場合は、候補が一覧されます。

5. ファイルやディレクトリの作成、移動、名前変更、コピー、および削除をターミナルから実行できます。

```
$ # We create an empty directory:        空のディレクトリを作成する
$ mkdir md_files
$ # We copy all Markdown files into the new directory:   作成したディレクトリにMarkdownのファイルをコピーする
$ cp *.md md_files
$ # We rename the directory:             ディレクトリの名前を変更する
$ mv md_files markdown_files
$ ls markdown_files
00_intro.md          05_workflows.md
01_shell.md          06_tips.md
02_py3.md            07_high_quality.md
03_git.md            08_test.md
04_git_advanced.md   09_debugging.md
$ rmdir markdown_files
rmdir: failed to remove 'markdown_files':
    Directory not empty
$ rm markdown_files/*
$ rmdir markdown_files
```

rmコマンドを使用すると、ファイルやディレクトリを削除できます。`rm -rf path`コマンドは、サブディレクトリが空でない場合でも、指定された`path`から下を再帰的に削除します。これは元に戻すことができないため、非常に危険なコマンドです。ファイルはごみ箱などの場所に保存されるわけではなく、永久に削除されてしまいます。ファイルを即座に削除しないための手段については、https://github.com/sindresorhus/guides/blob/master/how-not-to-rm-yourself.mdを参照してください。

6. テキストファイルを扱うための便利なコマンドがいくつかあります：

```
$ # Show the first three lines of a text file:   テキストファイルの最初から3行だけを表示する
$ head -n 3 01_shell.md
# Learning the basics of the Unix shell          Unixシェルの基礎
Learning how to interact with the operating system (...)
$ # Show the last line of a text file:           テキストファイルの最終行を表示する
$ tail -n 1 00_intro.md
We will also cover more general topics (...)
$ # We display some text:                        テキストを表示する
$ echo "Hello world!"
Hello world!
$ # We redirect the output of a command to       '>' を使ってコマンドの出力先をテキストファイルに変更する
$ # a text file with '>':
$ echo "Hello world!" > myfile.txt
$ # We display the entire contents of the file:  ファイルの中身をすべて表示する
$ cat myfile.txt
Hello world!
```

   pico、nano、viなどのテキストエディタを使ってテキストファイルの内容を操作することもできますが、テキストエディタ（特にvi）の使い方を学ぶには時間と労力が必要です。

7. grepコマンドを使用すると、テキスト内の文字列を検索できます。次の例では、（正規表現を使用して）"Unix"に続く何らかの単語をすべて表示します[*1]。

```
$ grep -Eo "Unix \w+" 01_shell.md
Unix shell
Unix shell
Unix subsystem
Unix shell
(...)
Unix shell
Unix shell
```

8. Unixシェルの主な強みは、コマンドとコマンドをパイプで組み合わせることができる点がUnixシェルの強みです。パイプを使うと、あるコマンドの出力を別のコマンドの入力に直接転送することができます。

```
$ echo "This is a Unix shell" | grep -Eo "Unix \w+"
Unix shell
```

応用

   このレシピではUnixシェルの提供する機能のうち、ほんの一部を眺めたにすぎません。手作業では

[*1] 訳注：grepのオプションEを指定すると、egrep形式の正規表現が使える。\wは、単語を構成する文字、数字、アンダースコア1文字に相当し、+は直前の文字の1回以上の繰り返しを表す。どちらもgrepでは使えない。oオプションにより、指定した文字列に合致するものだけが出力される。

何時間もかかるような繰り返しの作業は、適切なシェルスクリプトを書けば数分で終わらせることができます。Unixシェルを習得することは多大な労力を要するかもしれませんが、長い目で見れば劇的な時間の節約につながります。

以下参考資料です。

- Linuxのチュートリアル (https://ryanstutorials.net/linuxtutorial/)
- Bashコマンドの一覧 (https://ss64.com/bash/)
- Learn Bash in Y minutes (https://learnxinyminutes.com/docs/bash/)
- 対話的なシェルの学習サイト (https://www.learnshell.org/)
- fishシェル (https://fishshell.com/)
- Pythonで作られたシェルxonsh (http://xon.sh/)
- Windows Subsystem for Linux (https://docs.microsoft.com/windows/wsl/about)

関連項目

- 「レシピ2.6　再現性の高い実験的対話型コンピューティングを行うための10のヒント」

レシピ2.2　Python 3最新機能の紹介

Python 2.xの最新バージョン、Python 2.7は2010年にリリースされましたが、2020年には更新が打ち切られて終わりを迎えます。一方、Python 3.xブランチの最初のバージョン、Python 3.0は2008年にリリースされています。互換性のないPython 2からPython 3への移行期間は多少混乱した10年でした。

かつては、多くのライブラリがPython 2としか互換性がなく、多くのPythonユーザがPython 3に移行していなかったため、Python 2（Legacy Pythonとも呼ばれます）とPython 3のどちらを選択すべきかは難しい問題でした。しかし今や、古いメンテナンスされていないライブラリをサポートする必要がある場合や、コードの利用者が何らかの理由でPython 3に移行できない場合を除き、事実上あらゆる場合でPython 3を使用すべきです。

Python 3では、Python 2のバグや面倒な部分（例えば、Unicodeサポートなど）が改善されているだけでなく、構文、言語の機能、新しい組み込みライブラリの面で多くの有益な機能が提供されています。

手順

1. Python 3では、print()は関数だが、Python 2では文（これは長く続いていた設計上の誤り）であった[*1]。この関数は、複数の引数だけでなく、いくつかのオプションを受け入れることができる。

---

*1　訳注：printの文（statement）から関数への変更については、PEP 3105（Make print a function）で説明されている。

最初にリストを作成する。

```
>>> my_list = list(range(10))
```

my_listを出力する。

```
>>> print(my_list)
[0, 1, 2, 3, 4, 5, 6, 7, 8, 9]
```

リストの中身を出力することもできる。

```
>>> print(*my_list)
0 1 2 3 4 5 6 7 8 9
```

最後に、要素の区切りと末尾の文字列を変更する。

```
>>> print(*my_list, sep=" + ", end=" = %d" % sum(my_list))
0 + 1 + 2 + 3 + 4 + 5 + 6 + 7 + 8 + 9 = 45
```

2. Python 3 では、イテラブルオブジェクトに対する高度なアンパック機能が追加された[*1]。

```
>>> first, second, *rest, last = my_list
>>> print(first, second, last)
0 1 9
>>> rest
[2, 3, 4, 5, 6, 7, 8]
```

3. Python 3 では、変数名に Unicode 文字を含めることができる。この機能は数学的なコードを書くときに重宝する。Jupyter Notebook に数学記号を入力するには、LaTeX コードを書いて Tab を押す。例えば、\pi と入力し、Tab キーを押すと、π が入力される。

```
>>> from math import pi, cos
    α = 2
    π = pi
    cos(α * π)
1.000
```

4. Python 3.6 では、f-strings と呼ばれる新しい文字列リテラルが導入された。既存の変数を使って文字列を定義する便利な構文を提供する[*2]。

```
>>> a, b = 1, 2
    f"The sum of {a} and {b} is {a + b}"
'The sum of 1 and 2 is 3'
```

---

*1 訳注：この式では、my_listの中身がfirst, second, rest, lastに代入される。first, second, lastには、最初、2番目、最後の要素がそれぞれ割り当てられるが、それ以外の要素はリストとして*付きの変数であるrestに入ることになる。この機能は、関数の可変長引数の指定でも使用され、PEP 3132（Extended Iterable Unpacking）で説明されている。

*2 訳注：文字列リテラルの中で{\}の部分は変数が評価された値に置き換わる。PEP 498（Literal String Interpolation）で説明されている。

48 | 2章　対話的コンピューティングのベストプラクティス

5. 関数の引数と出力にアノテーションを追加できる[*1]。関数アノテーションはコードとしての意味は持たないが、好きなようにコード内で使用できる。https://stackoverflow.com/a/7811344/1595060 からの例を示す。

```
>>> def kinetic_energy(mass: 'kg',
                       velocity: 'm/s') -> 'J':
        """The annotations serve here as documentation."""
        return .5 * mass * velocity ** 2
```

> ここではアノテーションにドキュメントとしての役割を持たせている

アノテーションは関数の `__annotations__` 属性に保存されており、例えば次のように使える。

```
>>> annotations = kinetic_energy.__annotations__
    print(*(f"{key} is in {value}"
            for key, value in annotations.items()),
          sep=", ")
mass is in kg, velocity is in m/s, return is in J
```

> massはkg（キログラム）、velocityはm/s（メートル毎秒）、関数の戻りはJ（ジュール）

暫定的にPython 3.5に導入されたtypingモジュールでは、関数の型情報を指定するために使用できるいくつかのアノテーションを実装しています。

6. Python 3.5では、行列の積を計算するための新しい演算子@が導入された。NumPy 1.10以降でサポートされる。

```
>>> import numpy as np
    M = np.array([[0, 1], [1, 0]])
```

*演算子は、要素ごとの乗算を表します。

```
>>> M * M
array([[0, 1],
       [1, 0]])
```

この演算子が導入される前は、`np.dot()`を呼び出す必要があったが、新しい構文のほうがずっとわかりやすい。

```
>>> M @ M
array([[1, 0],
       [0, 1]])
```

7. Python 3.3では、特に複数のジェネレータを組み合わせたジェネレータをyield from構文で作成できるようになった。例えば、次の2つの関数は等価である。

```
>>> def gen1():
        for i in range(5):
            for j in range(i):
                yield j
```

[*1] 訳注：関数のパラメータと戻り値に対してアノテーションを追加する標準的な手段が、PEP 3107（Function Annotations）として追加された。

レシピ2.2 Python 3最新機能の紹介 | **49**

```
>>> def gen2():
        for i in range(5):
            yield from range(i)
>>> list(gen1())
[0, 0, 1, 0, 1, 2, 0, 1, 2, 3]
>>> list(gen2())
[0, 0, 1, 0, 1, 2, 0, 1, 2, 3]
```

8. functoolsライブラリは、@lru_cacheデコレータを提供し、Python関数用の簡単なメモリキャッシュを実装する。

```
>>> import time

    def f1(x):
        time.sleep(1)
        return x
>>> %timeit -n1 -r1 f1(0)
1 s ± 0 ns per loop (mean ± std. dev. of 1 run,
    1 loop each)
>>> %timeit -n1 -r1 f1(0)
1 s ± 0 ns per loop (mean ± std. dev. of 1 run,
    1 loop each)
```

ここで、f1(0)を2回連続して呼び出すと、それぞれ1秒かかる。では、この関数のキャッシュを使うバージョンを定義しよう。

```
>>> from functools import lru_cache

    @lru_cache(maxsize=32)  # keep the latest 32 calls    32回分の呼び出しを保存する
    def f2(x):
        time.sleep(1)
        return x
>>> %timeit -n1 -r1 f2(0)
1 s ± 0 ns per loop (mean ± std. dev. of 1 run,
    1 loop each)
>>> %timeit -n1 -r1 f2(0)
6.14 µs ± 0 ns per loop (mean ± std. dev. of 1 run,
    1 loop each)
```

1回目の呼び出しには1秒かかるが、2回目の呼び出しは6マイクロ秒だった。2回目のケースでは、関数が呼び出されるのではなく、引数0に対応する出力がキャッシュから返される。

9. pathlibモジュールは、Python 2のos.pathモジュールよりも使いやすいファイルシステム操作機能を提供する。中心となるのはPathクラスである。

```
>>> from pathlib import Path
```

現在の作業ディレクトリを表すPathオブジェクトをインスタンス化する。

```
>>> p = Path('.')
```

そのディレクトリにある、Markdown ファイルを一覧しよう。

```
>>> sorted(p.glob('*.md'))
[PosixPath('00_intro.md'),
 PosixPath('01_py3.md'),
 PosixPath('02_workflows.md'),
 PosixPath('03_git.md'),
 PosixPath('04_git_advanced.md'),
 PosixPath('05_tips.md'),
 PosixPath('06_high_quality.md'),
 PosixPath('07_test.md'),
 PosixPath('08_debugging.md')]
```

ファイルの内容は簡単に確認できる。

```
>>> _[0].read_text()
'# Introduction\n\n...\n'
```

サブディレクトリを一覧する。

```
>>> [d for d in p.iterdir() if d.is_dir()]
[PosixPath('images'),
 PosixPath('.ipynb_checkpoints'),
 PosixPath('__pycache__'),
```

最後に、imagesサブディレクトリにあるファイルを一覧する（Pathインスタンスに対するスラッシュ／演算子に注目）。

```
>>> list((p / 'images').iterdir())
[PosixPath('images/github_new.png'),
 PosixPath('images/folder.png')]
```

10. Python 3.4では、基本的な統計作業に使える新しいstatisticsモジュールが用意された。このモジュールは、NumPyや、SciPyの使用が望ましくない状況では都合が良い。まず、モジュールをインポートする。

```
>>> import random as r
    import statistics as st
```

正規分布確率変数でリストを作成する。

```
>>> my_list = [r.normalvariate(0, 1)
               for _ in range(100000)]
```

平均値、中央値、標準偏差を計算する。

```
>>> print(st.mean(my_list),
          st.median(my_list),
          st.stdev(my_list),
          )
0.00073 -0.00052 1.00050
```

応用

Python 3の興味深い機能にはその他に、asyncioモジュールによるコルーチンと、新しいawaitキーワードとasyncキーワードを使用した非同期操作があります。

以下参考資料です。

- Python 3.6の新機能（https://docs.python.org/3/whatsnew/3.6.html）
- Python 3.7の新機能（https://docs.python.org/3/whatsnew/3.7.html）
- f-strings（https://docs.python.org/jp/3/reference/lexical_analysis.html#f-strings）
- yield from構文（https://docs.python.org/jp/3/whatsnew/3.3.html#pep-380）
- functoolsドキュメント（https://docs.python.org/jp/3/library/functools.html）
- pathlibドキュメント（https://docs.python.org/jp/3/library/pathlib.html）
- statisticsドキュメント（https://docs.python.org/jp/3/library/statistics.html）
- Python 2にこだわっている人は使えない、Python 3の素晴らしい機能10（https://www.asmeurer.com/python3-presentation/slides.html）
- サイエンティスト向けのPython 3新機能解説（https://python-3-for-scientists.readthedocs.io/en/latest/）
- Python 3.6のイケてる新機能（cool new features）（https://www.youtube.com/watch?v=klKdMxjDaa0）
- 『Python Cookbook 3rd Edition』Brian Jones、David Beazley著、O'Reilly Media刊、2013、2nd Editionの邦訳は『Pythonクックブック第2版』鴫澤眞夫他訳、オライリー・ジャパン、2007
- カテゴリごとのPython関連書籍紹介サイト（https://pythonbooks.org/）
- Buggy Python Code: Pythonプログラマが犯しがちな一般的な10の誤り（The 10 Most Common Mistakes That Python Developers Make）（https://www.toptal.com/python/top-10-mistakes-that-python-programmers-make）
- Python 3宣言、2020には廃止が決まっているPython 2からの移行促進のために（http://www.python3statement.org）

レシピ2.3　分散型バージョン管理システムGitの基礎

バージョン管理システムを使用することは、プログラミングや研究を進める上で絶対的な要件です。このツールを使うと、自分の作業で作成したものを誤って消してしまうことがなくなります。このレシピでは、Gitの基本についても説明します。

準備

主要な分散バージョン管理システムには、Git、Mercurial、Bazaarなどがあります。この章では、

一般的なGitシステムを使用します。

GitプログラムおよびGit GUIクライアントはhttps://git-scm.comからダウンロードできます。

分散型のバージョン管理システムは、集中管理型のSVNやCVSと比較して人気があります。分散型システムでは、ローカル（オフライン状態）での変更が可能でありながら、システム間の連携も柔軟に保つことができます。

分散型バージョン管理システムのオンラインプロバイダを使用すると、クラウドにコードを保存できるため、作業結果のバックアップとして、または同僚とのコード共有のためのプラットフォームとして使うことができます。こうしたサービスは、GitHub（https://github.com）、GitLab（https://gitlab.com）、およびBitbucket（https://bitbucket.org）などが提供しています。これらのサービスでは、プライベートリポジトリや無制限の公開リポジトリが、さまざまな有料、無料のプランとして提供されています。

GitHubは、WindowsとmacOS用のデスクトップアプリケーションをhttps://desktop.github.com/で提供しています。

本書のコードはGitHubで管理しています。Pythonライブラリの多くも、GitHubを使って開発されています。

手順

1. 新しいプロジェクトや実験の開始時に、プロジェクト用の新しいフォルダをローカル環境に作成する。

   ```
   $ mkdir myproject
   $ cd myproject
   ```

2. 次にGitリポジトリを初期化する。

   ```
   $ git init
   Initialized empty Git repository in ~/git/cookbook-2nd/chapter02/myproject/.git/
   $ pwd
   ~/git/cookbook-2nd/chapter02/myproject
   $ ls -a
   .  ..  .git
   ```

   Gitはリポジトリに関するすべてのパラメータと履歴を保存する.gitサブディレクトリを作成する。

レシピ2.3　分散型バージョン管理システム Git の基礎 | **53**

3. 名前とメールアドレスを設定する[*1]。

```
$ git config --global user.name "My Name"
$ git config --global user.email "me@home.com"
```

4. 新しいファイルを作成し、Git に管理するよう伝える。

```
$ echo "Hello world" > file.txt
$ git add file.txt
```

5. 最初のコミットを行う。

```
$ git commit -m "Initial commit"    "最初のコミット"
[master (root-commit) 02971c0] Initial commit
 1 file changed, 1 insertion(+)
 create mode 100644 file.txt
```

6. コミットのリストを確認する。

```
$ git log
commit 02971c0e1176cd26ec33900e359b192a27df2821
Author: My Name <me@home.com>
Date:   Tue Dec 12 10:50:37 2017 +0100

        Initial commit    "最初のコミット"
```

7. 次に、感嘆符付きの内容でファイルを変更する。

```
$ echo "Hello world!" > file.txt
$ cat file.txt
Hello world!
```

8. リポジトリの現在の内容と、最後のコミットとの違いを確認する。

```
$ git diff
diff --git a/file.txt b/file.txt
index 802992c..cd08755 100644
--- a/file.txt
+++ b/file.txt
@@ -1 +1 @@
-Hello world
+Hello world!
```

git diffの出力は、file.txtの内容がHello worldからHello world!に変更されたことを示している。Gitは管理対象であるファイルすべてのバージョン内容を比較し、違いを表示できる。

9. 次のように、変更状況の概要を調べる。

[*1] 訳注：--globalオプションを付けると、設定値は各ユーザの~/.gitconfigに保存され、以後ユーザの設定値として使用される。--globalを付けなければ、リポジトリの.git/configファイルに保存され、そのリポジトリの設定値となる。

```
$ git status
On branch master
Changes not staged for commit:
  (use "git add <file>..." to update what will
      be committed)

    modified:   file.txt

no changes added to commit (use "git add")
$ git diff --stat
 file.txt | 2 +-
 1 file changed, 1 insertion(+), 1 deletion(-)
```

git statusコマンドは、最後のコミット以降すべての変更の概要を表示する。

git diff --statコマンドは、変更されたファイルごとに、変更された行数を表示する。

10. 最後に、管理対象のファイルすべての変更を自動的に追加するオプション（-aオプション）を使用して変更をコミットする。

```
$ git commit -am "Add exclamation mark to file.txt"
[master 045df6a] Add exclamation mark to file.txt
 1 file changed, 1 insertion(+), 1 deletion(-)
$ git log
commit 045df6a6f8a62b19f45025d15168d6d7382a8429
Author: My Name <me@home.com>
Date:   Tue Dec 12 10:59:39 2017 +0100

    Add exclamation mark to file.txt   "file.txtに感嘆符を追加"

commit 02971c0e1176cd26ec33900e359b192a27df2821
Author: My Name <me@home.com>
Date:   Tue Dec 12 10:50:37 2017 +0100

    Initial commit
```

解説

新しいプロジェクトや実験を開始するときには、新しいフォルダを作ります。このフォルダにはコード、テキストファイル、データセット、その他のリソースなどファイルを作成します。分散型バージョン管理システムは、プロジェクトが進むにつれ更新されるファイルの経過を記録します。単なるバックアップとは異なり、ファイルに対するすべての変更はタイムスタンプと共に記録されます。いつでも以前の状態を復帰させられるため、もうコードを壊すことを恐れる必要はありません。

Gitはテキストファイルに対してうまく働くようにできています。バイナリファイルも扱えますが制限があるため、Git Large File Storage (Git LFS、https://git-lfs.github.com/を参照)の使用を検討するべきです。

コミットにより、プロジェクトのある時点のスナップショットが記録されます。スナップショットには、すべてのステージングされた（または管理下にある）ファイルが含まれます。どのファイルが変更され管理されているかを完全に制御できます。`git add`コマンドでステージしたファイルが、`git commit`コマンドによりコミットされます。`git commit -a`コマンドは、既に管理対象であるファイルすべての変更をコミットします。

コミットを行うときには、その変更内容を説明したメッセージを付随させる必要があります。こうすることで、リポジトリの記録は、より情報に満ちたものとなります。メッセージが長い場合は、短いタイトル（50文字未満）を書き、2つの改行を挿入した後に説明を続けましょう。

コミットの頻度をどうすべきか

コミットの頻度はできるだけ多く、が回答です。Gitはコミットされたものには責任を持ちますが、コミットとコミットの間に行われたことは失われる可能性があるため、コミットは頻繁に行うのが良いのです。コミットはローカルに行われるため、迅速に実行されます。つまり、外部のサーバと通信は行われません。

Gitは分散型バージョン管理システムであるため、ローカルリポジトリは外部のサーバと同期する必要がありません。しかし、複数のコンピュータで作業する場合や、リモートにバックアップを取りたい場合には、同期を行います。リモートリポジトリを作成しているなら、次のコマンドでローカルリポジトリとの同期ができます。

git push
: ローカルに行われたコミットをリモートリポジトリに同期する

git fetch
: リモートブランチやオブジェクトをダウンロードする

git pull
: リモートリポジトリの変更をローカルに同期する

応用

GitHubなどのオンラインGitプロバイダに、リポジトリを作成することもできます。

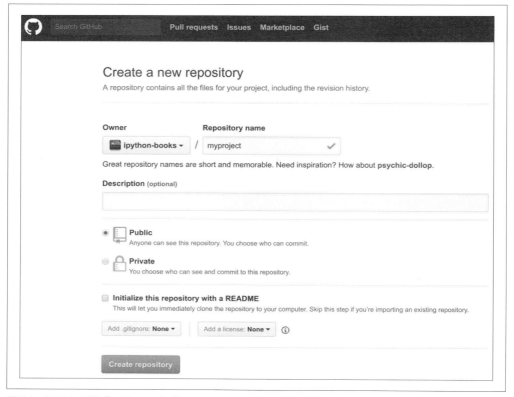

図2-1　GitHubの新プロジェクト作成画面

　新しく作成したプロジェクトのメインWebページで、「Clone or download」ボタン[*1]をクリックしてリポジトリのURLを取得し、ターミナルで次のコマンドを入力します。

```
$ git clone https://github.com/mylogin/myproject.git
```

　ローカルのリポジトリが既に存在するのであれば、プロジェクトページの「Initialize this repository with a README」をクリックするのではなく、`git remote add origin https://github.com/yourlogin/myproject.git`コマンドでリモートリポジトリを追加します。詳細はhttps://help.github.com/articles/adding-a-remote/ を参照してください。

　このレシピで見た作業の流れは直線的でした。しかし実際にはGitを使った手順は一直線に流れることはなく、ブランチの考え方が入ります。この考え方は次の「レシピ2.4　Gitブランチを使った典型

[*1] 訳注：こうしたサービスのUIは頻繁に変更される。翻訳時点では、GitHubのプロジェクトページにはClone or downloadボタンではなくQuick setup手順の中でURLの取得ができるようになっていた。Bitbucketサービスでは、CloneボタンからプロジェクトのURLが取得できる。

的な作業の流れ」で説明します。

Gitに関する参考資料を紹介します。

- ハンズオン・チュートリアル (https://try.github.io)
- Roger Dudlerによる Git ガイドツアー (https://rogerdudler.github.io/git-guide/)
- Git Immersion のガイドツアー (http://gitimmersion.com)
- アトラシアン社の Git チュートリアル (https://www.atlassian.com/git)
- オンラインの Git コース (https://www.codeschool.com/courses/try-git)
- Lars Vogelによる無料のチュートリアルテキスト (https://www.vogella.com/tutorials/Git/article.html)
- GitHubと Git チュートリアル (https://git-lectures.github.io)
- 科学者向け Git チュートリアル (https://karthik.github.io/git_intro/)
- GitHub のヘルプ (https://help.github.com)

関連項目

- 「レシピ2.4　Gitブランチを使った典型的な作業の流れ」

レシピ2.4　Gitブランチを使った典型的な作業の流れ

対話型コンピューティングや探索的な研究で通常行われる複雑で非連続的な作業のために、Gitをはじめとする分散型バージョン管理システムは設計されています。基本的な概念は、このレシピで扱う**ブランチ**（分岐）です。

準備

このレシピの準備として、まずローカルのGitリポジトリを準備しておく必要があります（前の「レシピ2.3　分散型バージョン管理システムGitの基礎」を参照してください）。

手順

1. `myproject`リポジトリに`newidea`ブランチを作成する。

```
$ pwd
/home/cyrille/git/cookbook-2nd/chapter02
$ cd myproject
$ git branch newidea
$ git branch
* master
  newidea
```

アスタリスク*の表示により、この時点ではmasterブランチにいることが示されている。

2. 新しく作成したnewideaブランチに切り替える。

```
$ git checkout newidea
Switched to branch 'newidea'
$ git branch
  Master
* newidea
```

3. コードの変更を行う。例えば新しいファイルを作成する。

```
$ echo "print('new')" > newfile.py
$ cat newfile.py
print('new')
```

4. このファイルをリポジトリのステージングにaddし、変更のコミットを行う。

```
$ git add newfile.py
$ git commit -m "Testing new idea"
[newidea 8ebee32] Testing new idea
 1 file changed, 1 insertion(+)
 create mode 100644 newfile.py
$ ls
file.txt   newfile.py
```

5. この変更で問題がないのであれば、ブランチを（デフォルトの）masterブランチにマージ（merge）する。

```
$ git checkout master
Switched to branch 'master'
```

masterブランチには、新しいファイルはまだ存在しない。

```
$ ls
file.txt
```

新しいブランチをmasterブランチにマージ（merge）すると、ファイルが現れる。

```
$ git merge newidea
Updating 045df6a..8ebee32
Fast-forward
 newfile.py | 1 +
 1 file changed, 1 insertion(+)
 create mode 100644 newfile.py
$ ls
file.txt   newfile.py
```

6. 変更が適切でない場合は、ブランチを削除するだけで新しいファイルも削除される。ここでは、ブランチをマージしたばかりなので、最後のコミットを元に戻す必要がある。

```
$ git reset --hard HEAD~1
HEAD is now at 045df6 Add exclamation mark to file.txt
```

newideaをマージする前のmasterブランチに戻った。

```
$ git branch
* master
  newidea
```

ブランチは次のように削除できる。

```
$ git branch -D newidea
Deleted branch newidea (was 8ebee32).
```

新しいPythonのソースファイルが削除された。

```
$ ls
file.txt
```

7. 何か作業の途中で、別のコミットやブランチで作業しなければならないという状況は、珍しいことではない。中途半端な状態を一旦コミットするのも1つの手ではあるが、最善ではない。未コミットの作業中ファイルをどこか安全な場所に一時的に退避して、後で取り戻せれば良い。コミットしていない変更を次のコマンドで一時保存する。

```
$ echo "new line" >> file.txt
$ cat file.txt
Hello world!
new line
$ git stash
Saved working directory and index state WIP on master:
045df6a Add exclamation mark to file.txt
HEAD is now at 045df6 Add exclamation mark to file.txt
$ cat file.txt
Hello world!
```

ブランチのチェックアウト（checkout）、変更のコミット（commit）、リモートリポジトリに対するプル（pull）、プッシュ（push）など、リポジトリに対するあらゆる変更が可能となる。コミットしていなかった変更は次のコマンドで取り戻す。

```
$ git stash pop
On branch master
Changes not staged for commit:

    modified:   file.txt

no changes added to commit
    (use "git add" and/or "git commit -a")
Dropped refs/stash@{0} (c9071a)
$ cat file.txt
Hello world!
new line
```

1つのリポジトリには複数の一時保存が可能である。stashコマンドについての詳細は、git

stash --helpコマンドで参照できる。

解説

　新しいアイデアを試すために、複数のコードに大きめの変更を加える必要があるという状況を想像してみてください。新しいブランチを作り、新しいアイデアを実験し、コードを完成させます。このアイデアが単なる失敗であったなら、元のブランチに戻れば良いのですが、成功したアイデアであれば、元のコードに組み込む必要があります。

　この作業の進め方の良いところは、新しいアイデア用のブランチとオリジナルのブランチでそれぞれ作業を独立して進められる点です。これは特に複数の作業者が1つの同じリポジトリで作業をしている場合に有益です。しかしながら、特にコード作業者が1人の場合であっても、この進め方は望ましい手順です。

　マージは潜在的な矛盾を伴う2つの異なる分岐を含む可能性があるため、常に簡単な操作とはなりません。Gitは競合を自動的に解決しようとしますが、必ずしも成功するとは限りません。この場合、競合を人手で解決する必要があります。

　マージに代わる手段の1つが**リベース**（rebase）です。ブランチに変更を加えている間にメインブランチに変更を行う場合に有益なコマンドです。リベースを行い、ブランチをメインブランチに統合することで、より最近の状態からブランチさせることができます。メインブランチでブランチをリベースすると、ブランチをより新しいポイントに移動できます。この作業では、変更の衝突があれば解決する必要があります。

　Gitブランチは軽量なオブジェクトです。作成や操作のコストは高くありません。つまり繰り返し頻繁に行われることを意図しています。Gitのコマンド（特にcheckout, merge, rebase）と関連する概念を正確に把握することは重要です。前のレシピの参考資料は非常に良くまとまっているので参照してください。

応用

　効果的な作業の進め方について、多くの先人たちがワークフローを考案してきました。例えばgit-flowと呼ばれる一般的ですが複雑なワークフローが、https://nvie.com/posts/a-successful-git-branching-model/で説明されています。中小規模のプロジェクトでは、https://scottchacon.com/2011/08/31/github-flow.htmlのようなもっと単純なワークフローが望ましい場合があります。後者のワークフローでは、このレシピで示したような単純な例を使って、説明が行われています。

　ブランチと関連する概念に**フォーク**（fork）があります。同じリポジトリを異なるサーバ上に存在している可能性があります。GitHubにあるIPythonのリポジトリにコードを貢献するという状況について考えてみましょう。そのリポジトリに対する変更権限はもちろん持っていません。しかし自分のアカウントにリポジトリのコピーを置くことはできます。これをフォークと呼びます。このコピーに対し

てはブランチを作ることも、新しい機能を加えたりバグフィクスを行うこともできます。そうした後で、IPythonの開発者に対してマスターブランチへのコードのマージするようにpullリクエストできます。IPythonの開発者は、その変更や提案の内容を検討し、取り込むか否かを判断します。GitHubはこのようなアイデアを基に運営されており、オープンソースプロジェクトを共同で進めるための明快な手法を提供しています。

多数のメンバーの協調作業で進められるプロジェクトでは、pullリクエストをマージする前に行うコードレビューにより、高いコードの品質を保てます。各コード断片に対して少なくとも2人でレビューを行うことで誤ったコードを取り込む可能性を低減できます。

Gitについて学ぶべきことは、これだけではありません。一般的にバージョン管理システムは複雑で非常に強力であり、Gitも例外ではありません。Gitをマスターするには、時間をかけていろいろ試してみることが欠かせません。前のレシピの参考資料は非常に良くまとまっているので参照してください。

ブランチとワークフローに関して追加の参考資料をリストします。

- Gitワークフロー（https://www.atlassian.com/git/tutorials/comparing-workflows）
- Gitブランチの学習資料（https://learngitbranching.js.org/）
- NumPyプロジェクトで推奨されたGitのワークフロー（https://docs.scipy.org/doc/numpy/dev/gitwash/development_workflow.html）
- 効率的なGitワークフローに関してFernando Perez[1]によるIPythonメーリングリストへの投稿（https://mail.python.org/pipermail/ipython-dev/2010-October/005632.html）

関連項目

- 「レシピ2.3　分散型バージョン管理システムGitの基礎」

レシピ2.5　IPythonの効果的な対話的コンピューティング

IPythonを使った対話型コンピューティングの方法は、いくつもあります。その手法の中には、柔軟性、モジュール性、再利用性、再現性に優れたものがあります。このレシピで実際に試してみましょう。

対話型コンピューティングは、次の流れに従って作業が進みます。

1. コードを書く
2. 実行する
3. 結果を表示する
4. 以上を繰り返す

---

[1]　訳注：Fernando PerezはIPythonの作者。

この基礎的な繰り返し（Read-Eval-Print LoopまたはREPL）は、特に実験的な処理やモデルを使ったシミュレーションまたは、複雑なアルゴリズムを少しずつ組み上げる際に役立ちます。より古典的な作業の流れ（ファイルの編集、コンパイル、実行、デバッグの繰り返し）では、プログラムを完成させてから分析を行うことになり、この作業は一般的に面倒です。小さな実験的なコードから順次組み立てを行い、パラメータを少しずつ調節するという方法は、アルゴリズムを作成するための一般的な手法であり、これが対話型コンピューティングそのものなのです。

ソフトウェア開発のための機能（ソースコードエディタ、コンパイラ、デバッガなど）を包括的に提供する**統合開発環境**（Integrated Development Environments：IDE）は、古典的開発で広く使われています。対話型コンピューティングについてはどうでしょうか。IDEの代替となるものが存在します。ここではそれを学びます。

手順

対話型コンピューティング作業が複雑になると、作業の流れも変わってきます。もちろん、いずれの手段でも中心となるものはIPythonです。

IPythonターミナル

IPythonはPythonによる対話型コンピューティングの事実上の標準です。IPythonターミナル（ipythonコマンド）は、REPL用に設計されたコマンドラインインターフェースを提供しており、Pythonインタープリタ（pythonコマンド）そのものよりも、ずっと強力なツールとなっています。ちょっとした実験、簡単なシェルコマンドの実行、ヘルプのための便利なツールがIPythonです。NumPyのsavetxt関数の引数を忘れたときには、IPythonにnumpy.savetxt?と入力しましょう（もちろん事前にimport numpyは必要です）。IPythonターミナルを（洗練された）電卓として使う人もいます。

単独で使うと、ターミナルにはいくつか不都合な点があります。ターミナルはエディタではないため、数行を超えるコードを入力するのは不便です。ですが、次のセクションで説明するように、いくつもの解決策があります。

IPythonとテキストエディタ

ターミナルがテキストエディタではない、という問題に対する最も単純な解決方法は、IPythonをテキストエディタと共に使うというものです。%run magicコマンドを用います。

1. 好みのテキストエディタを使ってコードを書き、myscript.pyファイルに保存する。
2. 適切なディレクトリで作業中であるとの想定の元、%run myscript.pyを実行する。
3. myscript.py中のコードが実行され、エラーも含めた実行結果が即座に標準出力へ表示される。コードのトップレベルで定義された変数は、コードの実行後も使用できる。
4. コードの変更が必要なら、この作業を繰り返す。

優れたテキストエディタと組み合わせれば、この手順は非常に効率的となります。%runを実行するたびにコードがリロードされるので、変更は自動的にIPythonに取り込まれます。別の変更中のモジュールをコードからインポートしている場合、このモジュールは%runではリロードされないので、問題は少し複雑になります。この問題は、https://ipython.readthedocs.io/en/stable/config/extensions/autoreload.htmlで解説されているautoreload IPython拡張を使って解決できます。

Jupyter Notebook

Jupyter Notebookは、効率的な対話型作業のための中心的な役割を果たします。テキストエディタとターミナル両方の良いところを融合した環境として設計されています。

コードはNotebookのセルに書き込みます。コードの記述、実行、テストをすべてNotebookから行えるため、生産性が向上します。Markdownセルに長いコメントを書くことも、Markdownヘッダを使って文章を構造化することも可能です。

変更する必要がなくなるくらいコードの断片が十分に成熟したなら、再利用可能なPythonの部品（関数、クラス、モジュール等）にリファクタリングが可能です。実際には、コードをコピーして、Pythonスクリプト（拡張子が.pyのファイル）に貼り付けます。Jupyter Notebookで書かれたコードは、サードパーティのコードからの再利用が今のところ簡単ではありません。Notebook上で書かれるコードは、どちらかというと予備的な分析や探索的な研究のためのものであり、実用的な環境で使われるようなコードになっていないこともあります。

行ったことすべてを文書化できる点が、Notebook最大の長所です。研究結果の再現性を高めるために、この機能が非常に重要です。Notebookは、人間が読めるJSON形式のデータとして保存されるため、Gitのようなバージョン管理システムで扱うのにも都合が良いのです。

https://github.com/rossant/ipymd/のipymdモジュールと、https://github.com/podoc/podocで入手できる最新のpodocモジュールを組み合わせると、JSONの代わりにMarkdownとしてNotebookを保存できます。podocでは、画像をNotebookに埋め込むのではなく、外部ファイルに保存します。この方法は、バージョンコントロールシステム行う作業にとって都合の良い形です。

次世代のJupyter NotebookであるJupyterLabは、Jupyter NotebookとIDE間のギャップを埋めようとしています。これは、「3章　Jupyter Notebookをマスターする」の「レシピ3.6　はじめてのJupyterLab」で紹介します。

IDE

IDEは、古典的なソフトウェア開発作業に対しても、対話型コンピューティングに対しても、非常に適しています。優れたPython IDEでは、強力なPython向けのテキストエディタ（例えば、テキストをプログラミング言語の文法要素ごとに色分けしたり、キーワードを補完する機能を備えている）、Pythonターミナル、デバッガなどを統合した環境を提供しています。

商用やオープンソースのIDEが各種プラットフォーム用に存在します。ロデオは、ŷhat社による

データ分析のためのIDEです。Spyderも、オープンソースの環境であり、IPythonとMatplotlibを統合しています。Eclipse / PyDevは（多少動作が重いものの）人気のあるオープンソースのクロスプラットフォーム環境です。

PyCharmは、IPythonをサポートする、数ある商用環境の1つです。

MicrosoftのWindows用IDEである Visual Studioは、Python Tools for Visual Studio（PTVS）というオープンソースのプラグインを提供しており、Visual Studioにpythonサポートをもたらします。PTVSはIPythonもネイティブにサポートしています。Visual Studioの有償版を使う必要はありません。PTVSをバンドルしているフリーのVisual Studioを使えます。

応用

Python IDEに関するリンクをいくつか紹介します。

- Rodeo (https://www.yhat.com/products/rodeo)
- Spyder (https://github.com/spyder-ide/spyder)
- PyDev (https://pydev.org)
- PyCharm (https://www.jetbrains.com/pycharm/)
- PyTools for Microsoft Visual Studio (https://microsoft.github.io/PTVS/)

関連項目

- 「レシピ2.3　分散型バージョン管理システムGitの基礎」
- 「レシピ2.9　IPythonを使ったデバッグ」

レシピ2.6　再現性の高い実験的対話型コンピューティングを行うための10のヒント

このレシピでは、効率が高く再現の容易な対話型コンピューティングを行うための10のヒントを紹介します。これは絶対的なルールというよりも、指針という位置付けです。

最初に、同じことの繰り返しを廃して生産性を向上させ、解決する問題に対する思考時間を最大化するための方法を紹介します。

次にコンピュータを使った作業の再現性を高めるための手法を紹介します。特に学術研究では結果や結論を他の研究者が独自に検証できるように、実験とは再現性のあるものにしなければなりません。手順の誤りや不正な操作は誤った結論を導き、有害な判断に至ります。例えば2010年にCarmen ReinhartとKenneth Rogoffが発表した経済学の論文「Growth in a Time of Debt」（債務時の経済成

長)[*1]には計算上の誤りがあり、政策立案者に悪影響を与える誤った研究となっていました（https://en.wikipedia.org/wiki/Growth_in_a_Time_of_Debtを参照してください）。

手順

1. ディレクトリ構造を注意深く一貫した形で構成する。特定の構造が問題なのではなく、プロジェクトを通してファイルの命名規則やディレクトリ構造を一貫性のあるものにすることが重要である。簡単な例を示そう。

図2-2　ディレクトリ構造の例

2. Markdown（https://daringfireball.net/projects/markdown/）、CommonMark（https://commonmark.org/）、reStructuredText（reST）などの軽量なマークアップ言語を使ってテキストファイルにメモを残そう。個々のファイル、データセット、コード、画像、実験の経過、プロジェクト自体についての情報を、テキストファイルとして記録しておこう。

3. コードの中で重要なことはすべてコメントやdocstring等を使って記述しよう。Sphinx（https://sphinx-doc.org）などのドキュメント作成ツールを使うのも良い。しかし、安定化前の実験コードに対する文書化に多くの時間を費やすべきではない。頻繁に変更が加えられることで、せっかく書いた文章も古くなってしまう。そして、コメントがなくても理解しやすいコードを書こう（変数や関数の名前を注意深く命名する、Pythonicなパターンを使用するなど）。次の「レシピ2.7　高品質なPythonコード」も参照のこと。

[*1] 訳注：ロゴフ・ラインハート論文として知られる同論文では、公的債務残高がGDPの90％を超える国家の実質成長率は平均でマイナス0.1％であると結論付けていた。しかし、2013年にマサチューセッツ大学の大学院生により計算の誤りが指摘され、正しくは2.2％であった。この指摘により、政府の債務残高が高いと成長率は鈍化するというこの論文の主張は否定された。

4. すべてのテキストファイルはGitなどの分散型バージョン管理システムで管理する。バイナリファイルは、その限りではない（ただし小さくて本当に必要なものは除く）。1つのプロジェクトごとに1つリポジトリを用意し、リモートサーバと同期させる。有料無料にかかわらず（GitHubやGitLab、Bitbucketなどの）ホスティングサービスか、自分用のサーバ（所属している組織がサーバを用意しているかもしれない）を使おう。バイナリファイルは、https://figshare.comやhttps://datadryad.orgなどのバイナリファイルを保存し共有するために提供されているサービスを使おう。

5. 最初はJupyter Notebookを使って対話的にコードを作成し、コードが十分に成熟して安定したならスタンドアロンのPython部品にリファクタリングする。

6. 完全な再現性のために、すべてのソフトウェアスタック（オペレーティングシステム、Pythonディストリビューション、Pythonモジュールなど）の正確なバージョンを記録しておこう。virtualenvやcondaなどPythonの仮想環境[*1]の使用も検討の余地がある。もしくは、Docker (https://www.docker.com)を使用する。

7. Python組み込みの`pickle`または`dill` (https://pypi.python.org/pypi/dill)、もしくはJoblib (https://joblib.readthedocs.io/en/latest/)を使って実行時間の長い計算の途中結果を保存しておこう。Joblibは特にNumPyにも配慮したメモ化パターン（記憶：memorizeと混同しないように）を実装し、重い計算の必要な関数の結果をキャッシュできる。

永続的なデータをPythonで保存する方法
純粋に内部的な使用であるなら、Joblib、配列にはNumPyの`save`および`savez`関数、一般的なPythonオブジェクトにはpickle（カスタムクラスよりも`list`や`dictionary`などの組み込み型に適しています）が使えます。外部とのやり取りを行う場合、（1万個程度の）小さなデータならばテキストが適しています。例えば配列にはCSV、構造化されたデータならJSONやYAMLなどです。大規模なデータセットには、HDF5（「4章　プロファイリングと最適化」の「レシピ4.11　HDF5とPyTablesによる巨大な異種データ混合テーブルの操作」参照）が使えます。

8. 巨大なデータセットに対する実験やアルゴリズムの構築には、まず一部の小さなデータを使い結果を検証した後で、すべてのデータに対して実行しよう。

9. バッチ的に実行するのであれば、マルチコアCPUの利点を生かすために、例えばipyparallel、Joblib、Dask (https://dask.pydata.org/en/latest/)、標準の`multiprocessing`パッケージ、その他並列計算ライブラリなどを使って並列化を行う。

[*1] 訳注：ここでいう仮想環境とは、Pythonの実行環境を仮想的に構成して、異なるバージョンのPythonやライブラリを使用する環境を指している。

10. Python関数やスクリプトを使って、できるだけ多くの作業を自動化する。ユーザに公開しているスクリプトにはコマンドライン引数を付ける。ただし、複数のスクリプトから使用される機能は関数にまとめるのが望ましい。Unixシステムならば、生産性を上げるためにUnixコマンドについて学ぼう。Windowsやその他のGUIシステムで繰り返しの作業を行うならば、AutoHotKey (https://www.autohotkey.com) などの自動化ツールを使おう。プログラムが提供しているキーボードショートカットを覚えると共に、可能ならば自分用のショートカットを定義しよう。自動化された手順と異なり、手作業は再現可能ではない。

解説

ここで紹介したレシピは、人間の使う時間、コンピュータの使う時間、そして品質の観点から作業の流れを最適化するためのものです。作成するコードに対する一貫した規則や構造は、作業の整理を簡単にします。文書化により（あなた自身を含め）誰もが時間を節約できるようになります。

オンラインホスティングサービスと共に使用する分散型バージョン管理システムは、異なる場所から同じコードへの作業を可能とします。もうバックアップしているか気にする必要はありません。どの時点のコードにも戻れるため、意図せずにコードを壊してしまう可能性はとても小さくなります。

Jupyter Notebookは対話型コンピューティングの再現性を高める優れたツールです。作業経過の詳細な記録を可能とすると共に、Jupyter Notebookの使い勝手の良さが再現性の考慮を不要としています。Notebookに対して行った対話作業を、バージョン管理システムに保存し、定期的にコミットしてください。ただし、最終的には独立した再利用可能な部品にリファクタリングすることも忘れないでください。

コンピュータの前で過ごす時間を最適化しましょう。コードを少し修正し実行、結果を確認して再度修正する。アルゴリズムを考えている際には、この作業を頻繁に繰り返します。いろいろな変更を試す必要があるのなら、プログラムの実行時間を十分に速く（できれば数秒以内に）する必要がありますが、実験段階では高度な実行速度の最適化は必ずしも最良の選択肢ではありません。計算結果のキャッシュや、データの一部を使って実験するなどの工夫で、実行が素早く終了するようにします。異なるパラメータ値でテストしたいならば、並列ジョブをバッチ的に実行することも検討の余地があります。

繰り返しの手作業を極力排除しましょう。日々の仕事の中で頻繁に発生する作業を自動化することは、時間をかけるだけの価値があります。GUI環境の自動化は難しいのですが、AutoHotKeyなどフリーなツールを使えば、実現は可能です。

応用

以下参考資料です。

● Barbagroup の、再現性に関するブログ記事 (http://lorenabarba.com/blog/barbagroup-

68 | 2章　対話的コンピューティングのベストプラクティス

reproducibility-syllabus/）

- Trevor Bekolayによる再現性を高める効果的なワークフローに関する記事（https://bekolay. org/scipy2013-workflow/）
- Sandveらによる「再現可能な計算科学のための単純なルール10」（Ten Simple Rules for Reproducible Computational Research）（https://dx.doi.org/10.1371/journal.pcbi.1003285）
- ソフトウェア大工仕事（https://software-carpentry.org）。科学者向けのワークショップを行うボランティア組織で、科学技術計算、対話型コンピューティング、バージョン管理、テスト、再現性、自動化などのワークショップを行っている。
- 再現可能な科学（https://reproduciblescience.org/）。キュレータによる再現性に関するまとめサイト。

関連項目

- 「レシピ2.1　Unixシェルの基礎」
- 「レシピ2.5　IPythonの効果的な対話的コンピューティング」
- 「レシピ2.7　高品質なPythonコード」

レシピ2.7　高品質なPythonコード

　コードを書くのは簡単ですが、高品質なコードを書くのは容易ではありません。品質には実際のコード（変数名、コメント、docstring等）観点の理解に加え、アーキテクチャ（関数、モジュール、クラス）に関する理解も欠かせません。優れた設計のアーキテクチャを完成させるのは、それを実装するよりも困難であるとされています。

　このレシピでは、高品質なコードを書くためのヒントを紹介します。ソフトウェア開発プロジェクトへの参加経験のない研究者もコードを書く必要性が高まるため、これは学術的な組織にとって特に重要なレシピです。

手順

1. 時間をかけてPython言語を真剣に学ぼう。標準ライブラリに属する全モジュールのリストを確認しよう。かつて自作した関数が、実は既に存在していたことを学ぶだろう。
   Pythonらしいコードを書き、JavaやC++などの作法を持ち込むのはやめよう。

2. 汎用の**デザインパターン**を学ぼう。それらはソフトウェア工学の中で、頻出問題に対処する再利用可能な解決方法だ。

3. 将来発生するかもしれないバグに対処するため、コード中にアサーション（assertキーワード）を

埋め込もう（これは**防衛的プログラミング**と呼ばれる）。

4. ボトムアップアプローチを使って、着目している問題に対処するための独立したPython関数からコードを組み立てよう。

5. 定期的なコードのリファクタリングを怠ってはいけない。コードが複雑になってきたと感じたときは、どうすれば単純化できるか考えよう。

6. クラスの使用は可能な限り控えよう。クラスの代わりに関数で実現できるのであれば、関数を選択しよう。クラスは複数の関数を呼び出す間に状態を保存する場合にのみ有益である。関数はできる限り純粋に（副作用を持たないように）作ろう。

7. カスタム型（クラス）よりもPythonの組み込み型（リスト、タプル、辞書など、Pythonのcollectionモジュール群）を使うほうが一般的に望ましい。組み込み型を使うことで、効率的で読みやすく可搬性の高いコードとなる。

8. 関数の引数は位置引数よりもキーワード引数を使おう。引数名は、引数の順番よりも関数を使いやすくする。キーワード引数は、関数の自己文書化を進めてくれる。

9. 注意深く変数を命名しよう。関数とメソッドの名前は動詞で始める。その変数が何であるのか、関数が何を行うのか、名前で表そう。名前付けはとても重要であるため、繰り返し強調しておく。

10. 次の例のように、すべての関数には、その目的、引数、戻り値をdocstringとして記述しよう。NumPyのような人気のあるライブラリが採用している技法も参考にしてほしい。すべてのコードが一貫性を持つことが重要なのであり、どのような規則を採用するかはあまり問題にならない。

```
>>> def power(x, n):
        """Compute the power of a number.    数の累乗を計算する。

        Arguments:        引数:
        * x: a number     * x: 数
        * n: the exponent  * n: 指数

        Returns:          戻り値:
        * c: the number x to the power of n   * c: xのn乗

        """
        return x ** n
```

11. PEP 8（Python Enhancement Proposal number 8）として知られている、Guido van RossumによるPython言語のスタイルガイドに（部分的にでも）従おう。https://www.python.org/dev/peps/pep-0008/で読むことができる。長い文章だが、可読性の高いPythonコードを書くために必要なことが書かれている。PEP 8は、演算子周りの空白、命名規則、コメント、docstringなどの細かい点もカバーしている。例えばソースコードの各行は最大79文字または99文字に制限するのが

70 | 2章　対話的コンピューティングのベストプラクティス

良い習慣であることを学ぶだろう。こうすることで、あらゆる（ターミナルやモバイルデバイスな
どで表示させる）場面でコードは正しく表示されるだろう。2つのコードを並べて見ることもでき
る。しかし、ガイドのいくつかに従わないという選択も可能だ。以降に示す一般的なガイドライ
ンは、多くの開発者が参加するプロジェクトにおいて、有益とされている。

12. pycodestyleパッケージ（https://github.com/PyCQA/pycodestyle）を使えば、ほとんどの
PEP 8ガイドラインに準拠しているかを自動的にチェックできる。autopep8パッケージ（https://
github.com/hhatto/autopep8）でも、コードがPEP 8準拠であるかを確認することができます。

13. Flake8（http://flake8.pycqa.org/en/latest/）やPyLint（https://www.pylint.org）などの静的解析
ツールを使おう。こうしたツールは、コードを静的に、つまり実行させることなしに、誤りの可
能性や品質の低い部分を指摘する。

14. 空行を使って関連するコードが識別できるようにしよう（PEP 8を参照）。次の例のように、目立
つコメントを使ってモジュールの境界を示そう。

```
>>> # Imports        モジュールのインポート
    # -------
    import numpy

    # Utility functions     ユーティリティ関数
    # -----------------

    def fun():
        pass
```

15. Pythonのモジュールは、最大でもページ200から300行程度に抑えるべきである。1つのモジュー
ルが巨大であることは、複数のモジュールへ分割すべきだという兆候なのだ。

16. （何十ものモジュールを含む）重要なプロジェクトは、サブパッケージ（サブディレクトリ）に分割
しよう。

17. Pythonプロジェクトがどのように組織化されているかを、有名なPythonプロジェクトから学ぼ
う。例えば、IPythonのコードは役割ごとに階層構造を持ったサブパッケージに分割されている。
コードそのものを読むことも非常に有益である。

18. 新しいPythonパッケージの作成と配布に関するベストプラクティスを学ぼう。setuptools、pip、
wheels、virtualenv、PyPIなどについて理解する必要がある。また、Anacondaの強力で汎用性
の高いパッケージシステムconda（https://conda.pydata.org）についても学ぶことを強く勧める。
パッケージ化はPythonの中でも雑然としていて変化の早い話題である。そのため、最新の資料
のみを参考にしよう。応用セクションで参考資料をいくつか紹介する。

解説

　読みやすいコードを書くことはすなわち、他の開発者（そして数ヶ月後の自分自身）が機能を素早く理解でき、再利用の動機付けにつながります。バグの追跡を容易にする効果も持ちます。

　適切にモジュール化されたコードも、同様に理解と再利用を促します。パッケージとモジュールの階層構造により組織化された独立関数群を使ってプログラム機能を実装することは、高い品質のコードを作成する優れた手法の1つです。

　クラスの代わりに関数を使えば、コード全体を疎結合に保つことが簡単です。複雑に絡み合ったコードを読み解くことは難しく、デバッグや再利用を困難にします。

　新しいプロジェクトを進める間、ボトムアップアプローチとトップダウンアプローチをそれぞれ繰り返しましょう。ボトムアップアプローチから開始すれば、プログラム全体のアーキテクチャを考える前に取り組む問題に対する経験を積むことができます。それぞれの部品がどのように関連しあうかを考えた上で、全体の進め方を検討することも忘れてはいけません。

応用

　美しいコードを書く方法は、これまでにさまざまに議論されてきました。このセクションの参考資料に目を通してください。この話題について書かれた多くの書籍が存在します。次のレシピではコードが美しく描かれているだけでなく、期待された通りに動作させるための標準的な手法である、単体テスト、コードカバレージ、継続的インテグレーションを取り上げます。

　以下参考資料です。

- David BeazleyとBrian K. JonesによるPythonの高度なレシピを網羅した『Python Cookbook 3rd Edition』O'Reilly Media刊、2013（2nd Editionが邦訳されている。『Pythonクックブック第2版』、鴨澤眞夫他訳、オライリー・ジャパン刊、2007）
- Python ヒッチハイクガイド（Hitchhiker's Guide to Python!）（https://docs.python-guide.org/）
- Wikipediaの「Software design pattern」記事（https://en.wikipedia.org/wiki/Software_design_pattern、またはWikipedia日本語版の「デザインパターン（ソフトウェア）」記事）
- Python デザインパターン（https://github.com/faif/pythonpatterns）
- 分散ストレージ技術Tahoe-LAFSのPythonコーディング標準（https://tahoe-lafs.org/trac/tahoe-lafs/wiki/CodingStandards）
- Peter Nixeyによる「優れたソフトウェア開発者になる方法」（http://peternixey.com/post/83510597580/how-to-be-a-great-softwaredeveloper）
- Brian Grangerによるビデオ「なぜ可能な限り少ない機能でバグのあるソフトウェアを作成する必要があるのか」（https://www.youtube.com/watch?v=OrpPDkZef5I）
- Python パッケージユーザガイド（https://packaging.python.org/）

- プログラムで一般的に使用される反意語[*1]のリスト（https://github.com/rossant/programming-yin-yang）

関連項目

- 「レシピ2.6　再現性の高い実験的対話型コンピューティングを行うための10のヒント」
- 「レシピ2.8　pytestを使った単体テスト」

レシピ2.8　pytestを使った単体テスト

　テストしていないコードは、欠陥コードです。ソフトウェアが期待した通りに動作し、致命的なバグが含まれていないことを確認する基本的な作業が手動テストです。しかし、プログラムのバグはコードを変更した際にはいつでも混入する可能性があるため、手動テストには厳しい限界があります。

　現代のソフトウェア工学では、テストの自動化は標準的な手法の1つです。このレシピではテスト自動化の重要な側面である単体テスト、テスト駆動開発、テストカバレージ、継続的インテグレーションについて簡単に扱います。品質の高いソフトウェアを生み出すためには不可欠の手法です。

準備

　Pythonには組み込みの単体テストモジュール（unittest）が用意されています。またサードパーティの単体テストパッケージも存在します。このレシピでは、pytestを使用します。Anacondaにはデフォルトでインストールされますが、`conda install pytest`コマンドを実行して手動でインストールすることもできます。

手順

1. リストの最初の要素を返す単純な関数を、`first.py`ファイルに用意する。

    ```
    >>> %%writefile first.py
        def first(l):
            return l[0]
    Overwriting first.py
    ```

2. この関数をテストするために、アサーションを使って`first`関数をチェックする別の関数を追加する。

    ```
    >>> %%writefile -a first.py
    ```

---

*1　訳注：プログラムでは、適切な名前付けが非常に重要となる。英語を母国語としていない者にとって、難しい概念を適切に表す単語を見つけるのは難しいだろう、ということから、プログラムで一般的に使われる単語とその反意語（例えば、「抽象（abstract）」と「具象（concrete）」）の一覧、を本書の著者であるCyrille Rossantが提供している。

レシピ2.8 pytestを使った単体テスト | **73**

```
    # This is appended to the file.  この内容はファイルに追加される。
    def test_first():
        assert first([1, 2, 3]) == 1
Appending to first.py
>>> %cat first.py
def first(l):
    return l[0]

# This is appended to the file.
def test_first():
    assert first([1, 2, 3]) == 1
```

3. 単体テストを実行するには、pytestを実行する（行頭の！はIPythonから外部プログラムを呼び出すことを意味する）。

```
>>> !pytest first.py
============== test session starts ==============
platform linux -- Python 3.6.3, pytest-3.2.1, py-1.4.34
rootdir: ~/git/cookbook-2nd/chapter02_best_practices:
plugins: cov-2.5.1

collecting 0 items
collecting 1 item
collected 1 item

first.py .

=========== 1 passed in 0.00 seconds ===========
```

4. テストは成功した。空のリストを渡したパターンを追加しよう。この場合、関数がNoneを返すことを期待する。

```
>>> %%writefile first.py
    def first(l):
        return l[0]

    def test_first():
        assert first([1, 2, 3]) == 1
        assert first([]) is None
Overwriting first.py
>>> !pytest first.py
============== test session starts ==============
platform linux -- Python 3.6.3, pytest-3.2.1, py-1.4.34
rootdir: ~/git/cookbook-2nd/chapter02_best_practices:
plugins: cov-2.5.1

collecting 0 items
collecting 1 item
collected 1 item
```

```
first.py F

=================== FAILURES ===================
_____ test_first _____

    def test_first():
        assert first([1, 2, 3]) == 1
>       assert first([]) is None

first.py:6:
 - - - - - - - - - - - - - - - - - - - - - - - -

l = []

    def first(l):
>       return l[0]
E       IndexError: list index out of range

first.py:2: IndexError
=========== 1 failed in 0.02 seconds ===========
```

5. このテストは失敗してしまった。first()関数を修正しよう。

```
>>> %%writefile first.py
    def first(l):
        return l[0] if l else None

    def test_first():
        assert first([1, 2, 3]) == 1
        assert first([]) is None
Overwriting first.py
>>> !pytest first.py
============= test session starts =============
platform linux -- Python 3.6.3, pytest-3.2.1, py-1.4.34
rootdir: ~/git/cookbook-2nd/chapter02_best_practices:
plugins: cov-2.5.1

collecting 0 items
collecting 1 item
collected 1 item

first.py .

=========== 1 passed in 0.00 seconds ===========
```

今度は成功した。

解説

　定義上、単体テストは特定の一機能をテストするものでなければなりません。すべての単体テストは完全に独立であるべきです。十分にテストされ、独立した単位の集合としてプログラムを作ることは、すなわち保守の簡単な部品化を推し進めていることに他なりません。

　Pythonパッケージでは、xxx.pyという名前のモジュールには必ずtest_xxx.pyモジュールが付属しているべきです。このテスト用モジュールには、xxx.pyに実装された関数の単体テストを行う関数を格納します。

　個々の関数には実行前に準備が必要な場合があります（例えば、環境の設定やデータファイルの作成、Webサーバの起動など）。単体テストフレームワークは、こういった状況に対して**フィクスチャ**（fixture）を用意して対処します。テストを始める前と終了した後では、システムの環境が完全に同じとならなければなりません。テストによりファイルシステムに変更が生じるのであれば、テストの終了時には自動的に削除されるような一時的なディレクトリで実行されるべきです。pytestなどのテストフレームワークは、こうした用途に対する便利な機能を提供します。

　テストには、多くのアサーションが使われます。pytestでは、組み込みの**assert**キーワードが使えます。さらに便利なアサーション関数をNumPyが提供しています（https://docs.scipy.org/doc/numpy/reference/routines.testing.htmlを参照してください）。これは特に配列を使う際に便利な機能です。例えばnp.testing.assert_allclose(x, y)は、配列xとyが相違した場合に例外が発生します。精度が指定された場合には、その精度に従います。

　完全なテストスイートを作るのは時間がかかります。どの程度の手間になるかは、コードのアーキテクチャに完全に依存します。テストの作成はコードの作成に対する追加の作業ですが、長い目で見たときに得られる利益は計り知れません。プロジェクトが完全なテストに裏支えされていることで得られる安心はとても大きいものです。

　まず、コードの初期段階から単体テストを考慮することで、モジュール化されたアーキテクチャが強制されます。モノリシックなプログラムに対して完全に独立した単体テストを作成するのは、とても困難です。

　加えて、単体テストはバグの発見と修正を容易にします。変更を加えた後に単体テストが失敗した場合、そのバグを特定して再現するのは非常に簡単です。

　さらに、単体テストは先祖返り、つまり一度修正したバグがいつの間にか復活することを防ぎます。新しいバグを発見した際には、そのバグに対する単体テストを追加します。このバグはテストに合格することで修正されたと見なすことができます。後にこのバグが復活した場合、この単体テストがバグの存在を知らせてくれます。

　相互依存するAPIに基づいて複雑なプログラムを書くとき、あるモジュールのテストカバレッジが適切であれば、そのモジュールを使う側からすると、仕様に準拠しているかを気に病むことなく安全に使うことができます。

テストの自動化は単体テストだけで行われるものではありません。統合テスト（他のプログラムと一緒に機能することを確認する）や機能テスト（典型的なユースケースのテスト）でも自動化は行われます。

応用

テスト自動化は幅広い話題であり、まだ表面を眺めたにすぎません。ここでは、もう少し詳しい情報を提供します。

テストカバレージ

単体テストは良い習慣ですが、テストカバレージの測定、つまりテストスイートがコードのどれくらいの範囲をテストできるのかを計測するとさらに良くなります。pytestとうまく統合されているcoverage.pyモジュール（https://coverage.readthedocs.io/）が正確に実行します。

coveralls.ioサービスは、テストカバレージを継続的インテグレーションに組み込みます

（「単体テストと継続的インテグレーション」のセクションを参照してください）。このサービスは、GitHubとシームレスに連携します。

単体テストのワークフロー

ここで使ったワークフローを振り返ってみましょう。最初の関数を書いた後で、最初の単体テストを作成し、そのテストは成功しました。次に作った2つ目のテストは失敗します。どこに問題があるかを調査して、関数を修正しました。そして2つ目のテストも成功します。こうして関数があらゆる状況で期待した通りに動作すると確信できるまで、単体テストを追加します。

pytest --pdbを実行すれば、テストが失敗した際にはPythonデバッガが起動されます。テストが失敗した理由をすぐ見つけるには優れた方法です。

関数を作るよりも前にテストを作ることもあります。これが**テスト駆動開発**（TDD：Test-driven development）であり、機能を実装するコードを書く前に単体テストを作成します。このワークフローでは、どのように機能を実装するかよりも、そのコードは何をするものなのか、そしてどのように使われるかを優先して考えるところに特徴があります。

単体テストと継続的インテグレーション

コミットごとにプロジェクトのテストスイートをすべて実行するのは、良い習慣です。継続的インテグレーションを使えば、自動的かつ透過的に行うことが可能です。コミットごとに必要なサーバをクラウドに作成し、テストスイートを自動で実行するよう設定することも可能です。テストが失敗したときには、すぐに修正ができるよう問題のあった箇所をメールで送ることもできます。

継続的インテグレーションのシステムやサービスは、Jenkins/Hudson、Travis CI（https://travis-ci.org)、Codeship（https://codeship.com/）など数多く存在します。そのうちのいくつかは、GitHub とうまく協調します。例えば、Travis CIをGitHubと共に使う場合、Travis CIのアカウントを作成し GitHubのプロジェクトをリンクします。後はリポジトリに`.travis.yml`ファイルを追加し、各種設定を記載します（「参考資料」セクションを参照してください）。

結論として、単体テスト、コードカバレージ、継続的インテグレーションはすべての重要なプロジェクトで習慣として取り入れるべき手法です。

以下参考資料です。

- Wikipediaの「Test-driven development」記事（https://en.wikipedia.org/wiki/Test-driven_development、またはWikipedia日本語版の「テスト駆動開発」記事）
- Travis CIのPython向けドキュメント（https://about.travis-ci.org/docs/user/languages/python/）

レシピ2.9　IPythonを使ったデバッグ

デバッグはソフトウェア開発および対話的コンピューティングの不可欠な要素です。最もよく使われるデバッグテクニックは、コードのあらゆる場所に`print()`関数を仕掛けておくものです。おそらく誰でも使う最も簡単な方法ですが、最も効率的な方法というわけではありません（貧乏人のデバッガとも呼ばれます）。

IPythonはデバッグを行うにも適していますし、組み込みデバッガの使いやすさも上々です（実際のところ、IPythonはPythonのデバッガpdbへの素晴らしいインターフェースを提供しているにすぎません）。Tabキーによる入力の補完はIPythonデバッガでも働きます。このレシピではIPythonを使ったデバッグ方法を紹介します。

手順

Pythonをデバッグするには、相互に排他的ではない2つの方法があります。検死デバッグモードでは、問題のあった箇所を調査できるよう例外が発生した時点でデバッガに入ります。ステップ実行モードではブレークポイントを設定した位置でインタープリタの実行が止まり、ステップごとの実行ができます。デバッガの中では、コードが実行された時点の変数の状態を確認できます。

2つの方法は同時に使えます。つまりステップ実行を検死デバッグモードの中で使えます。

検死モード

IPythonの実行中に例外が発生した際、デバッガを起動してコードのステップ実行に移行するために、%debug magicコマンドを使います。同様に%pdb onコマンドは、例外発生時に自動的にデバッガを起動するようIPythonに指示するものです。

78 | 2章　対話的コンピューティングのベストプラクティス

デバッガに入ると、次のデバッガコマンドが使えます。

p	変数名：変数の値を表示する
w	スタックの現在位置を表示する
u	スタックトレースを上にたどる
d	スタックトレースを下に降りる
l	現在位置周辺のソースコードを表示する
a	現在の関数引数を表示する

call stack（スタックトレース）はコードの指定された位置に至るまでの関数の実行リストです。スタックの中を移動して関数引数の値を調べることができます。使い方が簡単なので、このモードを使ってたいていのバグを解決できます。より複雑な問題には、ステップ実行を使います。

ステップ実行デバッグ

デバッガのステップ実行を開始するには、いくつかの方法があります。1つ目はコードの中に次の文を入れてブレークポイントを設定します。

```
import pdb
pdb.set_trace()
```

2つ目は、IPythonから次のコマンドでスクリプトを実行します。

```
%run -d -b extscript.py:20 script
```

このコマンドは、（script.pyのどこかでインポートされている）extscript.pyの20行目にブレークポイントを設定して、デバッガ制御下でscript.pyを実行します。

デバッガのステップ実行は、インタープリタの実行過程を正確にたどります。スクリプト中のブレークポイントでデバッグが始まった後は、次のコマンドで実行を制御できます。

s	現在行を実行して実行を止める（最も細かい実行レベルであるデバッグのステップ実行）
n	関数呼び出しの次の行まで実行を継続する
r	現在の関数がリターンした時点まで実行を継続する
c	次のブレークポイントに至るまで実行を継続する
j 30	現在のソースコードの30行目を実行する

bコマンドまたはtbreak（temporary breakpoint）を使って実行中にブレークポイントを設定できます。ブレークポイントのすべてまたは一部を削除したり、有効化/無効化を設定できます。デバッガの詳細は、https://docs.python.org/jp/3/library/pdb.htmlを参照してください。

応用

IPythonでコードをデバッグするには、例えば%runを使って、IPython上でコードを実行させる必

要があります。しかし、これがいつでも可能だとは限りません。例えば、コマンドラインのPython
スクリプトとして実行するように作られているとか、複雑なbashスクリプトから呼び出されるように
なっているとか、もしくはGUIに統合されている、といった状況が考えられます。そのような場合、(デ
バッグしたいのは、おそらくコードの一部だけなので) プログラムの全体をIPythonから実行するので
はなく (Pythonから実行される) コードの中にIPythonインタープリタを組み込むことが可能です[*1]。

IPythonを組み込むには、単に次の文をコードの好きな位置に配置するだけです。

```
from IPython import embed
embed()
```

Pythonプログラムがこのコードに至ると、実行が止まりIPythonターミナルが開いて対話環境が始
まります。後は、実行の制御も変数の調査もデバッガ上で実行できます。

たいていのPython IDEは、グラフィカルなデバッグ機能を備えています (「レシピ2.5　IPythonの
効果的な対話的コンピューティング」を参照)。GUIは、コマンドラインデバッガよりも便利な場合が
あります。Pythonデバッガはhttps://wiki.python.org/moin/PythonDebuggingToolsにまとめられて
います。

[*1]　訳注：Python 3.7では、組み込み関数にbreakpoint()が追加された (PEP 553—Built-in breakpoint()を参照)。コ
　　マンドラインから実行されたPythonスクリプトでも、breakpoint()が実行されると、pdbセッションが開始される。

3章
Jupyter Notebookを
マスターする

本章で取り上げる内容
- NotebookとIPython blocksを用いたプログラミング教育
- nbconvertによるJupyter Notebookから他フォーマットへの変換
- Jupyter Notebookのウィジェットをマスターする
- Python、HTML、JavaScriptでカスタムJupyter Notebookウィジェットを作成する
- Jupyter Notebookの設定
- はじめてのJupyterLab

はじめに

　この章では、Jupyter Notebookの高度な機能の使用例について説明します。ここまでは基本的な機能だけを見てきたので、この章ではNotebookのアーキテクチャについて詳しく解説します。

Notebookエコシステム

　Jupyter NotebookはJavaScript Object Notation（JSON）のデータとして表現されます。JSONは、構造化されたデータを表すためのプログラミング言語に依存しないテキストベースのフォーマットです。そのためNotebookはあらゆるプログラミング言語を処理可能であり、Markdown、HTML、LaTeX、PDFなど他のフォーマットへの変換も可能です。

　Notebookの周辺には関連するツールのエコシステムが存在しています。Notebookはプレゼンテーション、教材、ブログ記事、研究論文、書籍の作成に使われています。実際、本書もMarkdownとカスタムPythonツールを使ったNotebookとして作成しました。

　JupyterLabは次世代のJupyter Notebookです。本書の執筆時点では開発の初期段階にあります。JupyterLabについては、この章の最後のレシピで説明します。

Jupyter Notebookのアーキテクチャ

IPythonはカーネルとクライアントという2つのプロセスで構成されています。クライアントはカーネルにコードを送信する機能をユーザに提供するインターフェースです。カーネルはコードを実行し、結果をクライアントへ返して表示します。Read-Evaluate-Print Loop（REPL）の仕組みの中では、カーネルがEvaluateを、クライアントがReadとPrintを担当します。

Qtコンソールを使っている場合にはQtウィジェットが、Notebookを使う場合にはブラウザがそれぞれクライアントに相当します。Jupyter Notebookでは1つのセルの中身がその都度カーネルに渡され、カーネルはNotebookの存在をまったく意識しません。Notebook上の連続したコンテンツとカーネルとは完全に分離されています。

プロセス間の通信は、ZeroMQ（またはZMQ）通信プロトコル（http://zeromq.org）上に構築されています。Notebookとカーネルは、最新のWebブラウザで提供されているTCPベースのプロトコルであるWebSocketを使って通信を行います。

複数クライアントの接続

Notebookでは、`%connect_info`コマンドを実行すると、新しいクライアント（例えばQtコンソール）を現在のカーネルに接続する際に必要な情報が得られます。

```
>>> %connect_info
{
  "shell_port": 58645,
  "iopub_port": 47422,
  "stdin_port": 60550,
  "control_port": 39092,
  "hb_port": 49409,
  "ip": "127.0.0.1",
  "key": "2298f955-7020b0ce534e7a8d81053d43",
  "transport": "tcp",
  "signature_scheme": "hmac-sha256",
  "kernel_name": ""
}
```

上記JSONコードをファイルに保存し、次のコマンドで接続します。

```
$> jupyter <app> --existing <ファイル名>
```

または、ローカルサーバを使っているなら、次のコマンドでも接続できます。

```
$> jupyter <app> --existing kernel-4342f625-a8...
```

もしくは単に

```
$> jupyter <app> --existing
```

で、最近実行されたIPythonセッションが使用されます。

ここで<app>は、console、qtconsole、notebookのいずれかです。

JupyterHub

JupyterHub (https://jupyterhub.readthedocs.io/en/latest/) は、Notebookを特定のクラスに所属する学生や研究グループのユーザなどの一連のエンドユーザに提供するためのPythonライブラリで、ユーザ認証およびその他の低レベルの処理を管理します。

Notebookのセキュリティ

攻撃者がJupyter Notebookに悪意のあるコードを置くことは可能です。セルの出力に表示されないようなJavaScriptコードを埋め込むと、Notebookを開いた際に悪意のあるコードをクライアント側で実行させることが理論的には可能です。

このため、JupyterにはNotebook内のHTMLとJavaScriptが信頼できる（trusted）か、信頼できない（untrusted）かのいずれかであるという、セキュリティモデルを備えています。ユーザが実行した結果の出力は常に信頼されていますが、ユーザが既存のNotebookを初めて開いた際に存在していた出力は信頼されません。

このセキュリティモデルは、各Notebook内に記録された署名に基づいています。この署名は各ユーザの秘密鍵から生成されます。

応用

Notebookアーキテクチャに関する参考資料です。

- IPython概説 (https://ipython.readthedocs.io/en/stable/overview.html)
- Jupyter Notebookマニュアル (https://jupyter.readthedocs.io/en/latest/)
- Notebookセキュリティ (https://jupyter-notebook.readthedocs.io/en/stable/security.html)
- Jupyterメッセージプロトコル (https://jupyter-client.readthedocs.io/en/latest/messaging.html)
- ラッパーカーネル (https://jupyter-client.readthedocs.io/en/latest/wrapperkernels.html)

Python言語以外のNotebook向けカーネルを以下に示します。

- IJulia (https://github.com/JuliaLang/IJulia.jl)
- IRkernel (https://github.com/IRkernel/IRkernel)
- IHaskell (https://github.com/gibiansky/IHaskell)
- その他のカーネル一覧 (https://github.com/jupyter/jupyter/wiki/Jupyter-kernels)

レシピ3.1　NotebookとIPython blocksを用いたプログラミング教育

　Jupyter Notebookは科学技術研究やデータ分析のツールであるばかりでなく、教育のための優れたツールでもあります。このレシピでは、プログラミングの概念を学ぶための簡単で楽しいPythonライブラリであるIPython Blocks（http://ipythonblocks.org）を紹介します。このライブラリは、カラフルな四角いブロックを組み合わせたグリッドを描きます。ブロックの大きさや色を変更したり、ブロックの移動をアニメーションで表示できます。さまざまな基礎的かつ技術的な概念をこのツールで説明できます。視覚的なツールは、学習プロセスを効率的かつ魅力的にします。

　このレシピでは、次の作業を行います。

- 行列の乗算をアニメーションで表示する
- ブロックの格子を使って、イメージを表示する

準備

　IPython Blocksをインストールするには、ターミナルから`pip install ipythonblocks`を実行します。

手順

1. いくつかのモジュールをインポートする。

    ```
    >>> import time
        from IPython.display import clear_output
        from ipythonblocks import BlockGrid, colors
    ```

2. 5行5列の格子を作り、各ブロックを紫色（purple）で塗りつぶす。

    ```
    >>> grid = BlockGrid(width=5, height=5,
                        fill=colors['Purple'])
        grid.show()
    ```

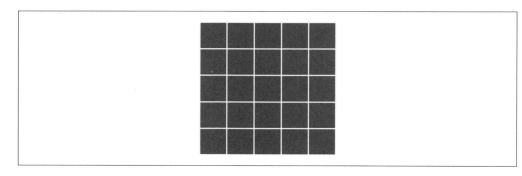

3. 個々のブロックは、2次元のインデックスで指定できる。これはPythonのインデックス構文の例となっている。:（コロン）を使って、行全体や列全体を指定する。各ブロックは、RGBカラーで表現する。このライブラリは色の辞書を持っているので、標準的な色名を使ってRGB値のタプルを指定できる。

```
>>> grid[0, 0] = colors['Lime']
    grid[-1, 0] = colors['Lime']
    grid[:, -1] = colors['Lime']
    grid.show()
```

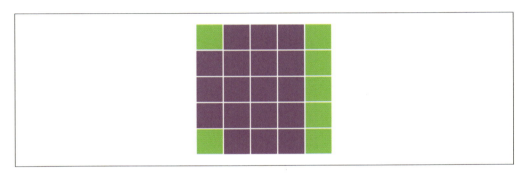

4. 次に行列乗算の例を見てみよう。n行n列の2つの行列A（シアン：cyan）およびB（ライム：lime）を並べ、AとBの積C（黄色：yellow）を表現する。これを行うために、ちょっとしたトリックとして$2n+1$行$2n+1$列の白い行列を作り、A, B, Cの行列を、その一部として描く。

```
>>> n = 5
    grid = BlockGrid(width=2 * n + 1,
                     height=2 * n + 1,
                     fill=colors['White'])
    A = grid[n + 1:, :n]
    B = grid[:n, n + 1:]
    C = grid[n + 1:, n + 1:]
    A[:, :] = colors['Cyan']
    B[:, :] = colors['Lime']
    C[:, :] = colors['Yellow']
    grid.show()
```

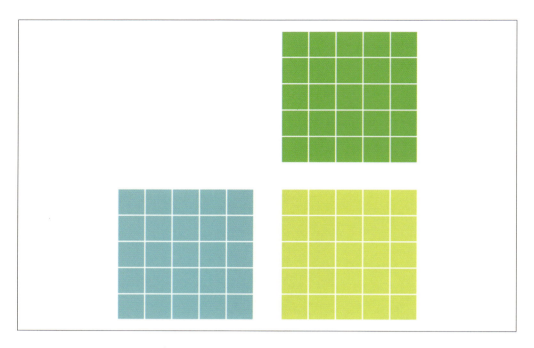

5. この行列の乗算が行われる様子を表現してみよう。全行と全列に対してループを回し、Aの行とBの列、そして対応するそれらの積であるCの要素のブロックを強調表示する。clear_output()とgrid.show()を使い、time.sleep()と組み合わせることでアニメーションを実現する。

```
>>> for i in range(n):
        for j in range(n):
            # We reset the matrix colors.    行列の色をリセットする
            A[:, :] = colors['Cyan']
            B[:, :] = colors['Lime']
            C[:, :] = colors['Yellow']
            # We highlight the adequate rows  該当する行と列を赤で強調表示する
            # and columns in red.
            A[i, :] = colors['Red']
            B[:, j] = colors['Red']
            C[i, j] = colors['Red']
            # We animate the grid in the loop.  格子をアニメーション表示する
            clear_output()
            grid.show()
            time.sleep(.25)
```

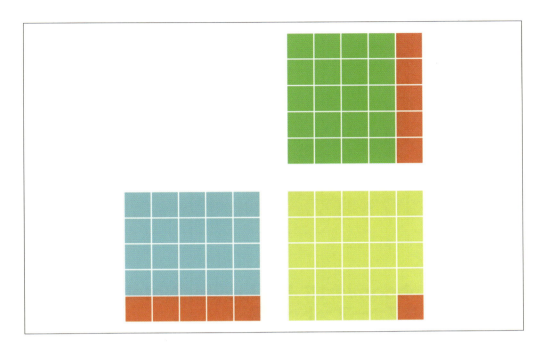

6. 最後の例では、IPython Blocksで画像を表示する。

   Matplotlibを使用してPNG画像のダウンロードと読み込みを行う。

   ```
   >>> # We downsample the image by a factor of 4 for     パフォーマンス上の理由から、画像を4倍
       # performance reasons.                             ダウンサンプリングする
       import matplotlib.pyplot as plt
       img = plt.imread('https://github.com/ipython-books/'
                        'cookbook-2nd-data/blob/master/'
                        'beach.png?raw=true')[::4, ::4, :]
   >>> rgb = [img[..., i].ravel() for i in range(3)]
   ```

7. BlockGridインスタンスを適切な行数と列数で生成する。続いて、画像の対応するピクセルの色を各ブロックに設定する（[0, 1]の浮動小数点数を8ビット整数にするために、255を乗ずる）。ブロックサイズを小さくし、ブロック間の線は表示しない。

   ```
   >>> height, width = img.shape[:2]
       grid = BlockGrid(width=width, height=height,
                       block_size=2, lines_on=False)
       for block, r, g, b in zip(grid, *rgb):
           block.rgb = (r * 255, g * 255, b * 255)
       grid.show()
   ```

図3-1　IPython Blocksで表示した画像

レシピ3.2　nbconvertによるJupyter Notebookから他フォーマットへの変換

　Jupyter Notebookの内容はJSONテキストファイルとして保存されています。このファイルにはNotebookの内容すべて、つまりテキスト、コード、実行結果が含まれます。Matplotlibの図はbase64エンコードされるため、スタンドアロン環境でも表示できますが、ファイルは大きくなります。

　　　　　JSONは構造化データを表現する標準のフォーマットであり、人が読んで理解できるテキストベースの形式です。JavaScriptから派生したものですが、特定の言語には依存していません。また、シンタックスはPythonの辞書に似ています。JavaScriptやPython（標準ライブラリのjsonモジュールを使う）を含むさまざまな言語で構文解析が可能です。

　nbconvert（https://nbconvert.readthedocs.io/en/stable/）はNotebookを他のフォーマット（プレーンテキスト、Markdown、HTML、LaTeX、PDF、さらにはreveal.jsライブラリを使用したスライド）に変換するツールです。その他にサポートされているフォーマットについては、nbconvertのマニュアルを参照してください。

　Notebookファイルを操作するには、通常nbformat（https://nbformat.readthedocs.io/en/latest/）ライブラリを使用しますが、ここではNotebook（JSONフォーマットのテキストファイル）の内容をPythonで直接操作する方法を取り上げると共に、nbconvertを使って他の形式に変換する方法を紹介します。

準備

まず、https://pandoc.orgのpandocをインストールする必要があります。このツールは、マークアップ言語で記述された内容をさまざまな形式に変換するために使用します。Ubuntuでは、端末でsudo apt-get install pandocを実行[*1]します。

Notebookを PDFに変換するには、LaTeXディストリビューションが必要です。これはhttps://www.latex-project.org/get/からダウンロードしてインストールできます。

手順

1. テスト用のNotebook (test.ipynb) をダウンロードしてオープンする。Notebookはテキストファイル (JSON) として扱える。

```
>>> import io
    import requests
>>> url = ('https://github.com/ipython-books/'
           'cookbook-2nd-data/blob/master/'
           'test.ipynb?raw=true')
>>> contents = requests.get(url).text
    print(len(contents))
3857
```

2. test.ipynbファイルの内容を抜粋する。

```
>>> print(contents[:345] + '...' + contents[-33:])
{
 "cells": [
  {
   "cell_type": "markdown",
   "metadata": {},
   "source": [
    "# First chapter"
   ]
  },
  {
   "cell_type": "markdown",
   "metadata": {
    "my_field": [
     "value1",
     "2405"
    ]
   },
   "source": [
    "Let's write some *rich* **text** with
        [links](http://www.ipython.org) and lists:\n",
```

＊1　訳注：Windowsや macOSでは、https://pandoc.orgで配布されているインストーラをダウンロードして実行する。

90 | 3章 Jupyter Notebookをマスターする

```
       "\n",
       "* item1...rmat": 4,
    "nbformat_minor": 4
    }
```

3. 文字列として読み込んだNotebookの中身を、jsonモジュールで構文解析する。

```
>>> import json
    nb = json.loads(contents)
```

4. 辞書のキーとして何があるかを見てみよう。

```
>>> print(nb.keys())
    print('nbformat %d.%d' % (nb['nbformat'],
                              nb['nbformat_minor']))
dict_keys(['cells', 'metadata',
           'nbformat', 'nbformat_minor'])
nbformat 4.4
```

5. 各セルには、型とオプションのメタデータ、コンテンツ（テキストまたはコード）、場合により1
   つまたは複数の出力、その他の情報が含まれる。Markdownセルと、コードセルを見てみよう。

```
>>> nb['cells'][1]
{'cell_type': 'markdown',
 'metadata': {'my_field': ['value1', '2405']},
 'source': ["Let's write some *rich* **text** with
        [links](http://www.ipython.org) and lists:\n",
 '\n',
 '* item1\n',
 '* item2\n',
 '    1. subitem\n',
 '    2. subitem\n',
 '* item3']}
>>> nb['cells'][2]
{'cell_type': 'code',
 'execution_count': 1,
 'metadata': {},
 'outputs': [{'data': {'image/png': 'iVBOR...QmCC\n',
     'text/plain': ['<matplotlib Figure at ...>']},
    'metadata': {},
    'output_type': 'display_data'}],
 'source': ['import numpy as np\n',
 'import matplotlib.pyplot as plt\n',
 '%matplotlib inline\n',
 'plt.figure(figsize=(2,2));\n',
 "plt.imshow(np.random.rand(10,10),
            interpolation='none');\n",
 "plt.axis('off');\n",
 'plt.tight_layout();']}
```

6. 構文解析後は、Python辞書となるため、Pythonからは容易に操作できる。ここではMarkdown

とコードセルがいくつあるかを数えてみる。

```
>>> cells = nb['cells']
    nm = len([cell for cell in cells
              if cell['cell_type'] == 'markdown'])
    nc = len([cell for cell in cells
              if cell['cell_type'] == 'code'])
    print((f"There are {nm} Markdown cells and "
           f"{nc} code cells."))
There are 2 Markdown cells and 1 code cells.    2つのMarkdownセルと1つのコードセル
```

7. Matplotlibによる画像出力の内部を見てみよう。

```
>>> cells[2]['outputs'][0]['data']
{'image/png': 'iVBOR...QmCC\n',
 'text/plain': ['<matplotlib.figure.Figure at ...>']}
```

出力は存在しなくても複数個あっても構わない。さらに言うと、出力は複数形式での表現が可能である。この例では、Matplotlibの図をPNG表現（base64エンコードされたイメージ）とテキスト表現（図の内部表現形式）で出力している。

8. nbconvertを使って、NotebookをHTMLに変換してみよう。

```
>>> # We write the notebook to a file on disk.
    with open('test.ipynb', 'w') as f:
        f.write(contents)
>>> !jupyter nbconvert --to html test.ipynb
[NbConvertApp] Converting notebook test.ipynb to html
[NbConvertApp] Writing 253784 bytes to test.html
```

9. 変換したHTMLをiframe（Noteboookから別のHTMLファイルを表示するための、小さなウィンドウ）に表示する。

```
>>> from IPython.display import IFrame
    IFrame('test.html', 600, 200)
```

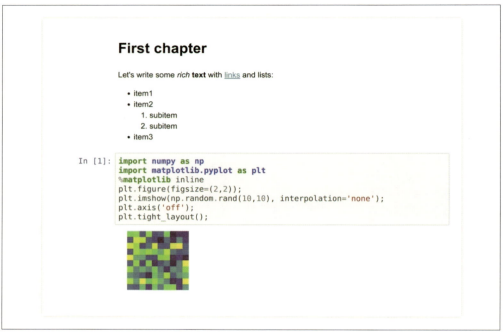

図3-2　HTMLに変換して表示

10. NotebookをLaTeXやPDFに変換できる。文章のタイトル（title）と著者（author）を指定するために、デフォルトのLaTeXテンプレートを変更する必要がある。まず、nbconvertが提供しているデフォルトのテンプレートarticle.ptlxを拡張するtemp.tplxを作成し、authorとtitleブロックを次のように設定する。

```
>>> %%writefile temp.tplx
((*- extends 'article.tplx' -*))

((* block author *))
\author{Cyrille Rossant}
((* endblock author *))

((* block title *))
\title{My document}
((* endblock title *))
Writing temp.tplx
```

11. 修正したテンプレートを指定して、nbconvertを実行する。

```
>>> %%bash
jupyter nbconvert --to pdf --template temp test.ipynb
[NbConvertApp] Converting notebook test.ipynb to pdf
[NbConvertApp] Support files will be in test_files/
```

```
[NbConvertApp] Making directory test_files
[NbConvertApp] Writing 16695 bytes to notebook.tex
[NbConvertApp] Building PDF
[NbConvertApp] Running xelatex 3 times:
    ['xelatex', 'notebook.tex']
[NbConvertApp] Running bibtex 1 time:
    ['bibtex', 'notebook']
[NbConvertApp] PDF successfully created
[NbConvertApp] Writing 16147 bytes to test.pdf
```

`nbconvert`でNotebookをLaTeXに変換し、`pdflatex`（LaTeXディストリビューションに付属するツール）でLaTeX文書からPDFを出力した。PDF出力の結果を示す。

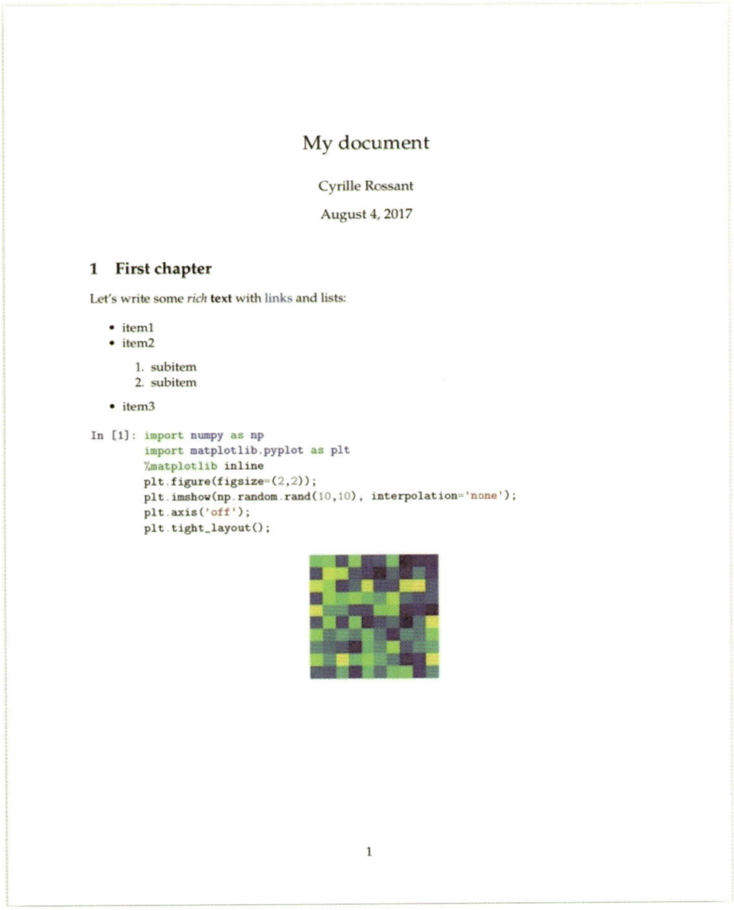

My document

Cyrille Rossant

August 4, 2017

1 First chapter

Let's write some *rich* **text** with links and lists:

- item1
- item2
  1. subitem
  2. subitem
- item3

```
In [1]: import numpy as np
        import matplotlib.pyplot as plt
        %matplotlib inline
        plt.figure(figsize=(2,2));
        plt.imshow(np.random.rand(10,10), interpolation='none');
        plt.axis('off');
        plt.tight_layout();
```

1

図3-3　PDF出力

94 | 3章 Jupyter Notebookをマスターする

解説

　このレシピでは、.ipynbファイルにNotebookコンテンツの構造化された情報が格納されていることを紹介しました。このJSONファイルはPythonや他の言語で簡単に構文解析や操作ができます。しかし、Notebookの中身を操作する場合には、nbformatパッケージを使うほうが優れています。JSONファイルの内部的なフォーマットは変更される可能性がありますが、nbformatのAPIは変更されないからです。

　nbconvertはNotebookを他のフォーマットに変換するためのツールです。さまざまな方法で変換をカスタマイズできます。ここではテンプレートパッケージ（Jinja2、http://jinja.pocoo.org/docs/を参照）を使用して、既存のテンプレートを拡張しました。

応用

　Jupyter Notebookの内容と実行結果を動的に表示する無料のオンラインサービスnbviewerがあります。NotebookのURLをnbviewerに渡すと、実行結果のHTMLを受け取りブラウザで表示できます。nbviewerのメインページ（https://nbviewer.jupyter.org/）にはいくつかの事例が公開されています。このサービスはJupyterの開発者によりメンテナンスされ、Rackspace（https://www.rackspace.com）がホスティングしています。

　GitHubは、リポジトリに格納されているJupyter Notebookを自動的にレンダリングします。

　binder（https://mybinder.org）は、GitHubリポジトリをクラウド上のインタラクティブなNotebookコレクションに変えることができます。サービスは無料でコードはオープンソースになるので、誰でも自分のbinderサービスを提供できます。

　参考資料を示します。

- nbconvertドキュメント（https://nbconvert.readthedocs.io/en/latest/）
- Jupyter Notebookの出力でスライドショーを作成するライブラリRISE（https://damianavila.github.io/RISE/）

レシピ3.3　Jupyter Notebookのウィジェットをマスターする

　ipywidgetsパッケージは、コードやデータをインタラクティブに探索するための一般的なユーザインターフェース部品を数多く提供します。これらの部品を組み立ててカスタマイズすることで、複雑なグラフィカルユーザインターフェースを作成できます。このレシピでは、ipywidgetsでユーザインターフェースを作成するさまざまな方法を紹介します。

準備

ipywidgetsパッケージは、デフォルトでAnacondaに含まれていますが、conda install ipywidgetsを使用して手動でインストールすることもできます。

pip install ipywidgetsを使用してipywidgetsをインストールすることもできますが、その場合次のコマンドを実行してJupyter Notebookの拡張機能を有効にしなければなりません。

```
jupyter nbextension enable --py --sys-prefix widgetsnbextension
```

手順

1. 必要なパッケージをインポートする。

    ```
    >>> import ipywidgets as widgets
        from ipywidgets import HBox, VBox
        import numpy as np
        import matplotlib.pyplot as plt
        from IPython.display import display
        %matplotlib inline
    ```

2. @interactデコレータは、関数の引数を制御するためのウィジェットを表示する。ここで、関数f()は、引数として整数を受け付ける。デフォルトでは、@interactデコレータは、関数に渡される値を制御するスライダーを表示する。

    ```
    >>> @widgets.interact
        def f(x=5):
            print(x)
    ```

関数f()は、スライダーの値が変わるたびに呼び出されます。

3. スライダーのパラメータをカスタマイズできる。ここでは、スライダーの最小値と最大値を示す整数を指定する。

    ```
    >>> @widgets.interact(x=(0, 5))
        def f(x=5):
            print(x)
    ```

4. `@interact_manual`デコレータは関数を手動で呼び出すためのボタンを表示する。これは、関数の実行時間が長いなどの理由で、ウィジェットの値が変化すると度に関数が呼び出されると都合が悪い場合などに使用する。ここでは、簡単なユーザインターフェースを作成する。つまり、2つの浮動小数点スライダー、定義済みオプションの中から値を選択するドロップダウンメニュー、ブール値のチェックボックスでプロットを表示する関数の4つのパラメータを制御する。

```
>>> @widgets.interact_manual(
        color=['blue', 'red', 'green'], lw=(1., 10.))
    def plot(freq=1., color='blue', lw=2, grid=True):
        t = np.linspace(-1., +1., 1000)
        fig, ax = plt.subplots(1, 1, figsize=(8, 6))
        ax.plot(t, np.sin(2 * np.pi * freq * t),
                lw=lw, color=color)
        ax.grid(grid)
```

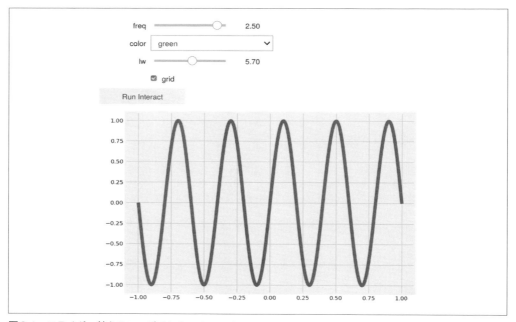

図3-4　スライダー付きのユーザインターフェース

5. `@interact`や`@interact_manual`などのデコレータに加えて、ipwidgetsはウィジェットを作成す

るためのシンプルなAPIも提供する。まず、浮動小数点スライダーを作成する。

```
>>> freq_slider = widgets.FloatSlider(
        value=2.,
        min=1.,
        max=10.0,
        step=0.1,
        description='Frequency:',
        readout_format='.1f',
    )
    freq_slider
```

6. 次に、2つの値を指定するスライダーを作成する。例えば、値の範囲や間隔を示すのに使用する。

```
>>> range_slider = widgets.FloatRangeSlider(
        value=[-1., +1.],
        min=-5., max=+5., step=0.1,
        description='xlim:',
        readout_format='.1f',
    )
    range_slider
```

7. トグルボタンは、真偽値を制御する。

```
>>> grid_button = widgets.ToggleButton(
        value=False,
        description='Grid',
        icon='check'
    )
    grid_button
```

8. ドロップダウンメニューやトグルボタンは、事前定義された候補の中から値を選択するときに使用される。

```
>>> color_buttons = widgets.ToggleButtons(
```

```
        options=['blue', 'red', 'green'],
        description='Color:',
    )
    color_buttons
```

9. テキストウィジェットには、テキストを入力する。

```
    >>> title_textbox = widgets.Text(
        value='Hello World',
        description='Title:',
    )
    title_textbox
```

10. 組み込みのシステムカラーピッカーを使用して、ユーザに色を選択させることもできる。

```
    >>> color_picker = widgets.ColorPicker(
        concise=True,
        description='Background color:',
        value='#efefef',
    )
    color_picker
```

11. ボタンも簡単に作成できる。

```
    >>> button = widgets.Button(
        description='Plot',
    )
    button
```

	Plot	

---

12. それでは、これらのウィジェットを複雑なグラフィカルユーザインターフェースに結合する方法
と、これらの部品に対するユーザのやり取りにどのように反応するかを見てみよう。作成した部
品により定義された値を使ってプロットを表示する関数を作成する。ウィジェットの value プロ
パティで部品の値にアクセスできる。

```
>>> def plot2(b=None):
        xlim = range_slider.value
        freq = freq_slider.value
        grid = grid_button.value
        color = color_buttons.value
        title = title_textbox.value
        bgcolor = color_picker.value

        t = np.linspace(xlim[0], xlim[1], 1000)
        f, ax = plt.subplots(1, 1, figsize=(8, 6))
        ax.plot(t, np.sin(2 * np.pi * freq * t),
                color=color)
        ax.grid(grid)
```

13. ボタンウィジェットの on_click デコレータは、クリックイベントに反応する。ここでは、ボタン
を押したときにプロット関数を呼び出す必要があることを単に宣言する。

```
>>> @button.on_click
    def plot_on_click(b):
        plot2()
```

14. ウィジェットのすべてを1つのグラフィカルインターフェースで表示するために、2つのタブを持
つレイアウトを定義する。最初のタブにはプロット自体に関連するウィジェットを表示し、2番目
のタブにはプロットのスタイリングに関連するウィジェットを表示する。タブに表示する垂直ス
タックウィジェットは、VBox クラスで定義する。

```
>>> tab1 = VBox(children=[freq_slider,
                          range_slider,
                          ])
    tab2 = VBox(children=[color_buttons,
                          HBox(children=[title_textbox,
                                         color_picker,
                                         grid_button]),
                          ])
```

15. 最後に、2つのタブを持つ Tab インスタンスを作成し、タブのタイトルを設定し、タブの下にプロッ
トボタンを追加する。

```
>>> tab = widgets.Tab(children=[tab1, tab2])
    tab.set_title(0, 'plot')
    tab.set_title(1, 'styling')
    VBox(children=[tab, button])
```

応用

　ipywidgetsパッケージのその他の機能は、ipywidgetsのドキュメントで説明されています。ウィジェットのスタイルもカスタマイズ可能です。新しいウィジェットは、PythonとJavaScriptコードを書くことで作成できます（「レシピ3.4　Python、HTML、JavaScriptでカスタムJupyter Notebookウィジェットを作成する」を参照してください）。ウィジェットは、静的にエクスポートしたNotebookにおいても部分的に機能させ続けることも可能です。

　以下参考資料です。

- ipywidgetsユーザガイド（https://ipywidgets.readthedocs.io/en/stable/user_guide.html）
- カスタムウィジェットの作成（https://ipywidgets.readthedocs.io/en/stable/examples/Widget%20Custom.html）

関連項目

- 「レシピ3.4　Python、HTML、JavaScriptでカスタムJupyter Notebookウィジェットを作成する」

レシピ3.4 Python、HTML、JavaScriptでカスタム Jupyter Notebookウィジェットを作成する

ipywidgetsパッケージには、Jupyter Notebookのコードやデータと対話するための組み込みのウィジェットが多数用意されています。このレシピでは、カーネル側のPythonとクライアント側（フロントエンド）のHTML/JavaScriptを使用して、独自のインタラクティブなウィジェットをゼロから構築する方法を示します。このウィジェットは、数字を増減するための2つのボタンを表示するだけです。この数字は、カーネル（Pythonコード）またはクライアント（ブラウザ）のいずれかからアクセスして更新できます。

手順

1. まず、必要なパッケージをインポートする。

   ```
   >>> import ipywidgets as widgets
       from traitlets import Unicode, Int, validate
   ```

2. DOMWidgetを継承したCounterWidgetクラスを作る。

   ```
   >>> class CounterWidget(widgets.DOMWidget):
           _view_name = Unicode('CounterView').tag(sync=True)
           _view_module = Unicode('counter').tag(sync=True)
           value = Int(0).tag(sync=True)
   ```

   このクラスは、ウィジェットのPython部分を表す。_view_nameおよび_view_module属性は、JavaScriptコードの名前とモジュールを参照する。traitletsパッケージを使用して変数のタイプを指定する。value属性はカウンタを表し、0で初期化した整数である。これらの属性の値はすべてPythonとJavaScriptの間で同期させるため、sync = Trueオプションを指定する。

3. 次にウィジェットのJavaScript側に取り掛かる。%%javascriptセルmagicコマンドを使用してNotebookに直接JavaScriptコードを書くことができる。ウィジェットフレームワークは、jQuery（$変数として表現）、RequireJS（モジュールと依存関係管理）、Backbone.js（Model-View-Controllerフレームワーク）などのJavaScriptライブラリを使用します。

   ```
   >>> %%javascript
       // We make sure the 'counter' module is defined
       // only once.
       require.undef('counter');

       // We define the 'counter' module depending on the
       // Jupyter widgets framework.
       define('counter', ["@jupyter-widgets/base"],
               function(widgets) {

           // We create the CounterView frontend class,
   ```

   > 'counter'モジュール定義が一度だけ行われるようにする

   > Jupyter widgetフレームワークに従って'counter'モジュールを定義する

   > DOMWidgetViewを継承するフロントエンドクラスであるCounterViewを定義する

```
// deriving from DOMWidgetView.
var CounterView = widgets.DOMWidgetView.extend({

    // This method creates the HTML widget.        次のメソッドでHTMLウィジェットを生成する
    render: function() {
        // The value_changed() method should be    value_changed()メソッドは、カーネル側で
        // called when the model's value changes    モデルの値が変更された際に呼び出される
        // on the kernel side.
        this.value_changed();
        this.model.on('change:value',
                      this.value_changed, this);

        var model = this.model;
        var that = this;

        // We create the plus and minus buttons.    プラス(+)ボタンとマイナス(-)ボタンを作成
        this.bm = $('<button/>')                    する
        .text('-')
        .click(function() {
            // When the button is clicked,          ボタンがクリックされたら、モデルの値を更新する
            // the model's value is updated.
            var x = model.get('value');
            model.set('value', x - 1);
            that.touch();
        });

        this.bp = $('<button/>')
        .text('+')
        .click(function() {
            var x = model.get('value');
            model.set('value', x + 1);
            that.touch();
        });

        // This element displays the current        ここで、カウンタの現在の値を表示する
        // value of the counter.
        this.span = $('<span />')
        .text('0')
        .css({marginLeft: '10px',
            marginRight: '10px'});

        // this.el represents the widget's DOM       this.elは、ウィジェットのDOM要素を表す。
        // element. We add the minus button,         マイナスボタン、span要素、プラスボタンを
        // the span element, and the plus button.    追加する

        $(this.el)
        .append(this.bm)
        .append(this.span)
        .append(this.bp);
    },
```

レシピ3.4　Python、HTML、JavaScriptでカスタムJupyter Notebookウィジェットを作成する | **103**

```
            value_changed: function() {
                // Update the displayed number when the   [カウンタの値が変更されたら、表示も変更する]
                // counter's value changes.
                var x = this.model.get('value');
                $($(this.el).children()[1]).text(x);
            },
        });

        return {
            CounterView : CounterView
        };
    });
```

4. 作成したウィジェットを表示してみよう。

```
>>> w = CounterWidget()
    w
```

```
In [4]:  w = CounterWidget()
         w

         -  0  +
```

5. ボタンを押すと、値が即座に変更されるのがわかる。

```
In [4]:  w = CounterWidget()
         w

         -  3  +
```

6. カウンタの値は、自動的にカーネル側にも反映される。

```
>>> print(w.value)
4
```

7. 逆に、Python側で行った変更もフロントエンドに反映される。

```
>>> w.value = 5
```

```
In [4]:  w = CounterWidget()
         w

         -  5  +
```

応用

以下参考資料です。

- カスタムウィジェットのチュートリアル（https://ipywidgets.readthedocs.io/en/stable/examples/Widget%20Custom.html）
- RequireJS ライブラリ（https://requirejs.org/）
- Backbone.js ライブラリ（https://backbonejs.org/）

関連項目

- 「レシピ3.3　Jupyter Notebookのウィジェットをマスターする」

レシピ3.5　Jupyter Notebookの設定

Jupyter Notebook の設定はさまざまに変更可能です。IPython の設定システムについては、既に「1章　Jupyter と IPython による対話的コンピューティング入門」の「レシピ1.5　IPython の設定システム」で取り上げました。このレシピでは、Jupyter アプリケーションと Jupyter Notebook のフロントエンドを設定する方法を示します。

手順

1. 最初に Jupyter Notebook の設定ファイルが既に存在するかどうかを確認する。

    ```
    >>> %ls ~/.jupyter/jupyter_notebook_config.py
    ~/.jupyter/jupyter_notebook_config.py
    ```

    存在しない場合は、Notebook で !jupyter notebook --generate-config -y を実行する。ファイルが既に存在していた場合、このコマンドはその内容を削除し、デフォルトの内容で置き換えてしまう。

    Jupyter 設定ファイルは、Python または JSON（ディレクトリとファイル名は同じですが、ファイル拡張子が異なります）形式のどちらかで、JSON ファイルのほうが優先的に読み込まれます。JSON のファイルであれば、プログラムから編集が可能です。

2. 次のコマンドで、ファイルの内容を確認する。

    ```
    >>> %cat ~/.jupyter/jupyter_notebook_config.py
    # Configuration file for jupyter-notebook.

    #------------------------------------------------------
    # Application(SingletonConfigurable) configuration
    ```

```
#-------------------------------------------------------

## This is an application.

## The date format used by logging formatters
#c.Application.log_datefmt = '%Y-%m-%d %H:%M:%S'

[...]

#-------------------------------------------------------
# JupyterApp(Application) configuration
#-------------------------------------------------------

## Base class for Jupyter applications

## Answer yes to any prompts.
#c.JupyterApp.answer_yes = False

## Full path of a config file.
#c.JupyterApp.config_file = ''

...
```

例えば、Newボタンで作成する新しいNotebookのデフォルトファイル名を変更するには、次の
行を追加する。

```
c.ContentsManager.untitled_notebook = 'MyNotebook'
```

3. 次にJupyter Notebookフロントエンドの設定に移る。設定ファイルは次のフォルダに配置されて
   いる。

```
>>> %ls ~/.jupyter/nbconfig/
notebook.json  tree.json
```

4. 設定ファイル（JSON形式）の内容を確認する。

```
>>> %cat ~/.jupyter/nbconfig/notebook.json
{
  "Cell": {
    "cm_config": {
      "lineNumbers": false
    }
  },
  "Notebook": {
    "Header": false,
    "Toolbar": false
  }
}
```

5. Notebookのフロントエンドを設定する方法はいくつか存在する。このJSONファイルを直接編集

106 | 3章 Jupyter Notebookをマスターする

してNotebookをリロードしても良いし、JavaScriptコードを実行してクライアントで変更しても構わない。例えば、次のようにコードセル内のautoCloseBracketsオプションを無効にできる[*1]。

```
>>> %%javascript
    var cell = Jupyter.notebook.get_selected_cell();
    var config = cell.config;
    var patch = {
        CodeCell:{
          cm_config: {autoCloseBrackets: false}
        }
    }
    config.update(patch)
```

Notebookをリロードすると、このオプションは永続的にオフとなります。

図3-5 閉じカッコの自動入力

6. 確かに、このコマンドでJSONファイルが更新される。

```
>>> %cat ~/.jupyter/nbconfig/notebook.json
{
  "Cell": {
    "cm_config": {
      "lineNumbers": false
    }
  },
  "Notebook": {
    "Header": false,
    "Toolbar": false
  },
  "CodeCell": {
    "cm_config": {
      "autoCloseBrackets": false
    }
  }
}
```

---

*1 訳注：autoCloseBracketsオプションは、Notebookのセルに開きカッコ "(" や、引用符 "'" を入力した際に、閉じカッコ ")" や、対となる引用符を自動的に補完するかどうかを制御する。

7. Pythonコードから、フロントエンドオプションの取得および変更が可能。

```
>>> from notebook.services.config import ConfigManager
    c = ConfigManager()
    c.get('notebook').get('CodeCell')
{'cm_config': {'autoCloseBrackets': False}}
>>> c.update('notebook', {"CodeCell":
              {"cm_config": {"autoCloseBrackets": True}}})
{'Cell': {'cm_config': {'lineNumbers': False}},
 'CodeCell': {'cm_config': {'autoCloseBrackets': True}},
 'Notebook': {'Header': False, 'Toolbar': False}}
>>> %cat ~/.jupyter/nbconfig/notebook.json
{
  "Cell": {
    "cm_config": {
      "lineNumbers": false
    }
  },
  "Notebook": {
    "Header": false,
    "Toolbar": false
  },
  "CodeCell": {
    "cm_config": {
      "autoCloseBrackets": true
    }
  }
}
```

応用

Notebookのコードセルエディタは、CodeMirror JavaScriptライブラリで作られています。可能な設定については、CodeMirrorのマニュアルを参照してください。

以下参考資料です。

- Notebookの設定方法 (https://jupyter-notebook.readthedocs.io/en/stable/config.html)
- Notebookフロントエンドの設定方法 (https://jupyter-notebook.readthedocs.io/en/stable/frontend_config.html)
- CodeMirror の設定可能なオプション (https://codemirror.net/doc/manual.html#option_indentUnit)

関連項目

- 「レシピ1.5　IPythonの設定システム」

レシピ3.6　はじめてのJupyterLab

　JupyterLabは次世代のJupyter Notebookです。これは、Notebookユーザビリティ問題の多くを修正することを目指しており、その対応範囲を劇的に拡大させています。JupyterLabは、Python、Julia、R、その他の多くの言語に対して、対話的なコンピューティングとデータサイエンスのための一般的なフレームワークをブラウザ上で提供します。

　JupyterLabは、既存のNotebookインターフェースを改善するだけでなく、ファイルブラウザ、コンソール、端末、テキストエディタ、Markdownエディタ、CSVエディタ、JSONエディタ、対話型地図、ウィジェットなどを同じインターフェースで提供します。このアーキテクチャは完全に拡張可能であり、開発者に対してオープンです。要するにJupyterLabは、データサイエンスと対話型コンピューティングのための、ハッキング可能なWebベースIDEです。

　JupyterLabは、従来のNotebookやカーネルと完全に互換性があるように、従来のJupyterとまったく同じNotebookサーバとファイルフォーマットを使用します。NotebookとJupyterLabは、同じコンピュータ上でそれぞれ実行できると共に、2つのインターフェースを簡単に切り替えることが可能です。

JupyterLabは、本書の執筆時点ではまだ開発の初期段階にあります。しかし、既にかなり良好な使い勝手を提供しています。正式版リリースまでにインターフェースが変更される可能性があります。また、JupyterLabをカスタマイズするために使用された開発者APIはまだ安定していませんし、ユーザマニュアルもまだありません。

準備

　JupyterLabをインストールするには、ターミナルで`conda install jupyterlab`を実行[*1]します。

　GeoJSONファイルを対話型地図でレンダリングするには、`jupyter labextension install @jupyterlab/geojson-extension`を使用してGeoJSON JupyterLab拡張をインストールします。

[*1]　訳注：最新のAnacondaディストリビューションにはJupyterLabがデフォルトで含まれているので、condaコマンドでインストールする必要はない。ただし、labextensionはnode.jsに依存しているため、`jupyter labextension install @jupyterlab/geojson-extension`の実行でエラーになった場合には、`conda install nodejs`を実行してnode.jsをインストールする必要がある。

手順

1. ターミナルで jupyter lab を実行してJupyterLabを起動する。次に、Webブラウザで、http://localhost:8888/lab を開く。

2. ダッシュボードの左側には、現在の作業ディレクトリのファイルとサブディレクトリのリストが表示される。右側のランチャーを使用すると、Notebookやテキストファイルを作成したり、Jupyterコンソールやターミナルを開くことができる。また、利用可能なJupyterカーネルが自動的に表示されます（この例では、IPythonだけでなく、IRとIJuliaも表示されている）。

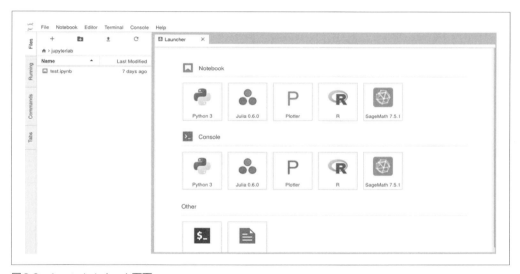

図3-6　JupyterLabホーム画面

3. 左側のパネルには、開いているタブのリスト、実行中のセッションのリスト、または使用可能なコマンドのリストの表示もできる。

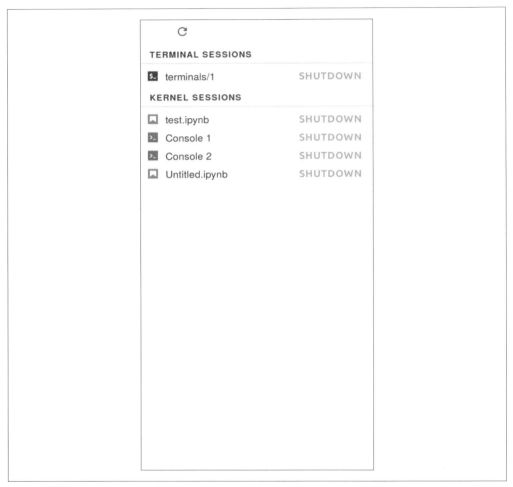

図3-7　稼働中のセッション

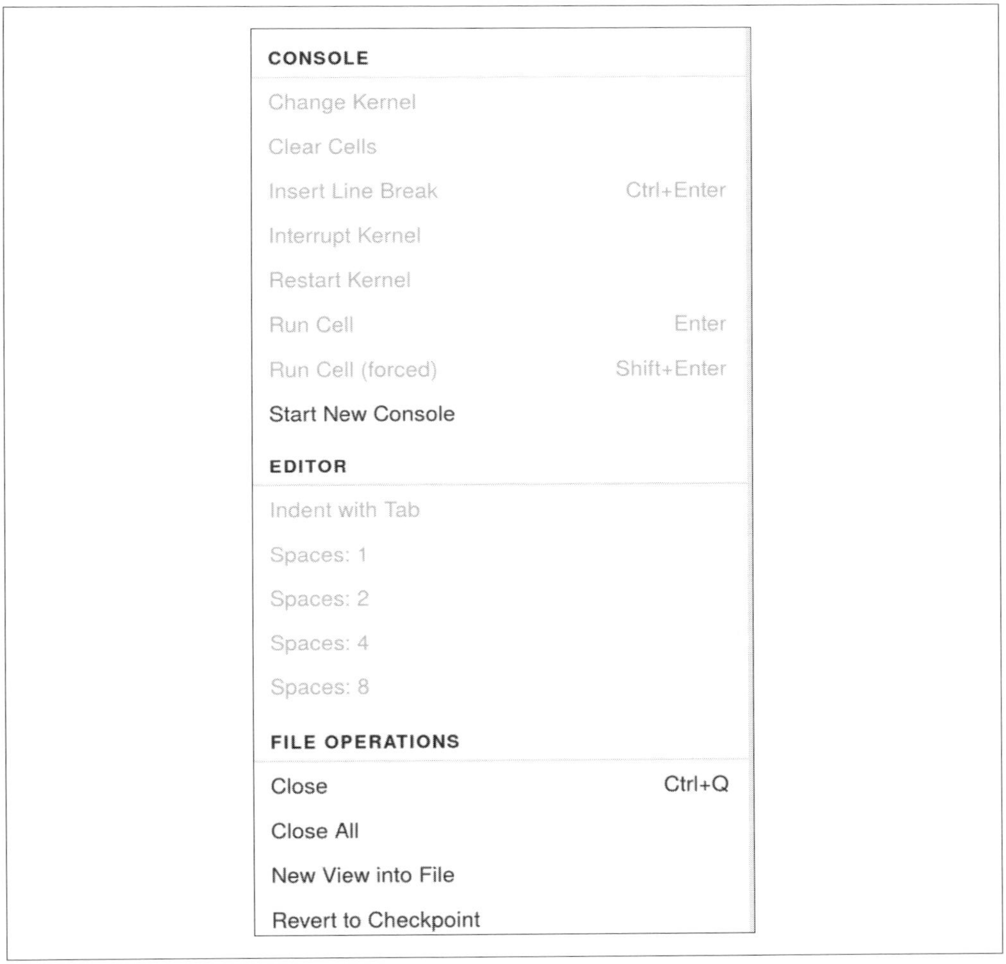

レシピ3.6　はじめてのJupyterLab | **111**

CONSOLE

Change Kernel

Clear Cells

Insert Line Break   Ctrl+Enter

Interrupt Kernel

Restart Kernel

Run Cell   Enter

Run Cell (forced)   Shift+Enter

Start New Console

EDITOR

Indent with Tab

Spaces: 1

Spaces: 2

Spaces: 4

Spaces: 8

FILE OPERATIONS

Close   Ctrl+Q

Close All

New View into File

Revert to Checkpoint

図3-8　実行可能なコマンド

4. Jupyter Notebookを開くと、従来のNotebookインターフェースに似たインターフェースが開く。

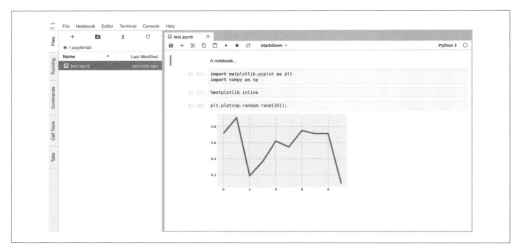

図3-9　JupyterLabのNotebook表示

従来のNotebookと比べて、いくつかの改善されている点がある。例えば、1つまたは複数のセルをドラッグアンドドロップできる。

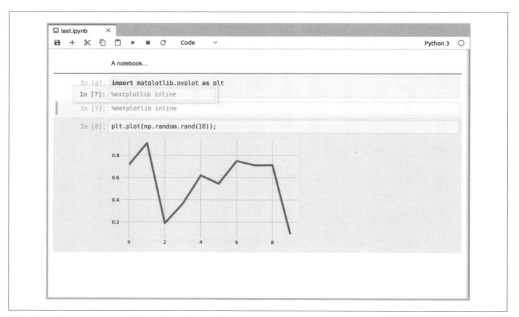

図3-10　Notebookセルのドラッグ＆ドロップ

セルの省略表示も可能。

5. Notebookを右クリックすると、コンテキストメニューが表示される。

Clear Output(s)	
Split Cell	Ctrl+Shift+-
Undo Cell Operation	Z
Redo Cell Operation	Shift+Z
Create Console for Notebook	
Clear All Outputs	
Open Inspector	Ctrl+I

図3-11　Notebookのコンテキストメニュー

「New Console for Notebook」をクリックすると、新しいタブで標準のIPythonコンソールが表示される。新しいタブは、Notebookの下など画面の任意の場所にドラッグアンドドロップできる。

図3-12　NotebookとIPythonコンソールの表示

IPythonコンソールはNotebookと同じカーネルに接続されているので、同じ名前空間を共有する。ランチャーから別のカーネルに接続するIPythonコンソールを開くこともできる。

6. term.jsライブラリを使用して、ブラウザで直接システムシェルを開くこともできる。

図3-13　Notebookとシェルの表示

7. JupyterLabにはテキストエディタも用意されている。ランチャーから新しいテキストファイルを作成し、拡張子.mdの付いたファイル名に変更するとMarkdownとして編集できる。

図3-14　Markdownドキュメント

Markdownファイルを右クリックすると、コンテキストメニューが表示される。

Create Console for Editor

Show Markdown Preview

図3-15　Markdown編集中のコンテキストメニュー

Markdownファイルをリアルタイムにレンダリングするパネルを追加できる。

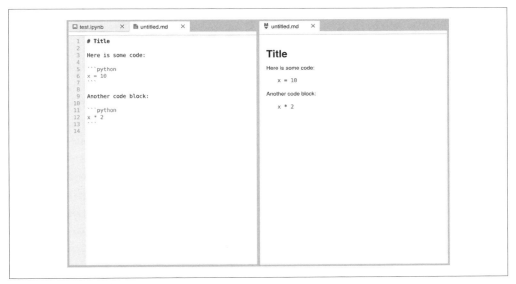

図3-16　レンダリングされたMarkdown

Markdownファイルの内容をIPythonコンソールに貼り付けることもできる。コードブロックにカーソルを合わせてShift + Enterを押すと、コードがコンソール上で実行される。

図3-17　MarkdownエディタとIPythonコンソール

8. CSVファイルを作成したり表示することができる。

図3-18　CSVファイル

　CSVビューアは非常に便利だ。数百万または数十億の値を持つ巨大なテーブルをスムーズに表示できる。

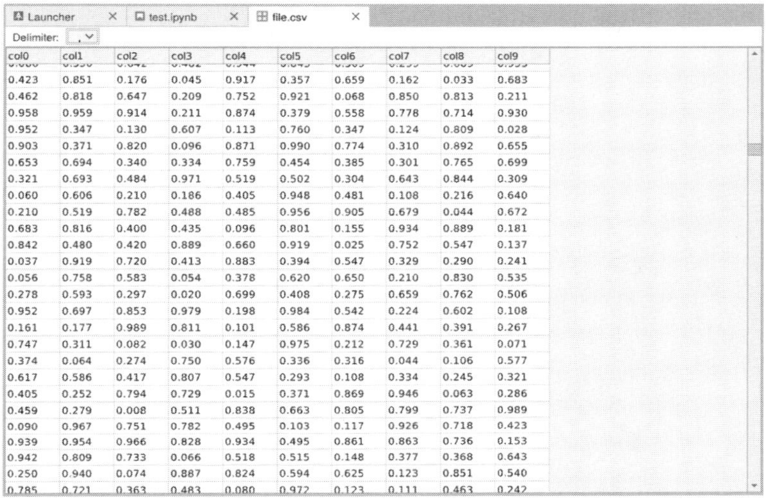

Launcher × test.ipynb × file.csv ×

Delimiter: ,

col0	col1	col2	col3	col4	col5	col6	col7	col8	col9
0.423	0.851	0.176	0.045	0.917	0.357	0.659	0.162	0.033	0.683
0.462	0.818	0.647	0.209	0.752	0.921	0.068	0.850	0.813	0.211
0.958	0.959	0.914	0.211	0.874	0.379	0.558	0.778	0.714	0.930
0.952	0.347	0.130	0.607	0.113	0.760	0.347	0.124	0.809	0.028
0.903	0.371	0.820	0.096	0.871	0.990	0.774	0.310	0.892	0.655
0.653	0.694	0.340	0.334	0.759	0.454	0.385	0.301	0.765	0.699
0.321	0.693	0.484	0.971	0.519	0.502	0.304	0.643	0.844	0.309
0.060	0.606	0.210	0.186	0.405	0.948	0.481	0.108	0.216	0.640
0.210	0.519	0.782	0.488	0.485	0.956	0.905	0.679	0.044	0.672
0.683	0.816	0.400	0.435	0.096	0.801	0.155	0.934	0.889	0.181
0.842	0.480	0.420	0.889	0.660	0.919	0.025	0.752	0.547	0.137
0.037	0.919	0.720	0.413	0.883	0.394	0.547	0.329	0.290	0.241
0.056	0.758	0.583	0.054	0.378	0.620	0.650	0.210	0.830	0.535
0.278	0.593	0.297	0.020	0.699	0.408	0.275	0.659	0.762	0.506
0.952	0.697	0.853	0.979	0.198	0.984	0.542	0.224	0.602	0.108
0.161	0.177	0.989	0.811	0.101	0.586	0.874	0.441	0.391	0.267
0.747	0.311	0.082	0.030	0.147	0.975	0.212	0.729	0.361	0.071
0.374	0.064	0.274	0.750	0.576	0.336	0.316	0.044	0.106	0.577
0.617	0.586	0.417	0.807	0.547	0.293	0.108	0.334	0.245	0.321
0.405	0.252	0.794	0.729	0.015	0.371	0.869	0.946	0.063	0.286
0.459	0.279	0.008	0.511	0.838	0.663	0.805	0.799	0.737	0.989
0.090	0.967	0.751	0.782	0.495	0.103	0.117	0.926	0.718	0.423
0.939	0.954	0.966	0.828	0.934	0.495	0.861	0.863	0.736	0.153
0.942	0.809	0.733	0.066	0.518	0.515	0.148	0.377	0.368	0.643
0.250	0.940	0.074	0.887	0.824	0.594	0.625	0.123	0.851	0.540
0.785	0.721	0.363	0.483	0.080	0.972	0.123	0.111	0.463	0.242

図3-19　CSVファイルのテーブル表示

9. （地理情報を含む）GeoJSONファイルは、Leaflet地図ライブラリを使って表示や編集ができる。

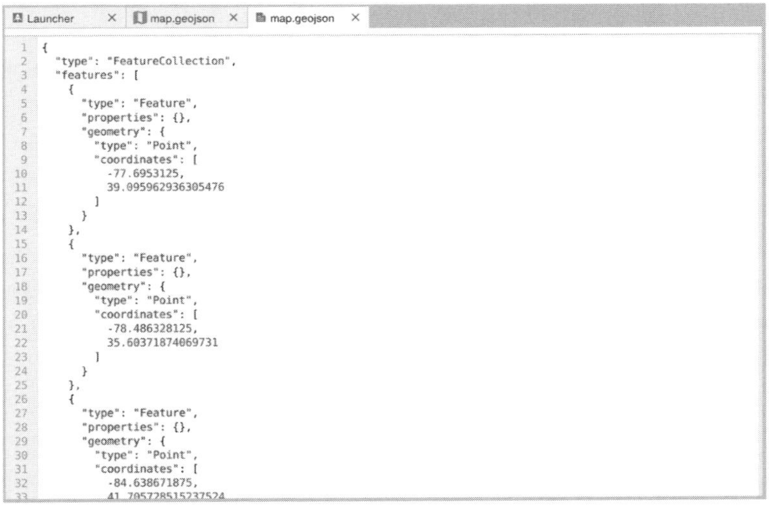

Launcher × map.geojson × map.geojson ×

```
{
  "type": "FeatureCollection",
  "features": [
    {
      "type": "Feature",
      "properties": {},
      "geometry": {
        "type": "Point",
        "coordinates": [
          -77.6953125,
          39.095962936305476
        ]
      }
    },
    {
      "type": "Feature",
      "properties": {},
      "geometry": {
        "type": "Point",
        "coordinates": [
          -78.486328125,
          35.60371874069731
        ]
      }
    },
    {
      "type": "Feature",
      "properties": {},
      "geometry": {
        "type": "Point",
        "coordinates": [
          -84.638671875,
          41.705728515237524
```

図3-20　Leafletを使ってGeoJSONファイルを編集

図3-21　Leafletを使ってGeoJSONファイルを表示

応用

　JupyterLabは完全に拡張可能であり、原則としてすべての機能はプラグインとして実装されています。

　Google DocsのようにNotebook上での共同作業が可能です。この機能は、執筆時点ではまだ開発中です。

　以下参考資料です。

- GitHub上のJupyterLabプロジェクト（https://github.com/jupyterlab/jupyterlab）
- 一般的なファイルタイプとその表示を行うJupyterレンダラーextension（https://github.com/jupyterlab/jupyter-renderers）
- PyData 2017でのJupyterLabセッションビデオ（https://channel9.msdn.com/Events/PyData/Seattle2017/BRK11）
- PLOTCON 2017でのJupyterLabセッションビデオ（https://www.youtube.com/watch?v=p7Hr54VhOp0）
- ESIP (Federation of Earth Science Information Partners) tech diveでのJupyterLabセッションビデオ（https://www.youtube.com/watch?v=K1AsGeak51A）
- JupyterLabの動作デモビデオ（https://www.youtube.com/watch?v=sf8PuLcijuA）

- Google Drive を通して Notebook の編集と実行を複数のユーザで共有する JupyterLab extension のデモビデオ（https://github.com/jupyterlab/jupyterlab-google-drive）[1]

関連項目

- 「レシピ1.1　IPython と Jupyter Notebook 入門」

---

[1] 訳注：PyData 2017 のビデオで行われているデモと同じ

4章
プロファイリングと最適化

本章で取り上げる内容
- IPythonの実行時間計測
- cProfileとIPythonによるコードプロファイリング
- line_profilerを使った行単位のコードプロファイリング
- memory_profilerを使ったメモリ使用状況のプロファイリング
- 不必要な配列コピーを排除するためのNumPy内部構造解説
- NumPyのストライドトリック
- ストライドトリックを使った移動平均の効率的計算アルゴリズム
- メモリマップを使った巨大NumPy配列処理
- HDF5による巨大配列の操作

はじめに

　Pythonは（多少公正さを欠いた評価ではあるものの）一般的に高速な言語であるとは見なされていませんが、正しく使えば優れたパフォーマンスを達成することは可能です。どのように改善するのか、それがこの章と次の章の目的です。この章では、プログラムを遅くしている原因の評価（プロファイリング）と、その情報を活用して実行を最適化し、効率的なプログラムにする方法について説明します。次の章では、ここで説明した方法では十分ではない場合の対処方法として、よりハイパフォーマンスな実行手段を取り上げます。

　この章のレシピは、次の3つに大別できます。

実行時間とメモリ使用状況のプロファイリング
　　コードのパフォーマンスを評価する

NumPy最適化
　　特に巨大な配列に関して、NumPyをより効率的に使用する方法

配列へのメモリ割り当て
巨大配列に対するメモリマップ手法の実装

レシピ4.1　IPythonの実行時間計測

　`%timeit` magicコマンドと、（コードセル全体に適用される）`%%timeit` セルmagicコマンドを使うと、1つまたは複数のPythonステートメントの実行時間を素早く評価できます。より詳細なプロファイリングには、次のレシピで紹介する高度な手法を使います。

手順

　ここでは、与えられた正の整数nに対して、1からnまでの二乗の逆数の和を算出する時間を測定します。

1.　最初にnを定義する。

    ```
    >>> n = 100000
    ```

2.　普通に計算を実行し、時間を計る。

    ```
    >>> %timeit sum([1. / i**2 for i in range(1, n)])
    21.6 ms ± 343 µs per loop (mean ± std. dev. of 7 runs,
        10 loops each)
    ```

3.　次に、`%%timeit` セルmagicコマンドを使い、同じ計算を2行に分けて実行したものを計測する。

    ```
    >>> %%timeit s = 0.
        for i in range(1, n):
            s += 1. / i**2
    22 ms ± 522 µs per loop (mean ± std. dev. of 7 runs,
        10 loops each)
    ```

4.　最後に、NumPyを使った場合の計測を行う。

    ```
    >>> import numpy as np
    >>> %timeit np.sum(1. / np.arange(1., n) ** 2)
    160 µs ± 959 ns per loop (mean ± std. dev. of 7 runs,
        10000 loops each)
    ```

　NumPyのベクトル化を使うと、Pythonで普通に実行した場合に比べ137倍高速化できました。

解説

　`%timeit` コマンドにはオプションを指定できます。その1つが、評価を行う回数の指定です。デフォルトでは、`%timeit` コマンドが数秒で終了するように回数は自動で決められますが、`-r` および `-n` オプションで実行回数を指定できます。IPythonで、`%timeit?` を実行すれば、より詳細な説明が表示され

ます。

セルmagicコマンドの%%timeitも、1行目（つまり%%timeitと同じ行）に任意の設定が行えます。
この行は実行されますが、計測対象にはなりません。この行で作成した変数は、セル内で利用可能と
なります。

応用

IPythonのインタラクティブセッションを使うのでなければ、`import timeit; timeit.timeit()`を
使います。これは、Pythonの`timeit`モジュールで定義され、文字列として指定したPythonステート
メントの計測を行います。IPythonの`%timeit` magicコマンドは、この`timeit()`関数をインタラクティ
ブセッションで使うために用意されたものです。`timeit`モジュールについては、https://docs.python.
org/jp/3/library/timeit.htmlを参照してください。

関連項目

- 「レシピ4.2　cProfileとIPythonによるコードプロファイリング」
- 「レシピ4.3　line_profilerを使った行単位のコードプロファイリング」

レシピ4.2　cProfileとIPythonによる　　コードプロファイリング

`%timeit` magicコマンドは役に立ちますが、コードのどの部分で最も実行時間がかかっているかを
詳細に調べるには、やや力不足です。また、**ベンチマーク**（関数の異なるバージョン間の実行時間を
比較する）には適していますが、**プロファイリング**（関数から関数への詳細な実行状況の調査）には向
いていません。

Pythonはcπροfileと呼ばれる、すべての関数実行でかかった時間を計測するプロファイラを提供し
ています。IPythonでは、この機能を対話型セッションで使用するための簡単な手段を提供していま
す。

手順

IPythonは、コードのプロファイリングが容易に行えるように、`%prun` magicコマンドと、`%%prun`セ
ルmagicコマンドを提供しています。また、`%run`コマンドには、コードの実行をプロファイラの制御
下で実行するための`-p`オプションがあります。これらのコマンドには、多くのオプションが用意され
ており、`%prun?`や`%run?`で詳細を調べることが可能です。

この例では、ランダムウォークの数値シミュレーションをプロファイリングします。この類のシミュ
レーションについては、「13章　確率的力学系」で詳しく説明します。

124 | 4章　プロファイリングと最適化

1. 最初にNumPyをインポートする。

   ```
   >>> import numpy as np
   ```

2. 次に、+1と-1をランダムに並べた配列を生成する関数を用意する。

   ```
   >>> def step(*shape):
           # Create a random n-vector with +1 or -1 values.
           return 2 * (np.random.random_sample(shape)<.5) - 1
   ```

   +1と-1の値をランダムに並べたn-vectorを作成する

3. シミュレーション全体をプロファイリングするために%%prunから始まるシミュレーションコードを入力する。指定したオプションは、レポートをファイルに出力し、累積実行時間をソートしてトップ10を出すように指示する。「解説」セクションで、これらのオプションを詳しく説明する。

   ```
   >>> %%prun -s cumulative -q -l 10 -T prun0
       # We profile the cell, sort the report by "cumulative
       # time", limit it to 10 lines, and save it to a file
       # named "prun0".

       n = 10000
       iterations = 50
       x = np.cumsum(step(iterations, n), axis=0)
       bins = np.arange(-30, 30, 1)
       y = np.vstack([np.histogram(x[i,:], bins)[0]
                      for i in range(iterations)])
   *** Profile printout saved to text file 'prun0'.
   ```

   セルのコードをプロファイリングする。累積実行時間（cumulative time）でソートし、トップ10をファイル"prun0"に保存する。

4. プロファイリングを行ったレポートは、テキストファイルprun0に保存される。中身を見てみよう（以下の例は、ページに収まるように出力を省略している）。

   ```
   >>> print(open('prun0', 'r').read())
   ```

```
        3914 function calls in 0.027 seconds

  Ordered by: cumulative time
  List reduced from 49 to 10 due to restriction <10>

  ncalls  tottime  percall  cumtime  percall filename:lineno(function)
       1    0.000    0.000    0.027    0.027 {built-in method builtins.exec}
       1    0.000    0.000    0.027    0.027 <string>:7(<module>)
       1    0.000    0.000    0.016    0.016 <string>:11(<listcomp>)
      50    0.002    0.000    0.016    0.000 function_base.py:431(histogram)
      50    0.000    0.000    0.010    0.000 fromnumeric.py:709(sort)
      50    0.009    0.000    0.009    0.000 {method 'sort' of 'numpy.ndarray' objects}
       1    0.002    0.002    0.008    0.008 <ipython-input-8-7b2aa0313928>:1(step)
       1    0.006    0.006    0.006    0.006 {method 'random_sample' of 'mtrand.RandomState' objects}
       1    0.000    0.000    0.002    0.002 fromnumeric.py:2033(cumsum)
       1    0.000    0.000    0.002    0.002 fromnumeric.py:55(_wrapfunc)
```

図4-1　プロファイリングレポート

シミュレーションコードから直接呼び出されたものや、間接的に呼び出されているさまざまな関数の実行時間が観測できる。

解説

Pythonのプロファイラは、関数ごとの実行時間を詳細にレポートします。ここでは、`histogram()`, `cumsum()`, `step()`, `sort()`, `rand()`関数が呼ばれた回数と、実行中にこれらの関数が費やした合計時間を確認できます。コードから直接呼び出されていない内部関数も計測対象です。関数ごとに呼び出された回数`ncalls`、**実行時間合計**`tottime`と**累積実行時間**`cumtime`、およびそれらの呼び出し1回当たりの実行時間`percall`（それぞれの時間を`ncalls`で割ったもの）の情報が得られます。`tottime`はインタープリタが関数の中に留まっていた時間の合計です。ただし、下位の関数を呼び出している間は除きます。`cumtime`も同様ですが、下位の関数呼び出しで費やされる時間も含みます。最後の列にはファイル名、関数名そしてソースコード上の行番号が示されます。

`magic`コマンド`%prun`は、いくつものオプションが用意されています（詳細は`%prun?`または`%%prun?`を実行してください）。この例では、`-s`で出力のソートを行い、`-q`で出力がページ単位に出力が止まるのを抑制し（出力をNotebookで表示する場合に使います）、`-l`で出力行数の制限や、特定の関数のみの出力を行います（特定の関数のみに興味がある場合に有用です）。最後の`-T`オプションは、出力をテキストファイルに保存します。`-D`オプションを使えばバイナリフォーマットでファイルに保存し、`-r`オプションでオブジェクトをIPythonに返します。このオブジェクトはデータベース的にプロファイリング結果の情報をすべて保持し、Pythonの`pstats`モジュールを使って解析できます。

どのようなプロファイラでも、プロファイリング結果に影響するようなオーバーヘッド（**計測影響**）があります。言い換えると、プロファイリングを行わない場合に比べて、明らかにプログラムの実行は遅くなります。この点は留意しなければなりません。

「時を得ない最適化は諸悪の根源なのであります」[*1]

ドナルド・クヌースが述べたように、早い段階でのコード最適化は悪い方法であると考えられています。コードの最適化は真に必要になったとき、つまり通常状態でのコード実行が遅すぎると判明した時点で行うべきです。最適化すべき場所も正確に把握していなければなりません。たいていの場合、実行時間の大半は比較的小さな部分で費やされています。それがどこなのかは、コードのプロファイリングを行って探し出します。事前のプロファイリングなしに最適化は行えません。

筆者はかつて、多少複雑なコードが期待したよりも実行が遅いという問題に取り組んだことがあります。何が原因なのかを理解していて、どう解決すれば良いかわかっていると思っていました。解決するには、コードを大きく変える必要がありましたが、変更を加える前にプロファイリングを行うことにしました。解析により筆者の考えは完全に誤っていたことが判明したのです。非常に大きな配列`x`に対して`np.max(x)`を使うべきところで、誤って`max(x)`

[*1] 訳注：『ACMチューリング賞講演集』（赤摂也訳、共立出版、1989）から転載

を使っていました。配列に対して強力に最適化されたNumPyの関数ではなく、Python組み込みの関数を使っていたのです。もしプロファイリングを行っていなければおそらくこの誤りには気づかなかったかもしれません。プログラムは正常に動作していましたが、150倍遅くなっていたのです。

プログラムの最適化に関して、より一般的な情報は、Wikipediaの「Program optimization」記事(https://en.wikipedia.org/wiki/Program_optimization、またはWikipedia日本語版の「最適化（情報工学）」記事)を参照してください。

応用

IPython（特にNotebook）を使ったコードのプロファイリングは、このレシピで紹介したようにとても簡単です。しかしながら、（例えばGUIのコードのように）IPythonからプロファイリングを行うのが難しいこともあります。その場合、cProfileを直接使う方法がありますが、IPythonを経由する方法より多少直感的ではなくなります。

1. 最初に次のコマンドを実行する。

```
$ python -m cProfile -o profresults myscript.py
```

profresultsファイルにはmyscript.pyを実行したプロファイリング結果が出力される。

2. 次に、プロファイリング結果を読める形にするためにPythonかIPythonで次のコマンドを実行する。

```
import pstats
p = pstats.Stats('profresults')
p.strip_dirs().sort_stats("cumulative").print_stats()
```

cProfileとpstatsモジュールのドキュメントを参照して、プロファイリング結果からどのような分析ができるのかを調べてみてほしい。

プロファイリングセッションの結果を見やすくするためのGUIツールがいくつか存在しています。例えばSnakeVizを使うと、プロファイリング結果のダンプをGUIプログラムでグラフィカルに表示できます。

以下参考資料です。

- cProfileとpstatsのマニュアル（https://docs.python.org/jp/3/library/profile.html）
- SnakeVizのWebサイト（https://jiffyclub.github.io/snakeviz/）
- Pythonコードとそのプロファイリング結果をヒートマップとして表示するmagicコマンドHeat（https://github.com/csurfer/pyheatmagic）
- Pythonのプロファイルツールまとめサイト(https://blog.ionelmc.ro/2013/06/08/python-

profiling-tools/）

- Anacondaのaccelerate.profilingツール（https://docs.anaconda.com/accelerate/profiling）

関連項目

- 「レシピ4.3　line_profilerを使った行単位のコードプロファイリング」

レシピ4.3　line_profilerを使った行単位の コードプロファイリング

　PythonのcProfileモジュールと%prun magicコマンドにより、コードの実行時間を関数単位で把握できます。しかし、時には行単位のプロファイリングで細かい分析が必要となる場合があります。こうしたレポートは、cProfileのものよりも読みやすくなります。

　コードを行単位でプロファイリングするには、外部モジュールであるline_profilerが必要です。このレシピでは、行単位のプロファイリングをIPythonから行う方法を解説します。

準備

　line_profilerをインストールするには、ターミナルからconda install line_profilerを実行します。

手順

　ここでは、前のレシピで使ったシミュレーションコードを行単位にプロファイリングしてみましょう。

1. NumPyと、パッケージに付属しているline_profilerのIPython拡張モジュールをインポートする。

    ```
    >>> import numpy as np
        %load_ext line_profiler
    ```

2. この拡張モジュールにより、Pythonコードを行単位にプロファイリングする%lprun magicコマンドが追加される。このコマンドは関数がインタラクティブ名前空間やNotebook内で定義されたものではなく、ファイルに入っている場合に使いやすくできている。そのため、ここでは%%writefileセルmagicコマンドを使って、コードをPythonスクリプトファイルに書き込む。

    ```
    >>> %%writefile simulation.py
        import numpy as np

        def step(*shape):
            # Create a random n-vector with +1 or -1 values.
    ```
    +1と-1の値をランダムに並べたn-vectorを作成する

128 | 4章　プロファイリングと最適化

```python
        return 2 * (np.random.random_sample(shape)<.5) - 1

    def simulate(iterations, n=10000):
        s = step(iterations, n)
        x = np.cumsum(s, axis=0)
        bins = np.arange(-30, 30, 1)
        y = np.vstack([np.histogram(x[i,:], bins)[0]
                        for i in range(iterations)])
        return y

Writing simulation.py
```

3. このPythonスクリプトファイルのプロファイリングを行うために、インタラクティブ名前空間に
   読み込む。

   ```python
   >>> from simulation import simulate
   ```

4. コードの実行を行プロファイラの制御下で行う。プロファイリング対象の関数は、%lprun magic
   コマンドのパラメータとして指定しなければならない。また、プロファイリングの結果をlprof0
   に保存する指定も加える。

   ```python
   >>> %lprun -T lprof0 -f simulate simulate(50)
   *** Profile printout saved to text file 'lprof0'.
   ```

5. プロファイリングの結果を表示する

   ```python
   >>> print(open('lprof0', 'r').read())
   ```

```
Timer unit: 1e-06 s

Total time: 0.051297 s
Function: simulate at line 7

Line #      Hits         Time  Per Hit   % Time  Line Contents
==============================================================
     7                                           def simulate(iterations, n=10000):
     8         1        25393  25393.0     49.5       s = step(iterations, n)
     9         1         1914   1914.0      3.7       x = np.cumsum(s, axis=0)
    10         1           22     22.0      0.0       bins = np.arange(-30, 30, 1)
    11         1            4      4.0      0.0       y = np.vstack([np.histogram(x[i,:], bins)[0]
    12         1        23962  23962.0     46.7                       for i in range(iterations)])
    13         1            2      2.0      0.0       return y
```

図4-1　プロファイリングレポート

解説

%lprunコマンドは、引数としてPython実行文をコマンドラインパラメータとして受け取ります。プ
ロファイリング対象の関数は-fオプションで指定します。その他 -D, -T, -rなどのパラメータは%prun
magicコマンドと同じ働きをします。

line_profilerモジュールは、対象関数の各行で消費した実行時間をタイマー単位のカウント数と、全体の実行時間に占める割合の両方で表示します。これらの情報は、コード中で時間のかかっている場所を探すために必要不可欠なものです。

応用

Pythonのtraceモジュールを使うとPythonコードのトレースを取れるため、デバッグやプロファイリングを行う際にとても有益です。Pythonインタープリタが実行した順にコードを追えます。traceモジュールについては、https://docs.python.org/jp/3/library/trace.htmlを参照してください。

Python Tutor[*1]は、オンラインのインタラクティブな教育ツールです。PythonインタープリタがPythonのソースコードをどのように実行するのかを、ステップ実行しながら理解を助けてくれます。Python Tutorは、http://pythontutor.com/で提供されています。

以下参考資料です。

- line_profilerのGitHubリポジトリ (https://github.com/rkern/line_profiler)

関連項目

- 「レシピ4.2　cProfileとIPythonによるコードプロファイリング」
- 「レシピ4.4　memory_profilerを使ったメモリ使用状況のプロファイリング」

レシピ4.4　memory_profilerを使ったメモリ使用状況のプロファイリング

前のレシピで解説した手法は、CPU実行時間のプロファイリングでした。コードのプロファイリングといえば、たいていはこのCPU実行時間のプロファイリングを指します。しかし、メモリも重要なプロファイリング対象要素です。メモリ効率の高いプログラムを作るのは簡単ではありませんが、プログラムは高速化できます。後の章で見るように巨大なNumPy配列を扱う際には特に重要です。

このレシピでは、その名もズバリmemory_profilerという簡単なメモリプロファイラを使います。使い方はline_profilerと似ていますが、IPythonからも使いやすくなっています。

準備

memory_profilerは、`conda install memory_profiler`コマンドでインストールできます。

---

*1　訳注：tutor (チューター) は、家庭教師や個人指導教員などの意味がある。

130 | 4章　プロファイリングと最適化

手順

1. memory_profiler IPython拡張をロードする。

    ```
    >>> %load_ext memory_profiler
    ```

2. 大きなオブジェクトを割り当てる関数を定義する。

    ```
    >>> %%writefile memscript.py
        def my_func():
            a = [1] * 1000000
            b = [2] * 9000000
            del b
            return a

    Writing memscript.py
    ```

3. シミュレーションコードをメモリプロファイラの制御下で実行する。

    ```
    >>> from memscript import my_func
        %mprun -T mprof0 -f my_func my_func()
    *** Profile printout saved to text file mprof0.
    ```

4. 結果を見てみよう。

    ```
    >>> print(open('mprof0', 'r').read())
    Line #    Mem usage    Increment   Line Contents
    ================================================
        1     93.4 MiB      0.0 MiB    def my_func():
        2    100.9 MiB      7.5 MiB        a = [1] * 1000000
        3    169.7 MiB     68.8 MiB        b = [2] * 9000000
        4    101.1 MiB    -68.6 MiB        del b
        5    101.1 MiB      0.0 MiB        return a
    ```

    行ごとにオブジェクトの割り当てと解放の様子が観察できる。

解説

　memory_profilerパッケージは、インタープリタのメモリ使用量を行ごとに計測します。Increment
の列を見れば、大量のメモリが割り当てられている箇所を特定できます。この情報は、特に配列を使っ
ている場合に重要です。不必要な配列の生成やコピーは、プログラムを大幅にスローダウンさせます。
この後のレシピで、この問題を扱います。

応用

　memory_profilerは、行ごとのメモリベンチマークを行う%memit magicコマンドも提供します。使
用例を次に示します。

    ```
    >>> %%memit import numpy as np
    ```

```
np.random.randn(1000000)
peak memory: 101.20 MiB, increment: 7.77 MiB
```

memory_profilerパッケージは、Pythonプログラムのメモリ使用量をプロファイリングするさまざま手法を提供します。その中にはメモリ使用量を時間の関数としてプロットする機能を含みます。詳細は、https://github.com/pythonprofilers/memory_profilerのドキュメントを参照してください。

関連項目

- 「レシピ4.3　line_profilerを使った行単位のコードプロファイリング」
- 「レシピ4.5　不必要な配列コピーを排除するためのNumPy内部構造解説」

レシピ4.5　不必要な配列コピーを排除するための NumPy内部構造解説

Pythonをそのまま使う場合に比べて、NumPyを使えば顕著なパフォーマンス向上が見込めます。特に計算内容が、SIMD（Single Instruction, Multiple Data：1つの命令を複数のデータに適用する）モデルに沿う場合に顕著です。逆に、意図せずパフォーマンスの悪いプログラムを書くこともNumPyでは可能です。

この後のレシピでは、最適化されたNumPyコードを書くのに役立つトリックを紹介します。ここでは、無駄にメモリを使用しないために、不要な配列コピーを避ける方法を扱います。そのために、NumPyの内部構造に踏み込む必要があります。

準備

最初に、2つの配列が同じメモリバッファを共有していることを確認する手段が必要です。バッファのアドレスを返す関数aid()を定義しましょう。

```
>>> import numpy as np
>>> def aid(x):
        # This function returns the memory    配列のメモリブロックのアドレスを返す
        # block address of an array.
        return x.__array_interface__['data'][0]
```

同じ位置（id関数が返す値）のデータを使う2つの配列は、同じバッファを共有しています。ところが、aid関数が返す値が異なったとしても、バッファを共有している場合もあります。オフセットが異なれば次の例のようにメモリ位置も異なります。

```
>>> a = np.zeros(3)
    aid(a), aid(a[1:])
(21535472, 21535480)
```

132 | 4章 プロファイリングと最適化

以下のレシピでは、同じオフセットを指定してこの関数を使うことにします。以下に示すのは、2つの配列が同じバッファを共有しているのかを確かめるための、より汎用で厳密な方法です。

```
>>> def get_data_base(arr):
        """For a given NumPy array, find the base array
        that owns the actual data."""
        base = arr
        while isinstance(base.base, np.ndarray):
            base = base.base
        return base


    def arrays_share_data(x, y):
        return get_data_base(x) is get_data_base(y)
>>> print(arrays_share_data(a, a.copy()))
False
>>> print(arrays_share_data(a, a[:1]))
True
```

> 指定された NumPy 配列のデータを格納している配列のアドレスを求める

Michael Droettboom から、この問題への指摘と解決策をいただきました。

手順

NumPy 配列の計算では、メモリブロックのコピーが内部で行われます。これらのコピーは必ずしも必要ではないため、以下のヒントで示すように避けることができます。

1. 配列のコピーを作らなければならない場合がある。例えば、配列の値を操作するけれども、元の値は変えたくない場合などが該当する。

```
>>> import numpy as np
    a = np.zeros(10)
    ax = aid(a)
    ax
32250112
>>> b = a.copy()
    aid(b) == ax
False
```

2. 配列の計算では、値を直接書き換える（次のコードの最初の例は配列が変更される）操作か、暗黙のうちにコピーを行う（2番目の例は新しい配列が作成される）操作のどちらかが行われる。

```
>>> a *= 2
    aid(a) == ax
True
>>> c = a * 2
    aid(c) == ax
False
```

次に示すように、暗黙的なコピー操作は高速ではない。

```
>>> %%timeit a = np.zeros(10000000)
    a *= 2
4.85 ms ± 24 μs per loop (mean ± std. dev. of 7 runs,
100 loops each)
>>> %%timeit a = np.zeros(10000000)
    b = a * 2
7.7 ms ± 105 μs per loop (mean ± std. dev. of 7 runs,
100 loops each)
```

3. 配列の形状変更は、コピーが行われる場合もあれば、行われない場合もある。理由は、「解説」セクションで解説する。例えば、2次元配列の形状を変更する場合には、転置しない（もしくはもっと一般的に言うならば非連続である）限り、コピーは行われない。

```
>>> a = np.zeros((100, 100))
    ax = aid(a)
>>> b = a.reshape((1, -1))
    aid(b) == ax
True
>>> c = a.T.reshape((1, -1))
    aid(c) == ax
False
```

そのため、後者は前者より実行時間が長くなる。

```
>>> %timeit b = a.reshape((1, -1))
330 ns ± 0.517 ns per loop (mean ± std. dev. of 7 runs
    1000000 loops each)
>>> %timeit a.T.reshape((1, -1))
5 μs ± 5.68 ns per loop (mean ± std. dev. of 7 runs,
    100000 loops each)
```

4. flatten() メソッドも ravel() メソッドも配列の形状を1次元ベクトル（平坦化した配列）に変更する。flatten() メソッドは常に配列のコピーを返すが ravel() メソッドは必要な場合にだけコピーを行う（そのため、特に巨大な配列では高速に実行される）。

```
>>> d = a.flatten()
    aid(d) == ax
False
>>> e = a.ravel()
    aid(e) == ax
True
>>> %timeit a.flatten()
2.3 μs ± 18.1 ns per loop (mean ± std. dev. of 7 runs,
100000 loops each)
>>> %timeit a.ravel()
199 ns ± 5.02 ns per loop (mean ± std. dev. of 7 runs,
10000000 loops each)
```

5. **ブロードキャストルール**により、配列の形状が異なっていても互換であれば直接計算できる。言い換えると、必ずしもreshapeやtileメソッドを使って形状を合わせる必要はない。次の例ではベクトルの**直積**を2つの手段で求めている。最初の1つは配列のタイリングを使い、2番目の（高速な）方法はブロードキャストを利用している。

```
>>> n = 1000
>>> a = np.arange(n)
    ac = a[:, np.newaxis]  # column vector    列ベクトル
    ar = a[np.newaxis, :]  # row vector       行ベクトル
>>> %timeit np.tile(ac, (1, n)) * np.tile(ar, (n, 1))
5.7 ms ± 42.6 μs per loop (mean ± std. dev. of 7 runs,
100 loops each)
>>> %timeit ar * ac
784 μs ± 2.39 μs per loop (mean ± std. dev. of 7 runs,
1000 loops each)
```

解説

このセクションではNumPyの内部で何が行われているかを学びます。この知識を用いることで、このレシピのトリックが理解できます。

なぜNumPy配列は効率的なのか？

NumPy配列は基本的にメタデータ（特に、次元数、形状、データ型等）と、データ自身で構成されています。データはシステム上特定の位置（ランダムアクセスメモリまたはRAM）に配置された均質で連続したメモリブロックです。このメモリブロックは**データバッファ**とも呼ばれます。システムメモリ上で非連続に散らばっている、リストなどPython組み込みの構造とは異なっています。こうした特徴がNumPy配列を効率的にしています。

なぜこれが重要なのでしょう。その理由を次に示します。

- 配列に対する計算はC言語のような低レベル言語（実際にNumPyの大部分はCで実装されている）を使って効率的に実装できる。例えば、メモリブロックのアドレスとデータ型がわかっているなら、すべての要素へのアクセスは単純な操作になる。もしこれをPythonのリストで行うなら、非常に大きなオーバーヘッドが必要となる。

- **局所的**なメモリアクセスのパターンは、特にCPUキャッシュの恩恵を受けられることから、パフォーマンスに影響する。実際にキャッシュはRAMからバイトの塊を読み込み、CPUレジスタにロードする。このため、隣接した要素の読み込みはとても効率的になる（**逐次的局所性**または**参照の局所性**、と呼ばれる）。

- 最後に、メモリ上連続的に格納された要素に対して、NumPyはIntel社のSSE、AVXやAMD

社のXOPなど、最新CPUの**ベクトル演算命令**を活用できる。連続した複数の浮動小数点数は、CPU命令として実装されたベクトル数値演算用の128ビット、256ビット、512ビットレジスタに格納できる。

さらに、NumPyはATLASまたはIntel Math Kernel Library（MKL）を通してBLASやLAPACKなどの最適化済み線形代数ライブラリとリンクできます。特定の行列演算はマルチスレッド化されており、最新のマルチコアCPUの能力を活用できます。

まとめると、連続したメモリに格納されたデータは、メモリアクセスパターン、CPUキャッシュ、ベクトル演算という観点から最新CPUアーキテクチャの恩恵を受けられるのです。

配列の暗黙コピーと直接変更との相違点

手順2の例を説明しましょう。式a *= 2は、配列すべての要素に2を乗じて配列を直接変更します。一方a = a*2では各要素の値がa*2である新しい配列が作られ、aが新しい配列を指すように変更されます。古い配列は参照されなくなるため、ガベージコレクタにより回収されます。前者はメモリの新たな割り当ては行われませんが、後者では行われます。

より一般的には、a[i:j]のような式は配列一部に対するビューであり、データ型を格納したデータバッファへのポインタです。その値の変更は配列の元の値を直接変更します。

こうしたNumPyの微妙な振る舞い関する知識は、ある種のバグ（ビューを操作していたため、元の配列を意図せず変更してしまうような）を解決する際に役立ちます。また不必要なコピーを削減することで、実行速度とメモリ効率を改善します。

配列の形式を変更する際にコピーが必要な場合

次に、手順3の内容、つまり転置行列の平坦化ではコピーが行われることを解説します。2次元配列は、2つのインデックス（行と列）を持ちますが、内部的には1次元の連続したデータとして格納され、1つのインデックスでアクセスしています。行列の要素を1次元の配列に格納する方法は1つだけではありません。1行目の要素を最初に並べ、2行目以降の要素を順に配置する方法と、1列目の要素を最初に、2列目以降を続けて配置する方法が考えられます。前者を行優先順、後者を列優先順と呼びます。どちらの方式を使うかは、内部構造の問題です。NumPyはFORTRANで使われる列優先順ではなく、Cと同じ行優先順を採用しています。

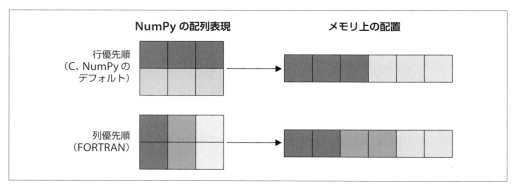

図4-2　配列の内部構造：行優先順と列優先順

　NumPyは多次元配列のインデックスとデータ型を格納する（1次元の）データバッファの位置との変換に、**ストライド**（Strides：歩幅）の概念を使います。一般的にはarray[i1, i2]に相当する内部データバッファのバイトアドレスは次の式で求められます。

　　　offset = array.strides[0] * i1 + array.strides[1] * i2

　配列の形状を変更する場合、NumPyはストライドを変更することで、データのコピーを極力排除します。例えば、ストライドを逆順にすれば、転置行列が作成できます。このとき、データバッファ内のデータは変更されません。しかし、転置行列の平坦化は単にストライドの変更だけでは実現できません。そのため配列データのコピーが行われます。

　非常に似通った2つのNumPyの処理が、とても大きなパフォーマンス上の違いを生じさせることを、内部データの配置で説明できます。簡単な例題で考えてみましょう。次の例でパフォーマンスの違いが生じるのはなぜでしょう。

```
>>> a = np.random.rand(5000, 5000)
>>> %timeit a[0, :].sum()
2.91 µs ± 20 ns per loop (mean ± std. dev. of 7 runs,
    100000 loops each)
>>> %timeit a[:, 0].sum()
33.7 µs ± 22.7 ns per loop (mean ± std. dev. of 7 runs
    10000 loops each)
```

NumPyブロードキャストルール

　ブロードキャストルールとは、異なる次元や形状の配列がどのような場合に計算可能であるかを示すものです。形状がまったく同じであるか、いずれかの次元の長さが1であるような2つの配列を互換性があると言います。NumPyはこのルールを使い、2つの配列を、後ろの次元から前へと順番に比較します。小さい次元を内部的に拡張して同じ大きさに揃えますが、これは概念的に実行され、コピーが行われるわけではありません。

応用

以下参考資料です。

- ブロードキャストルールと実行例 (https://docs.scipy.org/doc/numpy/user/basics.broadcasting.html)
- NumPyのArrayインターフェース (https://docs.scipy.org/doc/numpy/reference/arrays.interface.html)
- Wikipediaの「Locality of reference」記事 (https://en.wikipedia.org/wiki/Locality_of_reference、またはWikipedia日本語版の「参照の局所性」記事
- SciPyレクチャーノート「NumPyの内部構造」(https://scipy-lectures.github.io/advanced/advanced_numpy/)
- Nicolas Rougierによる NumPyエクササイズ100問 (https://www.labri.fr/perso/nrougier/teaching/numpy.100/index.html)

関連項目

- 「レシピ4.6　NumPyのストライドトリック」

レシピ4.6　NumPyのストライドトリック

このレシピでは、多次元配列の行優先順と列優先順の考え方を一般化して、NumPy配列の内部構造を詳しく説明します。多次元配列を1次元配列のデータバッファに格納する方法として、ストライドを使います。ストライドは実装内部の詳細なのですが、特定の状況において、アルゴリズムを最適化する際に活用することがあります。

準備

ここでは、NumPyがインポートされ、aid()関数が定義されているところから始めます（前のセクション「レシピ4.5　不必要な配列コピーを排除するためのNumPy内部構造解説」を参照してください）。

```
>>> import numpy as np
>>> def aid(x):
        # This function returns the memory
        # block address of an array.
        return x.__array_interface__['data'][0]
```

138 | 4章　プロファイリングと最適化

手順

1. ストライドは、各次元における連続した領域のバイト間隔を表す整数値である。

   ```
   >>> x = np.zeros(10)
       x.strides
   (8,)
   ```

   このxは、倍精度浮動小数点数（8バイトのfloat64）の配列なので、次の要素にアクセスするには、8バイト進む必要がある

2. 次に、2次元配列の例を見てみよう。

   ```
   >>> y = np.zeros((10, 10))
       y.strides
   (80, 8)
   ```

   配列要素は内部的に行優先順で格納されているので、最初の次元（縦方向）は1つの要素を移動するのに80バイト（10個のfloat64要素分）進む必要があり、2番目の次元（横方向）は1つの要素を移動するのに8バイト進む必要がある。

3. ストライドを使って、前のレシピからブロードキャストルールを再考してみよう。

   ```
   >>> n = 1000
       a = np.arange(n)
   ```

   配列aと同じメモリブロックを使うけれども、異なる形状、異なるストライドを持つ新しい配列bを作る。この新しい配列は、1次元配列aを縦に積み重ねた2次元形状をしている。NumPyの特殊な関数を使い、配列のストライドを変更する[1]。

   ```
   >>> b = np.lib.stride_tricks.as_strided(a, (n, n), (0, 8))
   >>> b
   array([[  0,   1,   2, ..., 997, 998, 999],
          [  0,   1,   2, ..., 997, 998, 999],
          [  0,   1,   2, ..., 997, 998, 999],
          ...,
          [  0,   1,   2, ..., 997, 998, 999],
          [  0,   1,   2, ..., 997, 998, 999],
          [  0,   1,   2, ..., 997, 998, 999]])
   >>> b.size, b.shape, b.nbytes
   (1000000, (1000, 1000), 8000000)
   ```

   NumPyは百万個の要素からなる配列として扱うが、実際は配列aと同じ1,000個の要素だけが

---

[1] 訳注：b.sizeが1000000、b.nbytesが8000000であることから、配列の一要素は8バイト、言い換えるとb.dtypeは、int64であることがわかる。as_strided関数は、第1引数の配列を使って、第2引数のタプルの形状をした配列に再構成する。上の例では、(n, n)なので、1000行1000列の2次元配列になる。第3引数でストライドを指定する。(0, 8)により、行要素の移動は0バイト、列要素の移動は8バイトずつ行われる。そのため、各行は同じ数値の並びとなっている。

データバッファに入っている。

4. ブロードキャストルールと同じ原則を用いて、行列の**直積**（outer product）を効率的に計算できるようになった。

```
>>> %timeit b * b.T
766 μs ± 2.59 μs per loop (mean ± std. dev. of 7 runs,
1000 loops each)
>>> %%timeit
    np.tile(a, (n, 1)) * np.tile(a[:, np.newaxis], (1, n))
5.55 ms ± 9.1 μs per loop (mean ± std. dev. of 7 runs,
100 loops each)
```

解説

配列はそれぞれ、次元数、形状、データ型、ストライドを持ちます。ストライドは、多次元配列の要素をデータバッファに格納する方法を示します。多次元配列の要素を1次元のデータブロックに収めるためのさまざまな方法が存在しますが、NumPyの実装ではストライドを係数とした次元の**線形結合**をデータの位置とする**ストライドインデックス方式**を採用しています。つまり、どの次元のデータであっても次の要素にアクセスするには何バイト移動すれば良いのかをストライドは表しています。

多次元配列要素の位置は、そのインデックスを使った線形結合で次のように表せます。

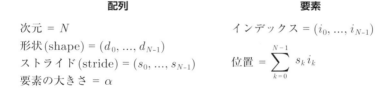

図4-3　ストライド

ストライドを人為的に変更すれば、配列のコピーなど標準的な手段を使うよりも効率的に配列を操作できます。内部的にNumPyはストライドの変更でブロードキャストを実現しています。

as_strided() メソッドは、配列、配列の形状、ストライドを引数に取り新しい配列を作成します。データバッファ配列は引数で渡された配列と同じものを使い、メタデータだけを変更します。このトリックを使えば、NumPyが想定するよりも少ないメモリで、配列を扱えます。ストライドに0を指定

すると、配列上の要素は異なる次元のインデックスからも参照できるようになるため、結果としてメモリが節約されます。

ストライド操作による配列の作成には注意が必要です。as_strided()メソッドは、新しい配列の範囲が元の配列に収まっているかを確認しません。言い換えると、境界条件を自分でチェックしなければなりません。境界を越えた配列の要素にはゴミの値が入ることになります。ドキュメントには次の記述があります。「この関数の使用には特に注意が必要です。Notes欄を参照してください。as_strided()の使用は可能な限り避けることをお勧めします。」

次のレシピでは、ストライドトリックを使ったさらに興味深い例を紹介します。

関連項目

- 「レシピ4.7　ストライドトリックを使った移動平均の効率的計算アルゴリズム」

レシピ4.7　ストライドトリックを使った移動平均の効率的計算アルゴリズム

　配列内部の計算、特に隣接するデータに計算結果が依存する場合に、ストライドトリックは有用です。例えば、力学系、デジタルフィルタ、セル・オートマトンなどに使用できます。

　このレシピでは、NumPyストライドトリックを使った**移動平均アルゴリズム**（ある種の畳み込み線形フィルタ）の効率的な実装を行います。1次元配列の移動平均は、配列の各位置ごとに周辺の値との平均を求めたものです。大まかに言うと、この処理により信号のノイズ成分となる急峻な変化を取り除き、動きの遅い成分を残します。

手順

　1次元の配列を基に、仮想的な2次元配列を作ります。各行は前の行を少しずらした値を持ちます。ストライドトリックを使えば、この処理はコピーを行わず効率的に実行できます。

1. 最初に、1次元配列を作る[*1]。

```
>>> import numpy as np
    from numpy.lib.stride_tricks import as_strided
>>> def aid(x):
        # This function returns the memory
        # block address of an array.
        return x.__array_interface__['data'][0]
```

[*1] 訳注：np.linspace(始点, 終点, 要素数)は、始点から終点まで等間隔に要素数分の数値配列を生成する。

レシピ4.7　ストライドトリックを使った移動平均の効率的計算アルゴリズム | **141**

```
>>> n = 5
    k = 2
    a = np.linspace(1, n, n)
    ax = aid(a)
```

2. 配列aのストライドを変更して、値をずらした行を加える。

```
>>> as_strided(a, (k, n), (8, 8))
array([[ 1e+000,  2e+000,  3e+000,  4e+000,  5e+000],
       [ 2e+000,  3e+000,  4e+000,  5e+000,  9e-321]])
```

最後の値は、配列の境界問題が生じていることを示している[*1]。ストライドトリックは配列の境界をチェックしないため、慎重に使用しなければならない。そこで、配列の境界を制限することで境界問題を考慮する。

3. それでは移動平均算出のための関数を実装しよう。最初のバージョンは (普通の実装) 配列のコピーを行うが、2つ目のバージョンはストライドトリックを使う。

```
>>> def shift1(x, k):
        return np.vstack([x[i:n - k + i + 1]
                          for i in range(k)])
>>> def shift2(x, k):
        return as_strided(x, (k, n - k + 1),
                          (x.itemsize, x.itemsize))
```

4. 2つの関数は同じ結果を返すが、2番目の関数が返した配列はオリジナル配列と同じデータバッファを使っている。

```
>>> b = shift1(a, k)
>>> b
array([[ 1.,  2.,  3.,  4.],
       [ 2.,  3.,  4.,  5.]])
>>> aid(b) == ax
False
```

2番目の関数の結果を見てみよう。

```
>>> c = shift2(a, k)
>>> c
array([[ 1.,  2.,  3.,  4.],
       [ 2.,  3.,  4.,  5.]])
>>> aid(c) == ax
True
```

[*1]　訳注：as_stridedを使って、1要素ずつずらしたk行n列の配列を作ると、最後の要素はオリジナルの配列からはみ出してしまう。そのため、以降のコードでは、列数にはオリジナル配列の列数nから (k-1) を減じた値として、n-k+1を使う。

5. 処理対象の信号を作る[*1][*2]。

    ```
    >>> n, k = 1000, 10
        t = np.linspace(0., 1., n)
        x = t + .1 * np.random.randn(n)
    ```

6. 信号の配列を元に値をずらした2次元配列を作り、行ごとの平均を求めよう。

    ```
    >>> y = shift2(x, k)
        x_avg = y.mean(axis=0)
    ```

7. この配列をプロットする。

    ```
    >>> import matplotlib.pyplot as plt
        %matplotlib inline
    >>> fig, ax = plt.subplots(1, 1, figsize=(8, 4))
        ax.plot(x[:-k + 1], '-k', lw=1, alpha=.5)
        ax.plot(x_avg, '-k', lw=2)
    ```

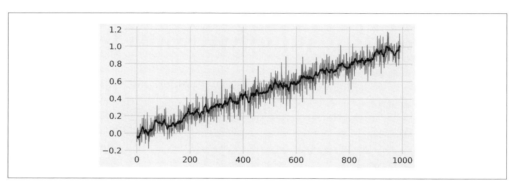

図4-4　信号と移動平均のグラフ

8. 最初のメソッドの処理時間を計測する。

    ```
    >>> %timeit shift1(x, k)
    15.4 μs ± 302 ns per loop (mean ± std. dev. of 7 runs,
        100000 loops each)
    >>> %%timeit y = shift1(x, k)
        z = y.mean(axis=0)
    10.3 μs ± 123 ns per loop (mean ± std. dev. of 7 runs,
        100000 loops each)
    ```

    最初のメソッドでは、多くの実行時間は配列のコピー（shift1メソッドの実行）で費やされている。

9. 2番目のメソッドも同様に計測する。

[*1] 訳注：np.random.randn(要素数)は、標準正規分布の配列を生成する。
[*2] 訳注：ここでは時系列的な扱いをするために、時間軸tを生成して、信号と呼んでいる。

レシピ4.8　メモリマップを使った巨大NumPy配列処理 | **143**

```
>>> %timeit shift2(x, k)
4.77 µs ± 70.3 ns per loop (mean ± std. dev. of 7 runs,
    100000 loops each)
>>> %%timeit y = shift2(x, k)
    z = y.mean(axis=0)
9 µs ± 179 ns per loop (mean ± std. dev. of 7 runs,
    100000 loops each)
```

ストライドトリックのおかげで、ほとんどの時間は平均の算出で費やされている。

関連項目

● 「レシピ4.6　NumPyのストライドトリック」

レシピ4.8　メモリマップを使った巨大NumPy配列処理

時にはシステムのメモリよりも大きなNumPy配列を扱う場合があります。メモリマップを使いout-of-coreアルゴリズムを実装するのが一般的な解決策です。巨大な配列のデータは通常ハードディスクのファイルに格納されているので、このファイルに対するメモリマップオブジェクトを作成すると、通常のNumPy配列として操作できます。配列の一部にアクセスすると、対応するデータがハードディスクから自動的にメモリに読み込まれます。このため、必要となるのは計算に使用する分だけのメモリとなります。

手順

1. まず、メモリマップ配列を作成する。

```
>>> import numpy as np
>>> nrows, ncols = 1000000, 100
>>> f = np.memmap('memmapped.dat', dtype=np.float32,
                mode='w+', shape=(nrows, ncols))
```

2. 配列にランダムな値を格納する。システムのメモリは限られているので、1列ごとに行う。

```
>>> for i in range(ncols):
        f[:, i] = np.random.rand(nrows)
```

配列の最後の列を取り出して、配列xに保存する。

```
>>> x = f[:, -1]
```

3. オブジェクトを削除して、メモリの内容をディスクに書き出す。

```
>>> del f
```

4. ディスクに保存された配列をmemmap()関数を使ってメモリマップオブジェクトに読み込む。デー

タ型と形状はファイルに記録されていないので、再度指定する。

```
>>> f = np.memmap('memmapped.dat', dtype=np.float32,
                  shape=(nrows, ncols))
>>> np.array_equal(f[:, -1], x)
True
>>> del f
```

この手法は、データの永続化や共有の目的に適したものではありません。次のレシピでHDF5ファイルフォーマットを使った手法を紹介します。

解説

　メモリマップを使用すると、巨大な配列を通常のNumPy配列と同じように操作できます。NumPy配列を使うPythonコードなら、そのままメモリマップ配列が使えます。一方、メモリマップ配列は全体が読み込まれることがない点に留意して効率的に使わなければなりません（そうでないと、無駄にシステムメモリが消費され、この手法の長所が意味のないものになってしまいます）。

　巨大な生データが、データ型と形式が明らかな状態でバイナリファイルに格納されている場合にも、メモリマップは有用です。Python組み込みの`open()`で得たファイルハンドルを使ってNumPyの`fromfile()`関数でデータを読み込んでも、同じことができます。`f.seek()`でファイル内の位置を指定して、`fromfile()`関数で指定したバイト数の読み込みが可能です。

応用

　巨大なNumPy行列を扱うもう1つの方法は、SciPyの`sparse`サブパッケージを使った**疎行列**（スパースマトリクス）の操作です。行列の中身がほとんど0の場合に適用可能であり、偏微分方程式によるシミュレーション、グラフアルゴリズム、機械学習アルゴリズムなどで使われます。行列をそのまま表現するとメモリを無駄に消費してしまいますが、疎行列は効率的に圧縮された形式で格納されています。

　複数の実装が存在するため、SciPyの疎行列操作は簡単ではありません。それぞれの実装は、特定のアプリケーションに最適なものとなっています。いくつか参考資料をリストします。

- 疎行列に関する SciPy レクチャーノート（https://scipy-lectures.github.io/advanced/scipy_sparse/index.html）
- 疎行列のリファレンスドキュメント（https://docs.scipy.org/doc/scipy/reference/sparse.html）
- `memmap` のドキュメント（https://docs.scipy.org/doc/numpy/reference/generated/numpy.memmap.html）

関連項目

- 「レシピ4.9 HDF5による巨大配列の操作」
- 「レシピ5.11 Daskを使ったメモリ外巨大配列の計算実行」

レシピ4.9 HDF5による巨大配列の操作

NumPy配列は、`np.savetxt()`, `np.save()`, `np.savez()`などのNumPy組み込みの関数でファイルに永続化できます。同様の関数を通してメモリへの読み込みも可能です。データ配列を保存するための一般的なファイル形式には、前のレシピで使用した生のバイナリファイル、NumPyで実装されているNPYファイル（メタデータを含むヘッダ付きの生のバイナリファイル）、およびHierarchical Data Format（HDF5）などがあります。

HDF5ファイルは、POSIX風の階層構造の中に複数のデータセット（配列またはさまざまなデータを含むテーブル）を格納できます。データセットは、メモリマッピングを使って読み込みながらアクセスすることができます。このレシピでは、NumPyのようなプログラミングインターフェースでHDF5ファイルを処理するために設計されたh5pyパッケージを使用します。

準備

このレシピにはh5pyが必要です。これはAnacondaディストリビューションに含まれていますが、`conda install h5py`を使用してインストールすることもできます。

手順

1. 最初にNumPyとh5pyをインポートする。

   ```
   >>> import numpy as np
       import h5py
   ```

2. 次に、空のHDF5ファイルを書き込み可で作成する。

   ```
   >>> f = h5py.File('myfile.h5', 'w')
   ```

3. 階層のトップレベルグループexperiment1を作成する。

   ```
   >>> f.create_group('/experiment1')
   <HDF5 group "/experiment1" (0 members)>
   ```

4. experiment1にメタデータを追加する。

   ```
   >>> f['/experiment1'].attrs['date'] = '2018-01-01'
   ```

5. このグループ内に、1000*1000の配列array1を格納する。

   ```
   >>> x = np.random.rand(1000, 1000)
   ```

146 | 4章 プロファイリングと最適化

```
    f['/experiment1'].create_dataset('array1', data=x)
<HDF5 dataset "array1": shape (1000, 1000), type "<f8">
```

6. 最後に、変更をコミットするために、ファイルをクローズする。

```
>>> f.close()
```

7. このファイルを読み込みモードでオープンしてみよう。配列データはHDF5ファイルに保存されているので、この操作は別のPythonセッションで行っても構わない。

```
>>> f = h5py.File('myfile.h5', 'r')
```

8. グループパスと属性名を与えて、値を取り出す。

```
>>> f['/experiment1'].attrs['date']
'2018-01-01'
```

9. 配列array1にアクセスする。

```
>>> y = f['/experiment1/array1']
    type(y)
h5py._hl.dataset.Dataset
```

10. 配列はNumPyの配列として扱えるが、重要な違いはこの配列がシステムメモリではなく、ファイルに配置されている点である。配列操作を行うと、必要な部分だけがメモリに読み込まれる。そのため、配列ビューだけにアクセスするほうがメモリの使用効率は高い。

```
>>> np.array_equal(x[0, :], y[0, :])
True
```

11. レシピを終了する前に、クリーンアップを行う。

```
>>> f.close()
>>> import os
    os.remove('myfile.h5')
```

解説

　このレシピでは配列を1つだけファイルに格納しましたが、HDF5は複数の配列を1つのファイルに保存する必要がある場合にも対応が可能です。巨大な配列を階層構造の中で管理するような大きなプロジェクトでHDF5は活躍します。例えばNASAやその他の科学技術団体で広く使われています。研究者はさまざまなデバイス、異なる試行結果、別々の実験から得られるデータを1つのファイルに保存しています。

　HDF5ではデータをツリー構造で管理します。ノードは**グループ**（ファイルシステムのフォルダに相当）と**データセット**（ファイルに相当）のいずれかです。グループはサブグループとデータセットを保持し、データセットはデータを持ちます。グループとデータセットはどちらも基本データ型（整数、浮動小数点数、文字列など）の属性（メタデータ）を含めることができます。

応用

h5pyで作成したHDF5ファイルは、C、FORTRAN、MATLABなどの他の言語からアクセスが可能です。

HDF5では、データセットは連続したブロックか、分割されたチャンク（chunk）に格納されます。チャンクはアトミックなオブジェクトであり、HDF5は、チャンク全体を一度に読み書きします。分割されたチャンクはHDF5の中でB木と呼ばれる木構造として管理されます。配列やテーブルを新しく作成する際に、チャンクの形状を指定できます。これは内部構造の詳細に立ち入った情報ではありますが、データセットを読み書きするパフォーマンスに大きく影響します。

最適なチャンク形状とは、どのようにデータを扱うかに依存します。多数の小さなチャンク（多数のチャンクを扱うので、オーバーヘッドが大きくなる）と少数の大きなチャンク（ディスクI/Oが非効率になる）との間にはトレードオフがあります。一般的には1MB以下のチャンクサイズが推奨されています。チャンクをキャッシュするか否かの指定もパフォーマンスに影響する重要なパラメータです。

PyTablesは、もう1つのHDF5ライブラリです。2つのライブラリでコードを共有し、二重開発の無駄を低減するための作業が進行中です。

以下参考資料です。

- NPYファイルフォーマット（https://docs.scipy.org/doc/numpy-dev/neps/npy-format.html）
- h5pyライブラリ（https://www.h5py.org/）
- HDF5のチャンクについて（https://portal.hdfgroup.org/display/HDF5/Chunking+in+HDF5）
- Blog記事「PythonとHDF5の展望」（https://www.hdfgroup.org/2015/09/python-hdf5-a-vision/）
- PyTablesの最適化ガイド（https://www.pytables.org/usersguide/optimization.html）
- h5pyから見たPyTablesとh5pyの相違点（http://docs.h5py.org/en/latest/faq.html#what-s-the-difference-between-h5py-and-pytables）
- HDF5の限界に関する筆者の個人的な見解（https://cyrille.rossant.net/moving-away-hdf5/）

関連項目

- 「レシピ4.8　メモリマップを使った巨大NumPy配列処理」
- 「レシピ4.9　HDF5による巨大配列の操作」
- 「レシピ2.6　再現性の高い実験的対話型コンピューティングを行うための10のヒント」

5章
ハイパフォーマンス
コンピューティング

本章で取り上げる内容
- Pythonコードの高速化
- NumbaとJust-In-Timeコンパイルを使ったPythonコードの高速化
- NumExprを使った配列計算の高速化
- ctypesを使ったCライブラリのラップ
- Cythonによる高速化
- より多くのCコードを使ったCythonコードの最適化
- CythonやOpenMPでマルチコアプロセッサの利点を生かすためのGIL解放
- CUDAとNVIDIAグラフィックカード（GPU）による超並列化コード
- IPythonによるPythonコードのマルチコア分散実行
- IPython非同期並列タスクの操作方法
- Daskを使ったメモリ外巨大配列の計算実行
- Jupyter NotebookとJulia言語

はじめに

　前の章では、コードの最適化テクニックを紹介しました。場合によっては、最適化だけでは不十分であり、高度なハイパフォーマンスコンピューティング技術に頼る必要があります。

　この章では、カバーする範囲が広く、相互に関連した3つの技術分野を扱います。

- PythonコードのJust-In-Time（JIT）コンパイル
- Pythonから呼び出すC言語など低水準言語の活用
- 並列コンピューティングによる複数の計算機をまたがったタスクのスケジュール

　JITコンパイルでは、動的にPythonコードが低水準言語にコンパイルされます。コンパイルは実行前ではなく実行時に行われ、コンパイル済みコードはインタープリタよりも高速に実行されます。通常、高水準言語であることと、高速に実行できることは相反する条件であるため、JITコンパイルは

この2つの条件を満たすための一般的なテクニックとなっています。

JITコンパイルは、この章で取り上げるNumbaやNumExprなどのパッケージで使われています。

JITコンパイルを使用して高性能を実現するプログラミング言語Juliaもこの章で紹介します。IJuliaパッケージを使って、Jupyter Notebookで効果的に使用できます。

Psycoの後継プロジェクトであるPyPy（https://pypy.org）も関連したプロジェクトです。これは、リファレンス実装であるCPythonとは別の実装であり、JITコンパイラを統合しています。そのため、たいていの場合CPythonよりも高速に動作します。2018年10月にPyPyはNumPyとPandasのサポートを開始しました（ただしPython 3ではなく古いPythonを使っています）。詳細については、https://morepypy.blogspot.fr/2017/10/pypy-v59-released-now-supports-pandas.htmlを確認してください。

C言語などの低水準言語の活用は、興味深い手法です。関連する人気の高いライブラリには、ctypes、Cythonなどがあります。ctypesを使用するにはコードをC言語で記述すると共に、Cコンパイラまたはコンパイル済みのCライブラリが必要です。一方、CythonはPythonのスーパーセット言語でコードを記述し、さまざまなパフォーマンス向上が望めるC言語へ変換します。この章では、ctypesとCythonを取り上げ、複雑な事例で速度を向上させる方法を紹介します。

最後に、IPythonでマルチコアCPUを利用する方法と、**グラフィックプロセッサ**（GPU）を使って大量の並行処理を行う手法の2種類の並列技法も紹介します。

以下参考資料です。

- Interfacing Python with C, scikitレクチャーノートのC言語のルーチンをPythonから呼び出す方法解説（https://scipy-lectures.github.io/advanced/interfacing_with_c/interfacing_with_c.html）
- C、C++を使ったPythonの拡張方法（https://docs.python.org/3.6/extending/extending.html）
- C++で記述されたNumPy風の配列計算ライブラリ（http://quantstack.net/xtensor）

CPythonと並列プログラミング

Python言語の標準実装は**CPython**[*1]であり、C言語で書かれています。CPythonは**グローバルインタープリタロック**（Global Interpreter Lock：GIL）を使用しています。https://wiki.python.org/moin/GlobalInterpreterLockには次のような一節があります。

---

*1 訳注：CythonをCPythonと混同してしまうかもしれない（Pの有無に注意）が、この2つはまったく別のものだ。CPythonは、標準で最も広く使われているPython実装（https://www.python.org/）を指す。CPythonのコアはC言語で書かれており、CPythonの接頭字のCは、言語仕様としてのPythonやほかの言語によるPython実装と区別するものだ。ほかの言語によるPython実装としては、Jython（Java）、IronPython（.NET）、PyPy（Pythonによる Python実装）などがある。

メモリ管理を容易にするため、複数のネイティブスレッドがPythonバイトコードを同時に実行しないようGILを使って制御する。

言い換えると、GILによりPythonプロセスの中で並列のスレッド動作を抑止するため、メモリ管理が劇的に単純化されています。CPythonのメモリ管理はスレッドセーフではないのです。

つまり、CPythonでは単一のPythonプロセスがマルチコア環境を活用できません。現代のプロセッサにはますます多くのコアが搭載されているため、これは重要な問題です。

マルチコア環境の利点を生かすためには、どのような解決策があるでしょうか？

- CPythonからGILを除去する。これまでにも試みられたが、まだ実現していない。CPythonの実装が複雑すぎるため、シングルスレッドのパフォーマンスを低下させてしまうだろう。
- マルチスレッドではなく、マルチプロセスで処理する。よく使われる手段であり、組み込みのマルチプロセスモジュールを使うか、IPythonで実行可能。この章で扱う。
- 特定のコードをCythonで書き直し、すべてのPython変数をC変数で置き換える。これにより、ループの中ではGILの制御外で実行が行われ、その結果マルチコアCPUが活用される。この手法は「レシピ5.7　CythonやOpenMPでマルチコアプロセッサの利点を生かすためのGIL解放」で取り上げる。
- コードの特定の部分をマルチコアサポートの充実した言語で書き、Pythonから呼び出す。
- numpy.dot()などのマルチコアを活用するNumPy関数を使って、プログラムを作成する。この場合、NumPyはBLAS/LAPACK/ATLAS/MKLと共にコンパイルされている必要がある。

GIL関連で必ず読んでおくべき資料がhttps://www.dabeaz.com/GIL/にまとめられています。

コンパイラ関連のインストール方法

このセクションでは、Pythonと共に使用するコンパイラのインストール手順を紹介します。またctypesとCythonの使用例、PythonのC言語拡張の構築方法を示します。

Linux

Linux では GCC（GNU Compiler Collection）コンパイラを使います。Ubuntu や Debian ディストリビューションでは sudo apt-get install build-essential を実行して GCC をインストールします。

macOS

macOS では、Xcode と Xcode コマンドラインツールをインストールします。ターミナルから gcc を実行する方法もあります。コンパイラがインストールされていない場合、macOS はインストールのオプションを表示します。

Windows

Windowsでは、使用するPythonのバージョンに対応したMicrosoft Visual Studio、Visual C++、またはVisual C++ビルドツールをインストールします。Python 3.6（本書の執筆時点でPythonの最新の安定版）を使用している場合、対応するMicrosoftコンパイラのバージョンは2017です。これらのプログラムはすべてフリーであるか、商用版が存在する場合もPythonで使用するにはフリー版で十分です。

以下参考資料です。

- Cythonのインストール方法（https://cython.readthedocs.io/en/latest/src/quickstart/install.html）
- Pythonで必要となるWindows用コンパイラ（https://wiki.python.org/moin/WindowsCompilers）
- Microsoft Visual Studioダウンロード（https://www.visualstudio.com/downloads/）

レシピ5.1　Pythonコードの高速化

Pythonコードをより速く実行させるには、まず言語のすべての機能を知ることが必要です。Pythonには個別に実装するよりもはるかに高速に動作する標準ライブラリに加え、多くの構文機能とモジュールを提供しています。さらに、CやJava風に記述したPythonコードは、動作が遅くなる場合がありますが、Pythonに適した方法で書かれた（Pythonicな）コードは十分高速に動作します。

このセクションでは、言語のさまざまな機能を駆使することで、適切に書かれていないPythonコードが大幅に改善できることを示します。

「1章　JupyterとIPythonによる対話的コンピューティング入門」の「レシピ1.3　高速配列計算のためのNumPy多次元配列」で取り上げたように、配列演算にNumPyを利用することはもちろん高速化手法の1つです。このレシピでは、NumPyを使用できない、もしくは望ましくない場合に焦点を当てます。例えば、辞書、グラフ、またはテキストの操作は、NumPyよりもPythonで書くほうが簡単ですが、このような場合のためにPythonが提供する多くの機能を使用し、コードをより速くすることができます。

手順

1. NumPyではなく組み込みのrandomモジュールを使って、正規分布の確率変数リストを定義する。

    ```
    >>> import random
        l = [random.normalvariate(0,1) for i in range(100000)]
    ```

2. そのリストの合計を計算する関数を作成する。Pythonに慣れていなければ、次のようにC言語のようなコードを書いてしまうかもしれません。

レシピ5.1　Pythonコードの高速化 | **153**

```
>>> def sum1():
        # BAD: not Pythonic and slow    Pythonicでない上に遅い
        res = 0
        for i in range(len(l)):
            res = res + l[i]
        return res
>>> sum1()
319.346
>>> %timeit sum1()
6.64 ms ± 69.1 μs per loop (mean ± std. dev. of 7 runs,
    100 loops each)
```

わずか10万個の数値の合計を計算するのに6ミリ秒かかっているため、Pythonは遅いと感じてしまうかもしれない。

3. 少し改良するために、リストの要素をインデックスを使ってたどるのではなく、for x in lを使ってみよう。

```
>>> def sum2():
        # STILL BAD    改善の余地あり
        res = 0
        for x in l:
            res = res + x
        return res
>>> sum2()
319.346
>>> %timeit sum2()
3.3 ms ± 54.7 μs per loop (mean ± std. dev. of 7 runs,
    100 loops each)
```

このわずかな変更により、2倍高速になった。

4. 最後に、Pythonが提供しているリスト内のすべての要素の合計を計算する組み込み関数を使用する。

```
>>> def sum3():
        # GOOD
        return sum(l)
>>> sum3()
319.346
>>> %timeit sum3()
391 μs ± 840 ns per loop (mean ± std. dev. of 7 runs,
    1000 loops each)
```

純粋なPythonコードだけを使用して、最初のコードより17倍高速になった。

5. 文字列に関する別の例を試してみよう。先のリストですべての数字を表す文字列のリストを作成する。

```
>>> strings = ['%.3f' % x for x in l]
```

154 | 5章　ハイパフォーマンスコンピューティング

```
>>> strings[:3]
['-0.056', '-0.417', '-0.357']
```

6. そのリスト内のすべての文字列を連結する関数を定義する。経験の浅い Python プログラマは、おそらく次のようなコードを書くだろう。

```
>>> def concat1():
        # BAD: not Pythonic   Pythonic ではない
        cat = strings[0]
        for s in strings[1:]:
            cat = cat + ', ' + s
        return cat
>>> concat1()[:24]
'-0.056, -0.417, -0.357, '
>>> %timeit concat1()
1.31 s ± 12.1 ms per loop (mean ± std. dev. of 7 runs,
    1 loop each)
```

多数の小さな文字列が割り当てられるため、この関数は非常に低速である。

7. Python が提供する文字列を連結する手段を使用する。

```
>>> def concat2():
        # GOOD
        return ', '.join(strings)
>>> concat2()[:24]
'-0.056, -0.417, -0.357, '
>>> %timeit concat2()
797 μs ± 13.7 μs per loop (mean ± std. dev. of 7 runs,
    1000 loops each)
```

1,640 倍高速になった。

8. 最後に、0 から 99 までの整数 100,000 要素のリストから、それぞれの数値の出現回数を数えたいとする。

```
>>> l = [random.randint(0, 100) for _ in range(100000)]
```

9. 単純な方法では、リスト内のすべての要素を繰り返し処理し辞書を使用してヒストグラムを作成する。

```
>>> def hist1():
        # BAD
        count = {}
        for x in l:
            # We need to initialize every number  各数値が最初に現れたときに、初期化を行う必要がある
            # the first time it appears in the list.
            if x not in count:
                count[x] = 0
            count[x] += 1
```

レシピ5.1　Pythonコードの高速化 | **155**

```
            return count
>>> hist1()
{0: 979,
 1: 971,
 2: 990,
 ...
 99: 995,
 100: 1009}
>>> %timeit hist1()
8.7 ms ± 27.6 μs per loop (mean ± std. dev. of 7 runs,
    100 loops each)
```

10. 次に、辞書のキーを自動作成するdefaultdictを使用する。

```
>>> from collections import defaultdict
>>> def hist2():
        # BETTER
        count = defaultdict(int)
        for x in l:
            # The key is created and the value   キーが作成され必要なら値は0で初期化される
            # initialized at 0 when needed.
            count[x] += 1
        return count
>>> hist2()
defaultdict(int,
            {0: 979,
             1: 971,
             ...
             99: 995,
             100: 1009})
>>> %timeit hist2()
6.82 ms ± 217 μs per loop (mean ± std. dev. of 7 runs,
    100 loops each)
```

defaultdictを使用することで、多少高速化できた。

11. 組み込みのコレクションモジュールには、ここで必要としている要素数を数えるCounterクラス
が用意されているので、最後にそれを使用する。

```
>>> from collections import Counter
>>> def hist3():
        # GOOD
        return Counter(l)
>>> hist3()
Counter({0: 979,
         1: 971,
         ...
         99: 995,
         100: 1009})
>>> %timeit hist3()
```

```
3.69 ms ± 105 μs per loop (mean ± std. dev. of 7 runs,
    100 loops each)
```

最初のものより2倍高速になった。

応用

　コードが遅すぎる場合、最初に行うべきことは、既に用意されている機能を再実装していないか、そして言語のすべての機能を十分に活用しているかを確認することです。

　ドキュメントやその他の参考文献から、Pythonのすべての構文機能と組み込みモジュールの概要を知ることができます。

- Python 3 マニュアル（https://docs.python.org/ja/3/）
- 『Python Cookbook』Brian Jones、David Beazley 著、O'Reilly Media刊、2013、2nd Editionの邦訳は『Pythonクックブック第2版』鴨澤眞夫他訳、オライリー・ジャパン、2007

関連項目

- 「レシピ2.2　Python 3最新機能の紹介」

レシピ5.2　NumbaとJust-In-Timeコンパイルを使ったPythonコードの高速化

　Numba（https://numba.pydata.org）は、Anaconda, Inc.（https://www.anaconda.com）によって作成されたパッケージです。Numbaは純粋なPythonコードを取り、自動的に最適化されたマシンコードに変換（JIT）します。実際には、forループを使用して記述した純粋なPython関数にデコレータを指定することにより、自動的にベクトル化関数にできます。純粋なPythonコードと比較した場合のパフォーマンスの向上は数桁に及ぶ可能性があり、手作業でベクトル化したNumPyのコードにも勝るでしょう。

　このセクションでは、マンデルブローのフラクタル図形を生成するコードを高速化します。

準備

　NumbaはAnacondaディストリビューションに含まれていますが、conda install numbaコマンドで手動インストールも可能です。

手順

1. NumPyをインポートし、変数を定義する。

```
>>> import numpy as np
    import matplotlib.pyplot as plt
    %matplotlib inline
>>> size = 400
    iterations = 100
```

2. 次の関数は純粋なPythonコードでフラクタルを生成する。

```
>>> def mandelbrot_python(size, iterations):
        m = np.zeros((size, size))
        for i in range(size):
            for j in range(size):
                c = (-2 + 3. / size * j +
                    1j * (1.5 - 3. / size * i))
                z = 0
                for n in range(iterations):
                    if np.abs(z) <= 10:
                        z = z * z + c
                        m[i, j] = n
                    else:
                        break
        return m
```

3. 計算を実行して、結果を表示する。

```
>>> m = mandelbrot_python(size, iterations)
>>> fig, ax = plt.subplots(1, 1, figsize=(10, 10))
    ax.imshow(np.log(m), cmap=plt.cm.hot)
    ax.set_axis_off()
```

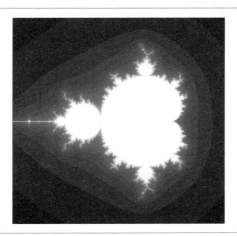

図5-1　マンデルブローフラクタル

4. この関数の実行時間を計測する。

158 | 5章　ハイパフォーマンスコンピューティング

```
>>> %timeit mandelbrot_python(size, iterations)
5.45 s ± 18.6 ms per loop (mean ± std. dev. of 7 runs,
    1 loop each)
```

5. Numbaを使って高速化する。まず、パッケージをインポートする。

```
>>> from numba import jit
```

6. 次に、関数定義の直前に@jitデコレータを追加する。関数名以外本体のコードは変更しない。

```
>>> @jit
    def mandelbrot_numba(size, iterations):
        m = np.zeros((size, size))
        for i in range(size):
            for j in range(size):
                c = (-2 + 3. / size * j +
                    1j * (1.5 - 3. / size * i))
                z = 0
                for n in range(iterations):
                    if np.abs(z) <= 10:
                        z = z * z + c
                        m[i, j] = n
                    else:
                        break
        return m
```

7. この関数は、純粋Pythonコードと同様に動作するが、どれくらい高速になっただろうか?

```
>>> mandelbrot_numba(size, iterations)
>>> %timeit mandelbrot_numba(size, iterations)
34.5 ms ± 59.4 μs per loop (mean ± std. dev. of 7 runs,
    10 loops each)
```

Numberを使うことで、150倍以上も高速化された。

解説

　Pythonのバイトコードは、通常実行時にPythonインタープリタ (たいていはCPython) により解釈されます。一方Numba関数は実行に先立って解析され直接機械語にコンパイルされます。この際にLLVM (Low Level Virtual Machine) と呼ばれる強力なコンパイラ基盤が使われます。

　Numbaは、Pythonセマンティクスのうち重要サブセットをサポートしていますが、網羅的ではありません。サポートされているPythonの機能のリストは、https://numba.pydata.org/numba-doc/latest/reference/pysupported.htmlで説明されています。NumbaがPythonコードをコンパイルできない場合、Numbaは自動的にPythonを使った低速のモードに切り替わります。この動作を防ぐには、@jit(nopython=True)を指定します[*1]。

　Numbaは (このレシピのように) NumPy配列に対する大量のループを含む関数で最も効果的な高速

---

*1　訳注: この場合、コンパイルできなければエラーとなる。

化が可能です。これは、Pythonのループにはオーバーヘッドが存在するためです。このオーバーヘッドは、いくつかの簡単な操作の反復が多い場合に無視できなくなります。この例での反復回数はサイズ×サイズ×反復回数＝16,000,000となります。

応用

NumPyを使って人手でベクトル化したコードと、Numbaのパフォーマンスを比較してみましょう。このベクトル化は、レシピで使ったようなコードを高速化する一般的な手法であり、iとjの二重ループ内部にあるコードを、配列計算に置き換えます。この書き換えは、1つの命令を複数のデータに適用するモデル（SIMD）に沿うコードに対しては比較的簡単です。

```
>>> def initialize(size):
        x, y = np.meshgrid(np.linspace(-2, 1, size),
                           np.linspace(-1.5, 1.5, size))
        c = x + 1j * y
        z = c.copy()
        m = np.zeros((size, size))
        return c, z, m
>>> def mandelbrot_numpy(c, z, m, iterations):
        for n in range(iterations):
            indices = np.abs(z) <= 10
            z[indices] = z[indices] ** 2 + c[indices]
            m[indices] = n
>>> %%timeit -n1 -r10 c, z, m = initialize(size)
    mandelbrot_numpy(c, z, m, iterations)
174 ms ± 2.91 ms per loop (mean ± std. dev. of 10 runs,
    1 loop each)
```

この例では、NumPyよりもNumbaのほうが高速でした。

Numbaは、さらにマルチプロセッシングやGPUコンピューティングなどの多くの機能もサポートしています。

以下参考資料です。

- Numbaマニュアル（https://numba.pydata.org）
- NumbaのサポートするPython機能（https://numba.pydata.org/numba-doc/latest/reference/pysupported.html）
- NumbaのサポートするNumPy機能（https://numba.pydata.org/numba-doc/latest/reference/numpysupported.html）

関連項目

- 「レシピ5.3　NumExprを使った配列計算の高速化」

160 | 5章　ハイパフォーマンスコンピューティング

レシピ5.3　NumExprを使った配列計算の高速化

　NumExprは、NumPy配列の複雑な計算を高速化できるパッケージです。NumExprは、配列を含む代数式を評価、解析、コンパイルを行い、最終的に複数のプロセッサで実行します。

　NumExprは、通常のPythonコードがマシンコードに動的にコンパイルされるという点で、Numba同じ動作原理を用いています。しかし、NumExprは、任意のPythonコードではなく、代数的配列表現にしか対応していません。このレシピでどのように動作するかを見てみましょう。

準備

　NumExprは、Anacondaディストリビューションに含まれていますが、`conda install numexpr`を使用して手動でインストールすることもできます。

手順

1. NumPyとNumExprをインポートする。

   ```
   >>> import numpy as np
       import numexpr as ne
   ```

2. 次に、大きな配列を3つ作る。

   ```
   >>> x, y, z = np.random.rand(3, 1000000)
   ```

3. NumPyを使った複雑な代数式の実行時間を計測しよう。

   ```
   >>> %timeit x + (y**2 + (z*x + 1)*3)
   6.94 ms ± 223 µs per loop (mean ± std. dev. of 7 runs,
       100 loops each)
   ```

4. 同じ計算をNumExprを使って実行する。NumExprには、式を文字列として渡す。

   ```
   >>> %timeit ne.evaluate('x + (y**2 + (z*x + 1)*3)')
   1.47 ms ± 8.07 µs per loop (mean ± std. dev. of 7 runs,
       1000 loops each)
   ```

　次のスクリーンショットは、NumPyでコードを実行した後、複数のCPUを自動的に使用するNumExprでコードを実行したときのCPU使用率を示している。

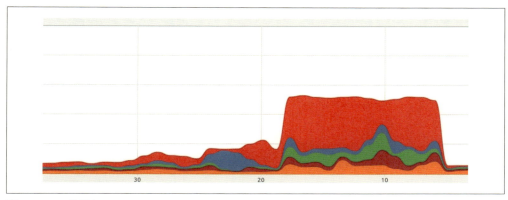

図5-2　CPU使用率

5. NumExprはマルチコアを活用できる。ここでは、インテルCPUのハイパースレッディング・テクノロジ（HTT）による、4物理コアで8スレッド実行できる環境を使う。set_num_threads()関数で、NumExprで使用するコア数を使うか指定する。

```
>>> ne.ncores
8
>>> for i in range(1, 5):
        ne.set_num_threads(i)
        %timeit ne.evaluate('x + (y**2 + (z*x + 1)*3)',)
3.53 ms ± 12.9 µs per loop (mean ± std. dev. of 7 runs,
    100 loops each)
2.35 ms ± 276 µs per loop (mean ± std. dev. of 7 runs,
    100 loops each)
1.6 ms ± 60 µs per loop (mean ± std. dev. of 7 runs,
    1000 loops each)
1.5 ms ± 24.6 µs per loop (mean ± std. dev. of 7 runs,
    1000 loops each)
```

解説

NumExprは配列式を解析して、低レベル言語にコンパイルします。NumExprはCPUのキャッシュ特性やベクトル化命令を活用できるため、動的なベクトル化による最適化が可能です。

以下参考資料です。

- GitHubのNumExprリポジトリ（https://github.com/pydata/numexpr）
- NumExprマニュアル（https://numexpr.readthedocs.io/en/latest/intro.html）

関連項目

- 「レシピ5.2　NumbaとJust-In-TimeコンパイルをつかったPythonコードの高速化」

レシピ5.4　ctypesを使ったCライブラリのラッピング

PythonによるCライブラリのラッピングは、C言語で記述された既存のコードを活用したり、コードの重要な部分を高速なC言語で実装することを可能とします。

コンパイル済みの機能をPythonから呼び出すのは比較的簡単です。実行可能なコマンドであれば`os.system()`を使って呼び出せますが、この方法ではコンパイルされたライブラリの呼び出しには使えません。

より強力な手法は、Pythonモジュール`ctypes`を使います。このモジュールは、（C言語で書かれた）コンパイル済みライブラリ内の関数をPythonから呼び出すことができます。C言語とPython間でデータ型の変換も行います。さらに、`numpy.ctypeslib`モジュールは、外部ライブラリからNumPy配列のデータにアクセスする機能を提供します。

この例では、フラクタル計算コードをC言語で書き直し、共有ライブラリにした上で、Pythonから呼び出します。

準備

このレシピのコードはUnixシステム用に作られており、Ubuntuでテストしています。ただし、少しの修正で他のシステム用に変更可能です。

ここではCコンパイラが必要になります。コンパイラ関連の手順は、本章の冒頭を参照してください。

手順

まず、先のフラクタル計算コードをC言語で書き直し、コンパイルします。そのコードを`ctypes`を使ってPythonから呼び出します。

1. フラクタル計算コードをC言語で記述する。

```
>>> %%writefile mandelbrot.c
    #include "stdio.h"
    #include "stdlib.h"

    void mandelbrot(int size, int iterations, int *col)
    {
        // Variable declarations.   変数宣言
        int i, j, n, index;
        double cx, cy;
        double z0, z1, z0_tmp, z0_2, z1_2;

        // Loop within the grid.   格子データ内のループ
        for (i = 0; i < size; i++)
        {
            cy = -1.5 + (double)i / size * 3;
```

```
            for (j = 0; j < size; j++)
            {
                // We initialize the loop of the system.   系のループを初期化
                cx = -2.0 + (double)j / size * 3;
                index = i * size + j;
                // Let's run the system.   系の実行
                z0 = 0.0;
                z1 = 0.0;
                for (n = 0; n < iterations; n++)
                {
                    z0_2 = z0 * z0;
                    z1_2 = z1 * z1;
                    if (z0_2 + z1_2 <= 100)
                    {
                        // Update the system.   系を更新
                        z0_tmp = z0_2 - z1_2 + cx;
                        z1 = 2 * z0 * z1 + cy;
                        z0 = z0_tmp;
                        col[index] = n;
                    }
                    else
                    {
                        break;
                    }
                }
            }
        }
    }
}
```

```
Writing mandelbrot.c
```

2. gccを使って、Cソースからシェアードライブラリを構築する。

```
>>> !!gcc -shared -Wl,-soname,mandelbrot \
        -o mandelbrot.so \
        -fPIC mandelbrot.c
```

[]

3. ctypesを使って、ライブラリにアクセスする。

```
>>> import ctypes
>>> lib = ctypes.CDLL('./mandelbrot.so')
>>> mandelbrot = lib.mandelbrot
```

4. NumPyとctypesにより、ライブラリ内のC関数をラップする。

```
>>> from numpy.ctypeslib import ndpointer
>>> # Define the types of the output and arguments of   戻り値と引数型の定義
    # this function.
```

```
mandelbrot.restype = None
mandelbrot.argtypes = [ctypes.c_int,
                       ctypes.c_int,
                       ndpointer(ctypes.c_int),
                       ]
```

5. この関数を呼び出すには、まず空の配列を初期化し、ラップしたmandelbrot()関数の引数として渡す。

```
>>> import numpy as np
    # We initialize an empty array.   空の配列を初期化
    size = 400
    iterations = 100
    col = np.empty((size, size), dtype=np.int32)
    # We execute the C function, which will update   C関数を実行
    # the array.
    mandelbrot(size, iterations, col)
```

6. 結果を表示する。

```
>>> import numpy as np
    import matplotlib.pyplot as plt
    %matplotlib inline
>>> fig, ax = plt.subplots(1, 1, figsize=(10, 10))
    ax.imshow(np.log(col), cmap=plt.cm.hot)
    ax.set_axis_off()
```

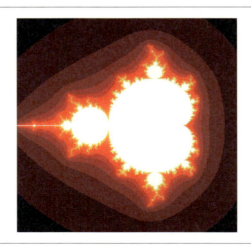

図5-3　マンデルブローのフラクタル

7. どれくらい高速化しただろうか。

```
>>> %timeit mandelbrot(size, iterations, col)
```

```
28.9 ms ± 73.1 μs per loop (mean ± std. dev. of 7 runs,
    10 loops each)
```

ctypesでラップしたバージョンは、この章の最初のレシピのNumbaを使用したものと比較してわずかに高速できた。

解説

次のデータを`mandelbrot()`関数は引数として受け取ります。

- `col`バッファの**サイズ**（`col`は、原点から一定の円板内の対応する点で計算を繰り返した、最大値を持っている）
- **繰り返しの数**
- 整数配列への**ポインタ**

C版の`mandelbrot()`関数は値を返しません。その代わり、関数引数として配列への参照（ポインタ）を通して与えられたバッファを更新します。

Pythonでこの関数をラップするには、引数の型を宣言する必要があります。ctypesモジュールは各種型のための定数を定義しています。また`numpy.ctypeslib.ndpoint()`関数を使うと、C関数でポインタが期待されている場所にはどこにでもNumPy配列が使用できます。`ndpointer()`関数への引数として与えた型は、関数に渡したNumPy配列の型と一致しなければなりません。

関数が正しくラップされていれば、通常のPython関数であるかのように呼び出すことができます。ここでは`mandelbrot()`関数がフラクタル図形データを、初期化したNumPy配列に埋めます。

応用

ctypesと同様の機能を提供するcffi（https://cffi.readthedocs.io/en/latest/）は、多少高速で使いやすさが改善されています。https://eli.thegreenplace.net/2013/03/09/python-ffi-with-ctypes-and-cffi/ を参照してください。

関連項目

- 「レシピ5.2　NumbaとJust-In-Timeコンパイルを使ったPythonコードの高速化」

レシピ5.5　Cythonによる高速化

Cythonはプログラミング言語の一種（Pythonの上位互換）であり、Pythonのライブラリでもあります。Cythonを使うと通常のPythonコードに対して、変数それぞれに型のアノテーションを付加できます。Cythonはそのコードに対してC言語への変換、コンパイルを行い、Python拡張モジュールを

166 │ 5章　ハイパフォーマンスコンピューティング

作ります。このコンパイル済みモジュールは、普通のPythonモジュールから呼び出せます[*1]。

　Pythonでは動的な型付けにより多少のパフォーマンスが犠牲にされていますが、Cythonでは静的な変数を用いてコードの高速化を実現しています。

　CPUを使い切るようなプログラム、特に多重のループがあるようなプログラムに対して顕著なパフォーマンス向上が見られます。対照的にI/O制約のあるプログラムに対するCythonのメリットはほとんどありません。

　このレシピでは、フラクタル図形の例をCythonを使って高速化します。

準備

　ここでもCコンパイラは必要となるので、本章の冒頭の手順を参照してください。

　Cythonも必要となりますが、Anacondaには最初から含まれています。必要であれば、`conda install cython`コマンドでインストールできます。

手順

1.　最初に変数をいくつか定義する。

```
>>> import numpy as np
>>> size = 400
    iterations = 100
```

2.　Jupyter NotebookからCythonを使うには、Cython Jupyter拡張をインポートする。

```
>>> %load_ext cython
```

3.　最初に、`mandelbrot()`関数の前に`%%cython` magicコマンドを置くだけの場合を試してみよう。このセルmagicコマンドは、セルの中身を独立したCythonモジュールにコンパイルする。そのため、必要なインポートは同じセル内で実行する必要がある。このセルにはインタラクティブ名前空間で定義された他の変数や関数へのアクセスを持てない。

```
>>> %%cython -a
    import numpy as np

    def mandelbrot_cython(m, size, iterations):
        for i in range(size):
            for j in range(size):
                c = -2 + 3./size*j + 1j*(1.5-3./size*i)
                z = 0
```

[*1]　訳注：CPythonは、Python言語に対するCレベルのインターフェースを提供しており、このインターフェースはPython/C APIと呼ばれている。CythonはこのCインターフェースを活用しており、したがってCythonはCPythonに依存している。CythonはPythonの実装の1つではない。Cythonが生成する拡張モジュールを実行するためにはCPythonランタイムが必要。

```
            for n in range(iterations):
                if np.abs(z) <= 10:
                    z = z*z + c
                    m[i, j] = n
                else:
                    break
```

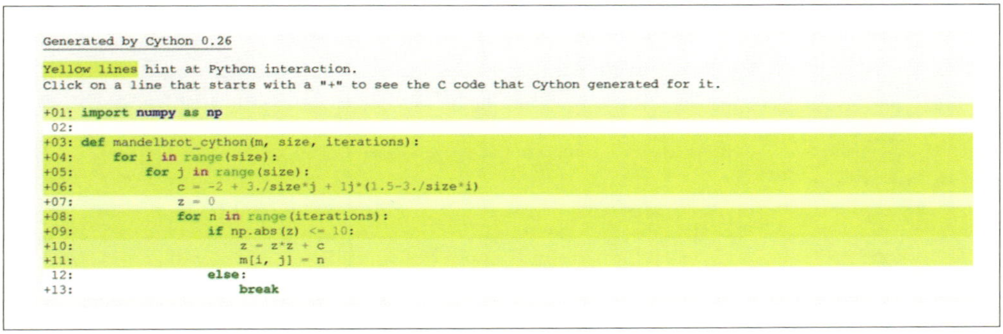

図5-4　Cythonアノテーション

-aオプションは、Cythonにコードがどの程度最適化されているかを背景色で示すようCythonに指示する。濃い色ほど、最適化されていない行であることを示す。色は、各行のPython API呼び出しの相対的な数に依存します。任意の行をクリックすると、生成されたCコードが表示される。このコードは最適化されていないように見える。

4. 効果を確認する。

```
>>> s = (size, size)
>>> %%timeit -n1 -r1 m = np.zeros(s, dtype=np.int32)
    mandelbrot_cython(m, size, iterations)
4.52 s ± 0 ns per loop (mean ± std. dev. of 1 run,
    1 loop each)
```

実行速度はほとんど向上しなかった。Python変数の型を指定する必要がある。

5. NumPy配列の型付メモリビューを使って、型情報を付加する（詳細は「解説」セクションで説明する）。また、点が領域から外れているかを確認するコード（if文）を少し変更する。

```
>>> %%cython -a
    import numpy as np

    def mandelbrot_cython(int[:,::1] m,
                          int size,
                          int iterations):
        cdef int i, j, n
        cdef complex z, c
        for i in range(size):
```

168 | 5章　ハイパフォーマンスコンピューティング

```python
        for j in range(size):
            c = -2 + 3./size*j + 1j*(1.5-3./size*i)
            z = 0
            for n in range(iterations):
                if z.real**2 + z.imag**2 <= 100:
                    z = z*z + c
                    m[i, j] = n
                else:
                    break
```

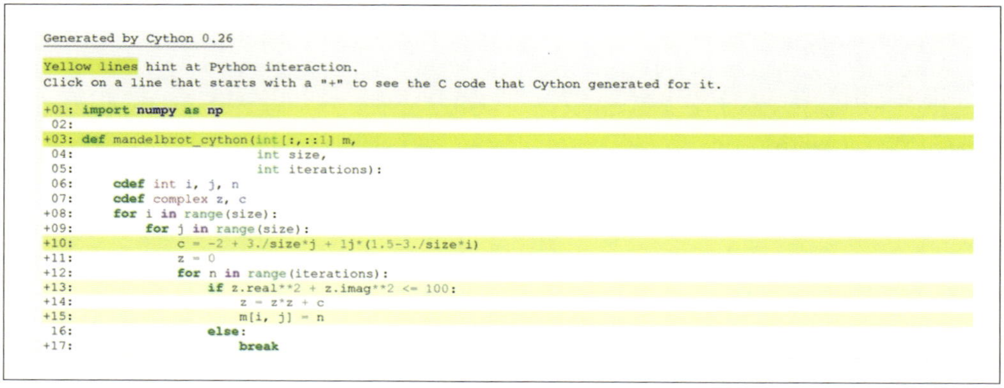

```
Generated by Cython 0.26

Yellow lines hint at Python interaction.
Click on a line that starts with a "+" to see the C code that Cython generated for it.

+01: import numpy as np
 02:
+03: def mandelbrot_cython(int[:,::1] m,
 04:                       int size,
 05:                       int iterations):
 06:     cdef int i, j, n
 07:     cdef complex z, c
+08:     for i in range(size):
+09:         for j in range(size):
+10:             c = -2 + 3./size*j + 1j*(1.5-3./size*i)
+11:             z = 0
+12:             for n in range(iterations):
+13:                 if z.real**2 + z.imag**2 <= 100:
+14:                     z = z*z + c
+15:                     m[i, j] = n
 16:                 else:
+17:                     break
```

図5-5　最適化されたコード

6. このバージョンのパフォーマンスを見てみよう。

```python
>>> %%timeit -n1 -r1 m = np.zeros(s, dtype=np.int32)
    mandelbrot_cython(m, size, iterations)
12.7 ms ± 0 ns per loop (mean ± std. dev. of 1 run,
    1 loop each)
```

最初のものより、350倍高速化できた。

　ここで行ったのは、ローカル変数と関数引数の型を指定したことと、zの絶対値を計算するのにNumPyのnp.abs()をバイパスしただけである。これらの変更が、Cythonが最適化されたCコードを生成するのに役立っている。

解説

　cdefキーワードは静的型を持つC変数を宣言します。Pythonの動的型オーバーヘッドが回避されるため、C変数を使うと高速なコード実行が可能となります。関数引数も静的型C変数として宣言できます。

　CythonではNumPy配列をC変数として宣言する方法を2つ用意しています。配列バッファ（array buffer）による方法と型付メモリビューを使用する方法です。このレシピでは型付メモリビューを使い

ました。配列バッファは、次のレシピで紹介します。

　型付メモリビューでは、データバッファをNumPy配列のようなインデックス記法を使ってアクセスできます。例えば、int[:,::1]によりC順序を持つ整数2次元NumPy配列を宣言できます。::1は、この次元のデータを連続的に配置することを指示します。型付メモリビューはNumPy配列のようにインデックス指定ができます。

　しかしながら、メモリビューではNumPyのような要素ごとの操作はできません。メモリビューは多重ループ内で使える便利なデータコンテナとして機能します。NumPyのような要素ごとの操作が必要ならば、配列バッファを使うべきです。

　np.abs()呼び出しを別の表現で置き換えることで、大きなパフォーマンス向上が得られました。np.abs()はNumPyの関数なので、呼び出し時に多少のオーバーヘッドが生じるためです。この関数はスカラー値ではなく、比較的大きめの配列に対して動作するよう設計されています。このオーバーヘッドは、この例のような深いループの中では大きく影響します。こうしたボトルネックは、Cythonアノテーションで見つけられます。

応用

　JupyterからCythonを使う場合、%%cythonセルmagicコマンドを使うと簡単です。しかし、Cythonで再利用可能なC言語拡張モジュールが必要となる場合があります。これはまさに、%%cythonセルmagicコマンドが、裏で行っていることなのです。詳しくはhttps://cython.readthedocs.io/en/latest/src/quickstart/build.htmlを参照してください。

　以下参考資料です。

- Cython モジュールの配布方法（https://cython.readthedocs.io/en/latest/src/userguide/source_files_and_compilation.html#distributing-cython-modules）
- Cython によるコンパイル方法（https://cython.readthedocs.io/en/latest/src/userguide/source_files_and_compilation.html）
- 型付きメモリビューについて（https://cython.readthedocs.io/en/latest/src/userguide/memoryviews.html）

関連項目

- 「レシピ5.6　より多くのCコードを使ったCythonコードの最適化」
- 「レシピ5.7　CythonやOpenMPでマルチコアプロセッサの利点を生かすためのGIL解放」

レシピ5.6　より多くのCコードを使ったCythonコードの最適化

このレシピでは、より複雑なCythonの事例を紹介します。純粋なPythonではパフォーマンスの出せないコードを、Cythonの機能を使って少しずつ高速化します。

ここでは、非常に単純なレイトレーシングエンジンを作ります。**レイトレーシング**は、光の伝播の物理特性をシミュレートして画像を描画します。この描画方法は、写真のようなリアルな画像が作れますが、重い計算を必要とします。

ここでは、拡散反射と鏡面反射を使って球体を1つ描画します。最初にPythonだけを使ったコードを示した後、順次Cythonによる高速化を行います。

このコードは長く、多くの関数を含んでいます。最初に純粋Pythonバージョンを示し、Cythonを使って高速化する部分を説明します。完全なコードは本書のWebサイトに掲載します。

手順

1. 最初に純粋Python版を作る。

   ```
   >>> import numpy as np
       import matplotlib.pyplot as plt
   >>> %matplotlib inline
   >>> w, h = 400, 400  # Size of the screen in pixels.
   ```

2. ベクトルの正規化関数を用意する。

   ```
   >>> def normalize(x):
           # This function normalizes a vector.
           x /= np.linalg.norm(x)
           return x
   ```
   配列を正規化する

3. 光線と球体が交差する点を求める関数を作る。

   ```
   >>> def intersect_sphere(O, D, S, R):
           # Return the distance from O to the intersection
           # of the ray (O, D) with the sphere (S, R), or
           # +inf if there is no intersection.
           # O and S are 3D points, D (direction) is a
           # normalized vector, R is a scalar.
           a = np.dot(D, D)
           OS = O - S
           b = 2 * np.dot(D, OS)
           c = np.dot(OS, OS) - R * R
           disc = b * b - 4 * a * c
           if disc > 0:
   ```
   Oから光線(O,D)と球体(S,R)が交差する点までの距離を返す。交差しない場合は+infを返す。OとSは3次元の点、D（方向：direction）は正規化したベクトル、Rはスカラー値

レシピ5.6　より多くのCコードを使ったCythonコードの最適化 | **171**

```python
        distSqrt = np.sqrt(disc)
        q = (-b - distSqrt) / 2.0 if b < 0 \
            else (-b + distSqrt) / 2.0
        t0 = q / a
        t1 = c / q
        t0, t1 = min(t0, t1), max(t0, t1)
        if t1 >= 0:
            return t1 if t0 < 0 else t0
    return np.inf
```

4. 次の関数は、光線をトレースする。

```python
>>> def trace_ray(O, D):
        # Find first point of intersection with the scene.   空間内で最初に交差する点を見つける
        t = intersect_sphere(O, D, position, radius)
        # No intersection?   交差してるか確認
        if t == np.inf:
            return
        # Find the point of intersection on the object.   オブジェクト上の交点を求める
        M = O + D * t
        N = normalize(M - position)
        toL = normalize(L - M)
        toO = normalize(O - M)
        # Ambient light.   環境反射色を設定
        col = ambient
        # Lambert shading (diffuse).   拡散反射色を設定
        col += diffuse * max(np.dot(N, toL), 0) * color
        # Blinn-Phong shading (specular).   鏡面反射色を設定
        col += specular_c * color_light * \
            max(np.dot(N, normalize(toL + toO)), 0) \
            ** specular_k
        return col
```

5. 最後に、メインループを次の関数に実装する。

```python
>>> def run():
        img = np.zeros((h, w, 3))
        # Loop through all pixels.   全画素のループ
        for i, x in enumerate(np.linspace(-1, 1, w)):
            for j, y in enumerate(np.linspace(-1, 1, h)):
                # Position of the pixel.   画素の位置
                Q[0], Q[1] = x, y
                # Direction of the ray going through   光源からの光線の方向
                # the optical center.
                D = normalize(Q - O)
                # Launch the ray and get the color   光線をトレースして画素の色を取得
                # of the pixel.
                col = trace_ray(O, D)
                if col is None:
                    continue
                img[h - j - 1, i, :] = np.clip(col, 0, 1)
```

```
            return img
```

6. 空間を初期化して、いくつかのパラメータを定義する。

    ```
    >>> # Sphere properties.     球体のパラメータ
    position = np.array([0., 0., 1.])
    radius = 1.
    color = np.array([0., 0., 1.])
    diffuse = 1.
    specular_c = 1.
    specular_k = 50

    # Light position and color.   光源の色と位置
    L = np.array([5., 5., -10.])
    color_light = np.ones(3)
    ambient = .05

    # Camera.   カメラ
    O = np.array([0., 0., -1.])  # Position.
    Q = np.array([0., 0., 0.])   # Pointing to.
    ```

7. 計算結果を描画する。

    ```
    >>> img = run()
    fig, ax = plt.subplots(1, 1, figsize=(10, 10))
    ax.imshow(img)
    ax.set_axis_off()
    ```

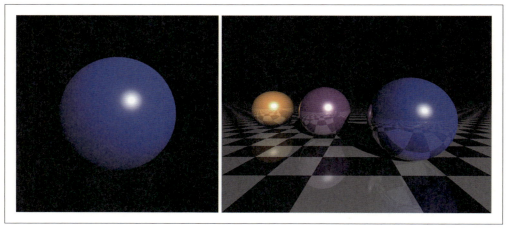

図5-6 PythonとCythonによるレイトレーシング。左：このレシピの実行結果。右：拡張版の実行結果。

このスクリーンショットでは、左側の図にこのレシピで実行したコードの結果を示している。右側の図は、ここで実装されている単純なレイトレーシングエンジンの拡張版の実行結果を示している。

レシピ5.6　より多くのCコードを使ったCythonコードの最適化 | **173**

8. この実装（コードは本書のGitリポジトリに掲載のray1[*1]）のパフォーマンスを見てみよう。

```
>>> %timeit run()
2.75 s ± 29.9 ms per loop (mean ± std. dev. of 7 runs,
    1 loop each)
```

9. 単にセルの先頭に%%cython magicコマンドを配置し、必要なインポートimport numpy as npと
cimport numpy as npを加えただけの場合（ray2のコード）、おおよそ6％程度の高速化しか得ら
れない。

10. 変数の型情報を加えれば、さらに高速化できる可能性がある。NumPy配列のベクトル化計算
を使うので、メモリビューを使うのは簡単ではないが、代わりに配列バッファが使える。まず、
Cythonモジュールの先頭（もしくは%%cythonセル）でNumPyデータ型を次のように指定する。

```
import numpy as np
cimport numpy as np
DBL = np.double ctypedef
np.double_t DBL_C
```

続いて、cdef np.ndarray[DBL_C, ndim=1]（この例では、倍精度浮動小数点の1次元配列とな
る）で配列を宣言する。NumPy配列はコードのトップレベルではなく、関数の中で宣言する必要
があり多少難しくなる。そのため、全体のコードアーキテクチャを少し変更して配列を大域変数
として使うのではなく、関数引数として渡すことにする。すべての変数の型指定を行っても（ray3
のコード）実質的な速度向上は見られない。

11. この実装では、（3要素程度の）小さな配列に対して何度もNumPy関数を呼び出していることが
パフォーマンスに大きく影響している。NumPyは巨大な配列を扱うために設計されているため、
小さな配列に対して使うのはあまり意味がない。そこで、いくつかの関数をC標準ライブラリを
使って書き直し、NumPy関数をバイパスしてみよう。cdefキーワードを使って、C形式の関数
を宣言する。こうすることでパフォーマンスは非常に大きく向上する。ここでは、normarize()
関数を次のようなC関数に置き換える。

```
from libc.math cimport sqrt
cdef normalize(np.ndarray[DBL_C, ndim=1] x):
    cdef double n
    n = sqrt(x[0]*x[0] + x[1]*x[1] + x[2]*x[2])
    x[0] /= n
    x[1] /= n
    x[2] /= n
    return x
```

---

*1　訳注：このレシピのコードはray1〜ray6の6つのコードで構成されているが、本書にコードは一部しか掲載されて
いない。完全なコードは本書のGitリポジトリで提供されているが、他のレシピ用コードとは異なり06_rayフォル
ダの下に06_ray_1から06_ray_6まで、それぞれ別のNotebookとして提供されている。また、リポジトリには7番
目のコードとしてopenmpを使用してさらに高速化した06_ray_7が公開されている。

174 | 5章　ハイパフォーマンスコンピューティング

この変更（ray4のコード）により25％の速度向上を得られた。

12. 実行速度を最大限に向上させるには、NumPyの使用を完全に排除する必要がある。
    NumPyはどこに使われているだろうか？

    - 多数のNumPy配列（たいていは1次元配列で要素数が3のもの）
    - NumPy API呼び出しに置き換えられる要素単位の操作
    - np.dot()などのNumPy組み込み関数呼び出し

    この例でNumPyをバイパスするためには、これらの機能をすべて再実装しなければならない。1
    つ目の選択肢として、Python組み込みの配列型（例えば、タプル）を使い、（常に要素が3つであ
    ると想定した）タプル操作コードをCスタイルで実装する方法が考えられる。例えば、2つのタプ
    ルの和は、次のように実装できる。

    ```
    cdef tuple add(tuple x, tuple y):
        return (x[0]+y[0], x[1]+y[1], x[2]+y[2])
    ```

    この修正により（ray5のコード）純粋なPython版と比べて18倍のパフォーマンス向上が見られた
    が、さらなる改善が可能である。

13. 配列を実装するために、Pythonの型ではなくCの構造体を使う。言い換えると、NumPyをバイ
    パスするだけではなく、Cのコードを使うことでPython自体もバイパスする。Cythonで3D配列
    を表現するC構造体を宣言するには、次のコードを使う。

    ```
    cdef struct Vec3:
        double x, y, z
    ```

    次の関数を使ってVec3変数を生成する。

    ```
    cdef Vec3 vec3(double x, double y, double z):
        cdef Vec3 v
        v.x = x
        v.y = y
        v.z = z
        return v
    ```

    例えば、次の関数はVec3変数の和を計算する。

    ```
    cdef Vec3 add(Vec3 u, Vec3 v):
        return vec3(u.x + v.x, u.y + v.y, u.z + v.z)
    ```

これらの高速なC形式の関数を使うよう、コードを変更します。最終的な画像データは3次元のメ
モリビューとして宣言します。これらの変更をすべて適用すると（ray6のコード）、Cythonの実行時
間は数秒から8ミリ秒程度に短縮され、実に330倍高速化されます。

最終的に、拡張されたPython文法を使い全体のコードをCで書き換えることで、興味深い高速化
が実現できました。

解説

このレイトレーシングプログラムが、どのように働いているのかを簡単に解説します。平面や球体（ここでは球体は1つ）などの存在する3次元空間をモデル化します。加えて、1台のカメラとイメージを描画する平面も配置します。

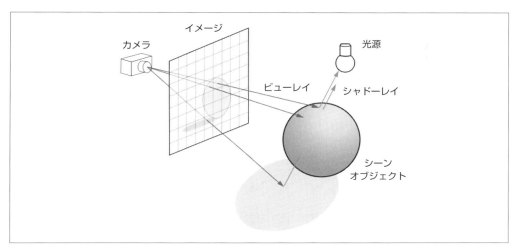

図5-7 レイトレーシングの原理（Wikimedia CommonsよりHenrik作「Ray trace diagram」）

まず、描画すべきイメージ上すべてのピクセルに対するループを用意します。カメラの中心から各ピクセルを通る光線を出したとして、最初に光線が当たる空間内の物体を算出します。物体の素材、色、光源の位置、光と物体が交差する位置の法線など、さまざまなパラメータの関数として、ピクセルの色を計算します。色がこれらパラメータからどのように計算されるかを示した物理的なレンダリング方程式がいくつか存在します。ここではBlinn-Phongのシェーディングモデルを使い、環境反射（ambient）、拡散反射（diffuse）、鏡面反射（specular）を加味します。

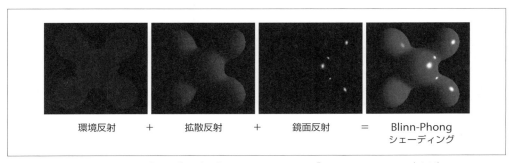

図5-8 Blinn-Phongのシェーディングモデル（Wikimedia Common「Phong components」より）

もちろん完全なレイトレーシングエンジンは、この例で実装したものよりずっと複雑です。反射、屈折、陰影、被写界深度など他の光学的な要素もモデル化できます。写真のようなリアルな画像をリアルタイムに描画するために、レイトレーシングアルゴリズムをグラフィックカードを使って実装するのも同様に可能です。いくつか参考資料を挙げましょう。

- Wikipediaの「Blinn–Phong shading model」記事（https://en.wikipedia.org/wiki/Blinn-Phong_shading_model）
- Wikipediaの「Ray tracing (graphics)」記事（https://en.wikipedia.org/wiki/Ray_tracing_(graphics)、またはWikipedia日本語版の「レイトレーシング」記事）

応用

Cythonは強力であるけれども、同時にPython、NumPy、Cなどの深い理解を必要とします。最も大きなパフォーマンスの向上は、深いループの中で使われているPythonの動的型変数をCの静的型に変更することで達成できます。

以下参考資料です。

- Cythonの拡張型について（https://cython.readthedocs.io/en/latest/src/userguide/extension_types.html）
- 例題のレイトレーシングエンジンの拡張版（https://gist.github.com/rossant/6046463）

関連項目

- 「レシピ5.5　Cythonによる高速化」
- 「レシピ5.7　CythonやOpenMPでマルチコアプロセッサの利点を生かすためのGIL解放」

レシピ5.7　CythonやOpenMPでマルチコアプロセッサの利点を生かすためのGIL解放

この章の冒頭で、CPythonのGILが純粋Pythonコードでマルチコアプロセッサを利用できないようにしていることを紹介しました。Cythonにはマルチコアコンピューティングを有効にするため、コードの一部でGILを解放する手段を備えています。これはほとんどのCコンパイラでサポートされているマルチプロセッシングAPIであるOpenMPを通して行われます。

このレシピでは、前節の例をマルチコアプロセッサの上で並列に実行する方法を紹介します。

準備

CythonでOpenMPを有効にするには、コンパイラにいくつかのオプションを指定します。正しくインストールされたCコンパイラを除けば、追加インストールするものはありません。詳細な手順はこの章の「はじめに」の説明を参照してください。

このレシピのコードはUbuntuのGCC用に書かれています。%%cython magicコマンドのオプションを変更すれば、他のシステム用に変更するのは簡単です。

手順

このシンプルなレイトレーシングエンジンの実装は高度に並列化が可能です(https://en.wikipedia.org/wiki/Embarrassingly_parallelを参照)。1つのループですべてのピクセルに対して繰り返し同じ関数を適用しています。ループ間の干渉はないため、論理的にすべての繰り返しは並列に実行できます。

ここでは、(イメージの1列分のピクセルを処理する)ループをOpenMPを使って並列に実行しましょう。

このコード全体は本書のWebサイト(ray7の例)にあります。ここでは最も重要なステップのみを示します。

1. %%cython magicコマンドに次のオプションを追加する。

   ```
   >>> %%cython --compile-args=-fopenmp --link-args=-fopenmp --force
   ```

2. prange()関数をインポートする。

   ```
   >>> from cython.parallel import prange
   ```

3. GILを解放するために、各関数定義にnogilキーワードを追加する。nogilを付けた関数の中ではPython関数の呼び出しやPython変数の使用はできない。例を示そう。

   ```
   cdef Vec3 add(Vec3 x, Vec3 y) nogil:
       return vec3(x.x + y.x, x.y + y.y, x.z + y.z)
   ```

4. OpenMPを使って各ループを別々のコアで並列に実行するために、prange()を使う。

   ```
   for i in prange(w):
       # ...
   ```

   prange()のような並列化機能を使う場合には、GILを解放する必要がある。

5. この修正により、ここまでのレシピで最速であったバージョンと比較して、クアッドコアプロセッサのもとでは、3倍の高速化が達成できた。

178 | 5章 ハイパフォーマンスコンピューティング

解説

GILについては、この章の冒頭で説明しました。nogilキーワードはCythonに対して、特定の関数
やコードがGILの制御外でも動作できることを示唆します。GILが解放されると、Python APIは一切
使えなくなります。つまり（cdefで宣言された）C変数とC関数のみが使えます。

関連項目

- 「レシピ5.5　Cythonによる高速化」
- 「レシピ5.6　より多くのCコードを使ったCythonコードの最適化」
- 「レシピ5.9　IPythonによるPythonコードのマルチコア分散実行」

レシピ5.8　CUDAとNVIDIAグラフィックカード（GPU）による超並列化コード

グラフィックプロセッサ（GPU）は、リアルタイムレンダリングに特化した強力なプロセッサです。
GPUはノート型パソコン、据え置き型ゲーム機、タブレット、スマートフォンをはじめとして、事実
上あらゆるコンピュータに搭載されています。この超並列化アーキテクチャは、数十から数千のプロ
セッサコアで構成されています。ゲーム専用機の世界では、この20年の間に強力なGPUの開発を進
めてきました。

ページ2000年代の中ごろから、GPUは画像処理以外にも使われるようになりました。今や、科学
的アルゴリズムもGPU上に実装できます。そのアルゴリズムがSIMD（Single Instruction, Multiple
Data：1つの命令を複数のデータに適用する）モデルに沿っているなら、GPUで実装可能です。これ
をGPUによる**汎用計算**（GPGPU：General Purpose Programming on Graphics Processing Units）と
呼びます。GPGPUはさまざまな領域で使用されています。例えば、気象学、機械学習（特にディープ
ラーニング）、コンピュータによる視覚情報処理、画像処理、金融、物理学、バイオインフォマティク
スなど多くの分野で使用されています。ハードウェアの内部アーキテクチャの理解が不可欠であるた
め、GPUのプログラミングはハードルが高いとされています。

GPUの主要メーカであるNVIDIAは、2007年に独自のGPGPUフレームワークであるCUDAを開発
しました。CUDAを使って開発したプログラムは、NVIDIAのグラフィックカード上でのみ動作しま
す。競合する他のGPGPUフレームワークに、OpenCLがあります。これは他の主要なメーカにサポー
トされたオープンスタンダードです。OpenCLにより開発されたプログラムは、たいていのメーカ（特
にNVIDIA、AMD、Intelなど）のGPUとCPUで動作します。

CUDAカーネルは、通常、GPU用に作られたC言語の方言で記述されます。しかし、Numbaを使
えばPythonでCUDAカーネルが記述できます。Numbaは自動的にGPU用にコードをコンパイルしま
す。

レシピ5.8 CUDA と NVIDIA グラフィックカード（GPU）による超並列化コード | **179**

　このレシピでは、超並列（embarrassingly parallel）であるフラクタルの計算を Numba を使用して CUDA で実装します。

準備

　NVIDIA GPU がインストールされた PC が必要です。また、CUDA ツールキットも必要となるので、`conda install cudatoolkit` コマンドでインストールします。

手順

1. 必要なパッケージをインポートする。

```
>>> import math
    import numpy as np
    from numba import cuda
    import matplotlib.pyplot as plt
    %matplotlib inline
```

2. Numba が GPU を正しく識別しているかどうかを確認してみよう。

```
>>> len(cuda.gpus)
1
>>> cuda.gpus[0].name
b'GeForce GTX 980M'
```

3. コードを Python で記述するが、これは CUDA コードにコンパイルされる。ここでオブジェクト m は、GPU に格納されている配列へのポインタを表す。この関数は、GPU により画像のすべてのピクセルに対して並列に実行される。Numba では、ピクセルのインデックスを指定する `cuda.grid()` 関数を提供している。

```
>>> @cuda.jit
    def mandelbrot_numba(m, iterations):
        # Matrix index.       行列のインデックス
        i, j = cuda.grid(2)
        size = m.shape[0]
        # Skip threads outside the matrix.   行列の外側では計算を行わない
        if i >= size or j >= size:
            return
        # Run the simulation.    シミュレーションの実行
        c = (-2 + 3. / size * j +
            1j * (1.5 - 3. / size * i))
        z = 0
        for n in range(iterations):
            if abs(z) <= 10:
                z = z * z + c
                m[i, j] = n
            else:
                break
```

4. 配列オブジェクトmを初期化する。

    ```
    >>> size = 400
        iterations = 100
    >>> m = np.zeros((size, size))
    ```

5. 実行グリッドを初期化する（詳細は「解説」セクションを参照）

    ```
    >>> # 16x16 threads per block.      ブロックごとに16x16のスレッドを使用する
        bs = 16
        # Number of blocks in the grid.  グリッド中のブロックの数
        bpg = math.ceil(size / bs)
        # We prepare the GPU function.   GPUで実行する関数を用意
        f = mandelbrot_numba[(bpg, bpg), (bs, bs)]
    ```

6. 初期化した配列を与えて、GPUで実行を行う。

    ```
    >>> f(m, iterations)
    ```

7. 結果を表示する

    ```
    >>> fig, ax = plt.subplots(1, 1, figsize=(10, 10))
        ax.imshow(np.log(m), cmap=plt.cm.hot)
        ax.set_axis_off()
    ```

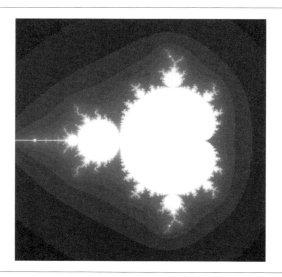

図5-9　マンデルブローのフラクタル

8. 実行時間を測定する。

    ```
    >>> %timeit -n10 -r100 f(m, iterations)
    2.99 ms ± 173 µs per loop (mean ± std. dev. of 100 runs,
        10 loops each)
    ```

これは、この章の最初のレシピでNumbaを使ってCPUで実行したバージョンの約10倍速くなっている。純粋なPythonバージョンより1,800倍高速化しているが、さらなる高速化が可能である。

9. Numbaはホストマシン（CPU）とデバイス（GPU）間で自動的に配列を転送する。このデータ転送は、デバイス上で行う計算よりも時間がかかる場合がある。Numbaは、こうした転送を手動で処理する機能を提供している。この機能を用いると、いくつかのユースケースでは興味深い結果が得られることがある。データ転送の時間とGPUでの計算時間を見積もってみよう。

10. まず、NumPy配列をcuda.to_device()関数を使ってGPUに送る。

```
>>> %timeit -n10 -r100 cuda.to_device(m)
481 µs ± 106 µs per loop (mean ± std. dev. of 100 runs,
    10 loops each)
```

11. 次に、計算をGPUで実行する。

```
>>> %%timeit -n10 -r100 m_gpu = cuda.to_device(m)
    f(m_gpu, iterations)
101 µs ± 11.8 µs per loop (mean ± std. dev. of 100 runs,
    10 loops each)
```

12. 最後に、結果を納めた配列をGPUからCPUにコピーする。

```
>>> m_gpu = cuda.to_device(m)
>>> %timeit -n10 -r100 m_gpu.copy_to_host()
238 µs ± 67.8 µs per loop (mean ± std. dev. of 100 runs,
    10 loops each)
```

データ転送時間を除いたGPUの計算時間だけを考えると、Numbaを使ってCPUで実行したバージョンよりも340倍高速で、純粋なPythonバージョンよりも54,000倍高速となっています。

この天文学的なスピードの向上は、純粋なPythonバージョンの実行では使用したCPUコアが1つであったのに対して、GPUを使った実行ではNVIDIA GTX 980Mの1536 CUDAコアが使用されたという事実によって説明できます。

解説

GPUプログラミングは、GPUの低レベルアーキテクチャ詳細を含む、多機能で高度な技術的トピックです。ここではできるだけ簡単で相互に依存しない（embarrassingly parallel）問題を通して、その初歩に触れたにすぎません。参考資料を最後のセクションで紹介します。

CUDA GPUは多数の**マルチプロセッサ**を持ち、各マルチプロセッサは複数の**ストリームプロセッサ**（**CUDAコア**と呼ばれます）を持ちます。マルチプロセッサはそれぞれ独立して並列に動作します。マルチプロセッサの中で、ストリームプロセッサは同じ命令を別々のデータに対して実行します（SIMDモデル）。

CUDAプログラミングモデルの概念はカーネル、スレッド、ブロック、グリッドで構成されます。

- **カーネル**はCライクな言語で記述されたプログラムであり、GPUで実行される。
- **スレッド**はストリームプロセッサで実行されるカーネル内の一実行単位を表す。
- **ブロック**は、1つのマルチプロセッサで実行される複数のスレッドの集合である。
- **グリッド**は多数のブロックの集合である。

ブロック当たりのスレッド数はマルチプロセッサの大きさとグラフィックカードのモデルで異なります（例えば1024）。ただし、グリッドには任意の数のブロックを含めることができます。

ブロック内部では、32スレッドの**ワープ**[*1]として実行されます。カーネル内の条件分岐でスレッドが32個の集まりとなるとき、最もパフォーマンスが向上します。

ブロック内のスレッドはCUDA__syncthreads()関数によって設けられた同期バリア[*2]で同期が可能です。この機能はブロック内のスレッド間通信を可能にしますが、異なるブロックのスレッドは同期できないため、ブロックは個々に独立して動作します。

スレッドはブロックの中で、1次元、2次元、または3次元の構造を持ちます。以下の図に表されているように、グリッド内のブロックも同様です。この構造は実世界のたいていの問題を解くために都合の良い形となっています。

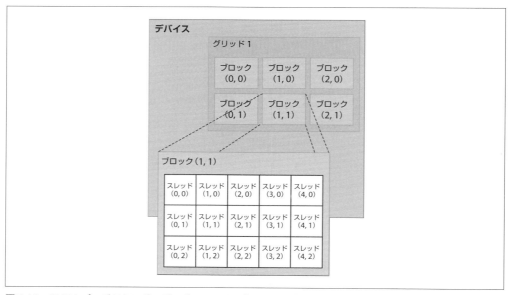

図5-10　CUDAプログラミングモデル（スレッド、ブロック、グリッドの関係——NVIDIA Corporation提供の図より）

[*1] 訳注：物理的に並列で実行されるスレッドのグループをNVIDIAでは、ワープ（warp）と呼ぶ。CUDA GPUはスレッドを個々に実行するのではなく、32スレッドを同時に実行する。

[*2] 訳注：スレッドはバリア（壁）に到達すると、ブロック内すべてのスレッドがバリアにたどり着くまで待たされる。

レシピ5.8　CUDAとNVIDIAグラフィックカード（GPU）による超並列化コード | **183**

　CUDAでは、カーネルはブロック内のスレッドインデックス（threadIdx）とグリッド内のブロックインデックス（blockIdx）を取得して、どのビットのデータを処理するかを決定します。このレシピでは、フラクタルの2次元画像は16×16ブロックに分割され、各ブロックは256ピクセルを含み、ピクセルごとに1つのスレッドが処理を行います。カーネルは、1つのピクセルの色を計算します。

　Numbaは、グリッド内スレッドの1次元、2次元、3次元のインデックスを直接取得するcuda.grid(ndim)関数を提供しています。次のコードを使用して、ブロック内の現在のスレッドとグリッドの正確な位置を制御することができます（このコードはNumbaのドキュメント記載されていたものです）。

```
# Thread id in a 1D block                        1次元ブロックのスレッドID
tx = cuda.threadIdx.x
# Block id in a 1D grid                          1次元グリッドのブロックID
ty = cuda.blockIdx.x
# Block width, i.e. number of threads per block  ブロック幅、すなわちブロック当たりのスレッド数
bw = cuda.blockDim.x
# Compute flattened index inside the array       配列内の平坦化されたインデックスを計算する
pos = tx + ty * bw
if pos < an_array.size:  # Check array boundaries 配列境界のチェック
    # One can access 'an_array[pos]'              an_array[pos]でアクセス可能
```

　GPUのメモリには、ブロック内のいくつかのスレッドによって共有可能な小容量で高速なローカルメモリから、すべてのブロックで共有される大容量で低速なグローバルメモリまで、いくつかのレベルのメモリが用意されています。ハードウェアの制約に合わせて高いパフォーマンスを実現するために、メモリアクセスパターンを微調整する必要があります。特に、ワープ内のスレッドがグローバルメモリの連続したアドレスにアクセスした場合にデータアクセスの効率は最も良くなります。ハードウェアがメモリアクセスをまとめて（メモリコアレッシング）、連続したDRAM（Dynamic Random Access Memory）に対して行います。

応用

以下参考資料です。

- NumbaのCUDAサポートドキュメント（https://numba.pydata.org/numba-doc/dev/cuda/index.html）
- CUDA公式ポータル（https://developer.nvidia.com/category/zone/cuda-zone）
- CUDAのトレーニングコンテンツ（https://developer.nvidia.com/cuda-education-training）
- CUDAの推奨書籍（https://developer.nvidia.com/accelerated-computing-training）

関連項目

- 「レシピ5.2　NumbaとJust-In-Timeコンパイルを使ったPythonコードの高速化」

184 | 5章　ハイパフォーマンスコンピューティング

レシピ5.9　IPythonによるPythonコードのマルチコア分散実行

GILの存在により、CPythonでは複数のタスクをマルチスレッドで並列に実行することはできませんが、マルチコアコンピュータでは複数のプロセスとして実行させることはできます。Pythonは組み込みの**マルチプロセス**モジュールを提供しています。IPythonの並列実行拡張は、「ipyparallel」と呼ばれ、インタラクティブな環境で強力な並列コンピューティング機能を提供する簡単なインターフェースを提供します。ここでは、その方法を解説します。

手順

まず、`conda install ipyparallel`コマンドを実行してipyparallelをインストールする必要があります。

続いて、`ipcluster nbextension enable --user`を実行して、ipyparallel Jupyter拡張機能をアクティブにします。

手順

1. 最初に4つのIPythonエンジンを個別のプロセスとして起動する。基本的に2つの方法がある。

   - システムシェルより`ipcluster start -n 4`を実行する。
   - Jupyter Notebook WebインターフェースのIPython Clustersタブから4つのエンジンを実行する。

2. 続いて、IPythonエンジンのプロキシとして働くクライアントを生成する。クライアントは起動されているエンジンを自動的に認識する。

   ```
   >>> from ipyparallel import Client
       rc = Client()
   ```

3. 稼働しているエンジンの数を確認してみよう。

   ```
   >>> rc.ids
   [0, 1, 2, 3]
   ```

4. 各エンジンで並列に実行するには、%px magic または %%px セル magic コマンドを使う。

   ```
   >>> %%px
       import os
       print(f"Process {os.getpid():d}.")
   [stdout:0] Process 10784.
   [stdout:1] Process 10785.
   [stdout:2] Process 10787.
   [stdout:3] Process 10791.
   ```

レシピ 5.9 IPython による Python コードのマルチコア分散実行 | **185**

5. どのエンジンで実行するかを `--targets` または `-t` オプションで指定できる。

```
>>> %%px -t 1,2
    # The os module has already been imported in   [osモジュールは、直前のセルでインポート済み]
    # the previous cell.
    print(f"Process {os.getpid():d}.")
[stdout:1] Process 10785.
[stdout:2] Process 10787.
```

6. デフォルトでは `%px` magic コマンドは**ブロッキングモード**になっているため、すべてのエンジン
で実行が完了するまでセルの制御は戻らない。`--noblock` または `-a` オプションでノンブロッキン
グモードにすると、セルの制御はすぐに戻り、それぞれのタスクの状態と処理結果は IPython の
インタラクティブセッションで非同期に確認できる。

```
>>> %%px -a
    import time
    time.sleep(5)
<AsyncResult: execute>
```

7. 6.の処理で返された `AsyncResult` インスタンスを使って、タスクの状態を確認する。

```
>>> print(_.elapsed, _.ready())
1.522944 False
```

8. `%pxresult` は、タスクの処理がすべて完了するまでセルの制御をブロックする。

```
>>> %pxresult
>>> print(_.elapsed, _.ready())
5.044711 True
```

9. ipyparallel は並列 `map()` 関数など、使い勝手の良い関数を提供している。

```
>>> v = rc[:]
    res = v.map(lambda x: x * x, range(10))
>>> print(res.get())
[0, 1, 4, 9, 16, 25, 36, 49, 64, 81]
```

解説

Python コードを複数の CPU コアで分散して実行するには、いくつかのステップを踏みます。

1. IPython エンジンを複数起動する（普通、1つの CPU コアで1つのプロセスが実行される）
2. 起動したエンジンのプロキシとして働くクライアントを生成する
3. クライアントを通してタスクを起動し、クライアントを通して結果を取得する

エンジンは Python のプロセスで、コードを異なる計算単位として実行します。エンジンは IPython
カーネルと非常に似ています。

エンジンへのインターフェースは主に2つ存在します。

186 | 5章 ハイパフォーマンスコンピューティング

- **直接インターフェース**を使って、個々のエンジンをIDで指定してタスクを実行する。
- **ロードバランサーインターフェース**を経由し、実行に適したエンジンを自動かつ動的に選択してタスクを実行する。

これらの手法とは異なるスタイルの並列実行が必要な場合、独自のインターフェースを作るのも可能です。

このレシピでは直接インターフェースを使い、%px magicコマンドに個々のエンジンIDを指定してタスクを実行しました。

このレシピで見たように、タスクは同期的にも非同期的にも実行できます。%px* magicコマンドは複数のエンジンでの並列処理をシームレスに実行できる点で、Notebook環境での有用な機能となっています。

応用

ipyparallelが提供する並列実行機能はマルチコア環境において複数の処理を独立して実行する簡単な機能です。さらに高度な手法として、各処理間に依存関係がある場合について考えてみましょう。

依存関係には、2つの種類があります。

機能的依存関係（Functional dependency）
　　エンジンの稼働するオペレーティングシステム、特定のPythonモジュールの有無、またはその他の条件により、与えられたタスクが与えられたエンジンで実行できるかを判別します。ipyparallelの@requireデコレータを使うと、指定した関数の実行には特定のPythonモジュールが必要であり、そのモジュールをインポート可能なエンジンでのみ実行できることを示します。@dependデコレータは、Pythonで実装されたTrueまたはFalseを返す任意の条件を定義して、エンジンの選択に利用します。

実行順序的依存関係（Graph dependency）
　　与えられたタスクが与えられたタイミングに与えられたエンジンで実行できるかを判別します。あるタスクは別のタスクの実行が完了した後でないと開始できないという条件が必要な場合があります。加えてこの条件を個々のエンジンに対して適用できます。つまり特定のエンジンでは、指定したタスクを実行する前に別のタスクを実行しなければならないことを示します。例えば、タスクBとC（それぞれのAsyncResultをarB, arCとします）の完了後にタスクAを実行する条件を次に示します。

```
with view.temp_flags(after=[arB, arC]):
    arA = view.apply_async(f)
```

タスクを実行するには条件のすべてが満たされる必要があるか、どれか1つが満たされれば良いのか、ipyparallelの提供するオプションで指定可能です。加えて依存関係は条件が成功した場合に満た

されるのか、失敗した場合に満たされるかも指定できます。

タスクの依存関係が満たされなかった場合、スケジューラは適切なエンジンが見つかるまで、1つのエンジンから別のエンジンへと割り当てを変更します。どのエンジンでも依存関係が満たされない場合には、タスクに対して`ImpossibleDependency`エラーが発生します。

ipyparallelでは、依存するタスク間でデータを交換するのは簡単ではありません。1つ目の方法では、インタラクティブセッションでブロッキングモードを使い、1つのタスクが終了するのを待ち、取得した結果を次のタスクに渡します。別の方法は、ファイルシステムを経由してデータを共有しますが、複数の異なるコンピュータで稼働させる場合には、あまりうまく働きません。これらとは異なる手法が次のURLで解説されています（https://nbviewer.ipython.org/gist/minrk/11415238）。

応用

ipyparallelに関する参考資料です。

- ipyparallelのマニュアル（https://ipyparallel.readthedocs.io/en/latest/）
- IPython.parallel の依存関係解説（https://ipyparallel.readthedocs.io/en/latest/task.html#dependencies）
- DAG（Directed acyclic graph：有向非巡回グラフ）依存関係の解説（https://ipyparallel.readthedocs.io/en/latest/dag_dependencies.html）
- ipyparallelでMPIを使用する方法（https://ipyparallel.readthedocs.io/en/latest/mpi.html）

以下その他Python並列実行手法の参考資料です。

- Dask（https://docs.dask.org/en/latest/）
- Joblib（https://joblib.readthedocs.io/en/latest/）
- 並列コンピューティングパッケージのリスト（https://wiki.python.org/moin/ParallelProcessing）

関連項目

- 「レシピ5.10　IPython非同期タスクの操作方法」
- 「レシピ5.11　Daskを使ったメモリ外巨大配列の計算実行」

レシピ5.10　IPython非同期タスクの操作方法

このレシピではipyparallelで並列に実行された非同期タスクの操作方法を解説します。

準備

最初にIPythonエンジンを起動する必要があります（前のレシピを参照してください）。Notebook

188 │ 5章　ハイパフォーマンスコンピューティング

ダッシュボードのIPython Clustersタブから起動するのが最も簡単な方法です。このレシピでは、4つのエンジンを使います。

手順

1. 必要なモジュールをインポートする。

   ```
   >>> import sys
       import time
       import ipyparallel
       import ipywidgets
       from IPython.display import clear_output, display
   ```

2. クライアントを作成する。

   ```
   >>> rc = ipyparallel.Client()
   ```

3. IPythonエンジンのロードバランサーviewを作成する。

   ```
   >>> view = rc.load_balanced_view()
   ```

4. 並列実行用の簡単な関数を定義する。

   ```
   >>> def f(x):
           import time
           time.sleep(.1)
           return x * x
   ```

5. この関数に適用するための整数を100個用意する。

   ```
   >>> numbers = list(range(100))
   ```

6. map_async()を使い、リストnumbersに対して関数f()をすべてのエンジンに分散して並列に適用する。この実行の制御は直ちに戻り、タスクに関する情報へ対話的にアクセスするためのAsyncResultオブジェクトが返る。

   ```
   >>> ar = view.map_async(f, numbers)
   ```

7. このオブジェクトは、辞書の形式ですべてのエンジンに関するmetadata属性を持つ。この辞書から、実行時に渡したデータ、実行結果、実行ステータス、標準出力と標準エラー出力など各種情報を得ることができる。

   ```
   >>> ar.metadata[0]
   {'after': None,
    'completed': None,
    'data': {},
    ...
    'submitted': datetime.datetime(2017, ...)}
   ```

8. AsyncResultのインスタンスの繰り返し処理は普通に動作して、処理が終わったものからリアルタイムに結果が得られる[*1]。

```
>>> for i in ar:
        print(i, end=', ')
0, 1, 4, ..., 9801,
```

9. 非同期実行の状況を表示するプログレスバーを作成する。タスクの実行ステータスを1秒間隔で確認し、IntProgressウィジェットをその都度更新することでタスクの進捗を表示する。

```
>>> def progress_bar(ar):
        # We create a progress bar.    プログレスバーの作成
        w = ipywidgets.IntProgress()
        # The maximum value is the number of tasks.  最大値にはタスク数を設定
        w.max = len(ar.msg_ids)
        # We display the widget in the output area.  出力領域にプログレスバーを表示
        display(w)
        # Repeat:   毎秒繰り返し
        while not ar.ready():
            # Update the widget's value with the    プログレスバーの表示を、現時点までに完了している
            # number of tasks that have finished    タスク数で更新
            # so far.
            w.value = ar.progress
            time.sleep(.1)
        w.value = w.max
>>> ar = view.map_async(f, numbers)
```

プログレスバーは次のように表示される。

```
>>> progress_bar(ar)
```

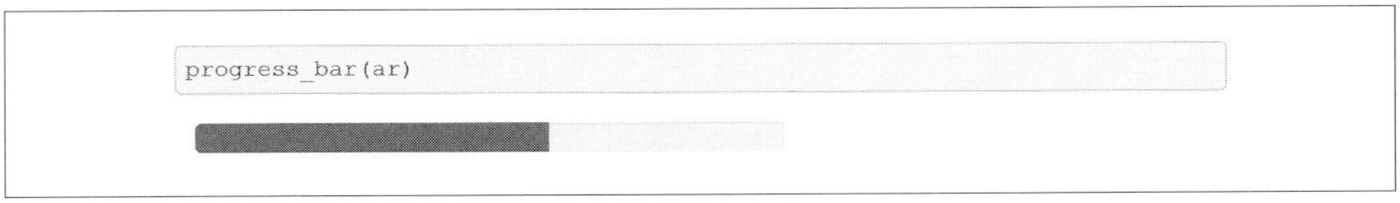

図5-11　プログレスバー

解説

非同期実行関数からAsyncResultインスタンスが返されます。AsyncResultには有用なメソッドと属性を実装しています。

elapsed　　　　実行開始からの経過時間

progress　　　　実行完了したタスク数

[*1]　訳注：100個の整数に対して0.1秒のスリープを入れた関数f()が適用されるので、実行が終わるまでには約10秒かかる。手順6の実行から10秒以内に手順8を実行すれば、出力が順次行われる様子が表示される。

serial_time	並列に実行されたタスクの実行時間総計
metadata	タスクの属性を持つ辞書
ready()	タスクの完了状態を返す
successful()	タスクの実行が例外の発生なしに完了したかを返す（タスクが完了していない場合には例外が発生する）
wait()	タスクが完了するまでブロックする（オプションパラメータとして、タイムアウトが指定できる）
get()	タスクが完了するまでブロックし、結果を返す（オプションパラメータとして、タイムアウトが指定できる）

応用

以下参考資料です。

- AsyncResultクラスのマニュアル（https://ipyparallel.readthedocs.io/en/latest/asyncresult.html）
- Python組み込みのmultiprocessingモジュールのAsyncResultマニュアル（https://docs.python.org/jp/3/library/multiprocessing.html#multiprocessing.pool.AsyncResult）
- タスク操作に関するインターフェースのマニュアル（https://ipyparallel.readthedocs.io/en/latest/task.html）

関連項目

- 「レシピ5.9　IPythonによるPythonコードのマルチコア分散実行」

レシピ5.11　Daskを使ったメモリ外巨大配列の計算実行

Daskは、並列計算ライブラリです。複雑な計算を多くのノードに配布するための一般的なフレームワークだけでなく、メモリに収まらないような大規模な配列を処理するための使いやすい高レベルAPIも提供します。Daskは、NumPy配列（dask.array）やPandas DataFrames（dask.dataframe）に似たデータ構造を用いて巨大なデータセットに対しても効果的にスケールします。Daskの中心的なアイデアは、大きな配列を小さな配列（チャンク）に分割することです。

このレシピでは、dask.arrayの基本について説明します。

準備

DaskはAnacondaに含まれていますが、conda install daskコマンドを実行して手動でインストール可能です。また、memory_profilerも使用しますが、これはconda install memory_profilerでイ

ンストールできます。

手順

1. 必要なライブラリをインポートする。

   ```
   >>> import numpy as np
       import dask.array as da
       import memory_profiler
   >>> %load_ext memory_profiler
   ```

2. daskを使用して、10,000×10,000の大きな配列をランダムな値で初期化する。配列は、サイズが 1,000×1,000の100個の小さな配列（チャンク）に分割される。

   ```
   >>> Y = da.random.normal(size=(10000, 10000),
                            chunks=(1000, 1000))
   >>> Y
   dask.array<da.random.normal, shape=(10000, 10000),
       dtype=float64, chunksize=(1000, 1000)>
   >>> Y.shape, Y.size, Y.chunks
   ((10000, 10000),
    100000000,
    ((1000, ..., 1000),
     (1000, ..., 1000)))
   ```

   この巨大な配列にはメモリが割り当てられず、値は最後の瞬間にその場で計算される。

3. すべての列の平均を計算しよう。

   ```
   >>> mu = Y.mean(axis=0)
       mu
   dask.array<mean_agg-aggregate, shape=(10000,),
       dtype=float64, chunksize=(1000,)>
   ```

   このmuオブジェクトもまたdask配列であり、この時点で計算はまだ行われていない。

4. 実際に計算を開始するには、compute()メソッドを呼び出す必要がある。Daskは十分賢いので、計算に必要な配列の一部だけが用意される。ここでは、配列の最初の列を含む10個のチャンクが割り当てられ、mu[0]の計算に使用される。

   ```
   >>> mu[0].compute()
   0.011
   ```

5. 次に、NumPyとdask.arrayを使用した計算で、それぞれメモリ使用量と実行時間をプロファイリングする。

   ```
   >>> def f_numpy():
           X = np.random.normal(size=(10000, 10000))
           x = X.mean(axis=0)[0:100]
   >>> %%memit
   ```

192 │ 5章　ハイパフォーマンスコンピューティング

```
    f_numpy()
peak memory: 916.32 MiB, increment: 763.00 MiB
>>> %%time
    f_numpy()
CPU times: user 3.86 s, sys: 664 ms, total: 4.52 s
Wall time: 4.52 s
```

NumPyは763MBのメモリを使用して配列全体を割り当て、処理全体（割り当てと計算）には4秒以上必要とした。NumPyはすべてのランダムな値を生成し、すべての列の平均を計算したが、結果としては最初の100列しか使わないため、ほとんどの時間が無駄となった。

6. 次に、dask.arrayを使用して同じ計算を実行する。

```
>>> def f_dask():
        Y = da.random.normal(size=(10000, 10000),
                             chunks=(1000, 1000))
        y = Y.mean(axis=0)[0:100].compute()
>>> %%memit
    f_dask()
peak memory: 221.42 MiB, increment: 67.64 MiB
>>> %%time
    f_dask()
CPU times: user 492 ms, sys: 12 ms, total: 504 ms
Wall time: 105 ms
```

Daskはメモリを67MBしか使用せず、計算は約100ミリ秒で終了した。

7. チャンクの形を変えることで、さらに改善が可能となる。100個の正方行列チャンクを使用する代わりに、それぞれ100個の列を含む100個の長方形のチャンクを使用する。チャンクのサイズ（10,000要素）は変わらない。

```
>>> def f_dask2():
        Y = da.random.normal(size=(10000, 10000),
                             chunks=(10000, 100))
        y = Y.mean(axis=0)[0:100].compute()
>>> %%memit
    f_dask2()
peak memory: 145.60 MiB, increment: 6.93 MiB
>>> %%time
    f_dask2()
CPU times: user 48 ms, sys: 8 ms, total: 56 ms
Wall time: 57.4 ms
```

平均値の最初の100個を計算するために1個のチャンクしか使わないため、列単位の計算を行う場合には前のステップで使った10個のチャンクよりも効率が良い。結果的に、メモリの使用量は1/10であった。

8. 最後に、複数のコアを使って大規模な配列を計算する方法を示す。まず、daskを補完する分散

コンピューティング・ライブラリである`dask.distributed`を使用してクライアントを作成する。

```
>>> from dask.distributed import Client
>>> client = Client()
>>> client
```

9. `Y.sum()`によって行われる計算は、ローカルで起動することも、`dask.distributed`クライアントを経由して起動することもできる。

```
>>> Y.sum().compute()
4090.221
>>> future = client.compute(Y.sum())
>>> future
```

Future: finalize status: finished, type: float64, key: finalize-f148208bfc12510be7a62b1d0c5cba82

```
>>> future.result()
4090.221
```

2番目の方法は、多数のノードを含む大規模なクラスタなどでのスケーラビリティーを持つ。

10. `dask.array`が、大きなデータセットを少ないメモリで管理する上でどのように役立つかを見てきた。次に、普通のコンピュータのメモリには収まらないような大きさの配列を操作する方法を示す。例えば、1テラバイトの大きさを持つ配列の平均を計算する。

```
>>> huge = da.random.uniform(
        size=(1500000, 100000), chunks=(10000, 10000))
    "Size in memory: %.1f GB" % (huge.nbytes / 1024 ** 3)
'Size in memory: 1117.6 GB'
>>> from dask.diagnostics import ProgressBar
    # WARNING: this will take a very long time computing
    # useless values. This is for pedagogical purposes
    # only.
    with ProgressBar():
        m = huge.mean().compute()
[##                      ] | 11% Completed |  1min 44.8s
```

> 警告：この計算は意味のない値を求めているが、時間がかかる。教育的な目的のためだけに実行している。

チャンクを次々と処理する様子は、次の図のようにCPUとRAMの使用状況を時間の関数として示すことができる。

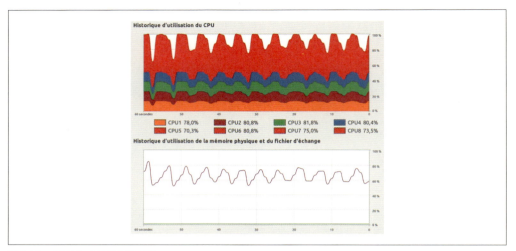

図5-12　CPUとメモリの使用率

応用

ここで示したdask.arrayインターフェースは、Daskが実装する低レベルでグラフベースの分散コンピューティングフレームワークによって提供される機能の1つにすぎません。大規模な計算は、グラフによって表される複雑な依存関係を持つ小さな計算に分けて考えることができます。タスクのスケジューラは、この依存関係を配慮しつつ、それぞれの計算を並列に実行するアルゴリズムを実装します。

以下参考資料です。

- Daskのドキュメント（https://docs.dask.org/en/latest/）
- DaskのIPythonへの統合について（https://distributed.readthedocs.io/en/latest/ipython.html）
- Daskの用例（https://examples.dask.org）
- James CristによるSciPy 2017のチュートリアルビデオ"DaskによるPython科学計算の並列化（Parallelizing Scientific Python with Dask）"（https://www.youtube.com/watch?v=mbfsog3e5DA）
- Daskチュートリアル（https://github.com/dask/dask-tutorial/）

関連項目

- 「レシピ5.9　IPythonによるPythonコードのマルチコア分散実行」
- 「レシピ5.10　IPython非同期タスクの操作方法」

レシピ5.12　Jupyter NotebookとJulia言語

　Julia（https://julialang.org）はハイパフォーマンスな数値計算のための、高水準で動的なプログラミング言語です。最初のバージョンは、MITで3年間開発が続けられた後、2012年にリリースされました。JuliaはPython、R、MATLAB、Ruby、Lisp、Cなどの言語からアイデアを借りています。この言語の強みはC言語（と同等）の実行速度、高水準動的言語による表現力の高さ、そして使いやすさを融合させた点です。この性能は、x86-64アーキテクチャをターゲットとした、LLVMのJITコンパイラにより実現されています。

　このレシピでは、https://github.com/JuliaLang/IJulia.jlで提供されているIJuliaパッケージを使い、Julia言語をJupyter Notebook上で試してみましょう。また、JuliaからPythonのパッケージ（NumPyやMatplotlibなど）を使う方法も紹介します。具体的には、ジュリア集合を計算して表示します。

　このレシピは、SciPy 2014カンファレンスでのDavid P. SandersによるJuliaチュートリアル（https://nbviewer.ipython.org/github/dpsanders/scipy_2014_julia/tree/master/）からアイデアを借用しています。

準備

　最初にJuliaをインストールする必要があります。JuliaのWebサイトhttps://julialang.org/downloads/にある、Windows、macOS、Linuxのインストールパッケージを使います。

　インストールが完了したら、juliaコマンドを実行してJuliaターミナルを開きます。Juliaターミナルから`Pkg.add("IJulia")`を実行してIJuliaをインストールします。Juliaを`exit()`コマンドで終了したら、いつものようにJupyter Notebookを起動します。IJuliaカーネルはJupyterで利用できるようになっているはずです。

手順

1. 最初の例としてHello Worldは外せない。`println()`関数は、文字列を表示して改行を行う。

```
println("Hello world!")
Hello world!
```

2. 次にポリモーフィズム関数fを作る。この関数は、式`z*z + c`を計算する。この関数を配列と共に使うために、要素ごとの演算であるドット（`.`）接頭辞を用いる。

```
f(z, c) = z.*z .+ c
f (generic function with 1 method)
```

3. 関数fをスカラーの複素数（虚数iは、`1.0im`と表す）に適用する。

```
f(2.0 + 1.0im, 1.0)
4.0 + 4.0im
```

196 | 5章　ハイパフォーマンスコンピューティング

4. 次に2行2列の行列を作る。要素は空白で、行はセミコロン（;）で区切る。配列の型は、要素から自動的に推論される。JuliaではArrayは組み込み型であり、NumPyのndarray型と似ているが同じではない。

```
z = [-1.0 - 1.0im  1.0 - 1.0im;
     -1.0 + 1.0im  1.0 + 1.0im]
2×2 Array{Complex{Float64},2}:
 -1.0-1.0im  1.0-1.0im
 -1.0+1.0im  1.0+1.0im
```

5. 配列のインデックスは、角カッコ [ ] で指定する。Pythonとの大きな違いは、インデックスが0ではなく1から始まる点であり、MATLABと同じ作法となっている。さらに、endキーワードはその次元の最後の要素を表す。

```
z[1,end]
1.0 - 1.0im
```

6. （ポリモーフィズム）関数fは、引数zに行列を、引数cにスカラー値を適用可能である。

```
f(z, 0)
2×2 Array{Complex{Float64},2}:
 0.0+2.0im  0.0-2.0im
 0.0-2.0im  0.0+2.0im
```

7. 次にジュリア集合を計算する関数juliaを作成する。名前付きの任意引数は、セミコロン（;）で必須の引数と分かれている。Juliaのブロック構造文法はコロンが必要ない点、インデントは意味を持たない点、およびブロックの終わりを示すendキーワードが必須である点を除きPythonと似ている。

```
function julia(z, c; maxiter=200)
    for n = 1:maxiter
        if abs2(z) > 4.0
            return n-1
        end
        z = f(z, c)
    end
    return maxiter
end
julia (generic function with 1 method)
```

8. JuliaではPythonパッケージが使用可能となっている。まずJuliaの組み込みパッケージ管理機能（Pkg）を使い、PyCallパッケージをインストールする。一度インストールした後は、インタラクティブセッションからのusing PyCall呼び出しのみ使用できる。

```
Pkg.add("PyCall")
using PyCall
```

9. （Juliaのメタプログラミング機能である）@pyimportマクロを使ってPythonパッケージをインポー

トできる。このマクロはPythonのimportコマンドと等価である。

```
@pyimport numpy as np
```

10. これでJuliaのインタラクティブセッションでnp名前空間が使用可能となった。NumPy配列は自動的にJuliaのArrayオブジェクトに変換される。

```
z = np.linspace(-1., 1., 100)
100-element Array{Float64,1}:
 -1.0
 -0.979798
 -0.959596
  .
  .
  .
  0.959596
  0.979798
  1.0
```

11. 関数juliaの引数を評価するためにリスト内包表記が使える。

```
m = [julia(z[i], 0.5) for i=1:100]
100-element Array{Int64,1}:
 2
 2
 .
 .
 .
 2
 2
```

12. Gadflyグラフ描画パッケージを使ってみよう。このライブラリは、Dr. Leland Wilkinsonによる書籍『The Grammar of Graphics』(Springer刊、2nd Editionは2005)に影響を受けた高レベルのグラフ描画インターフェースを提供する。Notebookでは、D3.jsライブラリを使ったインタラクティブなグラフ描画が可能となる。

```
Pkg.add("Gadfly")
using Gadfly
plot(x=1:100, y=m, Geom.point, Geom.line)
```

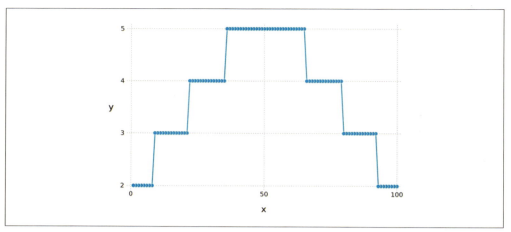

図5-13　JuliaによるIPython NotebookでのGadflyグラフ

13. それでは二重ループを回してジュリア集合を計算してみよう。Pythonとは異なり、forループをベクトル化操作の代わりに使用しても、パフォーマンス上のペナルティとはならない。ベクトル化操作とforループのどちらを使ってもプログラムは高いパフォーマンスを示す。

```
@time m = [julia(complex(r, i), complex(-0.06, 0.67))
           for i = 1:-.001:-1,
               r = -1.5:.001:1.5];
   1.99 seconds (12.1 M allocations: 415.8 MiB)
```

14. 最後にMatplotlibグラフをJuliaから描画するためにPyPlotパッケージを使う。

```
using PyPlot
imshow(m, cmap="RdGy",
       extent=[-1.5, 1.5, -1, 1]);
```

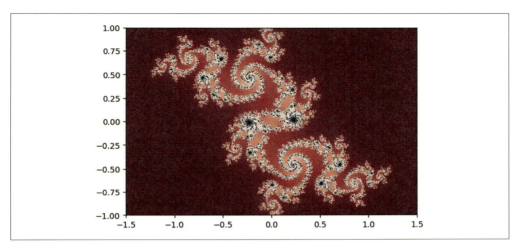

図5-14　Julia集合

解説

　低水準言語は使いにくいけれども（例えばC言語のように）高速であり、高水準言語は使いやすいが（Pythonのように）低速であるとされてきました。Pythonではこの問題に対処する解決策としてNumPyやCythonが提供されています。

　Juliaの開発者は両者の良いところを取り上げ、高水準であるが高速な新しい言語の開発を目指しました。これはLLVMで実装されているJITコンパイル技術を使って実現されています。

　Juliaはコードの構文解析を動的に行い、低水準のLLVM中間コード（IR：intermediate representation）を生成します。この中間コードは言語非依存の命令セットであり、後で機械語にコンパイルされます。ループは機械コードに直接コンパイルされるため、Juliaでは高速化のためのベクトル化が必要がないのです。

応用

Juliaには以下の長所があります。

- 多重ディスパッチとパラメトリックポリモーフィズムによる強力で柔軟な動的型システム
- メタプログラミング
- C、FORTRAN、Pythonコード呼び出しのための簡単なインターフェース
- 並列コンピューティング、分散コンピューティングのための、きめ細かい組み込みサポート
- 組み込みの多次元配列と数値計算ライブラリ
- Gitベースの組み込みパッケージ管理システム
- （Pandasと等価な）データ分析パッケージ DataFrames と、（統計グラフ描画ライブラリ）Gadfly

- Jupyter Notebookへの統合

Juliaとは対照的に、Pythonの主な強みは、幅広いコミュニティ、エコシステム、および汎用言語であるという点です。Pythonで書かれた数値計算コードを、Pythonベースの実稼働環境に簡単に持ち込むことができます。

幸いにも、PythonとJuliaの両方がJupyter Notebookで使用できるため、PyCallとPyjuliaを介して両方の言語で行き来できます。そのためどちらの言語を使用するか選択する必要はありません。

ここではまだJulia言語の表面に触れただけです。詳細には取り上げられなかった興味深い話題として、型システム、メタプログラミング、並列コンピューティング、パッケージ管理機能、などがあります。

以下、参考資料です。

- Wikipediaの「Julia (programming language)」記事（https://en.wikipedia.org/wiki/Julia_%28programming_language%29、またはWikipedia日本語版の「Julia（プログラミング言語）」記事）
- 公式マニュアル（https://docs.julialang.org/en/latest/）
- JuliaからPythonを呼び出すPyCall.jl（https://github.com/stevengj/PyCall.jl）
- PythonからJuliaを呼び出すpyjulia（https://github.com/JuliaPy/pyjulia）
- JuliaからMatplotlibを呼び出すPyPlot.jl（https://github.com/stevengj/PyPlot.jl）
- JuliaのプロットライブラリGadfly.jl（https://gadflyjl.org/stable/）
- JuliaのPandas等価ライブラリDataFrames.jl（https://github.com/JuliaStats/DataFrames.jl）
- JuliaのIDE（Integrated Develop Environment：統合開発環境）Juno（http://junolab.org/）

6章
データビジュアライゼーション

本章で取り上げる内容
- Matplotlibのスタイル
- Seabornによる統計グラフの作成
- BokehとHoloViewsによるWeb上の対話型可視化環境
- Jupyter NotebookとD3.jsによるNetworkXグラフの可視化
- Jupyter Notebook上の対話型可視化ライブラリ
- AltairとVispy-Liteによるグラフ作成

はじめに

　MatplotlibはPythonの主要な可視化ライブラリですが、唯一の存在ではありません。この章では、その他の多様な可視化ライブラリを紹介します。これらは多くのドメイン固有の問題を解決するものや、またはJupyter Notebookに新しいインタラクティブ機能を提供するためのライブラリです。

レシピ6.1　Matplotlibのスタイル

　Matplotlibの最近のバージョンでは、デフォルトのスタイルが大幅に改善されています。現在Matplotlibには、高品質の定義済みスタイルと、これらのスタイルのすべての要素をカスタマイズできるスタイルが用意されています。

手順

1. 必要なライブラリをインポートする。

```
>>> import numpy as np
    import matplotlib as mpl
    import matplotlib.pyplot as plt
    %matplotlib inline
```

2. 利用可能なスタイルを確認する。

   ```
   >>> sorted(mpl.style.available)
   ['bmh',
    'classic',
    'dark_background',
    'fivethirtyeight',
    'ggplot',
    'grayscale',
    'mycustomstyle',
    'seaborn',
    ...
    'seaborn-whitegrid']
   ```

3. プロット作成を行う関数を定義する。

   ```
   >>> def doplot():
           fig, ax = plt.subplots(1, 1, figsize=(5, 5))
           t = np.linspace(-2 * np.pi, 2 * np.pi, 1000)
           x = np.linspace(0, 14, 100)
           for i in range(1, 7):
               ax.plot(x, np.sin(x + i * .5) * (7 - i))
           return ax
   ```

4. `mpl.style.use()` を通してスタイルを設定すると、以降すべてのプロットは、このスタイルを使用する。

   ```
   >>> mpl.style.use('fivethirtyeight')
       doplot()
   ```

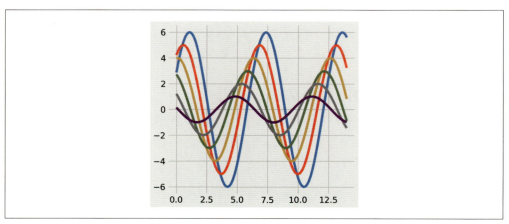

図6-1 スタイルシート fivethirtyeight を適用

5. コンテキストマネージャの構文を使用して、プロットのスタイルを一時的に変更できる。

   ```
   >>> # Set the default style.    スタイルをデフォルトである default に設定する。
   ```

```
mpl.style.use('default')
# Temporarily switch to the ggplot style.     一時的にggplotスタイルに変更する。
with mpl.style.context('ggplot'):
    ax = doplot()
    ax.set_title('ggplot style')
# Back to the default style.                  最初のdefaultスタイルに戻す。
ax = doplot()
ax.set_title('default style')
```

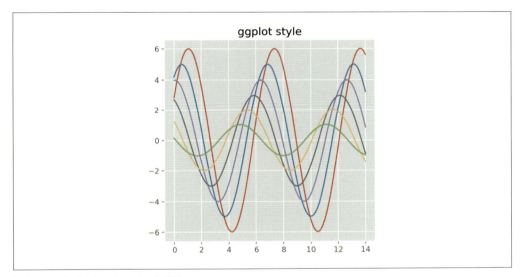

図6-2　スタイルシートggplotを適用

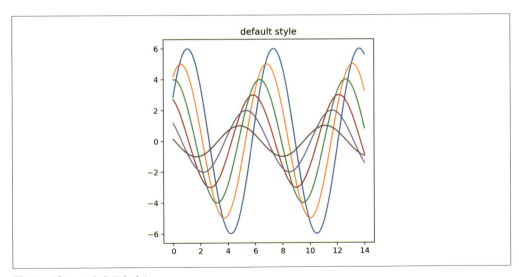

図6-3　デフォルトのスタイル

6. 次にggplotスタイルを修正するような新しいスタイルを作成し、ggplotに適用してみよう。設定はmpl_configdir/stylelib/mycustomstyle.mplstyleに保存することにする。ここでmpl_configdirはMatplotlibの設定ファイルが格納されるディレクトリを表すので、まずその場所を確認する。

    ```
    >>> cfgdir = mpl.get_configdir()
        cfgdir
    '/home/cyrille/.config/matplotlib'
    ```

7. pathlibモジュールを使って、設定ファイルを表すpathオブジェクトを作成する。

    ```
    >>> from pathlib import Path
        p = Path(cfgdir)
        stylelib = (p / 'stylelib')
        stylelib.mkdir(exist_ok=True)
        path = stylelib / 'mycustomstyle.mplstyle'
    ```

8. このファイルに、いくつかのパラメータを設定する。

    ```
    >>> path.write_text('''
        axes.facecolor : f0f0f0
        font.family : serif
        lines.linewidth : 5
        xtick.labelsize : 24
        ytick.labelsize : 24
        ''')
    ```

9. スタイルの追加または変更を行った後には、ライブラリをリロードしなければならない。

    ```
    >>> mpl.style.reload_library()
    ```

10. 新しいスタイルの結果を見てみよう（最初にggplotスタイルを適用した後、新しいスタイルのオプションを適用している）。

    ```
    >>> with mpl.style.context(['ggplot', 'mycustomstyle']):
            doplot()
    ```

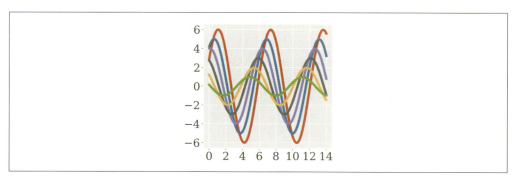

図6-4　設定ファイルを適用

応用

以下参考資料です。

- Matplotlibのカスタマイズ（https://matplotlib.org/users/customizing.html）
- Matplotlibのスタイルギャラリー（https://tonysyu.github.io/raw_content/matplotlib-style-gallery/gallery.html）
- Matplotlib：スタイル指定による美しいプロットの作成（http://www.futurile.net/2016/02/27/matplotlib-beautiful-plots-with-style/）

関連項目

- 「レシピ6.2　Seabornによる統計グラフの作成」

レシピ6.2　Seabornによる統計グラフの作成

SeabornはMatplotlibとPandasの上に構築され、使いやすい統計プロットルーチンを提供するライブラリです。このレシピでは、Seabornで作成できる各種の統計的なプロットについて、公式のドキュメントからの例を示します。

手順

1. NumPy、Matplotlib、Seaborn、SciPyのstatusをインポートする。

   ```
   >>> import numpy as np
       from scipy import stats
       import matplotlib.pyplot as plt
       import seaborn as sns
       %matplotlib inline
   ```

2. Seabornには使いやすいデモ用のデータセットが付属する。`tips`データセットには、タクシーに乗車した際の料金とチップの関係が収められている。

   ```
   >>> tips = sns.load_dataset('tips')
       tips
   ```

206 | 6章　データビジュアライゼーション

	total_bill	tip	sex	smoker	day	time	size
0	16.99	1.01	Female	No	Sun	Dinner	2
1	10.34	1.66	Male	No	Sun	Dinner	3
2	21.01	3.50	Male	No	Sun	Dinner	3
3	23.68	3.31	Male	No	Sun	Dinner	2
4	24.59	3.61	Female	No	Sun	Dinner	4
...	...	...	...	...	...	...	...
239	29.03	5.92	Male	No	Sat	Dinner	3
240	27.18	2.00	Female	Yes	Sat	Dinner	2
241	22.67	2.00	Male	Yes	Sat	Dinner	2
242	17.82	1.75	Male	No	Sat	Dinner	2
243	18.78	3.00	Female	No	Thur	Dinner	2

244 rows × 7 columns

3. Seabornは、データセットの分布を可視化するための使いやすい関数を実装している。ここでは、ヒストグラム、**カーネル密度推定**（KDE：Kernel Density Estimation）、ガンマ分布をプロットする。

```
>>> # We create two subplots sharing the same y axis.  y軸を共有する2つのプロットを作成する
    f, (ax1, ax2) = plt.subplots(1, 2,
                                 figsize=(12, 5),
                                 sharey=True)

    # Left subplot.  左のプロット
    # Histogram and KDE (active by default).  ヒストグラムとKDE（デフォルトでアクティブになっている）
    sns.distplot(tips.total_bill,
                 ax=ax1,
                 hist=True)

    # Right subplot.  右のプロット
    # "Rugplot", KDE, and gamma fit.  KDEとガンマ分布にデータの出現点（rugplot）を加える
    sns.distplot(tips.total_bill,
                 ax=ax2,
                 hist=False,
                 kde=True,
                 rug=True,
                 fit=stats.gamma,
                 fit_kws=dict(label='gamma'),
                 kde_kws=dict(label='kde'))
    ax2.legend()
```

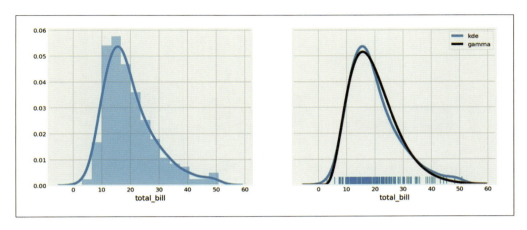

4. 2つの変数間の線形回帰による相関関係を、簡単に可視化できる。

    ```
    >>> sns.regplot(x="total_bill", y="tip", data=tips)
    ```

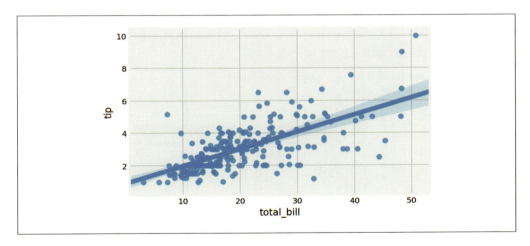

5. カテゴリデータの分布をさまざまなプロットを使用して可視化できる。ここでは、棒グラフ、バイオリンプロット、スウォームプロットを使って金額の増減を表示する。

    ```
    >>> f, (ax1, ax2, ax3) = plt.subplots(
            1, 3, figsize=(12, 4), sharey=True)
        sns.barplot(x='sex', y='tip', data=tips, ax=ax1)
        sns.violinplot(x='sex', y='tip', data=tips, ax=ax2)
        sns.swarmplot(x='sex', y='tip', data=tips, ax=ax3)
    ```

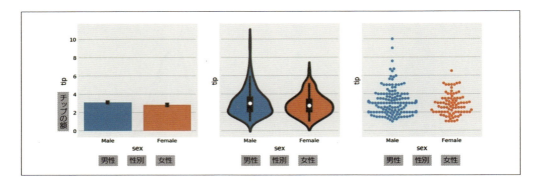

棒グラフは、男性と女性それぞれでチップ金額の平均と標準偏差を示している。バイオリンプロットは、特に非正規分布やマルチモーダル分布の場合に、棒グラフよりも有益な推定を表示できる。スウォームプロットは、情報を持たないx軸上で重ならないようにすべての点を表示します。

6. FacetGridを使用すると、グリッド上に構成された複数のサブプロットを使い多次元データセットを表示できる。ここでは、喫煙（はい/いいえ）と性別（男性/女性）の組み合わせに対して、チップの金額を支払金額の関数としてプロットする。

```
>>> g = sns.FacetGrid(tips, col='smoker', row='sex')
    g.map(sns.regplot, 'total_bill', 'tip')
```

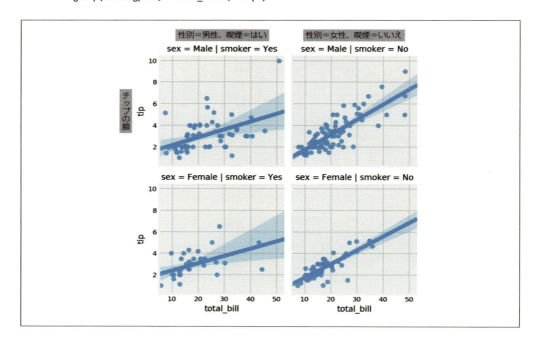

応用

Seaborn 以外にも高レベルな図形描画インターフェースがいくつも存在します。

- Dr. Leland Wilkinson の著作『The Grammar of Graphics』(Springer 刊) は、R 言語の ggplot2 や、$\hat{y}$hat による Python の ggplot など、多くの高レベルグラフ描画インターフェースに影響を与えました。
- Trifacta による Vega は可視化のための宣言的な文法であり、D3.js (JavaScript の可視化ライブラリ) へ変換できます。Altair は、Vega-Lite 仕様 (Vega へとコンパイル可能な高水準の仕様) の Python API を提供しています。

参考資料を示します。

- Seaborn チュートリアル (https://seaborn.pydata.org/tutorial.html)
- Seaborn ギャラリー (https://seaborn.pydata.org/examples/index.html)
- Altair (https://altair-viz.github.io)
- Grammar of Graphics の Python 実装、plotnine (https://plotnine.readthedocs.io/en/stable/)
- Python 用 ggplot (http://ggplot.yhathq.com/)
- R プログラミング言語の ggplot2 (https://ggplot2.tidyverse.org/)
- Python による探索的データ分析のためのプロット (http://pythonplot.com/)

関連項目

- 「レシピ6.10 Matplotlib スタイルを使う」
- 「レシピ6.5 Jupyter Notebook 上の対話型可視化ライブラリ」
- 「レシピ6.6 Altair と Vispy-Lite によるグラフ作成」

レシピ6.3 BokehとHoloViewsによるWeb上の対話型可視化環境

Bokeh (https://bokeh.pydata.org/en/latest/) はブラウザ上でリッチな対話型可視化環境を提供するライブラリです。描画される図は、Python で構成されブラウザ内で描画されます。

このレシピでは、Jupyter Notebook で対話的に Bokeh の図を作成し、描画する簡単な例を紹介します。また、Bokeh やその他のプロットライブラリ用の高レベル API を提供する HoloViews についても紹介します。

準備

BokehはデフォルトでAnacondaに含まれていますが、ターミナルに conda install bokeh と入力して手動でインストールすることもできます。

HoloViewsをインストールするには、conda install -c ioam holoviews を実行します。

手順

1. NumPyとBokehをインポートする。Jupyter Notebookに描画させるために、Bokehのoutput_Notebook()関数を呼び出す必要がある。

    ```
    >>> import numpy as np
        import pandas as pd
        import bokeh
        import bokeh.plotting as bkh
        bkh.output_notebook()
    ```

2. まず、ランダムデータの散布図を作成する。

    ```
    >>> f = bkh.figure(width=600, height=400)
        f.circle(np.random.randn(1000),
                 np.random.randn(1000),
                 size=np.random.uniform(2, 10, 1000),
                 alpha=.5)
        bkh.show(f)
    ```

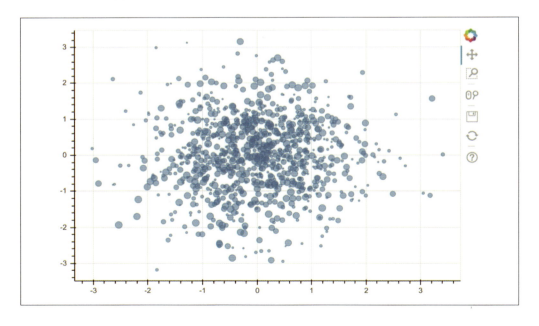

対話型のグラフがNotebookに表示される。右のツールバーのボタンを使って、パン（平行移動）やズームが可能。

3. 次にサンプルとして提供されているデータセット sea_surface_temperature をロードする。

```
>>> from bokeh.sampledata import sea_surface_temperature
    data = sea_surface_temperature.sea_surface_temperature
    data
```

	temperature
time	
2016-02-15 00:00:00	4.929
2016-02-15 00:30:00	4.887
2016-02-15 01:00:00	4.821
2016-02-15 01:30:00	4.837
2016-02-15 02:00:00	4.830
...	...
2017-03-21 22:00:00	4.000
2017-03-21 22:30:00	3.975
2017-03-21 23:00:00	4.017
2017-03-21 23:30:00	4.121
2017-03-22 00:00:00	4.316

19226 rows × 1 columns

4. ここでは、時間の関数として海面温度の変化をプロットします。

```
>>> f = bkh.figure(x_axis_type="datetime",
                   title="Sea surface temperature",
                   width=600, height=400)
    f.line(data.index, data.temperature)
    f.xaxis.axis_label = "Date"
    f.yaxis.axis_label = "Temperature"
    bkh.show(f)
```

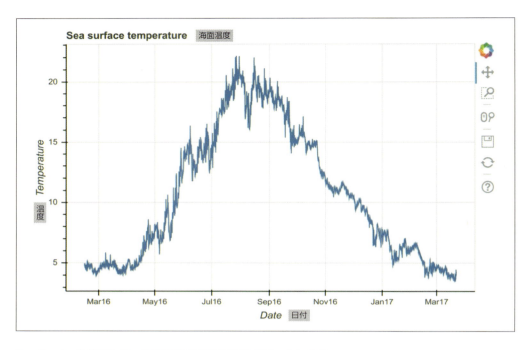

5. Pandasを使用して、海面温度の時間平均をプロットします。

```
>>> months = (6, 7, 8)
    data_list = [data[data.index.month == m]
                 for m in months]
>>> # We group by the hour of the measure:  測定値を時間単位でグループ化
    data_avg = [d.groupby(d.index.hour).mean()
                for d in data_list]
>>> f = bkh.figure(width=600, height=400,
                   title="Hourly average sea temperature")
    for d, c, m in zip(data_avg,
                       bokeh.palettes.Inferno[3],
                       ('June', 'July', 'August')):
        f.line(d.index, d.temperature,
               line_width=5,
               line_color=c,
               legend=m,
               )
    f.xaxis.axis_label = "Hour"
    f.yaxis.axis_label = "Average temperature"
    f.legend.location = 'center_right'
    bkh.show(f)
```

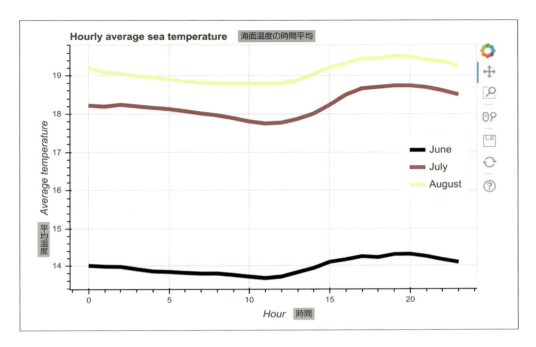

6. 次に、HoloViewsを紹介する。

    ```
    >>> import holoviews as hv
        hv.extension('bokeh')
    ```

7. 時間依存する2次元画像を表現するための3次元配列を作成する。

    ```
    >>> data = np.random.rand(100, 100, 10)
    >>> ds = hv.Dataset((np.arange(10),
                         np.linspace(0., 1., 100),
                         np.linspace(0., 1., 100),
                         data),
                        kdims=['time', 'y', 'x'],
                        vdims=['z'])
    >>> ds
    :Dataset   [time,y,x]   (z)
    ```

    dsオブジェクトは、時間依存データを表すDatasetインスタンスである。kdimsがキーとなる次元（時間と空間）、vdimsは着目している値（ここではスカラーz）を表す。つまり、kdimsは3D配列データの軸を表し、vdimsは配列に格納された値を表す。

8. 時間を変更するスライダーと時間の関数としてのzのヒストグラムを使って、2次元画像を簡単に表示できる。

    ```
    >>> %opts Image(cmap='viridis')
        ds.to(hv.Image, ['x', 'y']).hist()
    ```

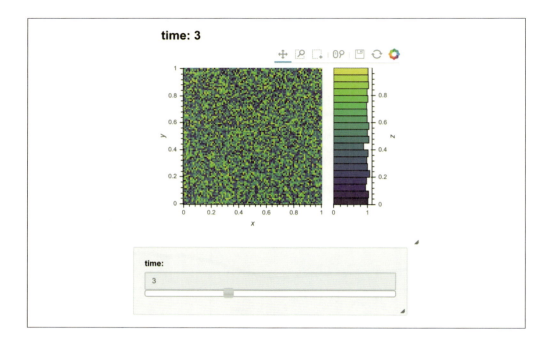

応用

　Notebookに描画されたBokehの図は、Pythonサーバとの接続がなくても対話的な操作が可能です。例えばこのレシピの図は、nbviewerで表示した場合でも対話的に動作します。また、BokehはスタンドアロンのHTML/JavaScript文書も作成できます。その他の事例はBokehのギャラリーを参照してください。

　xarrayライブラリ（https://xarray.pydata.org/en/stable/ を参照）は、多次元配列をそれぞれの次元の軸を使って表現する方法を提供します。HoloViewsは、xarrayオブジェクトを使って使用できます。

　Plotlyはインタラクティブな可視化に特化した企業であり、オープンソースのPython用可視化ライブラリ（https://plot.ly/python/ を参照）を提供しています。また、ダッシュボードスタイルのWebベースインターフェースを構築するためのツール（https://plot.ly/products/dash/ を参照）も提供しています。

　Datashader（https://datashader.org/）とvaex（https://vaex.io/）は、それぞれ非常に大きなデータセットを対象とする可視化ライブラリです。

　以下参考資料です。

- Bokehユーザガイド（https://bokeh.pydata.org/en/latest/docs/user_guide.html）
- Bokehギャラリー（https://bokeh.pydata.org/en/latest/docs/gallery.html）
- BokehをNotebookで使用する方法（https://bokeh.pydata.org/en/latest/docs/user_guide/

notebook.html)

- HoloViews (https://holoviews.org)
- HoloViewsギャラリー (https://holoviews.org/gallery/index.html)
- HoloViewsチュートリアル (https://github.com/ioam/jupytercon2017-holoviews-tutorial)

レシピ6.4　Jupyter NotebookとD3.jsによる NetworkXグラフの可視化

D3.js (https://d3js.org) は人気のあるWeb向け対話型可視化フレームワークです。JavaScriptで記述されているため、HTML、SVG、CSSなどのWeb技術に基づいたデータ駆動型の可視化が可能です。公式ギャラリーには多くの例が掲載されています (https://github.com/d3/d3/wiki/gallery)。JavaScriptを使用した可視化やグラフ作成を行うライブラリはこの他にも数多く存在しますが、このレシピではD3.jsに焦点を当てます。

純粋なJavaScriptのライブラリであるため、基本的にD3.jsに関してPythonで行うことは何もありませんが、HTMLベースであるJupyter Notebookを使うとD3.jsの描画をシームレスに統合できます。

このレシピではPythonとNetworkXでグラフを作成し、それをJupyter Notebook上のD3.jsで可視化します。

準備

このレシピのために、HTML、JavaScriptおよびD3.jsの基礎を理解している必要があります。

手順

1. まず、パッケージをインポートする。

    ```
    >>> import json
        import numpy as np
        import networkx as nx
        import matplotlib.pyplot as plt
        %matplotlib inline
    ```

2. 1977に公開された (https://www.jstor.org/stable/3629752参照) 有名なソーシャルネットワークデータであるZacharyの空手クラブデータセットをロードする。このグラフは空手クラブのメンバー間の友好関係を表しているが、ある指導者とクラブの代表者が争いに巻き込まれた結果、グループがいくつかの集団に分離してしまった。最初にMatplotlib (networkx.draw()関数) を使って単純に表示する。

    ```
    >>> g = nx.karate_club_graph()
        fig, ax = plt.subplots(1, 1, figsize=(8, 6));
        nx.draw_networkx(g, ax=ax)
    ```

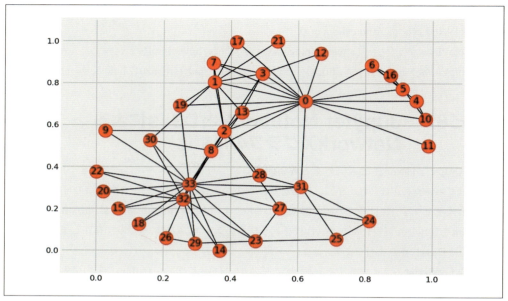

図6-5　空手クラブのメンバー間の友好関係を表すグラフ

3. 今度は、このグラフをD3.jsを使ってNotebook内に表示してみよう。このグラフをJavaScriptに変換するが、ここではグラフをJSON形式でファイルに出力する方法を使う。D3.jsは通常、各エッジには始点と終点があることを期待する。また（club属性として）両端のどちらにどのメンバーが位置するかを与える。

```
>>> nodes = [{'name': str(i), 'club': g.node[i]['club']}
             for i in g.nodes()]
    links = [{'source': u[0], 'target': u[1]}
             for u in g.edges()]
    with open('graph.json', 'w') as f:
        json.dump({'nodes': nodes, 'links': links},
                  f, indent=4,)
```

4. 可視化する内容を含むHTMLオブジェクトとしてNotebook上で<div>要素を作成する。併せてノードとリンク（エッジとも呼ぶ）表示用のいくつかのCSSスタイルを指定する。

```
>>> %%html
    <div id="d3-example"></div>
    <style>
    .node {stroke: #fff; stroke-width: 1.5px;}
    .link {stroke: #999; stroke-opacity: .6;}
    </style>
```

5. 最後のステップは、少し手が込んでいる。グラフをJSONファイルからロードして、D3.jsで表示するJavaScriptコードを書く。D3.jsの基礎知識が必要不可欠である（D3.jsのマニュアルを参照）。

レシピ6.4　Jupyter NotebookとD3.jsによるNetworkXグラフの可視化 **217**

```javascript
>>> %%javascript
    // We load the d3.js library from the Web.
    require.config({paths:
        {d3: "http://d3js.org/d3.v3.min"}});
    require(["d3"], function(d3) {
        // The code in this block is executed when the
        // d3.js library has been loaded.

        // First, we specify the size of the canvas
        // containing the visualization (size of the
        // <div> element).
        var width = 300, height = 300;

        // We create a color scale.
        var color = d3.scale.category10();

        // We create a force-directed dynamic graph layout.
        var force = d3.layout.force()
          .charge(-120)
          .linkDistance(30)
          .size([width, height]);

        // In the <div> element, we create a <svg> graphic
        // that will contain our interactive visualization.
        var svg = d3.select("#d3-example").select("svg")
        if (svg.empty()) {
          svg = d3.select("#d3-example").append("svg")
                .attr("width", width)
                .attr("height", height);
        }

        // We load the JSON file.
        d3.json("graph.json", function(error, graph) {
            // In this block, the file has been loaded
            // and the 'graph' object contains our graph.

            // We load the nodes and links in the
            // force-directed graph.
            force.nodes(graph.nodes)
              .links(graph.links)
              .start();

            // We create a <line> SVG element for each link
            // in the graph.
            var link = svg.selectAll(".link")
              .data(graph.links)
              .enter().append("line")
              .attr("class", "link");

            // We create a <circle> SVG element for each node
```

d3.jsライブラリをWebからロード

このブロックはd3.jsがロードされる際に実行される

まず、表示するキャンバスのサイズ（**<div>**要素のサイズ）を指定する

カラースケールを作成

力学モデルグラフレイアウトを使用する

<div>要素内に**<svg>**グラフィックを配置し、対話型可視化を行う

JSONファイルの読み込み

このブロックでは、ファイルのデータから'graph'オブジェクトがロードされるごとに実行される

力指向グラフにノードとリンクを読み込む

ノードごとに**<circle>** SVG要素を作成する

ノードごとに**<circle>** SVG要素を作成し、属性を設定する

```
            // in the graph, and we specify a few attributes.
            var node = svg.selectAll(".node")
              .data(graph.nodes)
              .enter().append("circle")
              .attr("class", "node")
              .attr("r", 5)  // radius    半径
              .style("fill", function(d) {
                 // The node color depends on the club.     ノードの色はclubに依存する
                 return color(d.club);
              })
              .call(force.drag);

            // The name of each node is the node number.    ノード番号をノードの名前として設定する
            node.append("title")
                .text(function(d) { return d.name; });

            // We bind the positions of the SVG elements    各時間ステップにおいて、SVG要素の位置を
            // to the positions of the dynamic force-directed   力学モデルで配置する
            // graph, at each time step.
            force.on("tick", function() {
              link.attr("x1", function(d){return d.source.x})
                  .attr("y1", function(d){return d.source.y})
                  .attr("x2", function(d){return d.target.x})
                  .attr("y2", function(d){return d.target.y});

              node.attr("cx", function(d){return d.x})
                  .attr("cy", function(d){return d.y});
            });
          });
        });
```

このセルを実行すると、前のセルで作成したHTMLオブジェクトが更新される。グラフは対話型であり、ノードをクリックしてラベルを参照したり、キャンバスの中で動かすことができる。

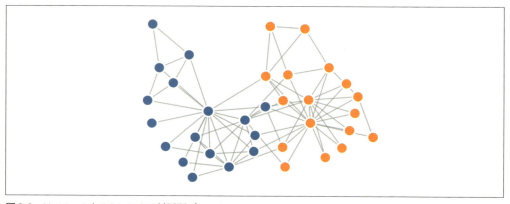

図6-6　NotebookとD3.jsによる対話型プロット

応用

NetworkXは、さまざまな形式のファイルからグラフをインポート/エクスポートするための関数を実装しています。

以下参考資料です。

- NetworkX によるグラフの読み込み書き込み（https://networkx.github.io/documentation/stable/reference/readwrite/index.html）
- NetworkX と JSON（https://networkx.github.io/documentation/stable/reference/readwrite/json_graph.html）

関連項目

- 「レシピ6.3　BokehとHoloViewsによるWeb上の対話型可視化環境」

レシピ6.5　Jupyter Notebook上の対話型可視化ライブラリ

Jupyterウィジェットの機能を使用して、Notebook内の2次元や3次元データの対話的な可視化を作成できるライブラリが存在します。ipyleaflet、bqplot、pythreejs、およびipyvolumeの4つのライブラリを使った基本的な例を紹介します。

準備

これらのライブラリをインストールするには、ターミナルからconda install -c conda-forge ipyleaflet bqplot pythreejs ipyvolumeを実行します[*1]。

手順

1. 最初に、ipyleafletの簡単な例を示す。これは対話型地図ライブラリであるLeaflet.js（Google Mapsに似ているが、オープンソースプロジェクトのOpenStreetMapsに基づいている）を使うためのPythonインターフェースを提供している。

   ```
   >>> from ipyleaflet import Map, Marker
   ```

2. GPS座標で指定された特定の位置を中心に地図を作成する。

   ```
   >>> pos = [34.62, -77.34]
   ```

[*1] 訳注：conda-forgeはcondaのフォーマットでパッケージを提供しているコミュニティ主導のプロジェクト（https://conda-forge.org/）。Anacondaで提供していないパッケージも、conda-forgeチャネルを通してcondaコマンドでインストールができる。

```
m = Map(center=pos, zoom=10)
```

3. また、指定の位置にマーカーを配置する。

```
>>> marker = Marker(location=pos,
                    rise_on_hover=True,
                    title="Here I am!",
                    )
>>> m += marker
```

4. Notebook上に地図を表示する。

```
>>> m
```

図6-7 ノースカロライナ州ジャクソンビル周辺の地図

5. 次に、『Grammar of Graphics』に影響を受けたAPIで、対話型のプロットライブラリを実装している`bqplot`の例を示す。

```
>>> import numpy as np
    import bqplot.pyplot as plt
```

6. さまざまなMatplotlibユーザが慣れ親しんでいる形式のAPIを使って、対話的プロットを作成する。

```
>>> plt.figure(title='Scatter plot with colors')
    t = np.linspace(-3, 3, 100)
    x = np.sin(t)
    y = np.sin(t) + .1 * np.random.randn(100)
    plt.plot(t, x)
    plt.scatter(t, y,
                size=np.random.uniform(15, 50, 100),
                color=np.random.randn(100))
    plt.show()
```

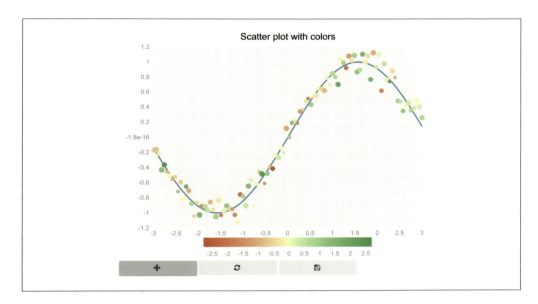

7. 次に、3次元リアルタイムレンダリングを行うJavaScriptライブラリthree.jsのPythonブリッジであるpythreejsの例を示す。WebGLを使用するこのAPIライブラリは、GPUを利用してブラウザでのリアルタイムレンダリングを高速化します。

    ```
    >>> from pythreejs import *
    ```

8. ここでは、パラメトリック3次元表面のプロットを表示する。まず、関数をJavaScriptコードを含む文字列として定義する。

    ```
    >>> f = """
    function f(x, y) {
        x = 2 * (x - .5);
        y = 2 * (y - .5);
        r2 = x * x + y * y;
        var z = Math.exp(-2 * r2) * (
            Math.cos(12*x) * Math.sin(12*y));
        return new THREE.Vector3(x, y, z);
    }
    """
    ```

9. 表面のテクスチャも作成する。

    ```
    >>> texture = np.random.uniform(.5, .9, (20, 20))
    material = MeshLambertMaterial(
        map=height_texture(texture))
    ```

10. 次に、環境光と平行光源を作成する。

    ```
    >>> alight = AmbientLight(color='#777777')
    ```

```
dlight = DirectionalLight(color='white',
                          position=[3, 5, 1],
                          intensity=0.6)
```

11. 表面のメッシュを作成する。

    ```
    >>> surf_g = ParametricGeometry(func=f)
    surf = Mesh(geometry=surf_g,
                material=material)
    ```

12. 最後に、シーンとカメラを初期化し、プロットを表示する。

    ```
    >>> scene = Scene(children=[surf, alight])
    c = PerspectiveCamera(position=[2.5, 2.5, 2.5],
                          up=[0, 0, 1],
                          children=[dlight])
    Renderer(camera=c, scene=scene,
             controls=[OrbitControls(controlling=c)])
    ```

13. Pythonの3次元プロットライブラリipyvolumeを最後に紹介する。このライブラリもNotebook上ではWebGLを使用する。

    ```
    >>> import ipyvolume
    ```

14. このライブラリは、ボリュームレンダリング機能を提供し、3次元配列として表される体積データセットを、レイトレーシング技術を使用して可視化を行う。

    ```
    >>> ds = ipyvolume.datasets.aquariusA2.fetch()
    ipyvolume.quickvolshow(ds.data, lighting=True)
    ```

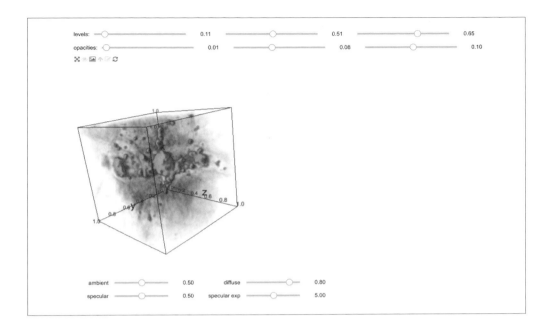

応用

以下参考資料です。

- Jupyterウィジェット（https://jupyter.org/widgets.html）
- ipyleaflet（https://github.com/ellisonbg/ipyleaflet）
- bqplot（https://bqplot.readthedocs.io/en/stable/）
- pythreejs（https://github.com/jovyan/pythreejs）
- three.js（https://threejs.org/）
- ipyvolume（https://github.com/maartenbreddels/ipyvolume）
- Jupyter Google Maps（https://jupyter-gmaps.readthedocs.io/en/latest/）
- Jupyter用NGLベースの対話型3次元分子ビューア（http://nglviewer.org/nglview/latest/）

レシピ6.6　AltairとVispy-Liteによるグラフ作成

　Vegaは、静的および対話型可視化を設計するための宣言フォーマットです。可視化に用いるJSONベースの文法を提供しています。Vega-LiteはVegaよりも使いやすく、Vegaに直接コンパイルできる高水準仕様です。

　Altairは、Vega-Liteによる記述内容を表示するためのシンプルなAPIを提供するPythonライブラリです。Jupyter Notebook、JupyterLab、およびnteractで動作します。

Altairは積極的な開発が継続されているため、APIは将来のバージョンで変更される可能性があります。

準備

Altairはターミナルから cond install -c conda-forge altair コマンドを実行してインストールします[*1]。

手順

1. Altairをインポートする。

    ```
    >>> import altair as alt
    ```

2. Altairの提供するサンプルデータセットを使用する。

    ```
    >>> alt.list_datasets()
    ['airports',
     ...
     'driving',
     'flare',
     'flights-10k',
     'flights-20k',
     'flights-2k',
     'flights-3m',
     'flights-5k',
     'flights-airport',
     'gapminder',
     ...
     'wheat',
     'world-110m']
    ```

3. ここでは、flights-5kデータセットをロードする。

    ```
    >>> df = alt.load_dataset('flights-5k')
    ```

    load_dataset()関数は、PandasのDataFrameを返す。

    ```
    >>> df.head(3)
    ```

[*1] 訳注：Altairはvegaを前提としているので、conda install -c conda-forge vega コマンドおよび conda install -c conda-forge vega_datasets コマンドを実行してインストールが必要。

	date	delay	destination	distance	origin
0	2001-01-10 18:2…	25	HOU	192	SAT
1	2001-01-31 16:4…	17	OAK	371	SNA
2	2001-02-16 12:0…	21	SAN	417	SJC

このデータセットは、航空機の運行状況つまり、フライトの日付（date）、出発地（origin）、目的地（destination）、飛行距離（distance）、遅延時間（delay）を提供する。

4. 飛行距離に応じたマーカーのサイズを使い、日付の関数として遅延を示す散布図を作成する[*1]。

```
>>> alt.Chart(df).mark_point().encode(
        x='date',
        y='delay',
        size='distance',
    )
```

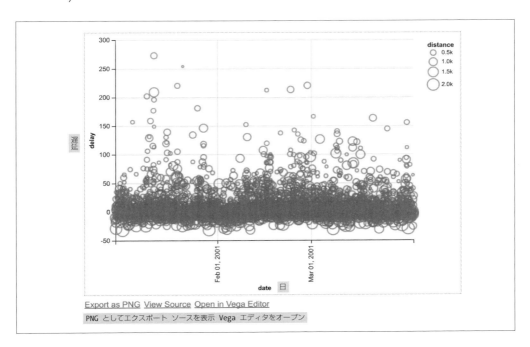

[*1] 訳注：vagaの表示設定ができていない場合、散布図ではなく"<VegaLite 2 object>"と表示される。エラーメッセージに含まれるURLを参照して、適切なコードを追加する必要がある。例えば、Notebookを使っている場合、altairをインポートした後で次のコードを実行する。

```
alt.renderers.enable('notebook')
```

mark_point()メソッドで散布図を作成する。encode()関数を使用すると、DataFrameの特定の列をプロットのパラメータ（ここでは散布図上の点に対する、x座標とy座標、ポイントサイズ）として指定できる。

5. 次に、ロサンゼルス国際空港から出発するすべての便の平均遅延を日付の関数とした棒グラフを作成する。

```
>>> df_la = df[df['origin'] == 'LAX']

    x = alt.X('date', bin=True)
    y = 'average(delay)'

    alt.Chart(df_la).mark_bar().encode(
        x=x,
        y=y,
    )
```

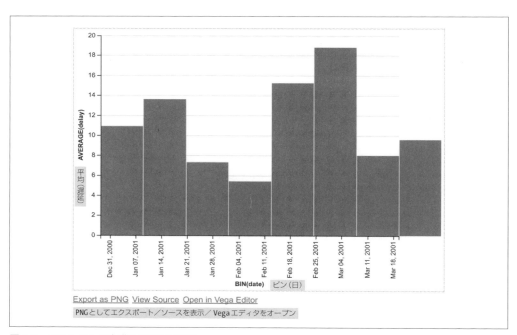

図6-8　ロサンゼルス空港の平均遅延時間

Pandasを使用してロサンゼルス国際空港[*1]から出発するすべてのフライトを選択する。x座標は、alt.Xクラスを使用してヒストグラムの作成（bin = True）を指定する。y座標は、すべてのビン

[*1] 訳注：データ中の出発地および目的地の空港はIATA空港コードで表されている。'LAX'はロサンゼルス国際空港のコード。

のすべての遅延時間の平均を指定する。

6. 次に、すべての出発地について平均遅延のヒストグラムを作成する。Xクラスのsortオプションを使用して、遅延の平均値を出発地の関数として降順で並べるように指定する。

```
>>> sort_delay = alt.EncodingSortField(
        field='delay', op='average', order='descending')

    x = alt.X('origin', sort=sort_delay)
    y = 'average(delay)'

    alt.Chart(df).mark_bar().encode(
        x=x,
        y=y,
    )
```

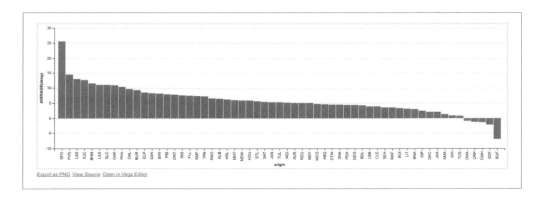

解説

AltairはVega-Lite仕様のJSONを生成するためのPython APIを提供しています。Altairのto_json()メソッドは、Altairによって作成されたJSONを検査するために使用できます。例えば、最後のヒストグラムの例は次のJSONとなります。

```
{
 "$schema": "https://vega.github.io/schema/vega-lite/v1.2.1.json",
 "data": {
  "values": [
   {
    "date": "2001-01-10 18:20:00",
    "delay": 25,
    "destination": "HOU",
    "distance": 192,
    "origin": "SAT"
   },
   ...
```

```
      ]
    },
    "encoding": {
     "x": {
      "field": "origin",
      "sort": {
       "field": "delay",
       "op": "average",
       "order": "descending"
      },
      "type": "nominal"
     },
     "y": {
      "aggregate": "average",
      "field": "delay",
      "type": "quantitative"
     }
    },
    "mark": "bar"
   }
```

JSONには、上の例で示したようにデータそのものや、場合によりデータファイルへのURLが含まれています。また、プロットのパラメータとデータを結び付けるための、エンコーディングチャネル（encoding channel）[*1]が定義されています。

Jupyter Notebook上のAltairは、描画するプロットのCanvasまたはSVG FigureをVega-Liteライブラリを利用して作成します。

応用

AltairとVega-Liteは、それぞれのギャラリーで紹介されているように、非常に複雑なプロットもサポートしています。

Vega-Liteは対話的なプロットもサポートしています。Vega-Liteギャラリーの次の例は、サブプロット間のリンクブラッシング（linked brushing）を紹介しています。任意のサブプロット上でマウスを使って長方形の選択（ブラッシング）を行うと、他のサブプロットにも選択が反映されます。

[*1]　訳注：この例だと、エンコーディングチャネルとして、ポジションチャネルのxとyが定義されている。Vega-Liteのencoding channelについては、https://vega.github.io/vega-lite/docs/encoding.htmlを参照。

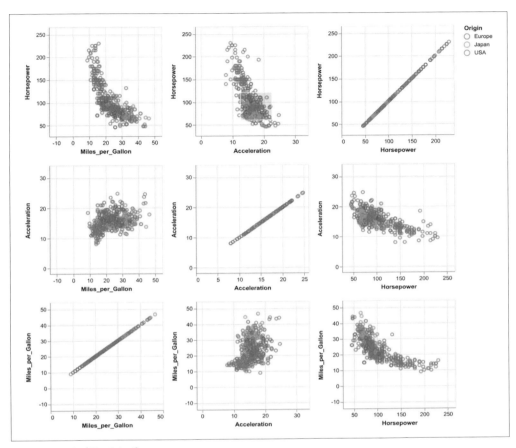

図6-9　リンクブラッシング

また、Vega-LiteのWebサイトには、ブラウザに直接プロットを作成するための、インストールが不要なオンラインエディタが提供されています。

以下参考資料です。

- Altairドキュメント（https://altair-viz.github.io/）
- Altairギャラリー（https://altair-viz.github.io/gallery/index.html）
- Vega-Liteドキュメント（https://vega.github.io/vega-lite/）
- Vega-Liteギャラリー（https://vega.github.io/vega-lite/examples/）
- Vega-Liteオンラインエディタ（https://vega.github.io/editor/#/custom/vega-lite）

関連項目

- 「レシピ6.2　Seabornによる統計グラフの作成」
- 「レシピ6.5　Jupyter Notebook上の対話型可視化ライブラリ」

II部
データサイエンスと
応用数学の標準的技法

7章

統計的データ分析

本章で取り上げる内容
- PandasとMatplotlibを使った探索的データ分析
- はじめての統計的仮説検定：簡単なZ検定
- はじめてのベイズ法
- 分割表とカイ二乗検定を用いた二変数間の相関推定
- 最尤法を用いたデータへの確率分布のあてはめ
- カーネル密度推定によるノンパラメトリックな確率密度の推定
- マルコフ連鎖モンテカルロ法を使った事後分布サンプリングからのベイズ
  モデルあてはめ
- Jupyter Notebookとプログラミング言語Rによるデータ分析

はじめに

　前章までは、Pythonのハイパフォーマンスな対話環境に関する技術的な側面を取り上げました。ここから本書の第II部として、Pythonを使って解決するさまざまな科学的問題について解説します。

　この章ではデータ解析の統計的手法について紹介します。Pandas、StatsModels、PyMC3などのパッケージを解説すると共に、手法の基礎となる数学的原理を説明します。そのため、確率論と微積分に関する基本的な知識があるなら、この章は最も有意義な章となります。

　「8章　機械学習」とは、基礎とする数学的背景がほぼ同じであるため緊密に関係していますが、目的は少し異なります。この章では、現実世界のデータに対する洞察を深める方法と、不十分な情報から物事を決定する方法を示します。「9章　数値最適化」の目標はデータから学習すること、すなわち部分的な観測から規則性を見出したり、結果を予測する方法を扱います。

　最初に、この章で取り上げる手法を簡単に説明します。

234 | 7章　統計的データ分析

統計的データ分析とは

　統計的データ分析の目的は、部分的でばらつきのある観測結果から複雑な実世界の現象を理解することです。データの不確かさは、結果として現象に関する不確かな知識をもたらします。統計理論の主要な目的は、この不確かさの定量化です。

　統計的データ分析の基礎である数学理論と、分析を行った後の判断を区別することは重要です。前者は非常に厳密なものであり、驚くべきことに数学者は不確かさを扱うための精密な数学的枠組みを構築できました。にもかかわらず、統計分析の結果から人間が判断を下す過程においては、主観の入り込む余地があります。統計的な処理を行った結果の背後にあるリスクと不確かさを理解することは、意思決定の過程において非常に重要です。

　この章では統計的データ分析の背後にある基本的な概念、原則、理論を学びます。具体的には、定量化したリスクを使って意思決定を行う方法も取り上げます。もちろん、これらの手法をPythonで実装する方法もその都度紹介します。

語彙について簡単に

　レシピを始める前に、説明しておくべき語彙がいくつかあります。これらの概念は、統計的手法をさまざまなレベルで分類することを可能にします。

探索、推測、意思決定、予測

　探索的手法（Exploratory method）は、基本的な統計的数値や対話的可視化によりデータセットの概観を把握する方法です。筆者の前著である『Learning IPython for Interactive Computing and Data Visualization, Second Edition』と本書では、最初の章でこの手法を取り上げています。この章の最初のレシピでは、PandasとMatplotlibを使ったデータセットの探索を行う別の例を紹介します。

　統計的推定（Statistical inference）は、部分的でばらつきのある観測結果から未知のプロセスについての情報を得る手法であり、**推定量**（estimation）はプロセスを表現する数学的変数のおおよその量を得るものです。この章では3つのレシピで統計的推定を取り上げます。

- 「レシピ7.5　最尤法を用いたデータへの確率分布のあてはめ」
- 「レシピ7.6　カーネル密度推定によるノンパラメトリックな確率密度の推定」
- 「レシピ7.7　マルコフ連鎖モンテカルロ法を使った事後分布サンプリングからのベイズモデルあてはめ」

　決定理論（Decision theory）は、ランダムな観測から未知のプロセスに対するリスクを制御した意思決定を可能とします。次の2つのレシピでは、統計的な意思決定方法を紹介します。

- 「レシピ7.2　はじめての統計的仮説検定：簡単なZ検定」
- 「レシピ7.4　分割表とカイ二乗検定を用いた二変数間の相関推定」

予測（prediction）とはデータからの学習、すなわち、限られた量の観測結果から確率過程の結果を予測することです。このトピックは、次の章「8章　機械学習」で扱います。

一変量と多変量

多くの場合、データには次の2つの要素があります。

- 観測（機械学習の分野ではサンプル）
- 変数（または特徴）

通常、観測は同一の確率過程に対する独立した観測値であり、それぞれの観測は1つまたは複数の変数で構成されます。たいていの場合、変数は数値か、有限個の集合（つまり有限個の値）の要素となります。統計分析は、行った観測と変数がどのようなものかを理解することから始まります。

変数が1つの場合、その問題は**一変量**です。変数が2つであれば**二変量**、2つ以上は多変量になります。一般的に一変量手法は簡単なので、一度に1次元ずつ処理すれば**多変量**変数を一変量的に扱うことが可能です。この場合、変数間の関係を調べることができませんが、最初に取るアプローチとしてよく使われます。

頻度主義とベイズ主義

不確かさを扱う方法は少なくとも2種類あります。そのため、推計、意思決定、その他統計的な問題もそれぞれ2種類存在します。この方法は、それぞれ**頻度主義**と**ベイズ主義**と呼ばれ、頻度主義を好む人もいれば、ベイズ主義を好む人もいます。

頻度主義は確率を個々の独立した観測値の統計的平均として解釈（これを大数の法則と言います）し、ベイズ主義は確率を信頼の度合いとして解釈します（そのため多数の観測を必要としません）。ベイズ主義の解釈方法は、試行が一度に限られる場合に有用です。さらに、ベイズ理論では確率過程に関する過去の知識を考慮するため、事前に得ている確率分布をデータが増えるに従い更新します。

頻度主義とベイズ主義のどちらにも長所と短所があります。例えば、頻度主義の手法は、適用は簡単だが解釈が難しいとも言われます。頻度主義手法の古典的な誤用についてはhttps://www.statisticsdonewrong.com/を参照してください[1]。

データ分析の初心者としては、どちらを使うか決める前に両者の基礎を学ぶ必要があります。どちらの手法もこの章で紹介します。

以下の2つはベイズ主義を使ったレシピです。

- 「レシピ7.3　はじめてのベイズ法」
- 「レシピ7.7　マルコフ連鎖モンテカルロ法を使った事後分布サンプリングからのベイズモデルあてはめ」

---

[1]　訳注：勁草書房より『ダメな統計学』として日本語訳が出版されている。また、http://id.fnshr.info/2014/12/28/stats-done-wrong-ja-pdf/ でも読むことができる。

Jake VanderPlasは、Pythonの例を添えた頻度主義とベイズ主義に関する5パートからなるブログ記事をhttps://jakevdp.github.io/blog/2014/03/11/frequentism-and-bayesianism-a-practical-intro/で公開しています。

パラメトリック推定とノンパラメトリック推定

多くの場合、何らかの**確率モデル**に基づいた分析を行います。このモデルはデータがどのように生成されたかを表しますが、確率モデルは分析方法をガイドする単なる数学上のオブジェクトにすぎないという意味で、現実性がありません。良いモデルは有益ですが、悪いモデルは誤った結論を導くかもしれません。

パラメトリック手法では、分析モデルが何らかのよく知られた確率分布に従っていることを前提とします。モデルは推定対象となる1つか、もしくは複数のパラメータを持ちます。

ノンパラメトリックモデルでは、そのような仮定を行いません。これにより、柔軟性が向上しますが、実装と解釈は複雑になります。

次のレシピは、それぞれパラメトリックとノンパラメトリック手法を扱います。

- 「レシピ7.5　最尤法を用いたデータへの確率分布のあてはめ」
- 「レシピ7.6　カーネル密度推定によるノンパラメトリックな確率密度の推定」

この章の内容は、統計的データ分析のためにPythonが提供する幅広い機能の簡単な紹介に止まっています。詳細な知識は、例えば次のようなオンラインのコースや書籍を通して得ることができるはずです。

- Awesome Mathの統計リソース（https://github.com/rossant/awesome-math#statistics）
- WikiBooksの「統計学」記事（https://en.wikibooks.org/wiki/Statistics）
- フリーな統計学の教科書（https://stats.stackexchange.com/questions/170/free-statistical-textbooks/）

レシピ7.1　PandasとMatplotlibを使った探索的データ分析

このレシピでは、Pandasを使ってデータセットの初期的な解析を行う方法を紹介します。通常この作業はデータにアクセスした際に、最初のステップとして行います。Pandasを使えば、データを読み込み、変数をさまざまな形で概観し、簡単なMatplotlibのグラフを描くまでの作業が簡単に進められます。

ここでは、スイスのテニス選手であるロジャー・フェデラーが、2012年までに行ったATP[*1]の試合に関するデータを使います。

手順

1. NumPy、Pandas、Matplotlibをインポートする。

```
>>> from datetime import datetime
    import numpy as np
    import pandas as pd
    import matplotlib.pyplot as plt
    %matplotlib inline
```

2. データセットはCSV形式、つまりカンマ区切りのテキストファイルである。PandasはCSVファイルを読み込む関数を提供している。

```
>>> player = 'Roger Federer'
    df = pd.read_csv('https://github.com/ipython-books/'
                     'cookbook-2nd-data/blob/master/'
                     'federer.csv?raw=true',
                     parse_dates=['start date'],
                     dayfirst=True)
```

Jupyter Notebookで表示して、データセットを見てみよう。

```
>>> df.head(3)
```

	year	tournament	start date	type	surface	...	player2 total se...	player2 total ret...	player2 total ret...	player2 total po...	player2 total po...
0	1998	Basel, Switzerland	1998-10-05	WS	Indoor: Hard	...	50.0	26.0	53.0	62.0	103.0
1	1998	Toulouse, France	1998-09-28	WS	Indoor: Hard	...	65.0	8.0	41.0	41.0	106.0
2	1998	Toulouse, France	1998-09-28	WS	Indoor: Hard	...	75.0	23.0	73.0	69.0	148.0

3 rows × 70 columns

3. 各行はフェデラーが出場したトーナメントを表し、データには多くの列が存在する。優勝したかどうかを表す論理値の列を追加しよう。tail()メソッドは、最後の数行を表示する。

```
>>> df['win'] = df['winner'] == player
    df['win'].tail()
1174    False
1175     True
1176     True
1177     True
1178    False
Name: win, dtype: bool
```

[*1] 訳注: 男子のプロテニスツアーを運営する団体である、男子プロテニス協会 (Association of Tennis Professionals) のこと。

238 | 7章　統計的データ分析

4. df['win']はSeriesオブジェクトである。これはNumPy配列と似ているが、インデックス（この例ではトーナメントを表す番号）を持つ点が異なる。このオブジェクトには、いくつかの標準的な統計メソッドが用意されている。例えば、勝った試合の割合を見てみよう。

```
>>> won = 100 * df['win'].mean()
    print(f"{player} has won {won:.0f}% of his matches.")
Roger Federer has won 82% of his matches.
```

5. それでは、いくつかの値が時間の経過と共にどのように変化するか見てみよう。df['start date']には、トーナメントの開始日が格納されている。

```
>>> date = df['start date']
```

6. 各トーナメントでのダブルフォールトの割合を見てみよう（試合期間が長ければ、その分ダブルフォールトの数も多くなる点に配慮する）。この数はプレーヤーの心理状態、自信の強さ、リスクに対する姿勢、その他さまざまなパラメータに影響される。

```
>>> df['dblfaults'] = (df['player1 double faults'] /
                       df['player1 total points total'])
```

7. head()とtail()メソッドを使えば指定した列の最初または最後の数行が表示できる。describe()メソッドは、要約統計量を計算する。いくつかの行にはNaN値が現れる（つまりダブルフォールト数が記録されていない）ことに注意が必要である。

```
>>> df['dblfaults'].tail()
1174    0.018116
1175    0.000000
1176    0.000000
1177    0.011561
1178         NaN
Name: dblfaults, dtype: float64
>>> df['dblfaults'].describe()
count    1027.000000
mean        0.012129
std         0.010797
min         0.000000
25%         0.004444
50%         0.010000
75%         0.018108
max         0.060606
Name: dblfaults, dtype: float64
```

8. groupby()はPandasの非常に強力な機能の1つである。この関数は特定の列で同じ値を持つ行をグループ化し、そのグループごとに統計量を計算できる。例えばコートサーフェスの関数として勝率を計算してみよう。

```
>>> df.groupby('surface')['win'].mean()
Surface
```

```
Indoor: Carpet    0.736842
Indoor: Clay      0.833333
Indoor: Hard      0.836283
Outdoor: Clay     0.779116
Outdoor: Grass    0.871429
Outdoor: Hard     0.842324
Name: win, dtype: float64
```

9. それではgroupby()を使ってダブルフォールトの年平均と、トーナメントごとの割合を日付の関数として表示する。

    ```
    >>> gb = df.groupby('year')
    ```

10. gbは、GroupByインスタンスである。これはDataFrameオブジェクトと似ているが、グループごとに行(年ごとのすべてのトーナメント)が分かれる。mean()を使って、行をグループごとに集約してみよう。グラフのx軸は日付となるため、Matplotlibのplot_date()関数を使って可視化する。

    ```
    >>> fig, ax = plt.subplots(1, 1)
        ax.plot_date(date.astype(datetime), df['dblfaults'],
                     alpha=.25, lw=0)
        ax.plot_date(gb['start date'].max().astype(datetime),
                     gb['dblfaults'].mean(), '-', lw=3)
        ax.set_xlabel('Year')
        ax.set_ylabel('Double faults per match')
        ax.set_ylim(0)
    ```

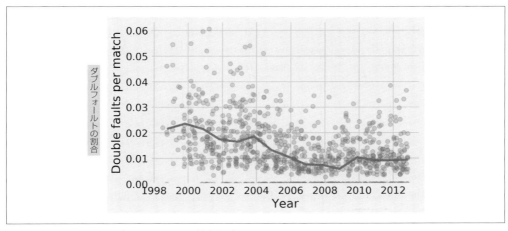

図7-1　plot_date()でダブルフォールトの割合をプロット

応用

Pandasはデータの加工や探索的データ分析のための優れたツールです。Pandasはあらゆる種類のフォーマット（テキストおよびバイナリファイル）を読み込み、テーブルとしてさまざまな方法で操作可能です。特にgroupby()メソッドは非常に強力です。

ここで取り上げたのは、データ分析作業の最初の一歩にすぎません。現象の下に隠れた信頼性のある情報の掘り出し、意思決定、予測を行うには、より高度な統計手法が必要となります。これらは、この後のレシピで取り上げます。

さらに複雑なデータには、より洗練された分析手法が求められます。例えば、デジタルデータ、画像、音声、動画などは統計的手法を適用する前に信号処理が必要です。こうした問題は、別の章で扱います。

以下参考資料です。

- PandasのWebサイト（https://pandas.pydata.org/）
- Pandas のチュートリアル（https://pandas.pydata.org/pandas-docs/stable/getting_started/10min.html）
- Wes McKinney著『Python for Data Analysis, 2nd Edition』O'Reilly Media刊、2017（邦訳『Pythonによるデータ分析入門第2版——NumPy、pandasを使ったデータ処理』、瀬戸山雅人他訳、オライリー・ジャパン刊、2018）

レシピ7.2　はじめての統計的仮説検定：簡単なZ検定

統計的仮説検定は不完全なデータを基にした判断を可能とします。定義により、この判断は必ずしも正しいわけではありません。統計学者は、リスクを評価する厳格な方法を開発しましたが、意思決定の過程で主観が入る余地は常に存在します。統計学は、不確実な世界で判断を下すための道具にすぎません。

ここでは、非常に単純な試行としてコイン投げを使った、統計的仮説検定の最も基本的な手法を紹介します。もう少し正確に述べるなら、Z検定を行う手順を示し、その背景にある数学的考え方を簡単に説明します。この種類の手法（頻度主義の手法とも呼ばれます）は科学の領域において広く使われているものですが、欠陥や解釈上の問題がないわけではありません。別の現代的なアプローチとして、ベイズ理論に基づいた別の手法も紹介します。両者をそれぞれに理解するのは、非常に有益です。

準備

このレシピは確率論の基本的な知識（確率変数、確率分布、期待値、分散、中心極限定理など）を必要とします。

レシピ7.2 はじめての統計的仮説検定：簡単なZ検定 | **241**

手順

頻度主義による仮説検定の多くは、大まかには次のような流れで行われます。

1. これから証明しようとする仮説の反対である**帰無仮説** (null hypothesis) を設定する
2. 検定の種類、モデル、仮説、データに適した式を使い**検定統計量**を計算する
3. 計算値を基に、与えられた不確実性レベルで仮説を棄却するか、または結論に達しない (したがって、将来の研究がそれを拒絶するまで仮説を受け入れる) かを判断する。

例えば、新薬の有効性を試験するために、ある集団の患者は、新薬を服用していない集団と比較して統計的に有意な効果がないという帰無仮説を設定するとします。研究の結果より帰無仮説が棄却された場合、それは新薬の有効性を支持する主張となる (ただしそれは決定的な証拠ではない)。

ここでは、コインを n 回投げて、表が出た回数を h とします。確認したいのは、コインに歪みがない (帰無仮説) ことです。この例はとても簡単ですが、仮説検定を学ぶには十分に有益であるだけでなく、他の多くの手法の基礎でもあります。

ベルヌーイ分布 $B(q)$ を、未知パラメータ q で表します。詳しい解説は、Wikipedia の「Bernoulli distribution」(https://en.wikipedia.org/wiki/Bernoulli_distribution、または Wikipedia 日本語版の「ベルヌーイ分布」記事) を参照してください。

ベルヌーイ変数は次の性質を持ちます。

* 0 (裏) の確率 $1 - q$
* 1 (表) の確率 q

簡単な統計的Z検定を行う手順は次の通りです。

1. 100回の試行の後、$h = 61$ 回の表が出たとしよう。有意水準を 0.05 と置いて、帰無仮説をコインに歪みがない ($q = 1/2$) とする。

```
>>> import numpy as np
    import scipy.stats as st
    import scipy.special as sp
>>> n = 100  # number of coin flips
    h = 61   # number of heads
    q = .5   # null-hypothesis of fair coin
```

2. 以下の式で定義されるZスコアを計算する (xbar は分布の推定平均を表す)。この式については、次の「解説」セクションで説明する。

```
>>> xbar = float(h) / n
    z = (xbar - q) * np.sqrt(n / (q * (1 - q)))
    # We don't want to display more than 4 decimals.
    z
2.2000
```

3. Ｚスコアより、p値を計算する。

```
>>> pval = 2 * (1 - st.norm.cdf(z))
    pval
0.0278
```

4. このp値は0.05未満であるため、帰無仮説は棄却され、コインにはおそらく歪みがあるとの結論に至る。

解説

このコイン投げの実験は、ベルヌーイ分布 $B(q)$ に従う確率変数 $x_i \in \{0,1\}$ の n 回試行としてモデル化できます。x_i は i 回目の試行を表します。実験後には、実際の値（標本）が得られます。確率変数（確率オブジェクト）と実際の値（標本）を区別するために、異なる記法が用いられる場合があります。

次の式で**サンプル平均**を求めます（ここでは表の出た割合）。変数の上にバーを付けて平均を示します。

$$\overline{x} = \frac{1}{n} \sum_i x_i$$

予測値 $\mu = q$ と分布 $B(q)$ の分散 $\sigma^2 = q(1-q)$ を用いて、次の式を計算します。

$$E[\overline{x}] = \mu = q$$
$$\mathrm{var}(\overline{x}) = \frac{\sigma^2}{n} = \frac{q(1-q)}{n}$$

Ｚ検定は $\overline{x}$ を正規化したものです（平均の差を標準偏差で割るため、平均が0、標準偏差が1になります）。

$$z = \frac{\overline{x} - E[\overline{x}]}{\mathrm{std}(\overline{x})} = (\overline{x} - q)\sqrt{\frac{n}{q(1-q)}}$$

帰無仮説のもと、Ｚ検定の値が z_0 よりも大きくなる確率 P は、どの程度でしょうか。この確率は（両側）p値と呼ばれます。中心極限定理により、多くの標本のもとではZ検定はおおよそ標準正規分布 $N(0,1)$ に従います。そのため、次の式が得られます。

$$p = P[|z| > z_0] = 2P[z > z_0] \simeq 2(1 - \Phi(z_0))$$

次のグラフはＺスコアとp値の関係を示します。

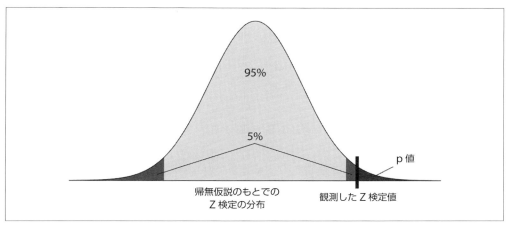

図7-2　Zスコアとp値の例

この式で、Φは標準正規分布の累積分布関数を表します。SciPyでは`scipy.stats.norm.cdf`で求められます。したがって、データから求められるZ検定からp値、つまり帰無仮説のもとで観測した結果が極端な値となる確率を求めます。

もしp値が5％（歴史的かつさまざまな理由により、有意水準として広く用いられている）よりも小さい場合、次のどちらかの結論を得ます。

- 帰無仮説が棄却され、コインに歪みがあると結論付ける
- 帰無仮説は正しく、観測された値は単なる偶然であり、結論付けることができない

このフレームワークで上記2つの選択肢のあいまいさをなくすことはできません。しかし、たいていの場合は、最初の結論が選択されます。ここが頻度主義の限界とも言えますが、この問題を緩和する方法もあります（例えば、いくつもの独立した手法を組み合わせ、それらの結論を総合的に判断する等）。

応用

このパターンを踏襲する多くの統計的検定手法が数多く存在します。それらをすべて検討するのは、本書の範囲を大きく超えていますが、参考としてWikipediaの「Statistical hypothesis testing」(https://en.wikipedia.org/wiki/Statistical_hypothesis_testing、またはWikipedia日本語版の「仮説検定」記事）を調べてみてください。

p値を解釈するのは難しいので、査読付き科学論文でさえ誤った結論に至るものがあります。この話題を掘り下げたい場合には、https://www.statisticsdonewrong.com/ を参照してください。

関連項目

- 「レシピ7.3　はじめてのベイズ法」

レシピ7.3　はじめてのベイズ法

　直前のレシピでは、不完全なデータで仮説検定を行う頻度主義的手法を用いました。ここではベイズ理論に基づいた異なるアプローチを試します。未知のパラメータを確率変数として扱うところが、このアイデアの中心となります。パラメータについて、事前に知られている知識をモデルの一部とすると共に、観測で得られたデータを順次モデルに組み込みます。

　頻度主義とベイズ主義では確率の解釈が異なります。頻度主義では、無限回の試行を前提とした事象の出現頻度の極限を確率とするのに対し、ベイズ主義では、確率を尤もらしさとして捉え、この値はデータが観測されるに伴い更新されます。

　このレシピでは、ベイズ主義のアプローチでコイン投げの実験を再考してみましょう。この例は解析的な取り扱いができるほどシンプルです。後のセクションで見るように、解析的な処理が難しい場合には、数値的な解を求める方法が一般的です。

準備

　このレシピでは数学の知識が重要であり、確率論（確率変数、分布、ベイズの定理）および微積分学（導関数、積分）の基礎的知識が必要となります。表記法は前のレシピと同じものを使います。

手順

　q を表が出る確率とします。前のレシピでは固定値でしたが、ここでは**確率変数**となります。この最初の値を**事前確率分布**と呼び、コイン投げを始める前の q に対する知識を表します。この分布を各試行ごとに更新して事後分布を得ます。

1. まず、q を区間 $[0, 1]$ で一様な確率変数とする。これが事前分布であり、すべての q に対して $P(q) = 1$ である。

2. 次に、コイン投げを n 回行う。x_i は i 回目のコイントスの結果を表す（0が裏、1が表）。

3. q の確率分布は、x_i を観測することでどのように変化するだろうか。**ベイズの定理**により、事後分布を解析的に求めることが可能である（数学的な詳細は次のセクションを見てほしい）。

$$P(q \,|\, \{x_i\}) = \frac{P(\{x_i\} \,|\, q) \, P(q)}{\int_0^1 P(\{x_i\} \,|\, q) \, P(q) \, dq} = (n + 1) \binom{n}{h} q^h (1 - q)^{n - h}$$

4. 上の式を使って事後分布を求める。この式は scipy.stats が提供している二項分布の**確率質量関数**（probability mass function：PMF）を $(n + 1)$ 倍したものである（二項分布については、

Wikipediaの「Binomial distribution」（https://en.wikipedia.org/wiki/Binomial_distribution、または Wikipedia 日本語版の「二項分布」）を参照）。

```
>>> import numpy as np
    import scipy.stats as st
    import matplotlib.pyplot as plt
    %matplotlib inline
>>> def posterior(n, h, q):
        return (n + 1) * st.binom(n, q).pmf(h)
```

5. $n = 100$ の試行に対して、$h = 61$ 回の表を観測した場合の分布を可視化してみよう。

```
>>> n = 100
    h = 61
    q = np.linspace(0., 1., 1000)
    d = posterior(n, h, q)
>>> fig, ax = plt.subplots(1, 1)
    ax.plot(q, d, '-k')
    ax.set_xlabel('q parameter')
    ax.set_ylabel('Posterior distribution')
    ax.set_ylim(0, d.max() + 1)
```

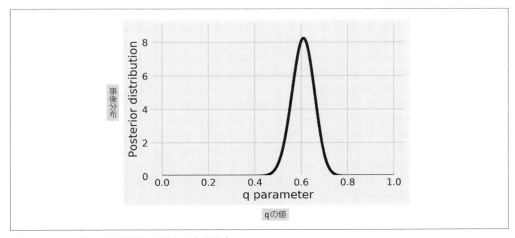

図7-3　h＝61回の表を観測した場合の事後分布

このグラフは、61回の表を観測した後の q に対する尤もらしさを表している。

解説

このセクションでは、ベイズの定理を説明し、レシピの基礎となる数学の解説を行います。

ベイズの定理

データサイエンスには、非常に一般的な考え方があります。それはデータを数学的なモデルを使っ

246 | 7章　統計的データ分析

て説明するというものです。これはモデル→データという一方向のプロセスで定式化されています。

このプロセスが終わった後、データサイエンティストの仕事はデータを調査してモデルに関する情報を修正することです。言い換えると、最初のプロセスの逆を行い、データ→モデルを得るのです。

確率の言葉を使うと、最初のプロセスは**条件付き確率分布** P (データ | モデル) で表すことができます。これは、モデルが完全に指定された状況化でのデータが観測される確率です。

同様に逆プロセスは P (モデル | データ) となります。これは観測結果（既にあるもの）から、モデル（予測しているもの）の情報を与えてくれます。

モデル→データという確率的プロセスを逆転するための、フレームワークの中核がベイズの定理です。これは次のように記述されます。

$$P(モデル \,|\, データ) = \frac{P(データ \,|\, モデル)P(モデル)}{P(データ)}$$

この等式は、観測したデータからモデルの情報を得る方法を示しています。信号処理、統計学、機械学習、逆問題、その他多くの科学的分野でベイズの式は広く利用されています。

ベイズの式では、P (モデル) はモデルに関する既知の情報を表します。同様に P (データ) は、データの分布であり、一般的に P (データ | モデル) P (モデル) の積分で表されます。

つまり、ベイズの式はデータ推定のための一般的な道筋を示していると言えます。

1. 最初のプロセスであるモデル→データの数学モデルを指定する（P (データ | モデル) 項）。
2. モデルの事前確率分布を指定する（P (モデル) 項）。
3. この式を解析的または数値的に解く。

事後確率分布の計算

このレシピの例では、事後確率分布を（ベイズの定理より得られる）次の式で求めることができます。

$$P(q \,|\, \{x_i\}) = \frac{P(\{x_i\} \,|\, q)P(q)}{\int_0^1 P(\{x_i\} \,|\, q)P(q)dq}$$

x_i は独立であることから、次の式が得られます（h は表の出た回数）。

$$P(\{x_i\} \,|\, q) = \prod_{i=1}^n P(x_i \,|\, q) = q^h(1-q)^{n-h}$$

加えて、次の積分は（部分積分と帰納法により）解析的に解けます。

$$\int_0^1 P(\{x_i\} \,|\, q)P(q)\,dq = \int_0^1 q^h(1-q)^{n-h}dq = \frac{1}{(n+1)\binom{n}{h}}$$

その結果、最終的には次の式となります。

$$P(q \mid \{x_i\}) = \frac{P(\{x_i\} \mid q) P(q)}{\int_0^1 P(\{x_i\} \mid q) P(q) \, dq} = (n + 1) \binom{n}{h} q^h (1 - q)^{n-h}$$

最大事後確率推定

事後確率分布から点推定を得ることができます。例えば、**最大事後確率** (Maximum a posteriori：MAP) 推定では、事後確率分布の最大値をqの推定とします。これは解析的にも数値的にも求めることが可能です。MAPについての詳細は、Wikipediaの「Maximum a posteriori estimation」(https://en.wikipedia.org/wiki/Maximum_a_posteriori_estimation、またはWikipedia日本語版の「最大事後確率」記事) を参照してください。

事後確率分布をqについて微分することで解析的に次の式が得られます ($1 \leq h \leq n - 1$であることを想定する)。

$$\frac{dP(q \mid \{x_i\})}{dq} = (n + 1) \frac{n!}{(n - h)! \, h!} \left(h q^{h-1} (1 - q)^{n-h} - (n - h) q^h (1 - q)^{n-h-1} \right)$$

この式は、$q = h/n$である場合、0と等しくなります。これがパラメータqに対するMAP推定です。この値は、実験で得られた表の出る割合と同じになります。

応用

このレシピでは、ベイズの定理におけるいくつかの基本的な概念を紹介し、簡単な実例を使って説明を行いました。事後確率分布を解析的に求められるという事実は、実世界では一般的に活用されていません。にもかかわらず、この例は後で紹介する複雑な数値計算の数学的な基礎を説明しているという意味で有益なのです。

確信区間

事後確率分布は、観測結果が得られた状態でのqに対する尤もらしさを示しています。これを使って、実際の値が含まれるであろう**確信区間**を導くことができます。頻度主義の信頼区間が、ベイズ主義の確信区間に当たります。確信区間の詳細は、https://en.wikipedia.org/wiki/Credible_intervalを参照してください。

共役分布

このレシピの事前確率分布と事後確率分布は**共役**であると言い、両者は同じタイプ (ここではベータ分布) に属しています。このため、事後分布を解析的に求められました。共役分布については、https://en.wikipedia.org/wiki/Conjugate_priorを参照してください。

無情報事前分布

未知のパラメータqに対しては、事前確率分布として一様分布を選択しました。選択肢として単

純で、計算も扱いやすくなります。これは事前に何らかの先入観を持つのは好ましくないという直感を反映しています。一方で厳格に事前分布からの影響を排除するための方法も提案されています（Wikipediaの「Prior probability」記事中の「Uninformative priors」項目（https://en.wikipedia.org/wiki/Prior_probability#Uninformative_priors、またはWikipedia日本語版の「事前確率」記事）を参照してください）。1つの例がパラメータ化の影響を受けないように考慮した事前分布であるジェフリーズ事前分布です。詳細はhttps://en.wikipedia.org/wiki/Jeffreys_priorを参照してください。ここでの例では、ジェフリーズ事前分布は次の式となります。

$$P(q) = \frac{1}{\sqrt{q(1-q)}}$$

関連項目

- 「レシピ7.7　マルコフ連鎖モンテカルロ法を使った事後分布サンプリングからのベイズモデルあてはめ」

レシピ7.4　分割表とカイ二乗検定を用いた二変数間の相関推定

一変量手法が一変数の観測を扱うように、多変量手法では複数の特徴を観測することになります。多変量のデータを使うと変数間の関係、特に変数と変数の間に相関があるのか、それともないのか（つまり独立なのか）の調査が可能です。

このレシピでは最初のレシピで使用したテニスのデータと頻度主義の手法を使い、エースの数とポイントの割合の間に関係があるかを推測します。

手順

1. NumPy、Pandas、SciPy.stats、Matplotlibをインポートする。

    ```
    >>> import numpy as np
        import pandas as pd
        import scipy.stats as st
        import matplotlib.pyplot as plt
        %matplotlib inline
    ```

2. データのダウンロードと読み込みを行う。

    ```
    >>> player = 'Roger Federer'
        df = pd.read_csv('https://github.com/ipython-books/'
                         'cookbook-2nd-data/blob/master/'
                         'federer.csv?raw=true',
                         parse_dates=['start date'],
                         dayfirst=True)
    ```

3. 各行はトーナメントに相当し、トーナメント中のプレーヤーのデータが70列にわたって記録されている。

```
>>> print(f"Number of columns: {len(df.columns)}")
    df[df.columns[:4]].tail()
Number of columns: 70
```

	year	tournament	start date	type
1174	2012	Australian Open…	2012-01-16	GS
1175	2012	Doha, Qatar	2012-01-02	250
1176	2012	Doha, Qatar	2012-01-02	250
1177	2012	Doha, Qatar	2012-01-02	250
1178	2012	Doha, Qatar	2012-01-02	250

4. ここでは全ポイントに占める得点の割合と、エースの割合だけを表示する。

```
>>> npoints = df['player1 total points total']
    points = df['player1 total points won'] / npoints
    aces = df['player1 aces'] / npoints
>>> fig, ax = plt.subplots(1, 1)
    ax.plot(points, aces, '.')
    ax.set_xlabel('% of points won')
    ax.set_ylabel('% of aces')
    ax.set_xlim(0., 1.)
    ax.set_ylim(0.)
```

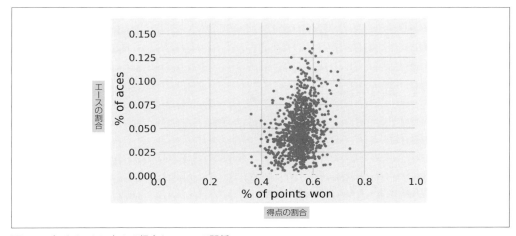

図7-4 全ポイントに占める得点とエースの関係

もし、2つの変数が独立であるなら、点の集まりに傾向は見られないはずである。グラフの見た

目から読み取るのは難しいため、Pandasで相関係数を計算してみよう。

5. 簡単にするために、必要なフィールドのみを持つ新しいDataFrameオブジェクトを作成する。
（dropna()を使って）値が抜けている行の削除も行う。

```
>>> df_bis = pd.DataFrame({'points': points,
                           'aces': aces}).dropna()
    df_bis.tail()
```

	aces	points
1173	0.024390	0.585366
1174	0.039855	0.471014
1175	0.046512	0.639535
1176	0.020202	0.606061
1177	0.069364	0.531792

6. エースの割合と得点の割合でピアソンの相関係数を計算する。

```
>>> df_bis.corr()
```

	aces	points
aces	1.000000	0.255457
points	0.255457	1.000000

相関係数が0.26程度であれば、2つの変数間に正の相関があると考えられる。言い換えると、多くのエースを取ったときには、多くの得点を取っていることになる（特に驚くことではない）。

7. それでは、データ間に統計的に有意な相関が見られるかを確認してみよう。**分割表**の変数が独立であるか、**カイ二乗検定**を適用する。

8. まず変数の二値化を行う。ここでは、通常の試合より多くのエースを取った場合にはTrue、そうでなければFalseとする。

```
>>> df_bis['result'] = (df_bis['points'] >
                        df_bis['points'].median())
    df_bis['manyaces'] = (df_bis['aces'] >
                          df_bis['aces'].median())
```

9. 次に、4つの可能性（TrueとTrue、TrueとFalse等）それぞれの頻度からなる分割表を作る。

```
>>> pd.crosstab(df_bis['result'], df_bis['manyaces'])
```

result \ manyaces	False	True
False	300	214
True	214	299

10. 最後にカイ二乗検定の統計値とp値を計算しよう。帰無仮説は「変数はそれぞれ独立である」とする。SciPyはこの検定をscipy.stats.chi2_contingency()として実装している。この関数は複数の値を返すが、ここではp値である2番目の値に着目する。

```
>>> st.chi2_contingency(_)
(2.780e+01, 1.338e-07, 1,
    array([[ 257.250,  256.749],
           [ 256.749,  256.250]]))
```

p値は0.05と比較して非常に小さいため、帰無仮説は棄却され、このデータセットに記録されたエースの割合と得点の割合の間には、(ロジャー・フェデラーに関しては) 統計的に明確な相関があることが示されました。

相関関係は因果関係を示唆しません。ここでは、何らかの外部要因が2つの変数に影響しているとも考えられます。詳細はWikipediaの「Correlation does not imply causation」記事 (https://en.wikipedia.org/wiki/Correlation_does_not_imply_causation、またはWikipedia日本語版の「相関関係と因果関係」) を参照してください。

解説

このレシピで使用した統計概念のいくつかを解説しましょう。

ピアソンの相関係数

ピアソンの相関係数は、2つの確率変数XとYの線形相関を示します。これは正規化した共分散に他なりません。

$$\rho = \frac{\mathrm{cov}(X, Y)}{\sqrt{\mathrm{var}(X)\mathrm{var}(Y)}} = \frac{E((X - E(X))(Y - E(Y)))}{\sqrt{\mathrm{var}(X)\mathrm{var}(Y)}}$$

この式では、期待値をサンプル平均で、分散をサンプル分散で置き換えることでおおよその値を推定できます。この推定については、Wikipediaの「Pearson product moment correlation coefficient」記事 (https://en.wikipedia.org/wiki/Pearson_product-moment_correlation_coefficient、またはWikipedia日本語版の「相関係数」) を参照してください。

分割表とカイ二乗検定

分割表は、有限個の値を取る複数の確率変数に対して、すべての組み合わせそれぞれの頻度 O_{ij} を格納したものです。変数が独立であるという帰無仮説に対して、行周辺合計（各行の合計）から予測頻度 E_{ij} を計算できます。カイ二乗統計量は次の式で定義されます。

$$\chi = \sum_{i,\,j} \frac{(O_{ij} - E_{ij})^2}{E_{ij}}$$

観測の量が十分であるなら、この値はおおよそカイ二乗分布（正規分布変数の二乗値合計の分布）に従います。「レシピ7.2　はじめての統計的仮説検定：簡単なZ検定」で示したp値が得られたなら帰無仮説の検証が可能となり、変数の間に有意な相関があるか否かを判断できます。

応用

カイ二乗分布に従う統計量を用いた検定、つまりカイ二乗検定には多くの種類があります。これらは、分散の適合度や変数の独立性を調べるための検定法として広く使われています。詳細は下記ページを参照してください。

- SciPyのカイ二乗検定マニュアル（https://docs.scipy.org/doc/scipy/reference/generated/scipy.stats.chi2_contingency.html）
- Wikipediaの「Contingency table」記事（https://en.wikipedia.org/wiki/Contingency_table、またはWikipedia日本語版の「分割表」記事）
- Wikipediaの「Pearson's chisquared test」記事（https://en.wikipedia.org/wiki/Pearson's_chisquared_test、またはWikipedia日本語版の「カイ二乗検定」記事）

関連項目

- 「レシピ7.2　はじめての統計的仮説検定：簡単なZ検定」

レシピ7.5　最尤法を用いたデータへの確率分布のあてはめ

データを説明するための優れた方法の1つが、データを確率モデルへあてはめることです。適切なモデルを見つけること、それ自体が重要な作業となります。モデルを選択した後には、データとの比較が必要となりますが、これがすなわち統計的推定です。このレシピでは、心臓移植後の生存期間データ（1967年から1974年の調査）に対して最尤法を適用してみます。

準備

他のセクションと同様に、確率論と実解析の基礎知識が役立ちます。テストで使用するデータセッ

レシピ7.5　最尤法を用いたデータへの確率分布のあてはめ | **253**

トは、statsmodelsパッケージで提供されているものを使用します。Anacondaには含まれているはず
ですが、conda install statsmodelsコマンドで個別にインストールできます。

手順

1. statsmodelsは統計的データ分析を行うPythonパッケージの1つである。新しい手法の実験が行
    えるよう、パッケージにはデータも提供されている。ここではheartデータセットを使用する。

    ```
    >>> import numpy as np
        import scipy.stats as st
        import statsmodels.datasets
        import matplotlib.pyplot as plt
        %matplotlib inline
    >>> data = statsmodels.datasets.heart.load_pandas().data
    ```

2. 読み込んだDataFrameの中身を見てみよう。

    ```
    >>> data.tail()
    ```

	survival	censors	age
64	14.0	1.0	40.3
65	167.0	0.0	26.7
66	110.0	0.0	23.7
67	13.0	0.0	28.9
68	1.0	0.0	35.2

    このデータには、観察打ち切りをしたものとそうでないものが含まれている。censor列の値0は、
    調査終了の時点で患者が生存していたことを表し、正確な生存期間がわからないことを意味する。
    つまり、データに示された日数は最低でも患者がその期間生存していたことだけを示している。
    問題を単純にするため、観察打ち切りをしていないデータを使う(その結果、移植手術後にあま
    り長く生存できなかった患者のデータに偏ることになる点に注意)。

    ```
    >>> data = data[data.censors == 1]
        survival = data.survival
    ```

3. 生存期間のデータをヒストグラムで可視化する。

    ```
    >>> fig, (ax1, ax2) = plt.subplots(1, 2, figsize=(10, 4))

        ax1.plot(sorted(survival)[::-1], 'o')
        ax1.set_xlabel('Patient')
        ax1.set_ylabel('Survival time (days)')

        ax2.hist(survival, bins=15)
    ```

```
ax2.set_xlabel('Survival time (days)')
ax2.set_ylabel('Number of patients')
```

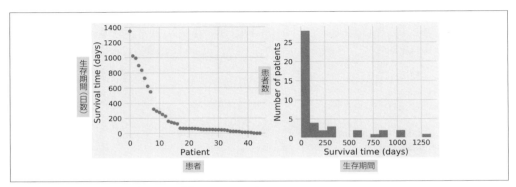

図7-5　生存期間長い順のグラフと生存期間のヒストグラム

4. ヒストグラムでは、値が急速に減少していることが見て取れる。ちなみに、現在の生存率は、幸いなことにもっと改善されている（5年後の生存率が70％程度）。このデータに指数分布（指数分布については、Wikipediaの「Exponential distribution」記事 (https://en.wikipedia.org/wiki/Exponential_distribution、またはWikipediaの日本語版「指数分布」）を参照）をあてはめてみよう。このモデルによると、S（生存日数）はパラメータλの指数分布に従う確率変数となり、観測値s_jはこの分布で抽出される。サンプル平均を次の式としよう。

$$\bar{s} = \frac{1}{n}\sum s_i$$

指数分布に対する尤度関数は、定義により次の式となる（証明は次のセクションを参照）。

$$\mathcal{L}(\lambda, \{s_i\}) = P(\{s_i\} \mid \lambda) = \lambda^n \exp(-\lambda n \bar{s})$$

パラメータrateに対する最尤推定とは、定義により、尤度関数を最大化するλの値を指す。言い換えると、観測したデータは指数分布に従うものとして、このデータが観測される確率を最大とするパラメータを指す。

ここでは尤度関数は$\lambda = 1/\bar{s}$の場合に最大の値を取り、rateパラメータの最尤推定となる。この数値を求めてみる。

```
>>> smean = survival.mean()
    rate = 1. / smean
```

5. データと、あてはめた指数分布とを比較するために、まずx軸（日数）に対して等間隔の値を生成する。

```
>>> smax = survival.max()
    days = np.linspace(0., smax, 1000)
```

```
# bin size: interval between two      ビンの大きさ：連続した2つのdaysの値の間隔
# consecutive values in `days`
dt = smax / 999.
```

指数分布の確率密度関数は、SciPyの機能を使って得ることができる。パラメータscaleに推定したrateの逆数を与える。

```
>>> dist_exp = st.expon.pdf(days, scale=1. / rate)
```

6. 得られた分布のグラフをヒストグラムに合わせてみよう。理論的な分布の尺度を変えて、ヒストグラムに揃える（総データ数とヒストグラムのビンの大きさに依存する）。

```
>>> nbins = 30
    fig, ax = plt.subplots(1, 1, figsize=(6, 4))
    ax.hist(survival, nbins)
    ax.plot(days, dist_exp * len(survival) * smax / nbins,
            '-r', lw=3)
    ax.set_xlabel("Survival time (days)")
    ax.set_ylabel("Number of patients")
```

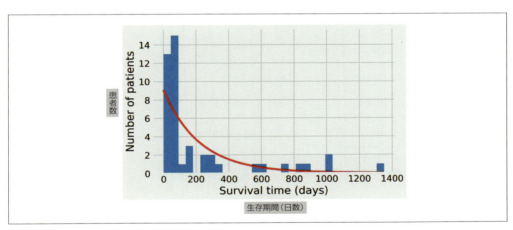

図7-6　分布のグラフをヒストグラムに合わせる

あてはめがうまくできていないように見える。ここでは最尤推定を解析的に求められたが、より複雑な状況に対して常に解析解が得られる訳ではないため、数値的解法を使用してみる。SciPyはさまざまな分散に対する数値的な最尤ルーチンを用意している。ここでは指数分布のパラメータを推定するメソッドを用いる。

```
>>> dist = st.expon
    args = dist.fit(survival)
    args
(1.000, 222.289)
```

7. これらのパラメータを使用して**コルモゴロフ-スミルノフ検定**を実行し、データに対する分布の適合度を評価することができる。この検定は経験分布と対象とする分布の**累積分布関数**（CDF：Cumulative Distribution Function）との比較を行う。

```
>>> st.kstest(survival, dist.cdf, args)
KstestResult(statistic=0.362, pvalue=8.647e-06)
```

p値が非常に小さい値であるため、帰無仮説（観測されたデータは最尤rateパラメータの指数分布から生じた）は、高信頼度で棄却できる。その他の分散、例えば故障が発生するまでの時間をモデル化する際によく使われる**バーンバウム-サンダース分布**（バーンバウム-サンダース分布についての詳細は、https://en.wikipedia.org/wiki/Birnbaum-Saunders_distributionを参照）を使うとどうなるだろうか。

```
>>> dist = st.fatiguelife
    args = dist.fit(survival)
    st.kstest(survival, dist.cdf, args)
KstestResult(statistic=0.188, pvalue=0.073)
```

今度のp値は約0.073であるため、5%の信頼度で帰無仮説を棄却できない。結果をグラフに示せば、指数分布よりもよく適合していることがわかる。

```
>>> dist_fl = dist.pdf(days, *args)
    nbins = 30
    fig, ax = plt.subplots(1, 1, figsize=(6, 4))
    ax.hist(survival, nbins)
    ax.plot(days, dist_exp * len(survival) * smax / nbins,
            '-r', lw=3, label='exp')
    ax.plot(days, dist_fl * len(survival) * smax / nbins,
            '--g', lw=3, label='BS')
    ax.set_xlabel("Survival time (days)")
    ax.set_ylabel("Number of patients")
    ax.legend()
```

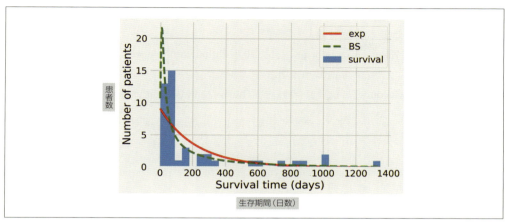

図7-7　指数分布よりバーンバウム-サンダース分布のほうがよく適合する

解説

ここでは、指数分布に従うrateパラメータの最尤推定を導く計算方法について解説します。

$$\begin{aligned}
\mathcal{L}(\lambda, \{s_i\}) &= P(\{s_i\}|\lambda) \\
&= \prod_{i=1}^{n} P(s_i|\lambda) \quad (s_i\text{の独立性による}) \\
&= \prod_{i=1}^{n} \lambda \exp(-\lambda s_i) \\
&= \lambda^n \exp\left(-\lambda \sum_{i=1}^{n} s_i\right) \\
&= \lambda^n \exp(-\lambda n \bar{s})
\end{aligned}$$

ここで$\bar{s}$はサンプル平均です。より複雑な問題に対しては、原則として尤度関数が最大となるように数値最適化手法を必要とします（「9章　数値最適化」を参照してください）。

関数の最大値を求めるには、λに関する導関数を求めます。

$$\frac{d\mathcal{L}(\lambda, \{s_i\})}{d\lambda} = \lambda^{n-1} \exp(-\lambda n \bar{s})(n - n\lambda \bar{s})$$

そのため、導関数の根は$\lambda = 1/\bar{s}$となります。

応用

以下参考資料です。

- Wikipediaの「Maximum likelihood」記事 (https://en.wikipedia.org/wiki/Maximum_likelihood、またはWikipedia日本語版の「最尤法」記事)
- Wikipediaの「Kolmogorov Smirnov test」記事 (https://en.wikipedia.org/wiki/Kolmogorov-Smirnov_test、またはWikipedia日本語版の「コルモゴロフ－スミルノフ検定」記事)
- Wikipediaの「Goodness of fit」(適合度) 記事 (https://en.wikipedia.org/wiki/Goodness_of_fit)

最尤法はパラメトリック、つまりモデルは事前に指定された分布に属するものとして扱われます。次のレシピでは、ノンパラメトリックな手法の1つであるカーネル密度推定を取り上げます。

関連項目

- 「レシピ7.6　カーネル密度推定によるノンパラメトリックな確率密度の推定」

レシピ7.6　カーネル密度推定によるノンパラメトリックな確率密度の推定

直前のレシピでは、**パラメトリックな手法**を用いました。つまり母集団を説明するための統計モデル（指数分布）を選択し、パラメータ（rateの変化）を推定するものでした。**ノンパラメトリックな推定**では、何らかのグループに属するような分布をあらかじめ仮定しません。扱うパラメータ空間も有限ではなく無限次元となります（つまり、数値を推定するのではなく、関数を推定するものです）。

ここで用いる**カーネル密度推定**（Kernel Density Estimation：KDE）は、空間分布の確率密度を推定します。このレシピでは、米国海洋大気庁（National Oceanic and Atmospheric Administration：NOAA）のデータを基に、1848年から2013年までの台風の位置情報を地図上に表示します。

準備

https://scitools.org.uk/cartopy/docs/latest/ のCartopyが必要になります。conda install cartopyでインストールできます。

手順

1. 必要なパッケージをインポートする。ガウスカーネルによるカーネル密度推定はscipy.statsに実装されている。

```
>>> import numpy as np
    import pandas as pd
    import scipy.stats as st
    import matplotlib.pyplot as plt
    from matplotlib.colors import ListedColormap
    import cartopy.crs as ccrs
    %matplotlib inline
```

レシピ7.6　カーネル密度推定によるノンパラメトリックな確率密度の推定 | **259**

2. データをPandasに読み込む。

```
>>> # www.ncdc.noaa.gov/ibtracs/index.php?name=wmo-data
    df = pd.read_csv('https://github.com/ipython-books/'
                     'cookbook-2nd-data/blob/master/'
                     'Allstorms.ibtracs_wmo.v03r05.csv?'
                     'raw=true')
```

3. 1848年以降に発生したほとんどの台風に関する情報がデータ化されている。1つの台風は、連続した日付にまたがって、複数回登場する。

```
>>> df[df.columns[[0, 1, 3, 8, 9]]].head()
```

	Serial_Num	Season	Basin	Latitude	Longitude
0	1848011S09080	1848	SI	-8.6	79.8
1	1848011S09080	1848	SI	-9.0	78.9
2	1848011S09080	1848	SI	-10.4	73.2
3	1848011S09080	1848	SI	-12.8	69.9
4	1848011S09080	1848	SI	-13.9	68.9

4. Pandasのgroupby()関数を使って各台風の平均位置を求める。

```
>>> dfs = df.groupby('Serial_Num')
    pos = dfs[['Latitude', 'Longitude']].mean()
    x = pos.Longitude.values
    y = pos.Latitude.values
    pos.head()
```

	Latitude	Longitude
Serial_Num		
1848011S09080	-15.918182	71.854545
1848011S15057	-24.116667	52.016667
1848061S12075	-20.528571	65.342857
1851080S15063	-17.325000	55.400000
1851080S21060	-23.633333	60.200000

5. Cartopyで、台風を地図上に表示する。このツールキットを使えば、地図上の座標を指定して、物体を描くことが簡単にできる。

```
>>> # We use a simple equirectangular projection,     簡単な等角投影法を使用する。これは
    # also called Plate Carree.                        正距円筒図法とも呼ばれる
    crs = ccrs.PlateCarree()
    # We create the map plot.   地図プロットを作成
```

```
ax = plt.axes(projection=crs)
# We display the world map picture.  世界地図を表示
ax.stock_img()
# We display the storm locations.  台風の位置を描画
ax.scatter(x, y, color='r', s=.5, alpha=.25)
```

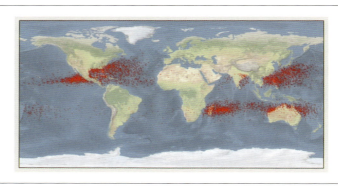

図7-8　basemapで台風を地図上に表示する

6. カーネル密度推定を実行する前に、台風の位置を**測地座標系**（経度と緯度）から**地図の座標系**（Plate Carrée、正距円筒図法）に変換する。

```
>>> geo = ccrs.Geodetic()
    h = geo.transform_points(crs, x, y)[:, :2].T
    h.shape
(2, 6940)
```

7. カーネル密度関数を実行するために、台風の位置を (2, N) の配列に入れる。

```
>>> kde = st.gaussian_kde(h)
```

8. `gaussian_kde()` ルーチンはPython関数を返すので、結果を地図上に表示するには、この関数を地図全体の平面上で評価する必要がある。`meshgrid()` 関数を使ってグリッドを生成し、その x と y の値を `kde()` 関数に渡す。

```
>>> k = 100
    # Coordinates of the four corners of the map.  地図上4隅の座標
    x0, x1, y0, y1 = ax.get_extent()
    # We create the grid.  グリッド作成
    tx, ty = np.meshgrid(np.linspace(x0, x1, 2 * k),
                         np.linspace(y0, y1, k))
    # We reshape the grid for the kde() function.  kde()向けに、グリッドの形状を調整
    mesh = np.vstack((tx.ravel(), ty.ravel()))
    # We evaluate the kde() function on the grid.  グリッドの各点でkde()を評価
    v = kde(mesh).reshape((k, 2 * k))
```

9. 地図上にKDEのヒートマップを表示する前に、透明なチャネルを持つ特別なカラーマップを使用する必要があります。これにより、ヒートマップを画像上に重ねることができる。

    ```
    >>> # https://stackoverflow.com/a/37334212/1595060
        cmap = plt.get_cmap('Reds')
        my_cmap = cmap(np.arange(cmap.N))
        my_cmap[:, -1] = np.linspace(0, 1, cmap.N)
        my_cmap = ListedColormap(my_cmap)
    ```
    > https://stackoverflow.com/a/37334212/1595060 を参照

10. 最後に、推定した密度を`imshow()`関数で表示する。

    ```
    >>> ax = plt.axes(projection=crs)
        ax.stock_img()
        ax.imshow(v, origin='lower',
                  extent=[x0, x1, y0, y1],
                  interpolation='bilinear',
                  cmap=my_cmap)
    ```

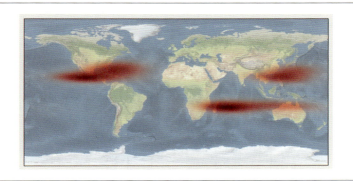

図7-9　推定した密度を地図上に描く

解説

n個の点$\{x_i\}$に対するカーネル密度推定器は、次の式で与えられます。

$$\hat{f}_h(x) = \frac{1}{nh} \sum_{i=1}^{n} K\left(\frac{x - x_i}{h}\right)$$

ここで、$K(u)$は**カーネル関数**であり、$h > 0$は平滑化パラメータ（**バンド幅**）です。推定器は、カーネル関数が区間$\{0,1\}$で値を取る矩形関数である場合に、古典的なヒストグラムのようになります。ヒストグラムはデータの存在する箇所ではなく等間隔にブロックが置かれる点が異なります。カーネル密度推定については、Wikipediaの「Kernel density estimation」（https://en.wikipedia.org/wiki/Kernel_density_estimation、またはWikipedia日本語版の「カーネル密度推定」）を参照してください。

カーネル関数の選択肢はさまざまですが、ここではKDEの結果がすべてのデータポイントでガウス関数の重ね合わせとなるように、ガウス関数をカーネル関数として選択しました。これは、密度の推定に他なりません。

バンド幅の選択は重要な問題です。小さすぎる値（小さな範囲にまとまる、過剰適合：overfitting）と大きすぎる値（大きな範囲に広がる、適合不足：underfitting）との間には、選択の問題が存在します。この重要な概念、**バイアス-バリアンストレードオフ**については、次の章で扱います。バイアス-バリアンストレードオフについては、https://en.wikipedia.org/wiki/Bias-variance_dilemmaを参照してください。

適切な帯域幅を自動的に選択する方法はいくつかあります。SciPyは、Scottのルールと呼ばれる経験則、つまり h = n ** (-1 / (d + 4)) を使用します。詳細については、https://scipy.github.io/devdocs/generated/scipy.stats.gaussian_kde.htmlを参照してください。

次の図は、KDEの例です。サンプルデータとして4つの点が含まれ、黒線で示されています。推定密度は、異なるバンド幅ごとに滑らかな曲線で表されています。

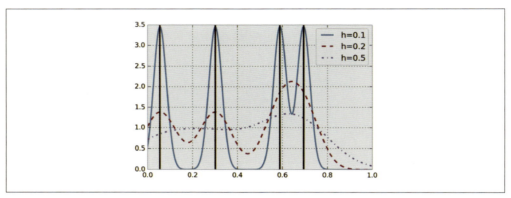

図7-10　カーネル密度推定

 statsmodelsとscikit-learnには、異なるKDE実装があります。詳細は、https://jakevdp.github.io/blog/2013/12/01/kernel-density-estimation/を参照してください。

関連項目

- 「レシピ7.5　最尤法を用いたデータへの確率分布のあてはめ」

レシピ7.7 マルコフ連鎖モンテカルロ法を使った事後分布 サンプリングからのベイズモデルあてはめ

このレシピでは、ベイズモデルの事後分布を特徴付ける有用かつ頻繁に使われる手法を解説します。何らかのデータに対して、その背後に存在するランダム現象についての情報を得たいとします。頻度主義では、例えば最尤法などのパラメトリック手法を用いて、何かの確率分布に適合するか否かを確認することになるでしょう。観測されたデータが与えられた帰無仮説に対して最大の確率となるよう、パラメータに対して最適化手法が適用されます。

ベイズ主義では、パラメータ自体を確率変数と考えます。事前分布はこのパラメータに関する最初の時点での知識を表し、情報が更新されるにつれパラメータの事後確率がその情報を反映したものとなります。

ベイズ推論の典型的な目的は、事後分布の特徴を把握することです。ベイズの定理によりこれを解析的に行うことも可能ですが、モデルの複雑さ、扱う次元の数などにより、現実の問題への対処が困難な場合も多々あります。メトロポリス・ヘイスティングス法などの**マルコフ連鎖モンテカルロ法**（MCMC：Markov chain Monte Carlo）は事後分布の近似を得るための数値的な手法を提供します。

ここでは、ベイズ主義の手法を用いてデータを確率モデルにあてはめる自然で効果的なインターフェースを提供するPyMC3パッケージを紹介します。米国海洋大気庁が提供する、1850年以降に北大西洋で発生した台風の頻度データを使用します。このレシピは、PyMC3 Webサイト https://docs.pymc.io/notebooks/getting_started.html#Case-study-2:Coal-mining-disastersのチュートリアルから着想を得ています。

準備

https://docs.pymc.io のPyMC3が必要になります。conda install pymc3でインストールできます。

手順

1. 使用するパッケージとPyMC3をインポートする。

   ```
   >>> import numpy as np
   import pandas as pd
   import pymc3 as pm
   import matplotlib.pyplot as plt
   %matplotlib inline
   ```

2. データをPandasに読み込む。

   ```
   >>> # www.ncdc.noaa.gov/ibtracs/index.php?name=wmo-data
   df = pd.read_csv('https://github.com/ipython-books/'
                    'cookbook-2nd-data/blob/master/'
                    'Allstorms.ibtracs_wmo.v03r05.csv?'
                    'raw=true',
   ```

   www.ncdc.noaa.gov/ibtracs/index.php?name=wmo-dataを参照

```
                           delim_whitespace=False)
```

3. 北大西洋で発生した台風の個数を年ごとに集計するコードは、Pandasを使えば1行で書ける。最初に海域（basin）がNA（North Atlantic Ocean）の台風を選択し、発生した年（Season）ごとにグループ化する。台風は数日にわたり存在するので、（nunique()関数を使って）重複を排除した個数（Serial_Num）を数える

```
>>> cnt = df[df['Basin'] == ' NA'].groupby(
        'Season')['Serial_Num'].nunique()
    # The years from 1851 to 2012.
    years = cnt.index
    y0, y1 = years[0], years[-1]
    arr = cnt.values
>>> # Plot the annual number of storms.  1851年から2012年まで年ごとの個数をプロットする
    fig, ax = plt.subplots(1, 1, figsize=(8, 4))
    ax.plot(years, arr, '-o')
    ax.set_xlim(y0, y1)
    ax.set_xlabel("Year")
    ax.set_ylabel("Number of storms")
```

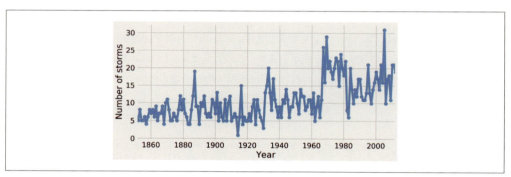

図7-11　年別の台風の数

4. 次に、確率モデルを決定する。台風は頻度が決定論的な割合の時間依存**ポアソン過程**として発生するものとする。この割合は区分的定数関数であり、変更点 switchpoint 以前の初期平均（early_mean）と switchpoint 以後の後期平均（late_mean）の2つのパラメータを取る。これらの3つの未知パラメータは確率変数として扱う（「解説」セクションで説明する）。このモデルでは、年間の台風数は（ポアソン過程の特性により）ポアソン分布に従う。

ポアソン過程（https://en.wikipedia.org/wiki/Poisson_process）は点過程です。これは瞬間的に発生する事象をモデル化する確率過程の一種です。ポアソン過程は完全にランダムであり、事象は与えられた割合で独立に発生します。ポアソン過程については、「13章　確率力学系」も参照してください。

```
>>> # We define our model.                  モデルを定義
    with pm.Model() as model:
        # We define our three variables.    3変数を定義する
        switchpoint = pm.DiscreteUniform(
            'switchpoint', lower=y0, upper=y1)
        early_rate = pm.Exponential('early_rate', 1)
        late_rate = pm.Exponential('late_rate', 1)
        # The rate of the Poisson process is a piecewise    ポアソン過程のrateは、区分的定数関数
        # constant function.
        rate = pm.math.switch(switchpoint >= years,
                              early_rate, late_rate)
        # The annual number of storms per year follows      年ごとの台風数はポアソンは分布に従う
        # a Poisson distribution.
        storms = pm.Poisson('storms', rate, observed=arr)
```

5. MCMC法と観測データを使って事後分布のサンプリングを行おう。`sample()`メソッドは、あてはめのための繰り返し処理を行う。ここで、観測されたデータを基にした事後分布からサンプルを作成する。`sample(10000)`メソッドは、10,000回の繰り返しであてはめを行う。これには数秒かかることがある。

```
>>> with model:
        trace = pm.sample(10000)
Assigned Metropolis to switchpoint
Assigned NUTS to early_rate_log__
Assigned NUTS to late_rate_log__
100%|██████████| 10500/10500 [00:05<00:00, 1757.23it/s]
```

6. サンプリングしたマルコフ過程の分散とパスをプロットする。

```
>>> pm.traceplot(trace)
```

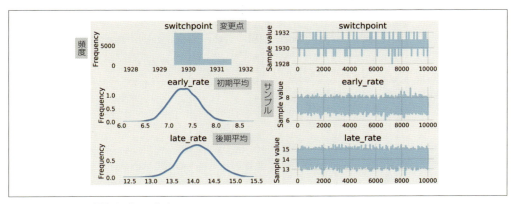

図7-12　マルコフ過程をグラフ化する

各行はそれぞれの変数を表す。左のプロットは、対応するマルコフ連鎖のヒストグラムであり、

変数の事後分布を与える。右のプロットは、マルコフ連鎖の任意に選択されたパスであり、あてはめ中の変数の変化を示す。

7. この分散のサンプル平均を計算することで、3つの未知パラメータの事後推定が得られる。これにより、台風の頻度が突然増加した年も判明する。

```
>>> s = trace['switchpoint'].mean()
    em = trace['early_rate'].mean()
    lm = trace['late_rate'].mean()
    s, em, lm
(1930.171, 7.316, 14.085)
```

8. 最後に、観測値の上に推定割合を重ねてみよう。

```
>>> fig, ax = plt.subplots(1, 1, figsize=(8, 4))
    ax.plot(years, arr, '-o')
    ax.axvline(s, color='k', ls='--')
    ax.plot([y0, s], [em, em], '-', lw=3)
    ax.plot([s, y1], [lm, lm], '-', lw=3)
    ax.set_xlim(y0, y1)
    ax.set_xlabel("Year")
    ax.set_ylabel("Number of storms")
```

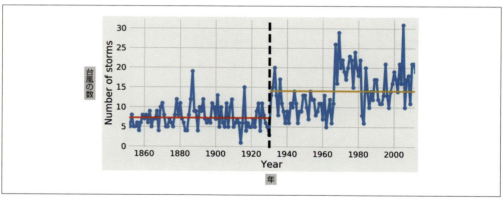

図7-13 観測値に推定割合を重ねた結果のグラフ

解説

このレシピでは、ベイズ確率モデルを定義し、実際のデータへのあてはめを行いました。このモデルは、推定タスクや決定タスクの出発点となります。モデルは確率変数または決定論的変数を**有向非巡回グラフ**（Direct Acyclic Graph：DAG）のノードとして表現します。Bが完全にもしくは部分的にAにより決定されるのであれば、AからBへのリンクとして表現されます。このレシピで使用したモデルをグラフとして表示してみましょう。

レシピ7.7 マルコフ連鎖モンテカルロ法を使った事後分布サンプリングからのベイズモデルあてはめ | 267

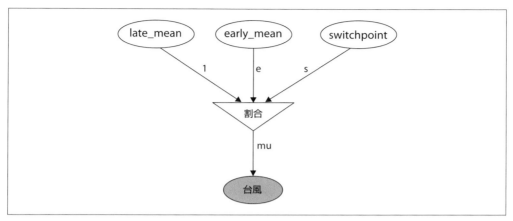

図7-14 台風のモデルを有向非巡回グラフとして表現する

　確率変数が従う分布は、モデル中の固定値や他の変数でパラメータ化されます。パラメータ自体が観測で得られた知識を反映する確率変数である場合もあります。これがベイズモデルの基本的な考え方です。

　分析の目的は、ますます多くのデータが利用可能になるにつれて既存の知識を更新するために、観測結果をモデルに含めることです。ベイズの定理には観測後に得られる事後分布を正確に求めるための方法を提供しますが、実世界の問題はずっと複雑であるため、この方法はほとんど役に立ちません。そこで、数値的方法が開発されました。

　ここで用いたマルコフ連鎖モンテカルロ（MCMC）法は、一様分布から目的とする分布のマルコフ連鎖をシミュレートすることにより、複雑な分散からのサンプルが可能となります。この応用手法の1つが、この例に登場した**メトロポリス・ヘイスティングス法**です。

応用

以下参考資料です。

- Cameron Davidson-Pilonによる、Jupyter Notebookで記述されたベイズ手法に関する必読のフリー電子書籍（https://camdavidsonpilon.github.io/Probabilistic-Programming-and-Bayesian-Methods-for-Hackers/）
- Wikipediaの「Markov chain Monte Carlo」記事（https://en.wikipedia.org/wiki/Markov_chain_Monte_Carlo、またはWikipedia日本語版の「マルコフ連鎖モンテカルロ法」記事）
- Wikipediaの「Metropolis Hastings algorithm」記事（https://en.wikipedia.org/wiki/Metropolis-Hastings_algorithm、またはWikipedia日本語版の「メトロポリス・ヘイスティングス法」記事）

関連項目

- 「レシピ7.3　はじめてのベイズ法」

レシピ7.8　Jupyter Notebookとプログラミング言語Rによるデータ分析

　R（https://www.r-project.org）は統計領域特化型のフリーなプログラミング言語です。その文法は統計モデリングとデータ分析に非常に適しています。対照的に、Pythonの文法は、より一般的なプログラミングに向いています。都合の良いことに、Jupyterはどちらも非常にうまく扱えます。例えば、R言語のコード断片を、Jupyter Notebookのあらゆる場所に配置できるので、PythonとPandasを使ってデータの読み込みと大まかな調査を行い、R言語では統計モデルのデザインとあてはめを行うといった棲み分けが可能です。Pythonの役割をRに行わせると、単に言語文法の違い以上の問題に突き当たるかもしれません。一方で、Pythonがまだうまく扱えない領域を、R言語は統計ツールボックスを使って鮮やかに解いてくれます。

　このレシピではR言語をJupyter Notebookから使う方法を紹介すると共に、簡単なデータ分析事例を通してRの基本的機能を紹介します。

Jupyter NotebookでRを使う別の手段は、JupyterのRカーネルであるIRkernelをインストールすることです。この方法を使用すると、IRkernel NotebookのコードをPythonではなくすべてRで書くことになります。詳細はhttps://irkernel.github.io/installation/を参照してください。

準備

　このレシピではstatsmodelsを使います。Anacondaにはデフォルトで含まれていますが、conda install statsmodelsコマンドを実行して個別にインストールが可能です。

　また、Rとrpy2（https://rpy2.readthedocs.io/）が必要となります。RとPythonを同時に使用するには、次の3つの手順を行います。

1. https://cran.r-project.org/mirrors.htmlからRをダウンロードしてインストールする。
2. `conda install rpy2`を実行して、rpy2をインストールする。
3. Jupyter Notebookで、`%load_ext rpy2.ipython`コマンドを実行する。

Windows上でのrpy2の動作には制限があるようなので、LinuxかmacOSの使用を勧めます。

手順

　ここでは、次の手順で進めます。まずデータをPythonで読み込みます。次にRを使ってモデルのデザインとあてはめを行い、Jupyter Notebookでグラフ化します。RまたはPythonだけを使って例を実行することももちろん可能ですが、同じJupyter Notebookで両方の言語を使用する方法を正確に示すことをこのレシピの目標とします。

1. statsmodelsパッケージのlongleyデータセットを読み込む。このデータは、1947年から1962年までの米国経済指標がいくつか含まれる。同時にIPython R拡張もロードする。

   ```
   >>> import statsmodels.datasets as sd
   >>> data = sd.longley.load_pandas()
   >>> %load_ext rpy2.ipython
   ```

2. **外因的**（独立）データと、**内因的**（従属）データを表す、xとyを定義する。内因的データは、国内の総雇用者数とする。

   ```
   >>> data.endog_name, data.exog_name
   ('TOTEMP', ['GNPDEFL', 'GNP', 'UNEMP',
               'ARMED', 'POP', 'YEAR'])
   >>> y, x = data.endog, data.exog
   ```

3. 利便性のため、DataFrame xに外因的データも加える。

   ```
   >>> x['TOTEMP'] = y
   >>> x
   ```

	GNPDEFL	GNP	UNEMP	ARMED	POP	YEAR	TOTEMP
0	83.0	234289.0	2356.0	1590.0	107608.0	1947.0	60323.0
1	88.5	259426.0	2325.0	1456.0	108632.0	1948.0	61122.0
2	88.2	258054.0	3682.0	1616.0	109773.0	1949.0	60171.0
3	89.5	284599.0	3351.0	1650.0	110929.0	1950.0	61187.0
4	96.2	328975.0	2099.0	3099.0	112075.0	1951.0	63221.0
...	...	...	...	...	...	...	...
11	110.8	444546.0	4681.0	2637.0	121950.0	1958.0	66513.0
12	112.6	482704.0	3813.0	2552.0	123366.0	1959.0	68655.0
13	114.2	502601.0	3931.0	2514.0	125368.0	1960.0	69564.0
14	115.7	518173.0	4806.0	2572.0	127852.0	1961.0	69331.0
15	116.9	554894.0	4007.0	2827.0	130081.0	1962.0	70551.0

16 rows × 7 columns

4. Rを使って簡単なグラフを描く。まず、magicコマンド%R -i var1,var2を使ってPythonの変数をRに渡した上で、Rのplot()コマンドを実行する。

   ```
   >>> gnp = x['GNP']
       totemp = x['TOTEMP']
   ```

```
>>> %R -i totemp,gnp plot(gnp, totemp)
```

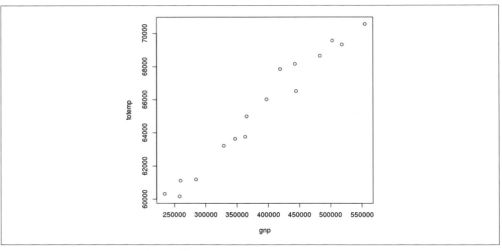

図7-15　Rのplot()コマンドでグラフを描く

5. データをRに渡したので、Rによる線形モデルへのあてはめが可能となる。Rの lm() 関数は、線形回帰を実行する。ここでは、totemp（total employment：総雇用者数）が、GNPの関数であることを示そうとしている。%%Rセルmagicコマンドを使用して、セル内に複数行のRコードを記述する。

```
>>> %%R
    # Least-squares regression          最小二乗回帰
    fit <- lm(totemp ~ gnp)
    # Display the coefficients of the fit.   回帰係数を表示
    print(fit$coefficients)
    # Plot the data points.             データポイントをプロット
    plot(gnp, totemp)
    # And plot the linear regression.   回帰直線を加える
    abline(fit)
```

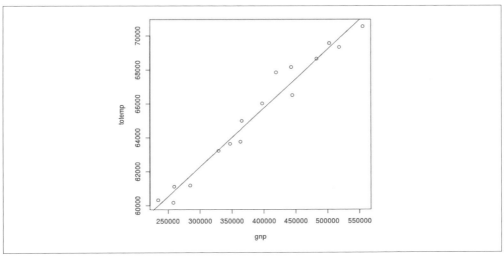

図7-16　RのIm()関数による線形回帰

解説

　%%R magicコマンドの-iオプションはIPythonからRへ、-oオプションはRからIPythonへの変数渡しを行います。変数名は、カンマで区切る必要があります。%R magicコマンドの詳細は、https://rpy2.readthedocs.io/ を参照してください。

　R言語では、独立変数と従属変数との関係をチルダ（~）式で表します。lm()関数は、データに対する簡単な線形回帰モデルをあてはめます。ここでは、totempがGNPの関数であるかを示します。

$$\mathrm{totemp} = a \times \mathrm{gnp} + b$$

　ここで、b（切片）とaは、線形回帰モデルの係数です。これらの値は、あてはめたモデルfitに対するfit$coefficientsで得られます。

　もちろん、データはこのモデルに完全に合致しているわけではありません。直線上の予測値と実際の値とのズレが最小になるよう係数は選ばれています。通常、次の式で表される最小二乗誤差を最も小さくします。

$$r(a, b) = \sum_{i=1}^{n}(\mathrm{totemp}_i - (a \times \mathrm{gnp}_i + b))^2$$

　ここで$(gnp_i, totemp_i)$は、それぞれデータを表します。lm()が返す係数aとbは、この合計を最も小さくし、それはデータに最も良くあてはまる直線を表します。

応用

回帰は重要な統計上の概念で、次の章で取り上げます。いくつか参考資料を挙げます。

- Wikipediaの「Regression analysis」記事（https://en.wikipedia.org/wiki/Regression_analysis、またはWikipedia日本語版の「回帰分析」記事）
- Wikipediaの「Linear least squares」記事（https://en.wikipedia.org/wiki/Linear_least_squares、またはWikipedia日本語版の「最小二乗法」記事）

Rに関する参考資料をいくつか挙げましょう。

- R言語入門書（https://cran.r-project.org/doc/manuals/r-release/R-intro.html）
- R言語チュートリアル（https://www.cyclismo.org/tutorial/R/）
- R言語用のパッケージを配布するCRAN（Comprehensive R Archive Network：統合Rアーカイブネットワーク）（https://cran.r-project.org）

関連項目

- 「レシピ7.1　PandasとMatplotlibを使った探索的データ分析」

8章
機械学習

本章で取り上げる内容

- はじめての scikit-learn
- ロジスティック回帰を使ったタイタニック生存者の予測
- K近傍分類器を用いた手書き数字認識の学習
- テキストからの学習：ナイーブベイズによる自然言語処理
- サポートベクターマシンを使った分類
- ランダムフォレストによる重要な回帰特徴の選択
- 主成分分析によるデータの次元削減
- データの隠れた構造を抽出するクラスタリング

はじめに

前の章ではデータに対する洞察、部分的な観察による複雑な現象の理解、不確実性の存在下での情報に基づく意思決定、などを扱う対象としました。この章では引き続き統計の手法を用いたデータ分析と処理を行いますが、その目的はデータの理解ではなく、データからの学習です。

データからの学習は、人間が行う学習と似ています。経験的には実世界の一般的な事実と関係の複雑さを完全に理解していなくても、直感的な理解は可能です。コンピュータによる計算能力の向上が、データからの学習をも可能としました。これが**機械学習**の核心であり、コンピュータ科学、統計学、応用数学の交わる分野で発達した人工知能の一分野です。

この章では機械学習の最も基本的な手法の一部を紹介します。これらの手法はデータサイエンティストにより日常的に使用されているものです。ここでは一般的で使いやすい機械学習パッケージである scikit-learn を通してこの手法を学びます。

語彙について簡単に

最初に機械学習の基本的な定義と概念について説明しましょう。

データからの学習

機械学習では、たいていのデータを数値の表として表現します。表の各行は、**観測**、**サンプル**、**データポイント**などと呼ばれます。各列は**特徴**もしくは**変数**と呼ばれます。

データの行数（またはポイント数）を N、列数（または特徴数）を D としましょう。D はデータの**次元**とも呼ばれます。その理由は、この表は D 次元空間のベクトルの集合と見ることができるからです。つまりベクトル x は D 個の**要素** $(x_1, ..., x_D)$ を持ちます。この数学的視点は非常に重要であり、この章を通して活用します。

学習方法は、教師あり学習（supervised learning）と教師なし学習（unsupervised learning）に区別されます。

教師あり学習

データポイント x に対して、ラベル y が与えられている場合を指す。学習の目的は、与えられたデータから x から y への写像を学習することである。有限個のデータからこの写像を求めるが、すべての集合 E に対して、少なくともできる限り大きな集合に対して一般化することが最終のゴールとなる。

教師なし学習

ラベルが与えられない。この学習の目的は、データの背後に隠れている構造を発見することである。

教師あり学習

数学的に言うと教師あり学習とは、データとして与えられた有限個の関連 (x, y) を使い、集合 E からラベル F へと写像する関数 f を見つけることを意味します。これは汎化（generalization）であり、(x_i, y_i) を観測した後で新たな x が与えられた場合、関数 f を適用することによって対応する y を見つけることができます。

データポイントの集合を**訓練セット**と**テストセット**の2つに分けることが、一般的に行われます。訓練セットを用いて関数 f を得た後、テストセットでテストを行います。これはモデルの予測能力を測る基礎的な方法です。モデルの訓練とテストを同じデータで行った場合、モデルの汎化が十分に行えないかもしれません。この章の後半で出てくる**過学習**（overfitting）の基本的な考え方です。

教師あり学習は一般的に2つの問題、つまり分類と回帰に分けられます。

分類では、ラベル y は有限個の値（カテゴリ）を取ります。以下事例を挙げます。

手書き数字認識

x は手書きされた数字の画像、y は 0 から 9 の数

スパムフィルタ
   x は電子メール、y はそのメールがスパムであるかないかを表す1か0

回帰では、ラベル y はあらゆる（連続した）実数値を取ります。以下事例です。

- 株式市場データの予測
- 売上高の予測
- 画像中の人物の年齢検出

分類とは、空間 E をラベル y に紐付いたそれぞれの領域（**区画**とも呼ばれる）に分割することを意味します。区間 E のあらゆる点 x に対して実数を関連付ける数学モデルが回帰です。この違いを次の図で示します。

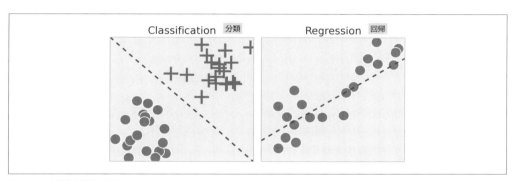

図8-1　分類と回帰の比較

分類と回帰は組み合わせが可能です。例えばプロビットモデルでは独立変数は二値（分類）ですが、この変数が1つのカテゴリに属する確率もモデル化（回帰）可能です。この例はロジスティック回帰のレシピで紹介します。プロビットモデルについては、https://en.wikipedia.org/wiki/Probit_model を参照してください。

教師なし学習

大まかに言うと、教師なし学習はデータの体系的構造を発見するのに役立ちます。質問と回答とが明確になっていないという点において教師あり学習よりも理解するのが困難です。教師なし学習では次のような問題を解決できます。

クラスタリング（Clustering）
　　類似のデータをクラスタにグループ化すること

密度推定（Density estimation）
　　データポイントの分布を表す確率密度関数を推定すること

次元削減（Dimension reduction）
　高次元のデータを低次元空間に投影することで、簡単に表現できるようにすること（データ
　可視化など）

多様体学習（Manifold learning）
　データを含む低次元の多様体を見つけ出すこと（非線形次元削減としても知られる）

特徴選択と特徴抽出

　教師あり学習では、データが多数の特徴を持つ場合には、その中のどれを使うかを選択しなければ
ならない場合があります。解くべき問題に最も関連する特徴を選択しなければなりません。これは**特
徴選択**問題として知られています。

　加えて、元のデータに複雑な変換を施すことで新しい特徴を作り出したい場合もあります。これを
特徴抽出と呼びます。例えばコンピュータビジョンで、画像のピクセルデータをそのまま使って分類
器を訓練するのは、最も効率的な手法とは言えません。対象とする場所に関連した点を抜き出すか、
分類に適した数学的変換を行うなどが望ましい場合もあります。これらの手順は、データの構成や解
くべき問題によって変わります。

　例えば、モデルを学習するにあたり、多くの場合でデータの前処理が必要となります。特徴の尺度
を線形に変換して $[-1, 1]$ や $[0, 1]$ の範囲に合うようにするのは、**特徴スケーリング**（または、**データ
の正規化**）と呼ばれる一般的な前処理手順です。

　特徴抽出と特徴選択は問題領域に関する知識、直感、数学的手法などをバランス良く組み合わせる
必要があります。これらの事前処理は非常に大切であり、むしろ学習そのものよりも重要であると考
えられています。その理由は、データの中で問題と関連を持ついくつかの次元は、データの持つ多数
の次元の中に埋もれているからです。目的とする低次元の構造を取り出すことが、学習の効率を向上
させます。

　この章では、特徴選択と特徴抽出のモデルをいくつか紹介します。信号処理、画像、音声に特有の
手法は、「10章　信号処理」と「11章　画像処理と音声処理」で取り上げます。

　ディープラーニングは、ここ数年で機械学習に大きな革命をもたらしました。この手法の主な特徴
は、特徴選択と特徴抽出がしばしばモデル自体に含まれていることです。最も関連性の高い特徴はア
ルゴリズムによって自動的に選択されます。この手法は、画像、音声、ビデオなどに対して特に効果
的です。しかし、通常ディープラーニングには膨大な量の訓練データと計算能力が必要です。Python
のディープラーニングについては本書の範囲を超えていますが、このセクションの最後にいくつかの
参考文献を示します。

　以下参考資料です。

- scikit-learnの特徴選択マニュアル（https://scikit-learn.org/stable/modules/feature_selection.

html）

- Wikipediaの「Feature selection」記事（https://en.wikipedia.org/wiki/Feature_selection、または Wikipedia日本語版の「特徴選択」記事）

過学習、未学習、バイアス-バリアンストレードオフ

機械学習における重要な考え方の1つが、**過学習**（Overfitting）と**未学習**（Underfitting）とのトレードオフです。データを正確に表現するモデルを作るのは可能です。ところが正確すぎるモデルは、今後観測されるデータに対する汎用性を失ってしまうかもしれません。例えば、精密に作られすぎた顔認識のモデルは、対象者が髪型を変えてしまうと別人と認識してしまう可能性があります。もしかすると、不適切な特徴を学習してしまったのかもしれません。逆に学習が不十分な場合も汎用性がありません。例えば、双子を同一人物と認識してしまうかもしれません。過学習については、Wikipediaの「Overfitting」（https://en.wikipedia.org/wiki/Overfitting、または Wikipedia日本語版の「過学習」記事）を参照してください。

過学習を避けるために、モデルに何らかの構造を加えるという手法が一般的に使われます。例えば1つの例が**正則化**です。この手法では、訓練モデルは単純なもの（オッカムの剃刀）が好まれます。詳しくは、https://en.wikipedia.org/wiki/Regularization_%28mathematics%29を参照してください。

バイアス-バリアンストレードオフ（ジレンマ）は、過学習および未学習と密接な関係があります。モデルのバイアスは学習セットに対してモデルがどれだけ正確かを表し、モデルのバリアンスは学習セットの小さな揺らぎに対するモデルの感度を表します。ジレンマとはバイアスとバリアンスの両方を最小にする際の問題であり、正確で頑強なモデルが必要となります。単純なモデルは正確さに欠けるところがあるものの、より堅牢です。複雑なモデルは正確さは向上しますが、頑強さが低下します。バイアス-バリアンスのジレンマについては、https://en.wikipedia.org/wiki/Bias-variance_dilemmaを参照してください。

トレードオフは非常に重要であり、機械学習のあらゆる分野に偏在しています。この章で具体的な例を紹介します。

モデル選択

教師あり学習と教師なし学習には、多くのアルゴリズムが存在します。例えばこの章で取り上げる有名な分類器には、ロジスティック回帰、最近傍法、ナイーブベイズ、サポートベクターマシンなどがあります。その他にも非常に多くのアルゴリズムが存在しますが、本書で扱う範囲を超えています。

他のモデルと比較して、常に良い結果を出すモデルはありません。1つのデータセットに対して、よい結果が得られるかもしれませんが、他のデータでは悪くなることもあります。これは、**モデル選択**の問題として知られています。

特定のデータに対するモデルの質を系統的に測る手法（特に、交差検証：cross-varidation）も紹介します。実際のところ、機械学習はしばしば試行錯誤を伴うことから、「精密科学」ではないとも言わ

れています。異なるモデルを試した上で、経験的に最も良い結果を得られるモデルを選択する必要があります。

とはいえ、学習モデルそれぞれの詳細を理解しておけば、取り組んでいる問題に対してどのモデルが最善であるかを選択する直観力が鍛えられます。

以下参考資料です。

- Wikipediaの「Model selection」記事 (https://en.wikipedia.org/wiki/Model_selection)
- scikit-learnのモデル評価パッケージマニュアル (https://scikit-learn.org/stable/modules/model_evaluation.html)
- 機械学習分類器の選択に関するブログ記事 (https://blog.echen.me/2011/04/27/choosing-a-machine-learning-classifier/)

機械学習に関する参考資料

次に挙げるのは、数学的には多少難解ではあるものの機械学習に関する優れた教科書です。

- 『Pattern Recognition and Machine Learning』、Christopher M. Bishop著、Springer刊、2006 (邦訳『パターン認識と機械学習』、元田浩他訳、丸善出版刊、2012)
- 『Machine Learning - A Probabilistic Perspective』、Kevin P. Murphy著、MIT Press刊、2012
- 『The Elements of Statistical Learning』、Trevor Hastie、Robert Tibshirani、Jerome Friedman著、Springer刊、2009 (邦訳『統計的学習の基礎 ── データマイニング・推論・予測』、杉山将 他訳、共立出版刊、2014)

次は、数学の知識をあまり必要としないプログラマ向けの教科書です。

- 『Machine Learning for Hackers』、Drew Conway、John Myles White著、O'Reilly Media刊、2012 (邦訳『入門 機械学習』、萩原正人他訳、オライリー・ジャパン刊、2012)
- 『Machine Learning in Action』、Peter Harrington著、Manning Publications Co.刊、2012
- 『Python Machine Learning: Machine Learning and Deep Learning with Python, scikit-learn, and TensorFlow, 2nd Edition』、Sebastian Raschka、Vahid Mirjalili著、Packt Publishing刊、2017 (邦訳『Python機械学習プログラミング 達人データサイエンティストによる理論と実践第2版』、株式会社クイープ訳、インプレス刊、2018)

次のようなオンラインリソースでも参考資料がまとめられています

- 「驚くべき機械学習リソース集 (Awesome Machine Learning resources)」(https://github.com/josephmisiti/awesome-machine-learning)
- 筆者のリンク集「驚くべき数学:Awesome Math」のStatistical Learningセクション (https://github.com/rossant/awesome-math/#statistical-learning)

本書で取り上げられなかった機械学習の重要な分野には、**ニューラルネットワークとディープラーニング**があります。ディープラーニングは、機械学習の中でも、非常に活発に研究されている分野です。ディープラーニング手法から得られた最先端の研究成果が次々に報告されています。

以下参考資料です。

- 「最高のディープラーニングリソース集（Awesome Deep Learning resources）」https://github.com/ChristosChristofidis/awesome-deep-learning
- Coursera のディープラーニング講座 https://www.coursera.org/specializations/deep-learning（日本語字幕付きのコースあり）
- Udacity のディープラーニング講座（https://www.udacity.com/course/deep-learning–ud730）
- Keras のチュートリアル「Deep Learning in Python」（https://www.datacamp.com/community/tutorials/deep-learning-python）
- 『Deep Learning with Python』、François Chollet 著、Manning Publications Co. 刊、2017（https://www.manning.com/books/deep-learning-with-python、邦訳『PythonとKerasによるディープラーニング』、株式会社クイープ訳、マイナビ出版刊、2018）

最後に、データサイエンスプロジェクトに使用できる公開データセットをいくつか紹介します。

- 機械学習研究のためのデータセットリスト（List of datasets for machine learning research）https://en.wikipedia.org/wiki/List_of_datasets_for_machine_learning_research
- 最高の公開データセット集（Awesome Public Datasets）https://github.com/caesar0301/awesome-public-datasets
- データサイエンスと機械学習のためのデータセット集（Datasets for Data Science and Machine Learning）https://elitedatascience.com/datasets
- Kaggle データセット https://www.kaggle.com/datasets

レシピ8.1　はじめてのscikit-learn

このレシピでは、scikit-learn 機械学習パッケージ（https://scikit-learn.org）の基礎を紹介します。このパッケージは、この章を通して使う主要なツールであり、明快なAPIを通してモデルの定義、訓練およびテストが容易に行えます。

ここでは、非常に基本的な線形回帰の例として曲線あてはめを紹介します。この簡単な例により、線形モデル、過学習、未学習、正則化、交差検証などの重要な概念を学びます。

準備

scikit-learnのインストール手順は、マニュアルとしてWebサイトで提供されています。詳細は、

280 | 8章　機械学習

https://scikit-learn.org/stable/install.htmlを参照してください。Anacondaにはデフォルトで含まれていますが、ターミナルからconda install scikit-learnの実行で個別にインストールも可能です。

手順

　単純なモデルに従う（多少のノイズを含んだ）1次元のデータを生成し、データに対する関数のあてはめを行います。この関数を用いて、新しいデータポイントの値を予測します。これは曲線あてはめ回帰問題と呼ばれます。

1. 必要なパッケージをインポートする。

```
>>> import numpy as np
    import scipy.stats as st
    import sklearn.linear_model as lm
    import matplotlib.pyplot as plt
    %matplotlib inline
```

2. モデルの背後にある決定論的非線形関数を定義する。

```
>>> def f(x):
        return np.exp(3 * x)
```

3. 区間 [0, 2] の間の値を生成する。

```
>>> x_tr = np.linspace(0., 2, 200)
    y_tr = f(x_tr)
```

4. 区間 [0, 1] の間で、データポイントを生成する。関数 *f* を用いた上で、ガウスノイズを乗せる。

```
>>> x = np.array([0, .1, .2, .5, .8, .9, 1])
    y = f(x) + 2 * np.random.randn(len(x))
```

5. [0, 1] で生成したデータポイントを描画する。

```
>>> fig, ax = plt.subplots(1, 1, figsize=(6, 3))
    ax.plot(x_tr, y_tr, '--k')
    ax.plot(x, y, 'ok', ms=10)
    ax.set_xlim(0, 1.5)
    ax.set_ylim(-10, 80)
    ax.set_title('Generative model')
```

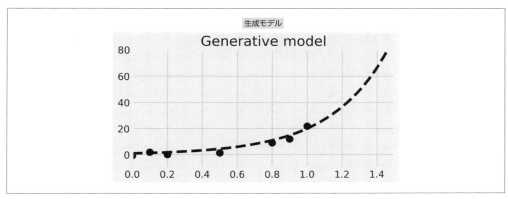

図8-2　モデルと生成したデータ

グラフの中では、元のモデルを点線で示した。

6. scikit-learnを使って、線形モデルをデータにあてはめる。この作業は、最初にモデルを作成（LinearRegressionクラスをインスタンス化）し、次にデータへのあてはめを行い、最後に学習後のモデルを使って値を予測するという3つのステップで進める。

```
>>> # We create the model.  モデルを作成
    lr = lm.LinearRegression()
    # We train the model on our training dataset.  訓練セットを使って学習を行う
    lr.fit(x[:, np.newaxis], y)
    # Now, we predict points with our trained model.  学習済みモデルで予測を行う
    y_lr = lr.predict(x_tr[:, np.newaxis])
```

観測を行、特徴を列とするscikit-learnの慣習に基づき、xとx_trの列ベクトルへの変換[*1]が必要になる。ここでは、1つの特徴に対して、観測値が7つ存在する。

7. 学習済み線形モデルを表示する。ここでは回帰直線を緑で描画する。

```
>>> fig, ax = plt.subplots(1, 1, figsize=(6, 3))
    ax.plot(x_tr, y_tr, '--k')
    ax.plot(x_tr, y_lr, 'g')
    ax.plot(x, y, 'ok', ms=10)
    ax.set_xlim(0, 1.5)
    ax.set_ylim(-10, 80)
    ax.set_title("Linear regression")
```

---

*1　訳注：xに対するx[:, np.newaxis]、x_trに対するx_tr[:, np.newaxis]が相当する。

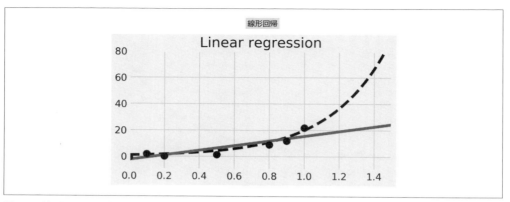

図8-3　線形モデルを使ってあてはめを行う

8. 非線形モデル（指数曲線）から生成したデータに、線形モデルは適合しなかった。そこで次は非線形モデルを試す。より正確には、多項式のあてはめを行う。データポイントに対する累乗をあらかじめ計算してから、線形回帰を使う。これはnp.vander()関数を使って**ファンデルモンド行列**（Vandermonde matrix）を生成することで行われる。詳細は、「解説」セクションで説明する。次のコードではあてはめと、その表示を行う。

```
>>> lrp = lm.LinearRegression()
    fig, ax = plt.subplots(1, 1, figsize=(6, 3))
    ax.plot(x_tr, y_tr, '--k')

    for deg, s in zip([2, 5], ['-', '.']):
        lrp.fit(np.vander(x, deg + 1), y)
        y_lrp = lrp.predict(np.vander(x_tr, deg + 1))
        ax.plot(x_tr, y_lrp, s,
                label=f'degree {deg}')
        ax.legend(loc=2)
        ax.set_xlim(0, 1.5)
        ax.set_ylim(-10, 80)
        # Print the model's coefficients.  モデルの係数を表示
        print(f'Coefficients, degree {deg}:\n\t',
              ' '.join(f'{c:.2f}' for c in lrp.coef_))
    ax.plot(x, y, 'ok', ms=10)
    ax.set_title("Linear regression")
Coefficients, degree 2: 36.95 -18.92 0.00
Coefficients, degree 5: 903.98 -2245.99 1972.43 -686.45 78.64 0.00
```

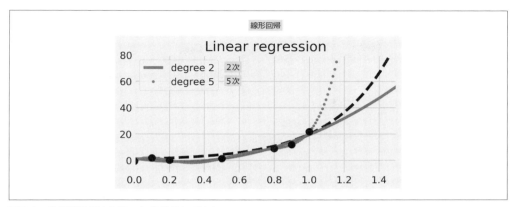

図8-4　非線形モデルを使った多項式あてはめ

2次と5次の多項式をあてはめてみた。2次多項式は、5次に比べて適合度が低く見えるが、2次のほうが頑強である。つまり5次多項式は、データポイントの外側にある予測値領域では、大きく外れてしまっている（グラフの$x \geq 1$の結果に注目）。これが**過学習**と呼ばれる現象である。複雑なモデルを使うと、訓練を行ったデータに対しては高い適合度を見せるのに対し、訓練データ以外のところでの外れが大きくなってしまう。

9. 次に**リッジ回帰**と呼ばれる学習モデルを使う。これは線形回帰と同様の働きを持つが、多項式の係数が大きくなりすぎることを防ぐ。直前の例では、係数が大きくなりすぎた結果を表している。**損失関数**に**正則化項**を加えることで、リッジ回帰はモデルにある種の構造を組み込む。詳しくは次のセクションで扱う。

リッジ回帰モデルは、正則化項の重みを表すメタパラメータを持つ。Ridgeクラスに対して試行錯誤しながら異なる値を試す。scikit-learnはRidgeCVと呼ばれる別のモデルも提供しており、これは交差検証によるパラメータ探索の機能も持っている。言い換えるとパラメータの変更を手作業ではなく、scikit-learnが自動的に調整してくれることを意味する。常にfit-predict APIを使うので、前のコードに対して行う変更は、lm.LinearRegression()をlm.RidgeCV()に置き換えるだけである。詳しい解説は、次のセクションで行う。

```
>>> ridge = lm.RidgeCV()

fig, ax = plt.subplots(1, 1, figsize=(6, 3))
ax.plot(x_tr, y_tr, '--k')

for deg, s in zip([2, 5], ['-', '.']):
    ridge.fit(np.vander(x, deg + 1), y)
    y_ridge = ridge.predict(np.vander(x_tr, deg + 1))
    ax.plot(x_tr, y_ridge, s,
            label='degree ' + str(deg))
    ax.legend(loc=2)
```

```
        ax.set_xlim(0, 1.5)
        ax.set_ylim(-10, 80)
        # Print the model's coefficients.
        print(f'Coefficients, degree {deg}:',
              ' '.join(f'{c:.2f}' for c in ridge.coef_))

    ax.plot(x, y, 'ok', ms=10)
    ax.set_title("Ridge regression")
Coefficients, degree 2: 14.43 3.27 0.00
Coefficients, degree 5: 7.07 5.88 4.37 2.37 0.40 0.00
```

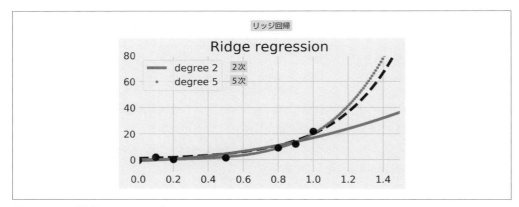

図8-5　リッジ回帰であてはめを行う

今度は5次多項式のほうが、単純な2次多項式よりも正確に見える（これは、**未学習**によるものだ）。リッジ回帰は、過学習による問題を軽減させた。5次多項式の係数が、先の例と比較して、あまり大きくなっていないことに注目してほしい。

解説

このレシピで使用した技術を解説します。

scikit-learn API

scikit-learnは、教師あり学習と教師なし学習に対する、一貫性のある整理されたAPIを実装しています。データはN行D列の行列Xに格納されているとします。ここでNは観測数、Dは特徴の数を表しています。言い換えると、各行はそれぞれの観測を表します。機械学習を行うには、まずこのXを正確に定義することから始まります。

教師あり学習では、各観測に対するスカラー値からなる長さNのターゲットベクトルyを用意しなければなりません。このスカラー値は、問題が回帰であるか分類であるかにより、それぞれ連続量か離散量となります。

scikit-learnでは、モデルはクラスとして実装され、`fit()`と`predict()`メソッドを持ちます。`fit()`メソッドはデータ行列Xと、教師あり学習モデルyを入力として受け取ります。このメソッドは与えられたデータでモデルの学習を行います。

`predict()`メソッドは、(M, D)行列形式のデータを入力として受け取り、学習済みのモデルで分類または予測した結果を返します。

最小二乗回帰

最小二乗（OLS：Ordinary Least Squares）回帰は、最も単純な回帰手法です。これはx_{ij}の線形結合を出力y_jへ近づける手法です。

$$\forall\, i \in \{1, ..., N\}, \quad \hat{y}_i = \sum_{j=1}^{D} w_j X_{ij}, \quad 行列形式では \quad \hat{\mathbf{y}} = \mathbf{Xw}$$

ここで$w = (w_1, ..., w_D)$は、（未知の）**パラメータベクトル**を表し、$\hat{y}$はモデルの出力を表します。このベクトルをできるだけyに近づけることが、ここでの目的です。完全な一致、つまり$\hat{y} = y$が成立することは一般的にありません（常にある程度のノイズは存在しますし、不確定モデルは常に現実を理想化しているからです）。そのため、これら2つのベクトルの差を最小限にすることが実際の目的となり、最小二乗回帰は次の**損失関数**を最小化します。

$$\min_{\mathbf{w}} ||\mathbf{y} - \mathbf{Xw}||_2^2 = \min_{\mathbf{w}} \left(\sum_{i=1}^{N} (y_i - \hat{y}_i)^2 \right)$$

各要素の二乗和を**L^2ノルム**と呼びます。これが有益であるのは、微分可能な損失関数を導けることから、勾配が計算可能であり一般的な最適化手法が適用できるからです。

線形回帰による多項式補間

最小二乗回帰は、線形モデルにあてはまります。このモデルはデータポイントX_iとパラメータw_jの両方に対して線形です。先の例では、データポイントが非線形なモデル（指数関数）から生成されていたため、あまり良く適合しませんでした。

しかし、w_jが線形なモデルであればx_iが非線形でも線形回帰手法は適用可能です。そのためには、多項式に合わせてデータの次元を増やさなければなりません。次のデータポイントを考えます。

$$X_i, X_i^2, ..., X_i^D$$

ここでDは最大の次数を表します。そのため入力行列Xは、元のデータx_iに関連したファンデルモンド行列となります。ヴァンデルモンド行列については、Wikipediaの「Vandermonde matrix」（https://en.wikipedia.org/wiki/Vandermonde_matrix、またはWikipedia日本語版の「ヴァンデルモンドの行列式」）を参照してください。

この新しいデータポイントを線形モデルにあてはめることは、元のデータに対して多項式モデルを

286 | 8章　機械学習

あてはめることと等価です。

リッジ回帰

　線形回帰による多項式補間は、多項式の次数が大きくなると過学習に至る可能性が高まります。ランダムなゆれ（ノイズ）をデータの傾向として捉えてしまうために、モデルの持つ予測力を損ねてしまうのです。これは、多項式の係数 w_j の発散に相当します。

　係数が無制限に大きくなるのを防ぐことで、この問題を解決できます。**リッジ回帰**（**チホノフの正則化**としても知られています）では、損失関数に正則化項を加えることで対処しています。チホノフの正則化法については https://en.wikipedia.org/wiki/Tikhonov_regularization を参照してください。

$$\min_{\mathbf{w}} ||\mathbf{y} - \mathbf{Xw}||_2^2 + \alpha ||\mathbf{w}||_2^2$$

　この損失関数を最小化することで、モデルとデータとの誤差（第1項、バイアスに相当する）が最小化されるだけでなく、モデルの係数（第2項、バリアンスに相当する）も小さくなります。損失関数の2つの項の相対的な重みを示すハイパーパラメータ α により、バイアス-バリアンストレードオフが定量化されます。

　ここでのリッジ回帰は、小さい係数の多項式を導き、より良いあてはめが可能となりました。

交差検証とグリッドサーチ

　最小二乗モデルと比較したリッジ回帰モデルの欠点は、余分なハイパーパラメータ α の存在です。予測の精度はこのパラメータの選択に依存します。手作業でこの値を細かく調整するのも1つの手ですが、手間がかかるのと過学習に至る可能性がある点に難があります。

　この問題を解決するために**グリッドサーチ**を使います。α として取り得る可能性のある値を使った試行を行い、各モデルの性能を評価します。この結果最もパフォーマンスの良い α を選択できます。

　与えられた α に対するモデル性能をどのように評価するのでしょうか。一般的には、**交差検証**（cross-validation）が用いられます。この手法では、まずデータを訓練用とテスト用の2つのデータセットに分割します。訓練用セットで学習を行い、テスト用セットで予測性能を測ります。訓練に使ったデータではなく異なるデータを使ってテストを行うことで、過学習を抑えることができます。

　データを2つに分割する方法はさまざまです。データを1つ抜き出して訓練用データを作り、抜き出した1つをテストデータにする方法もあります。これは**Leave-One-Out交差検証**（LOOCV）と呼ばれます。N 個のデータがあれば、N 種類の訓練用データとテスト用データの組み合わせが作れます。交差検証により測定される性能は、これらすべての組み合わせで行ったテストの平均値です。

　scikit-learn は交差検証やグリッドサーチを容易にするための手段をいくつも備えています。このレシピではリッジ回帰モデルに特化した交差検証とグリッドサーチを実装した RidgeCV と呼ばれる特殊な評価器を紹介しました。このクラスを用いることで、最適なハイパーパラメータ α が自動で見つけられます。

応用

以下最小二乗についての参考資料です。

- Wikipediaの「Ordinary least squares」（最小二乗推定）記事（https://en.wikipedia.org/wiki/Ordinary_least_squares）
- Wikipediaの「Linear least squares」（線形最小二乗）記事（https://en.wikipedia.org/wiki/Linear_least_squares）

以下交差検証とグリッドサーチについての参考資料です。

- scikit-learnの交差検証マニュアル（https://scikit-learn.org/stable/modules/cross_validation.html）
- scikit-learnのグリッドサーチマニュアル（https://scikit-learn.org/stable/modules/grid_search.html）
- Wikipediaの「交差検証」記事（https://en.wikipedia.org/wiki/Cross-validation_%28statistics%29、またはWikipedia日本語版の「交差検証」記事）

以下scikit-learnについての参考資料です。

- scikit-learnチュートリアル基礎編（https://scikit-learn.org/stable/tutorial/basic/tutorial.html）
- SciPy 2017カンファレンスで行われたscikit-learnチュートリアルビデオ（https://www.youtube.com/watch?v=2kT6QOVSgSg）

レシピ8.2　ロジスティック回帰を使ったタイタニック生存者の予測

このレシピでは、基礎的な分類器である**ロジスティック回帰**を紹介します。この手法をKaggleのデータセットに適用してみましょう。実際のデータ（https://www.kaggle.com/c/titanic）を使ってタイタニックの生存者を予測するのが目的です。

Kaggle（https://www.kaggle.com/competitions）は、機械学習コンテストを開催しています。誰でもデータセットをダウンロードし、モデルを訓練し、予測結果をWebサイト上でテストできます。

288 | 8章 機械学習

手順

1. 必要なパッケージをインポートする。

```
>>> import numpy as np
    import pandas as pd
    import sklearn
    import sklearn.linear_model as lm
    import sklearn.model_selection as ms
    import matplotlib.pyplot as plt
    %matplotlib inline
```

2. 訓練用とテスト用のデータをPandasに読み込む。

```
>>> train = pd.read_csv('https://github.com/ipython-books'
                        '/cookbook-2nd-data/blob/master/'
                        'titanic_train.csv?raw=true')
    test = pd.read_csv('https://github.com/ipython-books/'
                       'cookbook-2nd-data/blob/master/'
                       'titanic_test.csv?raw=true')
>>> train[train.columns[[2, 4, 5, 1]]].head()
```

	Pclass	Sex	Age	Survived
0	3	male	22.0	0
1	1	female	38.0	1
2	3	female	26.0	1
3	1	female	35.0	1
4	3	male	35.0	0

3. この例で使用する列だけ残す。また、性別（Sex）のフィールドはNumPyやscikit-learnでの扱いを容易にするため数値に変換し、最後にNaNを含む行を削除する。

```
>>> data = train[['Age', 'Pclass', 'Survived']]
    # Add a 'Female' column.
    data = data.assign(Female=train['Sex'] == 'female')
    # Reorder the columns.
    data = data[['Female', 'Age', 'Pclass', 'Survived']]
    data = data.dropna()
    data.head()
```

レシピ8.2　ロジスティック回帰を使ったタイタニック生存者の予測 | **289**

	Female	Age	Pclass	Survived
0	False	22.0	3	0
1	True	38.0	1	1
2	True	26.0	3	1
3	True	35.0	1	1
4	False	35.0	3	0

4. scikit-learn に渡すために、この DataFrame オブジェクトを NumPy 配列に変換する。

```
>>> data_np = data.astype(np.int32).values
    X = data_np[:, :-1]
    y = data_np[:, -1]
```

5. 男性 (Male) と女性 (Female) の生存者 (Survived) を年齢の関数として表示する。

```
>>> # We define a few boolean vectors.    論理配列をいくつか定義する
    # The first column is 'Female'.     先頭の列は'Female'
    female = X[:, 0] == 1

    # The last column is 'Survived'.     末尾の列は'Survived'
    survived = y == 1

    # This vector contains the age of the passengers.    この配列は乗客の年齢を格納する
    age = X[:, 1]

    # We compute a few histograms.    ヒストグラムを作成
    bins_ = np.arange(0, 81, 5)
    S = {'male': np.histogram(age[survived & ~female],
                              bins=bins_)[0],
         'female': np.histogram(age[survived & female],
                                 bins=bins_)[0]}
    D = {'male': np.histogram(age[~survived & ~female],
                              bins=bins_)[0],
         'female': np.histogram(age[~survived & female],
                                 bins=bins_)[0]}
>>> # We now plot the data.    データの表示
    bins = bins_[:-1]
    fig, axes = plt.subplots(1, 2, figsize=(10, 3),
                             sharey=True)
    for ax, sex, color in zip(axes, ('male', 'female'),
                              ('#3345d0', '#cc3dc0')):
        ax.bar(bins, S[sex], bottom=D[sex], color=color,
               width=5, label='survived')
        ax.bar(bins, D[sex], color='k',
               width=5, label='died')
        ax.set_xlim(0, 80)
        ax.set_xlabel("Age (years)")
```

```
ax.set_title(sex + " survival")
ax.grid(None)
ax.legend()
```

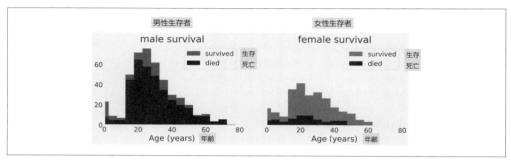

図8-6　男性と女性の生存者を表示

6. 性別、年齢、船室等級で乗客が生存したかを予測するために、LogisticRegression分類器を訓練する。最初に訓練用セットとテスト用セットの作成を行う。

```
>>> # We split X and y into train and test datasets.    XとYを訓練用とテスト用に分割する
    (X_train, X_test, y_train, y_test) = \
        ms.train_test_split(X, y, test_size=.05)
>>> # We instantiate the classifier.    分類器をインスタンス化する
    logreg = lm.LogisticRegression(solver='liblinear')
```

7. モデルを訓練し、テストセットで予測する。

```
>>> logreg.fit(X_train, y_train)
    y_predicted = logreg.predict(X_test)
```

次の図は、予測と実際の結果を比較している。

```
>>> fig, ax = plt.subplots(1, 1, figsize=(8, 3))
    ax.imshow(np.vstack((y_test, y_predicted)),
              interpolation='none', cmap='bone')
    ax.set_axis_off()
    ax.set_title("Actual and predicted survival outcomes "
                 "on the test set")
```

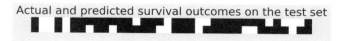

図8-7　テストデータによる予測と実際の結果の比較

8. モデル性能を評価するために、cross_val_score()関数で交差検証スコアを算出する。この関数は、デフォルトで層化3分割交差検証を用いるが、cvキーワード引数[*1]で検定方法を指定できる。

```
>>> ms.cross_val_score(logreg, X, y, cv=3)
array([ 0.78661088,  0.78991597,  0.78059072])
```

この関数は、訓練とテスト用データの組み合わせごとに、予測スコア（「解説」セクションで、詳しく説明する）を返す。

9. LogisticRegressionクラスは、ハイパーパラメータCを引数に持ち、このパラメータで正則化の強さを指定する。適切な値を見つけるには、GridSearchCVクラスを用いてグリッドサーチを行う。パラメータとして、評価器とパラメータの値を収めた辞書を渡す。この評価器は交差検証を行い、最良のパラメータを選択する。なお、マルチコアプロセッサ環境では、使用するコア数をn_jobs引数に指定することが可能。

```
>>> grid = ms.GridSearchCV(
        logreg, {'C': np.logspace(-5, 5, 200)}, n_jobs=4, cv=3)
    grid.fit(X_train, y_train)
    grid.best_params_
{'C': 0.042}
```

10. 最良のパラメータを使った結果を表示する。

```
>>> ms.cross_val_score(grid.best_estimator_, X, y)
array([ 0.77405858,  0.80672269,  0.78902954])
```

解説

ロジスティック回帰は回帰モデルではなく分類モデルですが、線形回帰と密接な関係を持っています。このモデルは変数の線形結合に**シグモイド関数**（より正確には、ロジスティック関数）を適用して、二値変数の値が1となる確率を予測します。次の式がシグモイド関数です。

$$\forall i \in \{1, ..., N\}, \quad \hat{\mathbf{y}}_i = f(\mathbf{x}_i \, \mathbf{w}) \quad ただし \quad f(x) = \frac{1}{1 + \exp(-x)}$$

次はロジスティック関数のグラフです。

[*1] 訳注：キーワード引数cvのデフォルト値は、scikit-learnの0.22より3から5に変更予定であるため、引数を省略するとFutureWarningが出力される。明示的にcv=3引数を指定すればワーニングは出ない。

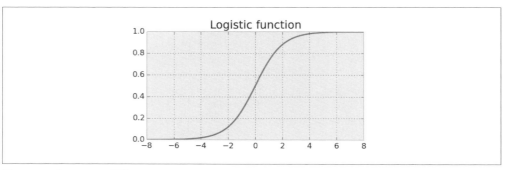

図8-8　ロジスティック関数

　二値変数の値が得られたとき、より近い整数値に丸める必要があります。パラメータwは、学習の中で最適化手法により求められます。

応用

以下参考資料です。

- scikit-learnのロジスティック回帰マニュアル（https://scikit-learn.org/stable/modules/linear_model.html#logistic-regression）
- Wikipediaの「Logistic regression」記事（https://en.wikipedia.org/wiki/Logistic_regression、またはWikipedia日本語版の「ロジスティック回帰」記事）

関連項目

- 「レシピ8.1　はじめてのscikit-learn」
- 「レシピ8.3　K近傍分類器を用いた手書き数字認識の学習」
- 「レシピ8.5　サポートベクターマシンを使った分類」

レシピ8.3　K近傍分類器を用いた手書き数字認識の学習

　このレシピではK近傍（K-NN）分類器を用いた手書き数字認識を学びます。この分類器は単純ですが強力なモデルであり、画像などの複雑かつ非線形なデータへの高い適合性が特徴です。このレシピの最後でどのように動作するかを解説します。

手順

1. 必要なモジュールをインポートする。

    ```
    >>> import numpy as np
    ```

```
import sklearn
import sklearn.datasets as ds
import sklearn.model_selection as ms
import sklearn.neighbors as nb
import matplotlib.pyplot as plt
%matplotlib inline
```

2. scikit-learnに同梱されている`digits`データセットを読み込む。このデータには、あらかじめ人手でラベル付けされた手書き数字のデータが入っている。

```
>>> digits = ds.load_digits()
    X = digits.data
    y = digits.target
    print((X.min(), X.max()))
    print(X.shape)
(0.0, 16.0)
(1797, 64)
```

配列 X には、各行 $8 \times 8 = 64$ ピクセル（値が 0 から 16 までのグレースケール）のデータが行優先の順番で格納されています。

3. その中のいくつかをラベルと一緒に表示する。

```
>>> nrows, ncols = 2, 5
    fig, axes = plt.subplots(nrows, ncols,
                             figsize=(6, 3))
    for i in range(nrows):
        for j in range(ncols):
            # Image index
            k = j + i * ncols
            ax = axes[i, j]
            ax.matshow(digits.images[k, ...],
                       cmap=plt.cm.gray)
            ax.set_axis_off()
            ax.set_title(digits.target[k])
```

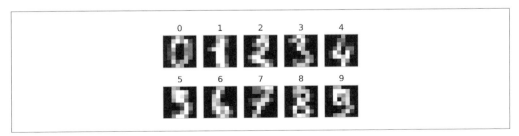

図8-9　手書き数字の画像をラベルと共に表示

4. このデータをK-NN分類器にかける。

```
>>> (X_train, X_test, y_train, y_test) = \
        ms.train_test_split(X, y, test_size=.25)
>>> knc = nb.KNeighborsClassifier()
>>> knc.fit(X_train, y_train)
```

5. テストデータで学習済みの分類器のスコアを評価する。

```
>>> knc.score(X_test, y_test)
0.987
```

6. この分類器が手書き文字を認識できるかテストする。

```
>>> # Let's draw a 1.
    one = np.zeros((8, 8))
    one[1:-1, 4] = 16   # The image values are in [0, 16].   1のデータを作成
    one[2, 3] = 16
>>> fig, ax = plt.subplots(1, 1, figsize=(2, 2))
    ax.imshow(one, interpolation='none',
              cmap=plt.cm.gray)
    ax.grid(False)
    ax.set_axis_off()
    ax.set_title("One")
```

```
>>> # We need to pass a (1, D) array.   (1, D)形式のデータを渡す
    knc.predict(one.reshape((1, -1)))
array([1])
```

よくできました。

解説

ここでは、scikit-learnを使った画像処理の例を示しました。画像は2次元(N, M)の行列であり、NMの特徴を持っていることになります。この行列からデータ行列を作る際には、各行が1つの画像を構成するように平らに並べる必要があります。

特徴空間に新しい点を置く場合、訓練データ中の近傍K個の点を選び、その中で一番多い点のクラ

スに新しい点を分類するというのが、K近傍法の基本的な考え方です。

近傍を判断するためには一般的にユークリッド距離を使いますが、その他の方法でも構いません。https://scikit-learn.org/stable/modules/neighbors.html の scikit-learn のドキュメントで示されている次の画像は、(3つのラベルを持つ) 小規模なデータセットを15近傍分類器を使って空間分割した例です。

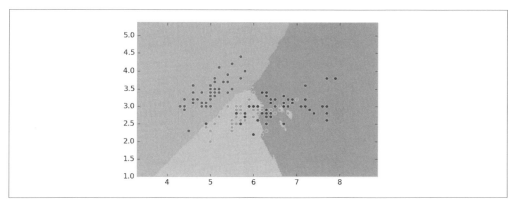

図8-10　K近傍法による空間分割

K がこのモデルのハイパーパラメータです。値が小さすぎる場合、モデルの汎用性が失われます (高バリアンス)。特に異常値に対して過大に敏感となります。対照的に、*K* が大きすぎると、モデルの精度が悪化します。極端な場合、例えば *K* がデータポイントの総数と等しい場合には、モデルの予測は入力にかかわらず常に同じ結果 (高バイアス) となるでしょう。(次のセクションで見るように) このパラメータの値を選ぶには、ヒューリスティックが使われます。

K-NNアルゴリズムでは、モデルの学習を行わない点に留意してください。分類器はすべてのデータを記憶し、新しいデータに対する比較を行っているにすぎません。これは、事例に基づく (Instance-based) 学習と呼ばれます。訓練用のデータを使って数学モデルの訓練を行うロジスティック回帰のような手法とは異なっています。

K-NNは不規則な境界を持つ複雑な分類問題に対しても、うまく働きます。一方で、多くのデータ間距離を計算しなければならないため、データセットが大きくなると計算能力が課題となります。K-D木やボール木など専用の木構造データを使って近傍探索を高速化できます。

K-NNはこの例で見たように分類を行うものですが、回帰問題にも適用可能です。そのモデルでは、着目するデータポイントの値を近傍の平均とします。どちらの場合でも、さまざまな重み付け戦略を用いることができます。

応用

以下参考資料です。

- scikit-learnのK近傍法（K-Nearest Neighbors：K-NN）アルゴリズムマニュアル（http://scikit-learn.org/stable/modules/neighbors.html）
- Wikipediaの「K nearest neighbors algorithm」記事（https://en.wikipedia.org/wiki/K-nearest_neighbors_algorithm、またはWikipedia日本語版の「K近傍法」記事）
- Kハイパーパラメータの選択方法に関するブログ記事（https://datasciencelab.wordpress.com/2013/12/27/finding-the-k-in-k-means-clustering/）
- Wikipediaの「Instance-based learning」（事例に基づく学習）記事（https://en.wikipedia.org/wiki/Instance-based_learning）

関連項目

- 「レシピ8.2　ロジスティック回帰を使ったタイタニック生存者の予測」
- 「レシピ8.5　サポートベクターマシンを使った分類」

レシピ8.4　テキストからの学習：ナイーブベイズによる自然言語処理

このレシピでは、scikit-learnでテキストデータを扱う方法を取り上げます。テキスト処理を行うには、前処理と特徴抽出を注意深く行う必要がありますし、疎行列の処理も一般的に使われます。

開かれたディスカッションの場におけるコメントが、参加者に対する侮辱的な発言か否かを見分ける方法を学びます。Kaggleコンペティションの際に、Impermium社によりラベル付けされたデータセット（https://www.kaggle.com/c/detecting-insults-in-social-commentary）を使用します。

手順

1. 必要なライブラリをインポートする。

```
>>> import numpy as np
    import pandas as pd
    import sklearn
    import sklearn.model_selection as ms
    import sklearn.feature_extraction.text as text
    import sklearn.naive_bayes as nb
    import matplotlib.pyplot as plt
    %matplotlib inline
```

2. CSVファイルをPandasに読み込む。

```
>>> df = pd.read_csv('https://github.com/ipython-books/'
                     'cookbook-2nd-data/blob/master/'
                     'troll.csv?raw=true')
```

3. 各行がそれぞれ1つのコメントに相当する。ここではunicodeにエンコードされたコメントの中身と、それが侮辱的であるか(1)否か(0)を表す値に着目する。

```
>>> df[['Insult', 'Comment']].tail()
```

	Insult	Comment
3942	1	"you are both mo…
3943	0	"Many toolbars in…
3944	0	"@LambeauOrW…
3945	0	"How about Felix…
3946	0	"You're all upset…

4. 特徴行列Xとラベルyを定義する。

   ```
   >>> y = df['Insult']
   ```

   テキストから特徴行列を抽出するのは容易ではない。scikit-learnが扱えるのは、数値行列だけなので、テキストを数値の行列に変換する方法を考えなければならない。古典的な解決策の1つは、まず**語彙**を抽出することである。言い換えるとコーパスを通して、使われている単語のリストを作る。各単語の使用頻度を数えて**疎行列**、つまりほとんど0である巨大な行列を作る。Pythonではこの作業を2行のコードで書ける。解説のセクションで詳しく解説する。

ここでの基本ルールは、特徴が分類された(言い換えると、単語を認識した、規定配色に含まれる色を認識したなど)なら、それぞれの要素に対する特徴を数値として割り当て、配列にします。例えば赤、緑、青などの特徴を使う代わりに、color_red, color_green, color_blueなど数値で表された特徴を用います。詳細は「応用」セクションを参照してください。

```
>>> tf = text.TfidfVectorizer()
    X = tf.fit_transform(df['Comment'])
    print(X.shape)
(3947, 16469)
```

5. 3947のコメントと16469個の単語が使われていることがわかる。それでは、特徴行列がどれくらい疎であるか、定量化しよう。

```
>>> p = 100 * X.nnz / float(X.shape[0] * X.shape[1])
    print(f"Each sample has ~{p:.2f}% non-zero features.")
Each sample has ~0.15% non-zero features.
```
各サンプルには値がゼロではない特徴が〜0.15%含まれる

6. 分類器を訓練するために、データを訓練用とテスト用に分割する。

```
>>> (X_train, X_test, y_train, y_test) = \
        ms.train_test_split(X, y, test_size=.2)
```

7. **ベルヌーイナイーブベイズ分類器**を使用して、αパラメータのグリッドサーチを行う。

```
>>> bnb = ms.GridSearchCV(
        nb.BernoulliNB(),
        param_grid={'alpha': np.logspace(-2., 2., 50)}, cv=3)
    bnb.fit(X_train, y_train)
```

8. テスト用データで、分類器の性能を測る。

```
>>> bnb.score(X_test, y_test)
0.761
```

9. 大きな係数に対応する単語（侮辱的なコメントで頻繁に見られる単語）を確認する[1]。

```
>>> # We first get the words corresponding to each feature
    names = np.asarray(tf.get_feature_names())      最初に各特長に対応する単語を取り出す
    # Next, we display the 50 words with the largest
    # coefficients.                                 50番目までの大きな係数に対するものを
    print(','.join(names[np.argsort(               表示する
        bnb.best_estimator_.coef_[0, :])[::-1][:50]]))
you,are,your,to,the,and,of,that,is,in,it,like,have,on,not,for,just,re,with,be,an,so,this,xa0,a
ll,idiot,what,get,up,go,****,don,stupid,no,as,do,can,***,or,but,if,know,who,about,dumb,****,me
,******,because,back
```

10. テスト用の文章を推定器にかける。

```
>>> print(bnb.predict(tf.transform([
        "I totally agree with you.",
        "You are so stupid."
    ])))
[0 1]
```

解説

　scikit-learnには、テキストデータから疎行列を作るユーティリティ関数がいくつか実装されています。`CountVectorizer()`などのベクトル化関数はコーパスから語彙を抽出（`fit()`）し、コーパスを基にした語彙の疎行列を組み立て（`transform()`）ます。各サンプルは、語彙の出現頻度で表現されます。学習済みインスタンスには対応する単語と特徴を結び付けるメソッド（`get_feature_names()`）と逆関係にある属性（`vocabulary_`）を持ちます。

　Nグラム（`ngram_range`）を抽出することもできます。連続して出現する単語のペアまたはタプルです。

＊1　訳注：この出力は、一部の字が伏せられている。

単語の出現頻度はさまざまな方法で重み付けされます。ここでは tf-idf (term frequency-inverse document frequency) を使いました。この値はコーパス中での単語の重要度を表します。コメント中で頻繁に出現している単語は、特定のコメントだけに現れるものであれば高い重み付けがされます(例えば、「the」、「and」など、どのコメントにも出現する一般的な単語はこの手法で取り除かれます)。

ナイーブベイズアルゴリズムは、特徴がそれぞれ独立であるという前提を使用したベイズ手法です。この前提により、計算方法は大幅に単純化され、高速で優秀な分類器となります。

応用

以下参考資料です。

- scikit-learn のテキスト特徴抽出マニュアル (https://scikit-learn.org/stable/modules/feature_extraction.html#text-feature-extraction)
- Wikipedia の「tf–idf」記事 (https://en.wikipedia.org/wiki/tf-idf、または Wikipedia 日本語版の「tf-idf」記事)
- scikit-learn のベクトル化マニュアル (https://scikit-learn.org/stable/modules/generated/sklearn.feature_extraction.DictVectorizer.html)
- Wikipedia の「Naive Bayes classifier」記事 (https://en.wikipedia.org/wiki/Naive_Bayes_classifier、または Wikipedia 日本語版の「単純ベイズ分類器」)
- scikit-learn のナイーブベイズ解説 (https://scikit-learn.org/stable/datasets/twenty_newsgroups.html)
- scikit-learn ドキュメントのテキスト分類例 (https://scikit-learn.org/stable/datasets/twenty_newsgroups.html)

Python の自然言語処理ライブラリには次のものがあります。

- Python の自然言語処理ライブラリ NLTK (https://www.nltk.org)
- Python と Cython による産業向け自然言語処理ライブラリ spaCy (https://spacy.io/)
- spaCy の上に構築された高レベル自然言語処理用ライブラリ textacy (https://readthedocs.org/projects/textacy/)

関連項目

- 「レシピ8.2 ロジスティック回帰を使ったタイタニック生存者の予測」
- 「レシピ8.3 K近傍分類器を用いた手書き数字認識の学習」
- 「レシピ8.5 サポートベクターマシンを使った分類」

レシピ8.5　サポートベクターマシンを使った分類

　このレシピでは、**サポートベクターマシン**（SVM：Support Vector Machine）を取り上げます。このモデルは、分類と回帰の両方に利用できます。ここでは線形および非線形のSVMを使用し簡単な分類作業を行う方法を紹介します。このレシピは、scikit-learnのドキュメント（https://scikit-learn.org/stable/auto_examples/svm/plot_svm_nonlinear.htmlを参照）を参考にしています。

手順

1. 必要なパッケージをインポートする。

```
>>> import numpy as np
    import pandas as pd
    import sklearn
    import sklearn.datasets as ds
    import sklearn.model_selection as ms
    import sklearn.svm as svm
    import matplotlib.pyplot as plt
    %matplotlib inline
```

2. 2次元の点を生成し、座標に対する線形操作ができるような二値をラベル付けする。

```
>>> X = np.random.randn(200, 2)
    y = X[:, 0] + X[:, 1] > 1
```

3. **サポートベクター分類器**（SVC：Support Vector Classifier）の学習を行う。この分類器は、点を線形の境界（ここでは直線だが、一般的には超平面）で2つのグループに分割する。

```
>>> # We train the classifier.   分類器の学習を行う
    est = svm.LinearSVC()
    est.fit(X, y)
```

4. 学習済み分類器を使って境界と決定関数を描画する関数を定義する。

```
>>> # We generate a grid in the square [-3,3 ]^2.   [-3,3]の矩形領域にグリッドを定義する
    xx, yy = np.meshgrid(np.linspace(-3, 3, 500),
                         np.linspace(-3, 3, 500))

    # This function takes a SVM estimator as input.   この関数は入力としてSVM推定器を指定する

    def plot_decision_function(est, title):
        # We evaluate the decision function on the grid.   グリッド上で決定関数を評価する
        Z = est.decision_function(np.c_[xx.ravel(),
                                        yy.ravel()])
        Z = Z.reshape(xx.shape)
        cmap = plt.cm.Blues

        # We display the decision function on the grid.   グリッド上に決定関数を描画する
        fig, ax = plt.subplots(1, 1, figsize=(5, 5))
```

```
ax.imshow(Z,
          extent=(xx.min(), xx.max(),
                  yy.min(), yy.max()),
          aspect='auto',
          origin='lower',
          cmap=cmap)

# We display the boundaries.   境界の描画
ax.contour(xx, yy, Z, levels=[0],
           linewidths=2,
           colors='k')

# We display the points with their true labels.   ラベルの値に従って点を描画する
ax.scatter(X[:, 0], X[:, 1],
           s=50, c=.5 + .5 * y,
           edgecolors='k',
           lw=1, cmap=cmap,
           vmin=0, vmax=1)
ax.axhline(0, color='k', ls='--')
ax.axvline(0, color='k', ls='--')
ax.axis([-3, 3, -3, 3])
ax.set_axis_off()
ax.set_title(title)
```

5. 線形SVCによる結果を表示する。

```
>>> ax = plot_decision_function(
        est, "Linearly separable, linear SVC")
```

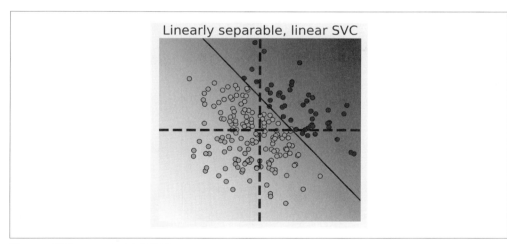

図8-11 線形SVCによる直線分割

線形SVCを使って直線で分割を試みた結果、うまく分割できた。

6. 次に、ラベル付けにXOR関数を使った場合を見てみよう。点のラベルは、座標がそれぞれ異なる符号を持っている場合に、1となる。この場合、線形には分割できないため、線形SVCの結果はまったく的外れとなった。

```
>>> y = np.logical_xor(X[:, 0] > 0, X[:, 1] > 0)

    # We train the classifier.       # 分類器の学習
    est = ms.GridSearchCV(svm.LinearSVC(),
                    {'C': np.logspace(-3., 3., 10)}, cv=3, iid=True)
    est.fit(X, y)
    print("Score: {0:.1f}".format(
        ms.cross_val_score(est, X, y, cv=3).mean()))

    # We plot the decision function.    # 決定関数の描画
    ax = plot_decision_function(
        est, "XOR, linear SVC")
Score: 0.5
```

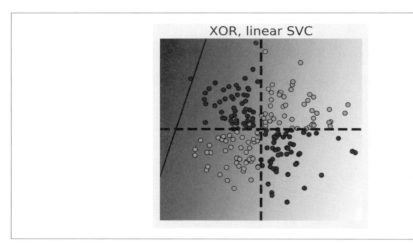

図8-12 XOR関数によるラベル付け

7. **非線形カーネル**を用いた非線形SVCを使うことが可能である。カーネルは、点を高い次元の空間へと非線形変換を行う。この空間に変換された点は、線形に分割できると想定される。scikit-learnのSVC分類器は、**放射基底関数**（Radial basis function：RBF）カーネルを使用する。

```
>>> y = np.logical_xor(X[:, 0] > 0, X[:, 1] > 0)

    est = ms.GridSearchCV(
        svm.SVC(), {'C': np.logspace(-3., 3., 10),
                    'gamma': np.logspace(-3., 3., 10)}, cv=3, iid=True)
    est.fit(X, y)
    print("Score: {0:.3f}".format(
```

```
            ms.cross_val_score(est, X, y, cv=3).mean()))

    plot_decision_function(
        est.best_estimator_, "XOR, non-linear SVC")
Score: 0.955
```

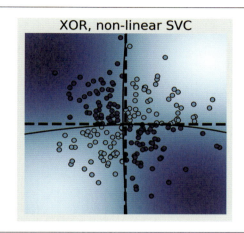

図8-13　非線形SVCの適用

ここでは、非線形SVCで点の集合を非線形に分類できた。

解説

　2クラスSVCは、点を（ラベルにしたがって）2つの集合に分割する（線形方程式で定義された）超平面を求めます。また、分割する超平面は各点集合からの距離が最も離れるようにするという制限も課されます。この手法は、このような超平面が存在する場合にはうまく働きますが、XORの例で見たようにまったくうまくいかない可能性もあります。XORは、線形操作ではないからです。

　scikit-learnのSVMクラスには、ハイパーパラメータCが用意されています。このパラメータは、学習による平面の単純さと分類の誤りとのトレードオフを調節します。Cの値を小さくすると境界は滑らかになり、大きな値では訓練データに細かく追従するようになります。このハイパーパラメータはバイアス-バリアンストレードオフの一例であり、この値は交差検証やグリッドサーチを用いて求めます。

　線形SVCはそのままマルチクラスの分類にも拡張できます。scikit-learnは、マルチクラスSVCも実装しています。

　非線形SVCは、元の空間から高次元空間への非線形変換$\phi(x)$を行います。この非線形変換により、線形の分離性が高まります。実際、すべてのドット積は$k(x, x') = \phi(x) \cdot \phi(x')$カーネルに置き換えられます。

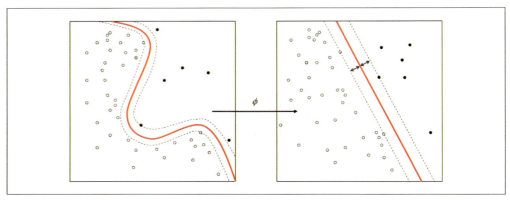

図8-14　非線形SVC

非線形カーネルには、広く使われているものがいくつもありますが、SVCはガウス放射基底関数をデフォルトで使います。

$$k(x, x') = \exp(-\gamma ||x - x'||^2)$$

ここで、γはモデルのハイパーパラメータであり、グリッドサーチや交差検証を使って値を求めます。

関数ϕを計算する必要はありません。これはカーネルトリックと呼ばれ、カーネル$k(x, x')$を求めるだけで十分です。カーネル$k(x, x')$に対応する関数ϕが存在することは、関数解析に関する定理（Mercerの定理）で保証されています。

応用

以下サポートベクターマシンについての参考資料です。

- Wikipediaの「Exclusive or」記事（https://en.wikipedia.org/wiki/Exclusive_or、またはWikipedia日本語版の「排他的論理和」記事）
- Wikipediaの「Support_vector machine」記事（https://en.wikipedia.org/wiki/Support_vector_machine、またはWikipedia日本語版の「サポートベクターマシン」記事）
- scikit-learnのSVMドキュメント（https://scikit-learn.org/stable/modules/svm.html）
- Wikipediaの「Kernel method」記事（https://en.wikipedia.org/wiki/Kernel_method、またはWikipedia日本語版の「カーネル法」記事）
- カーネルトリックについての、解説記事（https://www.eric-kim.net/eric-kim-net/posts/1/kernel_trick.html）

関連項目

- 「レシピ8.2　ロジスティック回帰を使ったタイタニック生存者の予測」
- 「レシピ8.3　K近傍分類器を用いた手書き数字認識の学習」

レシピ8.6　ランダムフォレストによる重要な回帰特徴の選択

決定木はワークフローやアルゴリズムを表現するために頻繁に用いられます。ノンパラメトリックな教師あり学習の手法を構成するのにも使われます。観測値を目的の値へとマッピングする決定木は、訓練セットで学習を行い、新しい観測値に対する結果をもたらします。

ランダムフォレストは決定木の組み合わせ（アンサンブル）です。複数の決定木が訓練され、モデルを構成するために統合されます。それにより、独立した個々の決定木よりも性能の良いモデルが得られます。これは**アンサンブル学習**と呼ばれる手法の基本的な考え方です。

多くのアンサンブル手法が存在します。ランダムフォレストは、**ブートストラップ法**または**バギング**と呼ばれる手法の一例です。これは訓練用データセットの一部をランダムに取り出し、別の訓練用データを作る方法です。

ランダムフォレストは、分類や回帰の問題に対して、それぞれの特徴の重要性を導きます。このレシピでは、ボストンの住宅価格に最も影響する特徴を、住宅周辺の状況を含む古典的なデータセットを用いて抽出します。

手順

1. パッケージをインポートする。

    ```
    >>> import pandas as pd
        import numpy as np
        import sklearn as sk
        import sklearn.datasets as skd
        import sklearn.ensemble as ske
        import matplotlib.pyplot as plt
        %matplotlib inline
    ```

2. Bostonデータセットを読み込む。

    ```
    >>> data = skd.load_boston()
    ```

    データセットの詳細は、`data['DESCR']`に格納されています。各特長の説明は次の通りです。

CRIM	一人当たり犯罪発生率
NOX	窒素酸化物濃度（単位は10ppm）
RM	住居当たりの平均部屋数

```
AGE         1940年以前より住居を所有している者の割合
DIS         ボストン内5箇所のビジネスセンターまでの重み付け距離
PTRATIO     街の小学校教師の割合
LSTAT       人口に占める低所得者層の割合
MEDV        住宅価格の中央値（単位：千ドル）
```

目的とする住宅価格に関する特徴はMEDVです。

3. RandomForestRegressorモデルインスタンスを作成する。

    ```
    >>> reg = ske.RandomForestRegressor(n_estimators=10)
    ```

4. データセットからサンプルと目的の値を取り出す。

    ```
    >>> X = data['data']
        y = data['target']
    ```

5. 学習を行う。

    ```
    >>> reg.fit(X, y)
    ```

6. 特徴の重要度は、`reg.feature_importances_`に入っているので、降順にソートする。

    ```
    >>> fet_ind = np.argsort(reg.feature_importances_)[::-1]
        fet_imp = reg.feature_importances_[fet_ind]
    ```

7. 特徴の重要度に従い、Pandas Seriesを使ってヒストグラムを描画する。

    ```
    >>> fig, ax = plt.subplots(1, 1, figsize=(8, 3))
        labels = data['feature_names'][fet_ind]
        pd.Series(fet_imp, index=labels).plot('bar', ax=ax)
        ax.set_title('Features importance')
    ```

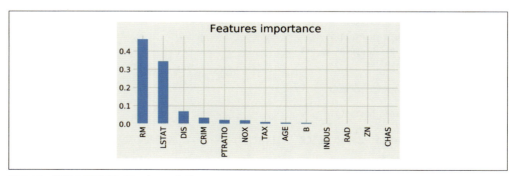

図8-15　特徴の重要度に従ったヒストグラム

8. LSTAT（人口に占める低所得者層の割合）とRM（住居当たりの平均部屋数）が住宅価格に対する

影響度が高いことがわかる。状況を詳しく見るために、LSTATの関数として住宅価格の散布図を示す。

```
>>> fig, ax = plt.subplots(1, 1)
    ax.scatter(X[:, -1], y)
    ax.set_xlabel('LSTAT indicator')
    ax.set_ylabel('Value of houses (k$)')
```

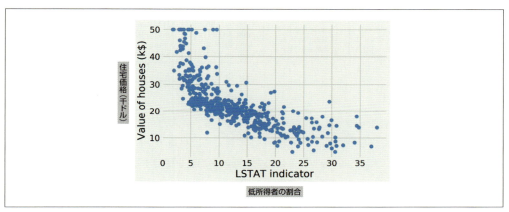

図8-16　住宅価格と低所得者層の割合の散布図

9. Graphvizパッケージ（https://www.graphviz.org）を使用すれば、決定木のグラフィック表現が表示できる。

```
>>> from sklearn import tree
    tree.export_graphviz(reg.estimators_[0],
                         'tree.dot')
```

このコードは、ランダムフォレストの最初の推定器を.dotファイルにエクスポートする。このファイルを画像に変換するには、（graphvizパッケージに含まれる）dotコマンドを使う。全体を表示するには画像が大きすぎるので、画像の一部だけを表示する。

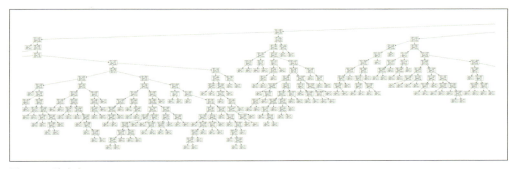

図8-17　決定木

決定木の一部を拡大する。

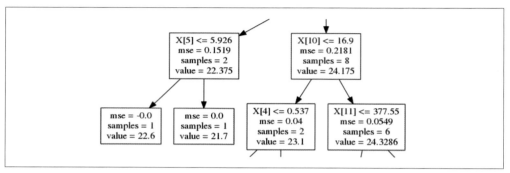

図8-18　決定木の拡大表示

中間ノードには、「特徴<=値」形式の判断が含まれている。各入力点は開始ノードから始まり、どの条件が満たされているかに応じた終端ノードで終わる。終端ノードのvalueは入力ポイントの推定目標値を示し、ランダムフォレストは決定木間の平均値を使用する。

解説

決定木の学習には、いくつものアルゴリズムが存在します。scikit-learnは、CART（Classification and Regression Trees）アルゴリズムを使用します。このアルゴリズムは、各ノードで最大の情報利得が得られるような特徴と閾値を用いて二分木を構成します。そして、終端ノードには入力に対する結果が入ります。

決定木は単純であるため、理解しやすいという利点があります。またグラフや木を描画するためのPythonパッケージであるpydotを使った可視化も可能です。この特徴は決定木が学んだ情報を正確に読み取りたい場合（**ホワイトボックスモデル**）に有益です。各ノードで観測に適用する条件が簡単な論理ロジックで示されるからです。

木構造が深いときには過学習に陥りやすく不安定になるという問題もあります。貪欲法を使った訓練では特に大域最適化が保証されないという欠点もあります。これらの問題はランダムフォレストに代表される決定木のアンサンブルにより軽減できます。

ランダムフォレストでは、訓練セットから作ったブートストラップ標本（ランダムに標本を抽出して置き換える）を使い、複数決定木の学習を行います。予測結果は、個々の決定木の予測の平均を行い（ブートストラップ・アグリゲーティング：bootstrap aggregating、またはバギング：bagging）作り出します。特徴のサブセットもランダムに各ノードで選択します（**ランダムサブスペース法**）。このような手法は決定木を個々に使うよりも、全体として良いモデルを形成します。

応用

以下参考資料です。

- アンサンブル学習についてのscikit-learnドキュメント（https://scikit-learn.org/stable/modules/ensemble.html）
- `RandomForestRegressor`のAPIマニュアル（https://scikit-learn.org/stable/modules/generated/sklearn.ensemble.RandomForestRegressor.html）
- Wikipediaの「Random forest」記事（https://en.wikipedia.org/wiki/Random_forest、または Wikipedia日本語版の「ランダムフォレスト」記事）
- Wikipediaの「Decision tree learning」（決定木学習）記事（https://en.wikipedia.org/wiki/Decision_tree_learning）
- Wikipediaの「Bootstrap aggregating」記事（https://en.wikipedia.org/wiki/Bootstrap_aggregating、またはWikipedia日本語版の「バギング」記事）
- Wikipediaの「Random subspace method」（ランダムサブスペース法）記事（https://en.wikipedia.org/wiki/Random_subspace_method）
- Wikipediaの「Ensemble_learning」（アンサンブル学習）記事（https://en.wikipedia.org/wiki/Ensemble_learning）

関連項目

- 「レシピ8.5　サポートベクターマシンを使った分類」

レシピ8.7　主成分分析によるデータの次元削減

　ここまでのレシピでは、教師あり学習法について学びました。データポイントは離散的か連続的なラベルが付随しており、データポイントとラベルとのマッピングを学習します。

　ここからは、**教師なし学習**を扱います。この手法は教師あり学習アルゴリズムに先立って用いるのが定石です。教師なし学習により、データに関する最初の洞察が得られます。

　ここで使用するデータx_iには、特にラベルが付いていないものとします。目標はこのデータの背後にある構造を見出すことです。多くの場合、データは本質的に低次元です。言い換えるとデータを正確に表現するのに必要な特徴の数は多くありません。ところが、こうした特徴は、問題に無関係な他の多くの特徴の間に隠れています。次元削減により、こうした構造があぶり出されます。次元を削減することで、この後に行う教師あり学習アルゴリズムのパフォーマンスは劇的に向上します。

　教師なし学習が役立つもう1つの分野が**データの可視化**です。高次元のデータを2次元や3次元で表示するのは難しいのですが、データを低い次元に投影すれば、興味深い可視化が実現できます。

このレシピでは、基本的な線形教師なし学習である**主成分分析**（PCA：Principal Component Analysis）を紹介します。このアルゴリズムは、データを低い次元の空間へ線形に投影します。この低い次元を構成するベクトルである主成分に沿えば、データポイントの分散は最大になります。

この例では、古くから使われているアイリスデータセットを使います。これは150種類のあやめの花びらとがく片の幅と長さのデータで、3種類の品種、Iris-setosa、Iris-virginica、Iris-versicolor、に分類されています。このデータは、品種の値を含んだラベル付きデータですが、ここでは教師なし学習の例を示すことが目的であるため、ラベルの値は使いません。

手順

1. NumPy、matplotlib、scikit-learnをインポートする。

   ```
   >>> import numpy as np
   import sklearn
   import sklearn.decomposition as dec
   import sklearn.datasets as ds
   import matplotlib.pyplot as plt
   %matplotlib inline
   ```

2. アイリスデータセットを、scikit-learnの`datasets`モジュールから読み込む。

   ```
   >>> iris = ds.load_iris()
   X = iris.data
   y = iris.target
   print(X.shape)
   (150, 4)
   ```

3. 各行には、花の形を表す4つの値が入っている。最初2つの値を確認する。点の色は、あやめの品種を表す（0から2の値でラベル付けされている）。

   ```
   >>> fig, ax = plt.subplots(1, 1, figsize=(6, 3))
   ax.scatter(X[:, 0], X[:, 1], c=y,
              s=30, cmap=plt.cm.rainbow)
   ```

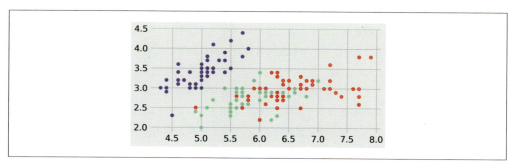

図8-19　アイリスデータのプロット

4. データにPCAを適用して、変換後の行列を作成する。この操作はscikit-learnを使えば1行で実行できる。PCAモデルをインスタンス化して、`fit_transform()`関数を呼び出す。この関数は主成分を計算し、データを投影する。

    ```
    >>> X_bis = dec.PCA().fit_transform(X)
    ```

5. 同じデータを、新しい座標系（または、最初のデータを線形変換したもの）で表示する。

    ```
    >>> fig, ax = plt.subplots(1, 1, figsize=(6, 3))
        ax.scatter(X_bis[:, 0], X_bis[:, 1], c=y,
                   s=30, cmap=plt.cm.rainbow)
    ```

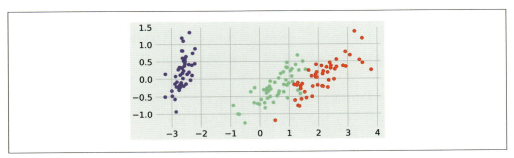

図8-20　主成分分析による分類

PCA評価器はラベルの値を使っていないが、品種別の集団に分割できた。PCAは種別ごとの分類が明確になるよう、分散を最大化する投影を見つけることができる。

6. `sklearn.decomposition` モジュールには、`ProbabilisticPCA`, `SparsePCA`, `RandomizedPCA`, `KernelPCA`など、PCAのバリエーションがいくつか用意されている。例として、非線形版PCAの1つ`KernelPCA`を使用する。

    ```
    >>> X_ter = dec.KernelPCA(kernel='rbf').fit_transform(X)
        fig, ax = plt.subplots(1, 1, figsize=(6, 3))
        ax.scatter(X_ter[:, 0], X_ter[:, 1], c=y, s=30,
                   cmap=plt.cm.rainbow)
    ```

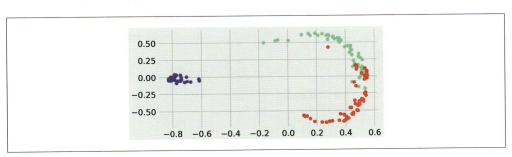

図8-21　KernelPCAによる分類

解説

PCAの背後にある数学的な考え方を見てみましょう。この手法は、**特異値分解**(SVD)と呼ばれる行列分解に基づいています。

$$X = U \Sigma V^T$$

ここでXは(N, D)のデータ行列、UとVは直交行列、Σは(N, D)の対角行列です。PCAは、次の式で表されるXからX'への変換を行います。

$$X' = XV = U\Sigma$$

Σの対角成分は、Xの特異値です。慣例により、この値は降順にソートします。Uの列はXの**左特異ベクトル**と呼ばれます。そのため、X'の列は左特異ベクトルに特異値を乗じたものになります。

最終的にPCAは、変数間に相関のある観測値を、相関のない**主成分**と呼ばれるベクトルに変換します。

新たに得られた特徴の最初の要素(または、最初の成分)は、データの分散が最大となるような軸に対する変換です。続く主成分では、分散が順に減少します。言い換えると、PCAは新しい特徴が元のデータをどの程度説明できているかの大きさで並び替えた代替表現を提供していると考えられます。

応用

以下参考資料です。

- Wikipediaの「Iris flower dataset」(アイリスデータ)記事 (https://en.wikipedia.org/wiki/Iris_flower_data_set)
- Wikipediaの「Principal component analysis」記事 (https://en.wikipedia.org/wiki/Principal_component_analysis、またはWikipedia日本語版の「主成分分析」記事)
- Wikipediaの「Singular value decomposition」記事 (https://en.wikipedia.org/wiki/Singular_value_decomposition、またはWikipedia日本語版の「特異値分解」記事)
- アイリスデータの使用例 (https://scikit-learn.org/stable/auto_examples/datasets/plot_iris_dataset.html)
- scikit-learnの`decomposition`モジュールマニュアル (https://scikit-learn.org/stable/modules/decomposition.html)
- scikit-learnの教師なし学習チュートリアル (https://scikit-learn.org/dev/tutorial/statistical_inference/unsupervised_learning.html)

関連項目

- 「レシピ8.8 データの隠れた構造を抽出するクラスタリング」

レシピ8.8　データの隠れた構造を抽出するクラスタリング

　教師なし学習の大部分は、**クラスタリング**に関するものです。クラスタリングの目的は、ラベルを
まったく用いずに類似のデータを分類することです。**クラスタ**（または**グループ**）の定義が適切に定め
られているとは限らないため、クラスタリングは難しい問題です。たいていのデータにおいて、2つの
データポイントが同じクラスタに属しているか否かは、前後関係や主観に依存する場合があるからで
す。

　クラスタリングアルゴリズムは数多く存在しますが、このレシピではそのうちのいくつかを簡単な
例を使って紹介します。

手順

1. 必要なライブラリをインポートする。

```
>>> from itertools import permutations
    import numpy as np
    import sklearn
    import sklearn.decomposition as dec
    import sklearn.cluster as clu
    import sklearn.datasets as ds
    import sklearn.model_selection as ms
    import matplotlib.pyplot as plt
    %matplotlib inline
```

2. 3つのクラスタを持つランダムなデータを生成する。

```
>>> X, y = ds.make_blobs(n_samples=200,
                         n_features=2,
                         centers=3,
                         cluster_std=1.5,
                         )
```

3. クラスタリングアルゴリズムの結果に対してラベル付けを修正する関数と、結果を表示する関数
   を作成する。

```
>>> def relabel(cl):
        """Relabel a clustering with three clusters    3クラスタの場合には、元のラベル付けと同じにする
        to match the original classes."""
        if np.max(cl) != 2:
            return cl
        perms = np.array(list(permutations((0, 1, 2))))
        i = np.argmin([np.sum(np.abs(perm[cl] - y))
                            for perm in perms])
        p = perms[i]
        return p[cl]
>>> def display_clustering(labels, title):
        """Plot the data points with the cluster    データポイントをクラスタごとに色を変えて表示する
```

```
        colors."""

        # We relabel the classes when there are 3 clusters
        labels = relabel(labels)
        fig, axes = plt.subplots(1, 2, figsize=(8, 3),
                                 sharey=True)
        # Display the points with the true labels on the
        # left, and with the clustering labels on the
        # right.
        for ax, c, title in zip(
                axes,
                [y, labels],
                ["True labels", title]):
            ax.scatter(X[:, 0], X[:, 1], c=c, s=30,
                       linewidths=0, cmap=plt.cm.rainbow)
            ax.set_title(title)
```
3クラスタの場合には、ラベル付けを元のデータと同じにする

左に元のラベル付けで、右にはクラスタリングの結果を表示する

4. 最初に古典的で単純なK平均法 (K-means) アルゴリズムを使用する。

```
>>> km = clu.KMeans()
    km.fit(X)
    display_clustering(km.labels_, "KMeans")
```

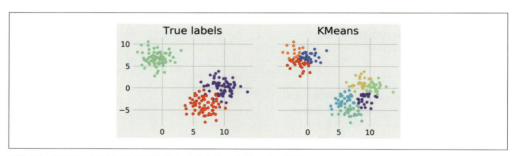

図8-22　元のラベル付けとK平均法によるクラスタリングの結果

5. このアルゴリズムでは、最初にクラスタ数を与える必要がある。しかしながら、一般的にデータが持つクラスタ数をあらかじめ知る方法はない。ここでは、(データを生成した際に指定したクラスタ数である) n_clusters=3 を使う。

```
>>> km = clu.KMeans(n_clusters=3)
    km.fit(X)
    display_clustering(km.labels_, "KMeans(3)")
```

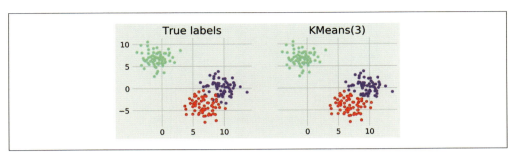

図8-23　クラスタ数3の場合のクラスタリング

6. scikitで実装されている他のアルゴリズムもいくつか試す。APIがシンプルで統一されているため、異なるクラスを使うには単にクラスの名前を変えるだけ良い。

```python
>>> fig, axes = plt.subplots(2, 3,
                             figsize=(10, 7),
                             sharex=True,
                             sharey=True)

    axes[0, 0].scatter(X[:, 0], X[:, 1],
                       c=y, s=30,
                       linewidths=0,
                       cmap=plt.cm.rainbow)
    axes[0, 0].set_title("True labels")

    for ax, est in zip(axes.flat[1:], [
        clu.SpectralClustering(3),
        clu.AgglomerativeClustering(3),
        clu.MeanShift(),
        clu.AffinityPropagation(),
        clu.DBSCAN(),
    ]):
        est.fit(X)
        c = relabel(est.labels_)
        ax.scatter(X[:, 0], X[:, 1], c=c, s=30,
                   linewidths=0, cmap=plt.cm.rainbow)
        ax.set_title(est.__class__.__name__)

    # Fix the spacing between subplots.
    fig.tight_layout()
```

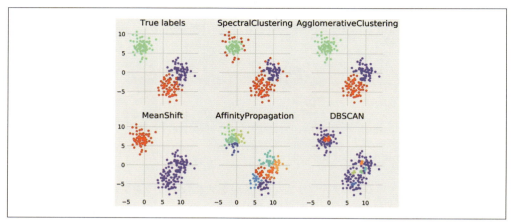

図8-24　さまざまなアルゴリズムによるクラスタリング

最初の2つのアルゴリズムは、クラスタ数の指定が必要であり、次のアルゴリズムはクラスタ数を与えなくても正しい数である3を見つけられた。最後の2つは、クラスタ数が誤っている（必要以上に多くのクラスタを見つけるオーバークラスタリングとなった）。

解説

K平均法は、クラスタ内の二乗和が最小（argminのこと）となるよう、データポイントx_jをK個のクラスタS_iに分割します。

$$\underset{\mathbf{S}}{\operatorname{argmin}} \sum_{i=1}^{K} \sum_{x_j \in S_i} \|x_j - \mu_i\|_2^2$$

ここでμ_iは、クラスタiの中心（S_i中、すべての点の平均）を表します。

この問題を正確に解くのは困難なため、近似解を求めるアルゴリズムがあります。最初にK平均μ_iから開始し、下記2つのステップで修正を行う**ロイドアルゴリズム**がよく使われます。

- 割り当てステップでは、各データポイントを最も近い平均のクラスタに割り当てる
- 更新ステップでは、割り当てステップの結果を受けて平均を再算出する

このアルゴリズムでは、最適値へ収束することが保証されません。

EM（expectation-maximization）アルゴリズムは、K平均法アルゴリズムの確率論版と言えます。これは、scikit-learnの`mixture`モジュールに実装されています。

その他のクラスタリングアルゴリズムについては、scikit-learnのドキュメントを参照してください。どのアルゴリズムにも長所と短所があり、総合的に優れたものはありません。詳細は、次のセクションの参考文献を参照してください。

応用

以下参考資料です。

- Wikipediaの「K-means clustering」記事（https://en.wikipedia.org/wiki/K-means_clustering、またはWikipedia日本語版の「K平均法」記事）
- Wikipediaの「Expectation–maximization algorithm」記事（https://en.wikipedia.org/wiki/Expectation-maximization_algorithm、またはWikipedia日本語版の「EMアルゴリズム」記事）
- scikit-learnのクラスタリングマニュアル（https://scikit-learn.org/stable/modules/clustering.html）
- t分布の確率的近傍埋め込み（t-SNE：t-distributed stochastic neighbor embedding）クラスタリングアルゴリズム https://lvdmaaten.github.io/tsne/
- scikit-learnのt-SNE実装（https://scikit-learn.org/stable/modules/generated/sklearn.manifold.TSNE.html）
- t-SNEに似た次元削減アルゴリズム Uniform Manifold Approximation and Projection（https://github.com/lmcinnes/umap）

関連項目

- 「レシピ8.7　主成分分析によるデータの次元削減」

9章
数値最適化

本章で取り上げる内容
- 数学関数の求根アルゴリズム
- 数学関数の最小化
- 非線形最小二乗法を使ったデータへの関数あてはめ
- ポテンシャルエネルギー最小化による物理系の平衡状態

はじめに

　数理最適化とは、応用数学に関する幅広い分野であり、与えられた問題に対する最適な解を求める方法です。実世界の問題の多くは、最適化の枠組みで表現できます。A地点からB地点までの最短経路はどれか？ パズルを解くための最良の戦略は何か？ 燃料効率の最も優れた車の形状（自動車の空気力学問題）はどれか？ 工学、経済、金融、オペレーションズ・リサーチ、画像処理、データ分析など、多くの分野と数理最適化は関係があります。

　最適化問題とは数学的に言うと、ある関数の最大値または最小値を求めることです。関数が実数値を取るか離散的かに応じて、**連続最適化**または**離散最適化**を区別する場合があります。

　この章では、連続最適化問題を解くための数学的手法に焦点を当てます。多くの最適化アルゴリズムがscipy.optimizationモジュールで実装されています。その他の最適化問題は、本書の他の章でも取り上げます。例えば「14章　グラフ、幾何学、地理情報システム」では離散最適化の問題を扱います。

　ここでは、数理最適化に関する重要な定義と主要な概念を説明します。

目的関数

　目的関数と呼ばれる実数関数 f の根、または**極値**を求める方法を学びます。極値は、関数の最大値か最小値のどちらかです。目的関数の引数は1つの場合もあれば複数の場合もありますし、連続か離

散かなど特徴はさまざまです。関数への前提が増えるほど、最適化は容易になります。

関数 f の最大値は $-f$ の最小値でもあるため、反数を考えることで、最小値を求めるアルゴリズムの多くは最大値も求める際にも使えます。そこで、以降は最小化について言及した場合には、最小化または最大化を意味することとします。

凸関数は非凸関数と比べて、有益な性質を持つために最適化が容易です。例えば局所的最小は大域的最小と同じです。凸最適化は、凸関数の凸領域における最適化の問題です。**凸最適化**は高度な話題であるため、ここでは一部のみ取り上げます。

微分可能な関数は勾配を持ちます。最適化アルゴリズムにおいて、この勾配が特に役立ちます。同様に**連続関数**は一般的に不連続関数より最適化が容易です。

変数が1つの関数も、複数の関数より最適化が簡単です。

どの最適化アルゴリズムが適正であるかは、目的関数の満たす特徴に依存します。

極小と最小

E に含まれる特定の集合 x において $f(x) \geq f(x_0)$ が成り立つときの x_0 を**最小**と呼びます。この不等式が E すべてにおいて成立する場合には x_0 を最小（**大域的最小**）と呼び、局所的に（x_0 の近傍において）のみ成り立つ場合には**極小**（**局所的最小**）と呼びます。**最大**も同様に定義されます。

f が微分可能である場合、$f(x_0)$ が極値となるならば、x_0 は次の等式を満たします。

$$f'(x_0) = 0$$

そのため、目的関数に対する極値の探索は、導関数の根を求めることと密接な関係があります。しかしながら、この性質を満たす x_0 は必ずしも極値を導きません。

極小値よりも最小値の探索のほうが困難です。一般的に極小値を求めるアルゴリズムで大域的極小値を求められるとは限りません。最小値を求めるアルゴリズムは、極小値を見つけたところで行き詰まってしまうという現象が、高い頻度で見られます。特に大域極小化アルゴリズムでは、この問題への対処が必要となります。しかし、極小値と最小値が一致することから、凸関数の場合は簡単です。さらに、多くの状況では、極小値を見つければ十分である（例えば、問題に対する厳密な最適解ではなく、ともかく解が見つかればよいとするなど）場合もあります。

さらに、最小値は必ずしも存在しないこと（例えば、関数が無限に発散する場合など）にも留意しましょう。この場合、探索空間に制約を課する必要があります。これは**制約付き最適化**と呼ばれます。

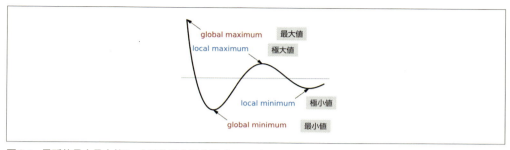

図 9-1 局所的最大最小値と、大域的最大最小値 (https://en.wikipedia.org/wiki/Maxima_and_minima#/media/File:Extrema_example_original.svg)

制約付き最適化と制約なし最適化

制約なし最適化

関数 f の定義域 E 全体の最小値を見つけること。

制約付き最適化

E の部分集合 E' において、最小値を見つけること。この集合はたいてい、等式か不等式で示される[*1]。

$$x \in E' \iff \forall i, j, \quad g_i(x) = c_i, \quad h_j(x) \leq d_j$$

ここで、g_j と h_j は制約を表す任意の関数です。

例えば、車体の空力的な最適形状を求める場合、車体の大きさや重量に加え、製造工程のコストなども制約となります。

決定的アルゴリズムと、確率的アルゴリズム

大域的最適化アルゴリズムのうち、あるものは**決定的**であり、あるものは**確率的**です。確率的手法は実際のデータでは典型的な、非常に不規則でノイズのある関数を扱う場合に有益です。特に極小点が多数存在するような場合に決定的アルゴリズムが極小点で行き詰まってしまうのに対し、確率的アルゴリズムは空間 E を探索する時間を使うことで最小値を見つける可能性があります。

応用

- 数理最適化の優れた解説記事である SciPy のレクチャーノート (https://scipy-lectures.github.io/advanced/mathematical_optimization/index.html)

[*1] 訳注:この式は、x の取り得る値として、任意の i と j において $g_i(x)$ が c_j と等しく、$h_j(x)$ は d_j より小さくなるような制約を表現している。

322 | 9章　数値最適化

- scipy.optimizeのリファレンスマニュアル (https://docs.scipy.org/doc/scipy/reference/optimize.html)
- 筆者のリンク集「驚くべき数学：Awesome Math」のNumerical Analysisセクション (https://github.com/rossant/awesome-math/#numerical-analysis)
- Wikipediaの「Mathematical optimization」記事 (https://en.wikipedia.org/wiki/Mathematical_optimization、またはWikipedia日本語版の「数理最適化」記事)
- Wikipediaの「Maxima and minima」記事 (https://en.wikipedia.org/wiki/Maxima_and_minima、またはWikipedia日本語版の「極値」記事)
- Wikipediaの「Convex optimization」記事 (https://en.wikipedia.org/wiki/Convex_optimization、またはWikipedia日本語版の「凸最適化」記事)

レシピ9.1　数学関数の求根アルゴリズム

このレシピでは、簡単な実数一変数関数の根をSciPyを使って求める方法を紹介します。

手順

1. NumPy、SciPy、scipy.optimize、Matplotlibをインポートする。

   ```
   >>> import numpy as np
       import scipy as sp
       import scipy.optimize as opt
       import matplotlib.pyplot as plt
       %matplotlib inline
   ```

2. 数学関数 $f(x) = \cos(x) - x$ をPythonで定義し、この関数の根を数値的に求める。ここで根とは、余弦関数の不動点に相当する。

   ```
   >>> def f(x):
           return np.cos(x) - x
   ```

3. この関数を $[-5, 5]$ の区間で (1,000個のサンプルを使って) グラフ化する。

   ```
   >>> x = np.linspace(-5, 5, 1000)
       y = f(x)
       fig, ax = plt.subplots(1, 1, figsize=(5, 3))
       ax.axhline(0, color='k')
       ax.plot(x, y)
       ax.set_xlim(-5, 5)
   ```

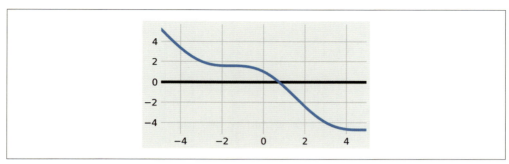

図9-2　目的関数のグラフ

4. （関数値が正から負に変わっていることから）この区間内に根が1つ存在することが見て取れる。`scipy.optimize`モジュールには、この状況で使用できる求根関数をいくつか提供している。例えば関数`bisect()`は**二分法**（bisection methodまたはdichotomy method）を実装し、判別する関数と根を探索する区間を指定して実行する。

```
>>> opt.bisect(f, -5, 5)
0.739
```

グラフ上で根を可視化してみよう。

```
>>> fig, ax = plt.subplots(1, 1, figsize=(5, 3))
    ax.axhline(0, color='k')
    ax.plot(x, y)
    # The zorder argument is used to put        zorder引数を指定して点を他の要素の上に重ねる
    # the dot on top of the other elements.
    ax.scatter([_], [0], c='r', s=100,
               zorder=10)
    ax.set_xlim(-5, 5)
```

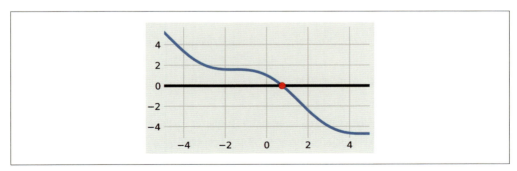

図9-3　グラフに根を追加

5. 次に、高速かつ強力な手法である**ブレント法**（Brent's method）`brentq()`を使用する。このアルゴリズムも連続関数`f`と、`f(a)`と`f(b)`で異なる符号を持つ`a, b`を指定する。

```
>>> opt.brentq(f, -5, 5)
0.739
```

`brentq()`は、`bisect()`よりも高速なので、条件が許すならブレント法を先に試すのは良いアイデアである。

```
>>> %timeit opt.bisect(f, -5, 5)
    %timeit opt.brentq(f, -5, 5)
    34.5 μs ± 855 ns per loop (mean ± std. dev. of 7 runs,
    10000 loops each)
    7.71 μs ± 170 ns per loop (mean ± std. dev. of 7 runs,
    100000 loops each)
```

解説

二分法は、指定された区間を中間点で分割し、根を含む方を残し、再度中間点で分割、を繰り返します。この手法は、関数fが一変数の連続関数であり、$f(a) > 0$かつ$f(b) < 0$であるならfの根は(a, b)区間に存在する（**中間値の定理**）ことを利用しています。

ブレント法は、二分法、逆2次補間などの求根アルゴリズムを組み合わせた、広く用いられている手法です。多くのケースで機能するデフォルトの手法となっています。

ニュートン法について触れておきましょう。ニュートン法では、$f(x)$の接線（$f'(x)$を使って見つける）が、$y = 0$と交差する点を探します。fが十分に規則的であれば、この交点はfの根に近づくため、この操作を繰り返すことで求める解に収束します。

応用

以下参考資料です。

- scipy.optimizeのマニュアル（https://docs.scipy.org/doc/scipy/reference/optimize.html#root-finding）
- SciPyの求根アルゴリズムオンラインコース（https://lectures.quantecon.org/#roots-and-fixed-points）
- Wikipediaの「Bisection method」記事（https://en.wikipedia.org/wiki/Bisection_method、またはWikipedia日本語版の「二分法」記事）
- Wikipediaの「Intermediate value theorem」記事（https://en.wikipedia.org/wiki/Intermediate_value_theorem、またはWikipedia日本語版の「中間値の定理」記事）
- Wikipediaの「Brent's method」記事（https://en.wikipedia.org/wiki/Brent%27s_method、またはWikipedia日本語版の「ブレント法」記事）
- Wikipediaの「Newton's method」記事（https://en.wikipedia.org/wiki/Newton%27s_method、またはWikipedia日本語版の「ニュートン法」記事）

レシピ9.2 数学関数の最小化 | **325**

関連項目

● 「レシピ9.2　数学関数の最小化」

レシピ9.2　数学関数の最小化

　数学的最適化とは主に数学関数の最小値または最大値を見つけるという問題です。たいていの場合、実世界の問題は関数の最小化問題として説明できます。このような例は、統計的推定、機械学習、グラフ理論などの分野で見られます。

　関数の最小化アルゴリズムは数多く存在しますが、一般的で普遍的な手法は存在しません。そのため、既存アルゴリズムの分類、特異性、ユースケースなどの相違点を理解することが非常に大切です。連続関数なのか、微分可能か、凸関数か、多変量か、規則的か、またはノイズが乗るのか。問題に対する制約はあるのか、ないのか。探索対象は局所的最小値か、それとも大域的最小値なのか。こうした取り扱う問題と、目的関数についての深い理解も必要となります。

　このレシピでは、SciPyに実装されている最小化アルゴリズムの使用例を示します。

手順

1. 必要なライブラリをインポートする。

```
>>> import numpy as np
    import scipy as sp
    import scipy.optimize as opt
    import matplotlib.pyplot as plt
    %matplotlib inline
```

2. まず、簡単な数学関数（**カーディナルサイン**の反数）を定義する。この関数は多くの局所的最小を持つが、大域的最小は1つだけ存在する（Wikipediaの「Sinc function」(https://en.wikipedia.org/wiki/Sinc_function、またはWikipedia日本語版の「sinc関数」)を参照)。

```
>>> def f(x):
        return 1 - np.sin(x) / x
```

3. $[-20, 20]$の区間で、この関数のグラフを描く（サンプル数は1,000点）。

```
>>> x = np.linspace(-20., 20., 1000)
    y = f(x)
>>> fig, ax = plt.subplots(1, 1, figsize=(5, 5))
    ax.plot(x, y)
```

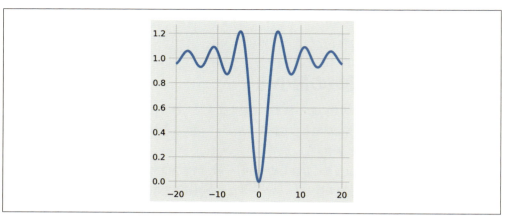

図9-4　目的関数のグラフ

4. `scipy.optimize`モジュールは、最小化を行う機能を多数提供している。関数`minimize()`は、さまざまなアルゴリズムに対する単一のインターフェースである。Broyden-Fletcher-Goldfarb-Shanno（BFGS）アルゴリズム（`minimize()`のデフォルトアルゴリズム）は、たいていの場合で正しい解が得られる。`minimize()`は引数として、探索の開始点を必要とする。スカラーの一変数関数に対しては、`minimize_scalar()`を使用しても良い。

```
>>> x0 = 3
    xmin = opt.minimize(f, x0).x
```

$x_0 = 3$から開始すれば、このアルゴリズムは以下に示すように大域的最小値を見つけることができた。

```
>>> fig, ax = plt.subplots(1, 1, figsize=(5, 5))
    ax.plot(x, y)
    ax.scatter(x0, f(x0), marker='o', s=300)
    ax.scatter(xmin, f(xmin), marker='v', s=300,
               zorder=20)
    ax.set_xlim(-20, 20)
```

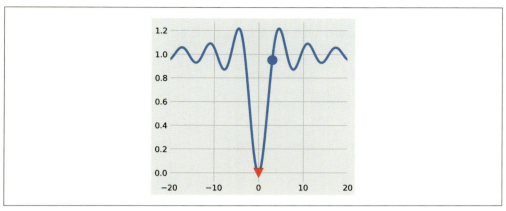

図9-5　開始点を指定して大域的最小値を見つける

5. 最小値から離れた場所を開始点とすると、アルゴリズムは1つの極小点に収束してしまう。

```
>>> x0 = 10
    xmin = opt.minimize(f, x0).x
>>> fig, ax = plt.subplots(1, 1, figsize=(5, 5))
    ax.plot(x, y)
    ax.scatter(x0, f(x0), marker='o', s=300)
    ax.scatter(xmin, f(xmin), marker='v', s=300,
               zorder=20)
    ax.set_xlim(-20, 20)
```

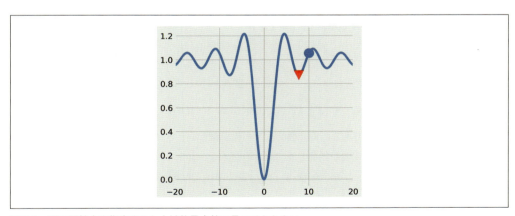

図9-6　別の開始点を指定すると大域的最小値は見つけられない

6. ほとんどの最小化アルゴリズムと同様に、BFGSも局所的最小値を見つけるには有効であるが、必ずしも大域的最小値が見つけられるとは限らない。特に目的関数が複雑であったり、ノイズが入っていた場合にはその傾向が高くなる。この問題に対応する一般的な戦略では、探索的グリッ

ドサーチのような手法を組み合わせて開始点を選択する。または、ヒューリスティックや確率的なアルゴリズムなど別の種類の方法を使うなどが考えられる。ベイズンホッピングアルゴリズムがよく用いられる。

```
>>> # We use 1000 iterations.    # 1,000回繰り返す
    xmin = opt.basinhopping(f, x0, 1000).x
>>> fig, ax = plt.subplots(1, 1, figsize=(5, 5))
    ax.plot(x, y)
    ax.scatter(x0, f(x0), marker='o', s=300)
    ax.scatter(xmin, f(xmin), marker='v', s=300,
               zorder=20)
    ax.set_xlim(-20, 20)
```

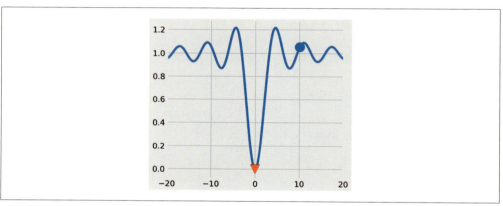

図9-7　ベイズンホッピングを使って大域的最小値を見つける

今度は、大域的最小値が見つけられた。

7. 次に新しい2次元の関数を定義する。これはLévi関数と呼ばれる。

$$f(x, y) = \sin^2(3\pi x) + (x - 1)^2 \left(1 + \sin^2(3\pi y)\right) + (y - 1)^2 \left(1 + \sin^2(2\pi y)\right)$$

この関数は非常に不規則であるため一般的に最小化が難しいとされる。期待される最小値は(1, 1)である。Lévi関数は、研究者が開発したアルゴリズムをテストし、ベンチマークするためのテスト関数の1つである (https://en.wikipedia.org/wiki/Test_functions_for_optimizationを参照)。

```
>>> def g(X):
        # X is a 2*N matrix, each column contains    # Xは2*Nの行列で、それぞれの列には
        # x and y coordinates.                        # x, y軸の値が格納される
        x, y = X
        return (np.sin(3 * np.pi * x)**2 +
                (x - 1)**2 * (1 + np.sin(3 * np.pi * y)**2) +
                (y - 1)**2 * (1 + np.sin(2 * np.pi * y)**2))
```

8. この関数を $[-10, 10]^2$ の区間で表示する。

```
>>> n = 500
    k = 10
    X, Y = np.mgrid[-k:k:n * 1j,
                    -k:k:n * 1j]
>>> Z = g(np.vstack((X.ravel(), Y.ravel()))).reshape(n, n)
>>> fig, ax = plt.subplots(1, 1, figsize=(3, 3))
    # We use a logarithmic scale for the color here.   対数軸を使い色分けする
    ax.imshow(np.log(Z), cmap=plt.cm.hot_r,
              extent=(-k, k, -k, k), origin=0)
    ax.set_axis_off()
```

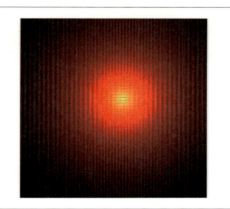

図9-8 Lévi関数

9. `minimize()`関数は、多次元でも機能する。

```
>>> # We use the Powell method.   Powell法を使用する
    x0, y0 = opt.minimize(g, (8, 3),
                          method='Powell').x
    x0, y0
    (1.000, 1.000)
>>> fig, ax = plt.subplots(1, 1, figsize=(3, 3))
    ax.imshow(np.log(Z), cmap=plt.cm.hot_r,
              extent=(-k, k, -k, k), origin=0)
    ax.scatter(x0, y0, s=100)
    ax.set_axis_off()
```

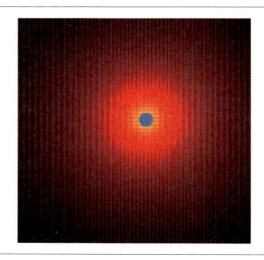

図9-9　Lévi関数の最小値

解説

　最小化アルゴリズムの多くは、勾配降下法の基本的な考え方に基づいています。関数 f が微分可能であれば、任意の点において、**勾配**が最も急速に減少する方向の逆を指します。この方向に向かえば、局所的最小値の発見は可能です。

　この処理は一般的に、勾配に沿って小さなステップで繰り返されます。ステップの選び方は、最適化手法により異なります。

　ニュートン法は関数の最小化問題でも使用できます。考え方は、二次導関数 f'' を使ってニュートン法により f' の根を求めるというものです。言い換えると、線形関数の代わりに二次関数で f を近似します。多次元の場合、f の**ヘッセ行列**（二次導関数）を計算します。この操作を繰り返し行うことで、局所的最小値への収束が期待できます。

　ヘッセ行列の計算が難しい場合、ヘッセ行列の近似を用います。この手法を準ニュートン法と呼びます。BFGSアルゴリズムは、**準ニュートン法**の一種です。

　これらのアルゴリズムは、目的関数の勾配を活用します。勾配の解析表現を計算できる場合、それを最小化ルーチンに渡す必要があります。そうでない場合、勾配の近似を計算することになり、正確には求められません。

　ベイズンホッピングアルゴリズムは、位置のランダムな摂動と局所的な最小化とを組み合わせることによって大域的最小値を求める確率的アルゴリズムです。

　メタヒューリスティクスに基づいた確率的な大域的最適化方法が多数存在します。この手法は決定的アルゴリズムほどには、論理に基づいたものではありませんし、最小値への収束が保証されている

わけでもありません。しかしながら、局所的最小値が多数存在する状況で、目的関数が不規則であったり、ノイズがある場合には有用です。CMA-ES (Covariance Matrix Adaptation Evolution Strategy) アルゴリズムは、さまざまな状況に適合するメタヒューリスティクス手法です。CMA-ESはSciPyには現在実装されていませんが、Pythonにおける実装例を参考資料で紹介します。

SciPyのminimize()関数はキーワード引数methodとして使用する最小化アルゴリズムを受け取り、最適化の結果であるオブジェクトを返します。オブジェクトの属性xに最小値が格納されています。

応用

以下参考資料です。

- scipy.optimizeのリファレンスマニュアル (https://docs.scipy.org/doc/scipy/reference/optimize.html)
- SciPyのベイズンホッピングアルゴリズムに関するドキュメント (https://scipy.github.io/devdocs/generated/scipy.optimize.basinhopping.html)
- SciPyによる数理最適化の解説 (https://scipy-lectures.github.io/advanced/mathematical_optimization/)
- Wikipediaによる「Gradient」の定義 (https://en.wikipedia.org/wiki/Gradient、またはWikipedia日本語版の「勾配 (ベクトル解析)」記事)
- Wikipediaの「Newton's method in optimization」(最小化問題におけるニュートン法) 記事 (https://en.wikipedia.org/wiki/Newton%27s_method_in_optimization)
- Wikipediaの「Quasi-Newton method」記事 (https://en.wikipedia.org/wiki/Quasi-Newton_method、またはWikipedia日本語版の「準ニュートン法」記事)
- Wikipediaの「Metaheuristic」記事 (https://en.wikipedia.org/wiki/Metaheuristic、またはWikipedia日本語版の「メタヒューリスティクス」記事)
- Wikipediaの「CMA-ES」記事 (https://en.wikipedia.org/wiki/CMA-ES、またはWikipedia日本語版の「CMA-ES」記事)
- CMA-ESのPython実装例 (http://www.lri.fr/~hansen/cmaes_inmatlab.html#python)

関連項目

- 「レシピ9.1　数学関数の求根アルゴリズム」

332 | 9章　数値最適化

レシピ9.3　非線形最小二乗法を使ったデータへの 関数あてはめ

　このレシピでは、数値最適化の応用である非線形最小二乗法による曲線あてはめを紹介します。この目的は、与えられたデータポイントに対して、いくつかのパラメータに依存した関数をあてはめることです。線形最小二乗法とは対照的に、この関数はパラメータに対して線形である必要はありません。

　人為的に生成したデータを使って、この手法を説明します。

手順

1. 必要なライブラリをインポートする。

   ```
   >>> import numpy as np
       import scipy.optimize as opt
       import matplotlib.pyplot as plt
       %matplotlib inline
   ```

2. 4つの引数を持つロジスティック関数を定義する。

$$f_{a,b,c,d}(x) = \frac{a}{1 + \exp\left(-c\left(x - d\right)\right)} + b$$

   ```
   >>> def f(x, a, b, c, d):
           return a / (1. + np.exp(-c * (x - d))) + b
   ```

3. 4つの値をランダムに設定する。

   ```
   >>> a, c = np.random.exponential(size=2)
       b, d = np.random.randn(2)
   ```

4. 定義した関数を使って、データポイントをランダムに生成した後、少しのノイズを乗せる。

   ```
   >>> n = 100
       x = np.linspace(-10., 10., n)
       y_model = f(x, a, b, c, d)
       y = y_model + a * .2 * np.random.randn(n)
   ```

5. データポイントをプロットし、データの生成に使用したシグモイド関数を（黒の破線で）重ねる。
   以下は、データポイントのプロットであり、その生成に使用される特定のシグモイド（破線の黒色）を示しています。

   ```
   >>> fig, ax = plt.subplots(1, 1, figsize=(6, 4))
       ax.plot(x, y_model, '--k')
       ax.plot(x, y, 'o')
   ```

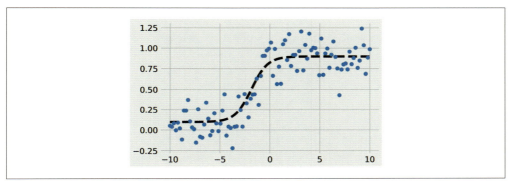

図9-10　データポイントのプロットと関数の描画

6. ここでは、データポイントのみが既知であり、生成した元の関数は未知であると仮定する。つまり、これらのデータポイントは何らかの実験によって得られたものと考える。データを眺めると、データポイントはおおよそシグモイドを描いているように見えるので、データポイントにシグモイドをあてはめる。これを曲線あてはめと呼ぶ。SciPyの`curve_fit()`関数は、任意のPython関数によって定義された曲線をデータにあてはめることができる。

```
>>> (a_, b_, c_, d_), _ = opt.curve_fit(f, x, y)
```

7. シグモイドをあてはめてみよう

```
>>> y_fit = f(x, a_, b_, c_, d_)
>>> fig, ax = plt.subplots(1, 1, figsize=(6, 4))
    ax.plot(x, y_model, '--k')
    ax.plot(x, y, 'o')
    ax.plot(x, y_fit, '-')
```

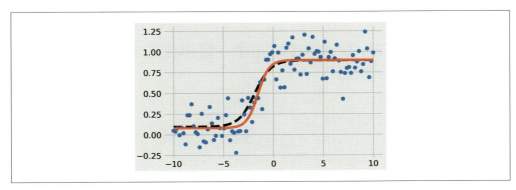

図9-11　シグモイドをあてはめる

あてはめたシグモイドは、データを生成したオリジナルの関数に無理なく沿っている。

解説

SciPyでは、以下のコスト関数を最小化することによって、非線形最小二乗曲線あてはめを行います。

$$S(\beta) = \sum_{i=1}^{n} (y_i - f_\beta(x_i))^2$$

ここでβは、パラメータの配列（この事例では、$\beta = (a, b, c, d)$です。

非線形最小二乗法は、線形回帰における線形最小二乗法と非常によく似ています。線形最小二乗法では、パラメータに対して関数fが線形であるのに対し、ここでの例は線形ではありません。そのため、$S(\beta)$の最小化はβに対するS導関数を解くことでは求められません。SciPyでは繰り返し手法の一種である**レーベンバーグ-マーカートアルゴリズム**（ガウス-ニュートンアルゴリズムの拡張）を実装しています。

以下参考資料です。

- curvefit のリファレンスマニュアル（https://docs.scipy.org/doc/scipy/reference/generated/scipy.optimize.curve_fit.html）
- Wikipediaの「Non-linear least squares」記事（https://en.wikipedia.org/wiki/Non-linear_least_squares、またはWikipedia日本語版の「非線形最小二乗法」記事）
- Wikipediaの「レーベンバーグ-マーカートアルゴリズム」記事（https://en.wikipedia.org/wiki/Levenberg%E2%80%93Marquardt_algorithm）

関連項目

- 「レシピ9.2 数学関数の最小化」

レシピ9.4 ポテンシャルエネルギー最小化による物理系の平衡状態

ここまでに解説した関数最小化アルゴリズムの応用例を紹介します。ポテンシャルエネルギーの最小化を行い、物理系の平衡状態を数値的に探します。

具体的には、垂直の壁に取り付けられた重力の影響を受ける錘とバネからなる構造物を考えます。初期状態から始めて、重力と弾性力が釣り合う平衡状態を探します。

手順

1. NumPy、SciPy、Matplotlibをインポートする。

```
>>> import numpy as np
    import scipy.optimize as opt
    import matplotlib.pyplot as plt
    %matplotlib inline
```

2. 国際単位系でいくつかの定数を定義する。

```
>>> g = 9.81   # gravity of Earth              地球の重力加速度
    m = .1     # mass, in kg                   質量(kg)
    n = 20     # number of masses              錘の数
    e = .1     # initial distance between the masses   錘の初期間隔
    l = e      # relaxed length of the springs バネの自然長
    k = 10000  # spring stiffness              バネの剛性
```

3. 錘の初期位置を2行$n/2$列に定義する。

```
>>> P0 = np.zeros((n, 2))
    P0[:, 0] = np.repeat(e * np.arange(n // 2), 2)
    P0[:, 1] = np.tile((0, -e), n // 2)
```

4. 錘の間の接続を行列で表す。係数(i, j)は、錘iと錘jがつながっている場合は1、つながっていなければ0とする。

```
>>> A = np.eye(n, n, 1) + np.eye(n, n, 2)
    # We display a graphic representation of
    # the matrix.
    f, ax = plt.subplots(1, 1)
    ax.imshow(A)
    ax.set_axis_off()
```

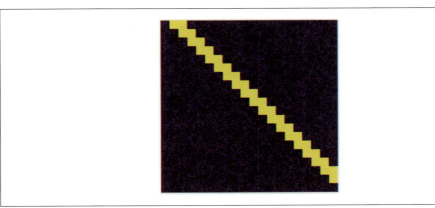

図9-12　行列のグラフィカル表示

5. 各バネごとの剛性を指定する。対角につないだバネは$l\sqrt{2}$で、それ以外はlとする。

```
>>> L = l * (np.eye(n, n, 1) + np.eye(n, n, 2))
    for i in range(n // 2 - 1):
```

336 | 9章 数値最適化

```
        L[2 * i + 1, 2 * i + 2] *= np.sqrt(2)
```

6. バネで接続された箇所のインデックスを作成する。

```
>>> I, J = np.nonzero(A)
```

7. dist()関数で距離（あらゆる2つの錘の間の距離）行列を計算する。

```
>>> def dist(P):
        return np.sqrt((P[:, 0] - P[:, 0][:, np.newaxis])**2 +
                       (P[:, 1] - P[:, 1][:, np.newaxis])**2)
```

8. 系を表示する関数を定義する。バネには、張力に従って色を付ける。

```
>>> def show_bar(P):
        fig, ax = plt.subplots(1, 1, figsize=(5, 4))

        # Wall.    壁の描画
        ax.axvline(0, color='k', lw=3)

        # Distance matrix.    距離行列
        D = dist(P)

        # Get normalized elongation in [-1, 1].    バネの伸びを[-1,1]で取得する
        elong = np.array([D[i, j] - L[i, j]
                          for i, j in zip(I, J)])
        elong_max = np.abs(elong).max()

        # The color depends on the spring tension, which    バネの張力に従って色を変更する。張力はバネ
        # is proportional to the spring elongation.         の伸びに比例する
        colors = np.zeros((len(elong), 4))
        colors[:, -1] = 1  # alpha channel is 1

        # Use two different sequentials colormaps for    バネの伸びと縮みを異なる色で表現するため
        # positive and negative elongations, to show     に、2種類のカラーマップを使用する
        # compression and extension in different colors.
        if elong_max > 1e-10:
            # We don't use colors if all elongations are    すべてのバネの張力が0ならば色は使わない
            # zero.
            elong /= elong_max
            pos, neg = elong > 0, elong < 0
            colors[pos] = plt.cm.copper(elong[pos])
            colors[neg] = plt.cm.bone(-elong[neg])

        # We plot the springs.    バネの描画
        for i, j, c in zip(I, J, colors):
            ax.plot(P[[i, j], 0],
                    P[[i, j], 1],
                    lw=2,
                    color=c,
                    )
```

```
        # We plot the masses.   錘の描画
        ax.plot(P[[I, J], 0], P[[I, J], 1], 'ok',)

        # We configure the axes.   x, y軸の構成
        ax.axis('equal')
        ax.set_xlim(P[:, 0].min() - e / 2,
                    P[:, 0].max() + e / 2)
        ax.set_ylim(P[:, 1].min() - e / 2,
                    P[:, 1].max() + e / 2)
        ax.set_axis_off()

        return ax
```

9. 系の初期状態を表示する。

```
>>> ax = show_bar(P0)
    ax.set_title("Initial configuration")
```

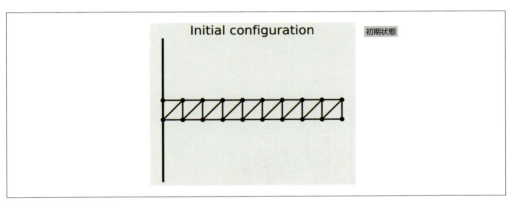

図9-13　系の初期状態

10. 平衡状態を見つけるために、系のポテンシャルエネルギーの総量を最小化する必要がある。次の関数は与えられた錘の位置から系のエネルギーを算出する。詳細は、「解説」セクションで説明する。

```
>>> def energy(P):
        # The argument P is a vector (flattened matrix).    引数Pは1次元配列（平らにした行列）になって
        # We convert it to a matrix here.                    いるので、行列形式に並べ直す
        P = P.reshape((-1, 2))
        # We compute the distance matrix.   距離行列の計算
        D = dist(P)
        # The potential energy is the sum of the            重力ポテンシャルと弾性ポテンシャルエネル
        # gravitational and elastic potential energies.      ギーの和をポテンシャルエネルギーの総和とする
        return (g * m * P[:, 1].sum() +
                .5 * (k * A * (D - L)**2).sum())
```

11. 初期状態のポテンシャルエネルギーを計算する。

    ```
    >>> energy(P0.ravel())
    -0.981
    ```

12. 関数の最小化手法を用いてポテンシャルエネルギーの最小値を求める。最初の2つの錘は壁に固定されているため、**制約付き最適化のアルゴリズム**を使用する。改良型BFGSアルゴリズムである、L-BFGS-Bは、範囲制約を受け付ける。ここでは、最初の2つの点は初期位置から変化しないが、その他の点には制約がない。minimize()関数は、各次元ごとに [最小値、最大値] のペアで範囲制約のリストを受け付ける。

    ```
    >>> bounds = np.c_[P0[:2, :].ravel(),
                       P0[:2, :].ravel()].tolist() + \
            [[None, None]] * (2 * (n - 2))
    >>> P1 = opt.minimize(energy, P0.ravel(),
                          method='L-BFGS-B',
                          bounds=bounds).x.reshape((-1, 2))
    ```

13. 平衡状態を表示する。

    ```
    >>> ax = show_bar(P1)
        ax.set_title("Equilibrium configuration")
    ```

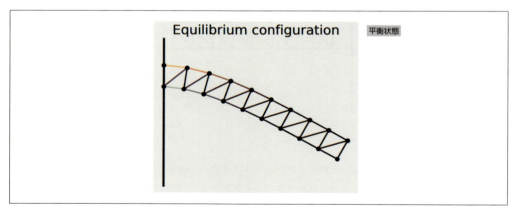

図9-14　平衡状態

現実的な配置が得られた。壁に接続された上側のバネの張力が最も大きい。

解説

　この例の考え方は非常に簡単です。系の状態は錘の位置からのみ求められます。系のエネルギー総量を求める関数をPythonで記述できたなら、平衡状態を見つけることはすなわちこの関数の最小点を探すこととなります。これが熱力学第二法則から導かれる、**最小ポテンシャルエネルギーの原理**です。

ここでは、系のエネルギー総量を求める式を示します。平衡状態にのみ興味があるため、重力とバネの力（**弾性ポテンシャルエネルギー**）のみを考慮し、それ以外の力学的な要素は省略します。

Uを系の総ポテンシャルエネルギーとしたとき、Uは錘の重力ポテンシャルエネルギーと、バネの弾性ポテンシャルエネルギーの和として次のように表現できます。

$$U = \sum_{i=1}^{n} mgy_i + \frac{1}{2} \sum_{i,j=1}^{n} ka_{ij}(\|\mathbf{p}_i - \mathbf{p}_j\| - l_{ij})^2$$

- mは質量
- gは地球の重力加速度
- kはバネの弾性
- $p_i = (x_i, y_i)$は錘iの位置
- a_{ij}は、錘iと錘jがバネでつながっていれば1。つながっていなければ0
- l_{ij}は、錘iと錘jをつなぐバネの自然長。つながっていなければ0

ここでenergy()関数は、この式をNumPy配列によるベクトル化を使って実装したものです。

応用

以下は、この式の背後にある物理法則についての参考資料です。

- Wikipediaの「Potential energy」記事（https://en.wikipedia.org/wiki/Potential_energy、またはWikipedia日本語版の「位置エネルギー」記事）
- Wikipediaの「Elastic potential energy」記事（https://en.wikipedia.org/wiki/Elastic_potential_energy、またはWikipedia日本語版の「弾性エネルギー」記事）
- バネの動きを線形近似したフックの法則に関するWikipediaの「Hooke's law」記事（https://en.wikipedia.org/wiki/Hooke%27s_law、またはWikipedia日本語版の「フックの法則」記事）
- Wikipediaの「Minimum total potential energy principle」（最小ポテンシャルエネルギーの原理）記事（https://en.wikipedia.org/wiki/Minimum_total_potential_energy_principle）

以下は最適化アルゴリズムの参考資料です。

- Wikipediaの「L-BFGS-B」記事（https://en.wikipedia.org/wiki/Limited-memory_BFGS#L-BFGS-B）

関連項目

- 「レシピ9.2　数学関数の最小化」

10章
信号処理

本章で取り上げる内容
- 高速フーリエ変換による信号の周波数成分分析
- デジタル信号の線形フィルタ処理
- 時系列の自己相関

はじめに

　信号とは、時間や空間に伴って変化する量を表す数学関数です。時間に関する信号は、時系列とも呼ばれます。例えば株価は時系列の一種です。時系列は一定間隔ごとに連続した値として表現されます。物理学や生物学の分野では、電磁波や生物学的過程の変化が実験機器を通して記録されます。

　信号処理の主な目的は、未加工でノイズを含む測定結果から意味を持つ関連性のある情報を引き出すことです。信号処理が扱うテーマには、信号捕捉、信号変換、圧縮、フィルタリング、特徴抽出などが含まれます。複雑なデータセットを扱う際には、より高度な数学的分析手法（例えば機械学習）を適用する前に、データを整理しておくことが重要となります。

　この章では、信号処理の基礎を説明します。次の「11章　画像処理と音声処理」では、画像と音声に特化した信号処理を扱います。

　まず重要な定義をいくつか説明します。

アナログ信号とデジタル信号

　信号には時間依存のものと空間依存のものがあります。この章では、時間依存の方に焦点を当てます。

　$x(t)$ を時間的に変化する信号だとしましょう。この際に次のことが言えます。

- t が連続値、$x(t)$ が実数の場合、この信号は**アナログ信号**である。

- t が離散値（離散時間信号）であり、$x(t)$ が有限個の値のみを取る場合、この信号は**デジタル信号**（**量子化信号**）である。

次のグラフは、アナログ信号（連続曲線）とデジタル信号（離散的な点）の違いを表します。

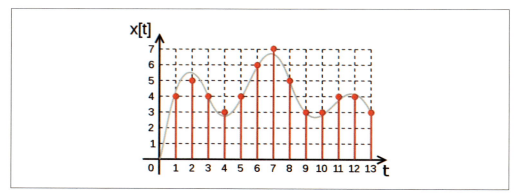

図10-1　アナログ信号とデジタル（量子化）信号の違い（https://en.wikipedia.org/wiki/Digital_signal#/media/File:Digital.signal.discret.svg）

　アナログ信号は数学の中と、例えば電子回路などの物理学系の中に登場します。しかしながら、コンピュータは離散的な機械であるため、こうした信号もデジタル信号として扱われます。計算科学が主にデジタル信号を扱うのは、この理由によります。

　計測機器によって記録されるデジタル信号は、主に2つの量で特徴付けられます。

サンプリングレート
　　1秒当たりに取得される値（またはサンプル）の個数。単位はヘルツ。

解像度
　　量子化の精度。1サンプル当たりのビット数（**ビット深度**）で表される。

　サンプリングレートとビット深度を大きくすれば、デジタル信号としての正確さは増しますが、それだけ多くのメモリと処理能力を必要とします。この2つの値は、信号を記録する機器により制限されます。

ナイキスト-シャノンのサンプリング定理

　連続的（アナログ）に時間変化する信号 $x(t)$ を考えます。この物理信号を計測機器で記録し、サンプリングレート f_s のデジタル信号とします。元のアナログ信号は無限大の解像度を持ちますが、記録されたデジタル信号は有限の解像度となります。したがって、アナログからデジタルへの変換を行うと何らかの情報が失われることになります。

ナイキスト-シャノンのサンプリング定理によれば、アナログ信号の条件とサンプリングレートとの関係によっては、この変換で情報が失われることはありません。言い換えると、ある種の条件下では、量子化したデジタル信号から元の連続的なアナログ信号を正確に復元可能です。詳細は、Wikipediaの「Nyquist–Shannon sampling theorem」https://en.wikipedia.org/wiki/Nyquist%E2%80%93Shannon_sampling_theorem（またはWikipedia日本語版の「標本化定理」記事）を参照してください。

その条件を定義しましょう。$x(t)$ の**フーリエ変換** $\hat{x}(f)$ は次の式で定義されます。

$$\hat{x}(f) = \int_{-\infty}^{+\infty} x(t)\, e^{-2i\pi ft}\, dt$$

フーリエ変換は時間依存の信号を周波数領域表現に変換します。**ナイキスト基準**では以下が定義されています。

$$\exists\, B < f_s/2, \qquad \forall\, |f| > B, \qquad \hat{x}(f) = 0.$$

言い換えると、信号は**帯域制限**されていなければなりません、つまりカットオフ周波数 B 以上の周波数成分を含めることはできません。加えて、サンプリング周波数 f_s は、少なくとも周波数 B の2倍必要です。

ナイキストレート＝$2B$
> 帯域制限されたアナログ信号に対して、情報を失うことなく量子化可能な最小のサンプリング周波数。

ナイキスト周波数＝$f_s/2$
> 所与のサンプリングレートにおいて、情報を失うことなく量子化できる信号周波数の最大値。

この条件下では、理論的にサンプリングしたデジタル信号から元のアナログ信号を復元できます。

圧縮センシング

圧縮センシングは信号処理に対する、現代的で重要な手法です。実世界に存在する信号の多くは、本質的に低次元であるという知識を利用します。例えば、音声信号は人間の声帯の持つ一般的な物理制約に依存した、非常に特徴的な構造を持っています。

たとえ音声信号がフーリエ領域で広い周波数帯域を持っていたとしても、適正な基準（辞書）を使った**スパース近似**を行い、優れた近似を得ることが可能です。定義によると大部分の係数が0であるなら、信号分解はスパースと言えます。辞書が適正に選ばれているなら、信号は少数の基準信号の組み合わせで表現できます。

この辞書は、着目している問題の信号を構成する基本的な信号を持ちます。信号を全周波数の正弦波に分解するフーリエ変換とは異なる考え方です。言い換えると、スパース表現ではナイキスト条件

344 | 10章　信号処理

を回避することができます。ナイキスト条件の求める量よりも少ないサンプリングのスパース表現から連続した信号を正確に再現可能です。

スパース近似は洗練されたアルゴリズムにより求められます。また、この問題は特定の数値最適化法を使う凸最適化問題に変換できます。

圧縮センシングは、信号圧縮の応用として画像処理、画像認識、生体医学画像など多くの科学、工学分野で活用されています。

圧縮センシングに関する参考URLを示します。

- https://en.wikipedia.org/wiki/Compressed_sensing
- https://en.wikipedia.org/wiki/Sparse_approximation
- Pythonによる圧縮センシング（http://www.pyrunner.com/weblog/2016/05/26/compressed-sensing-python/）

応用

以下参考資料です。

- Richard G. Lyonsによる書籍『Understanding Digital Signal Processing』、Pearson Education刊、2010
- Mallat Stephaneによる圧縮センシングをカバーした書籍『A Wavelet Tour of Signal Processing: The Sparse Way』、Academic Press刊、2008
- 筆者のリンク集「驚くべき数学：Awesome Math」のHarmonic Analysisセクション（https://github.com/rossant/awesome-math/#harmonic-analysis）
- José Unpingcoによる書籍『Python for Signal Processing』（Springer、2013、https://python-for-signal-processing.blogspot.com/）は、この章よりも詳細な内容が解説され、コードがJupyter Notebook形式でGitHub（https://python-for-signal-processing.blogspot.com）で公開されている。
- Wikibooksの「Digital Signal Processing」記事（https://en.wikibooks.org/wiki/Digital_Signal_Processing）
- データサイエンスの数学的トピックを解説した「Numerical Tours of Data Science」のPython版（https://www.numerical-tours.com/python/）

レシピ10.1　高速フーリエ変換による信号の周波数成分分析

このレシピでは、**高速フーリエ変換**（Fast Fourier Transform：FFT）を使用して、信号のスペクトル密度を計算する方法を紹介します。スペクトルは周波数ごとのエネルギー（信号を周期的変動を符号化したもの）を表します。これは時間依存の信号をフーリエ変換で周波数領域表現にすることで得

レシピ10.1　高速フーリエ変換による信号の周波数成分分析 | **345**

られます。信号は情報を失うことなく時間領域と周波数領域との間で変換が可能です。

　ここでは、フーリエ変換の持ついくつかの特徴を説明します。米国の国立気候データセンター（National Climatic Data Center：NCDC）が提供する、20年分のフランスの気象データに対してこのツールを適用します。

手順

1. 多くのFFT関連ルーチンを含む`scipy.fftpack`を加えて、必要なパッケージをインポートする。

```
>>> import datetime
    import numpy as np
    import scipy as sp
    import scipy.fftpack
    import pandas as pd
    import matplotlib.pyplot as plt
    %matplotlib inline
```

2. https://www.ncdc.noaa.gov/cdo-web/datasets#GHCNDから入手したCSVファイルからデータを読み込む。この中で、-9999は該当するデータが存在しないことを表しているので、Pandasを使って存在しない値として処理する。また、読み込む際にDATE列の値を日付として解釈するよう指定する。

```
>>> df0 = pd.read_csv('https://github.com/ipython-books/'
                      'cookbook-2nd-data/blob/master/'
                      'weather.csv?raw=true',
                      na_values=(-9999),
                      parse_dates=['DATE'])
>>> df = df0[df0['DATE'] >= '19940101']
>>> df.head()
```

	STATION	DATE	PRCP	TMAX	TMIN
365	GHCND:FR0130...	1994-01-01	0.0	104.0	72.0
366	GHCND:FR0130...	1994-01-02	4.0	128.0	49.0
367	GHCND:FR0130...	1994-01-03	0.0	160.0	87.0
368	GHCND:FR0130...	1994-01-04	0.0	118.0	83.0
369	GHCND:FR0130...	1994-01-05	34.0	133.0	55.0

3. 各行にはフランスの測候所が観測した、1日の降水量（PRCP）と最高気温（TMAX）、最低気温（TMIN）が記録されている（単位は華氏）。日ごとの気温平均を算出するために、Pandasの`groupby()`メソッドを使う。該当データが存在しない箇所は、`dropna()`が排除する。

```
>>> df_avg = df.dropna().groupby('DATE').mean()
>>> df_avg.head()
```

	PRCP	TMAX	TMIN
DATE			
1994-01-01	178.666667	127.388889	70.333333
1994-01-02	122.000000	152.421053	81.736842
1994-01-03	277.333333	157.666667	95.555556
1994-01-04	177.105263	142.210526	95.684211
1994-01-05	117.944444	130.222222	75.444444

4. 日付のリストと、対応する気温のリストを作成し、最高気温と最低気温の平均を計算する。10度を1単位とするので、ここでは気温の和を20で除算する。

```
>>> date = df_avg.index
    temp = (df_avg['TMAX'] + df_avg['TMIN']) / 20.
    N = len(temp)
```

5. 気温の変化をグラフにしてみよう。

```
>>> fig, ax = plt.subplots(1, 1, figsize=(6, 3))
    temp.plot(ax=ax, lw=.5)
    ax.set_ylim(-10, 40)
    ax.set_xlabel('Date')
    ax.set_ylabel('Mean temperature')
```

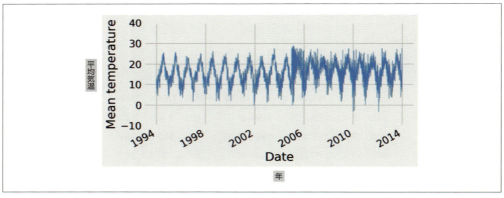

図10-2　平均気温のグラフ

6. 信号をフーリエ変換して、スペクトル密度を計算する。最初のステップとしてfft()関数を用いて、FFTを計算する。

```
>>> temp_fft = sp.fftpack.fft(temp)
```

7. FFTが得られたら、**パワースペクトル密度**（PSD）を得るために絶対値を二乗する。

```
>>> temp_psd = np.abs(temp_fft) ** 2
```

8. 次のステップはユーティリティ関数 fftfreq() を使い、PSDの値に対応した周波数を求める。入力には、PSDベクトルの長さと、周期を指定する。ここでは1年を単位とするので、1年（365日）を1周期とするが、元のデータが日次であるため、1/365を指定する。

```
>>> fftfreq = sp.fftpack.fftfreq(len(temp_psd), 1. / 365)
```

9. fftfreq() 関数が返す値には、正の周波数も負の周波数も含まれる。実際の信号を扱うため、ここでは正の周波数のみに着目する（詳しくは、このレシピの「解説」セクションで説明する）。

```
>>> i = fftfreq > 0
```

10. PSDを周波数（年単位の周期）の関数として表示する。ここでは、y軸を対数（デシベル）で表す。

```
>>> fig, ax = plt.subplots(1, 1, figsize=(8, 4))
    ax.plot(fftfreq[i], 10 * np.log10(temp_psd[i]))
    ax.set_xlim(0, 5)
    ax.set_xlabel('Frequency (1/year)')
    ax.set_ylabel('PSD (dB)')
```

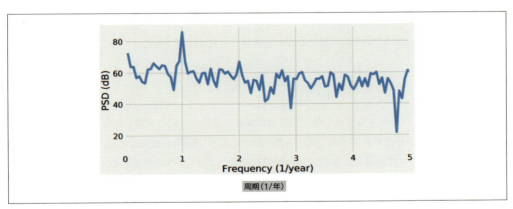

図10-3　PSDと周波数の関係

気温の変化は基本的に1年周期であるため、f=1の箇所にピークが認められる。

11. 基本の周波数を超える成分を取り除く。

```
>>> temp_fft_bis = temp_fft.copy()
    temp_fft_bis[np.abs(fftfreq) > 1.1] = 0
```

12. 続いて、高周波数成分を取り除いたフーリエ変換を逆FFTで時間領域に戻す。この操作により、次の図のような基本周波数を含む信号を復元できる。

```
>>> temp_slow = np.real(sp.fftpack.ifft(temp_fft_bis))
>>> fig, ax = plt.subplots(1, 1, figsize=(6, 3))
```

```
temp.plot(ax=ax, lw=.5)
ax.plot_date(date, temp_slow, '-')
ax.set_xlim(datetime.date(1994, 1, 1),
            datetime.date(2000, 1, 1))
ax.set_ylim(-10, 40)
ax.set_xlabel('Date')
ax.set_ylabel('Mean temperature')
```

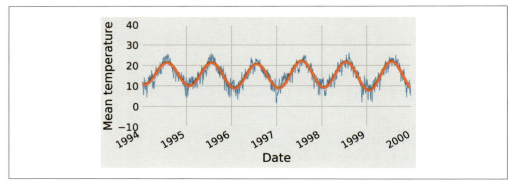

図10-4　基本周波数の信号を復元

フーリエ変換から高周波数を取り除いた際に、素早く変化する成分がなくなったため、滑らかな信号が得られた。

解説

大まかに言うと、フーリエ変換は信号を周期的な要素の重ね合わせで表現したものです。数学的に、規則的な関数はこの形式で表現可能です。時間変化する信号が時間の関数であると考えるのはとても自然であり、フーリエ変換はこれを周波数の関数に変換します。1つの複素数の中に符号化されているマグニチュードと位相は、各周波数に関連付けられます。

離散フーリエ変換

ベクトル $(x_0, ..., x_{(N-1)})$ で表現されたデジタル信号 x について考えてみましょう。この信号は周期的にサンプリングされたものとします。信号 x の**離散フーリエ変換**（The Discrete Fourier Transform：DFT）$X = (X_0, ..., X_{(N-1)})$ は、次の式で定義されます。

$$\forall k \in \{0, ..., N-1\}, \qquad X_k = \sum_{n=0}^{N-1} x_n e^{-2i\pi kn/N}$$

DFTは、この定義上の対称性と冗長性を利用して計算を大幅に高速化したアルゴリズムである**高速フーリエ変換**（Fast Fourier Transform：FFT）を使えば効率的に計算可能です。DFTの計算量が

$O(N^2)$ であるのに対し、FFTでは $O(N \log N)$ に抑えられています。FFTは、デジタル信号処理において最も重要なアルゴリズムの1つです。

　DFTを直感的に説明してみましょう。線グラフの代わりに、円周の上で信号が表現されているとしましょう。信号はすべて円周上の1, 2, または任意のk周回で表現されます。そのため、kが与えられると信号中のx_nの値は角度$2\pi kn/N$と、元のx_nからの距離で表現できます。

　下の図において、信号は周波数$f = 3\,\mathrm{Hz}$の正弦波です。この信号上の角度$2\pi kn/N$に位置する点は青で示されます。これら点の複素平面上における代数的総和が赤で示されます。これらのベクトルは、信号のDFTに対する係数を表しています。

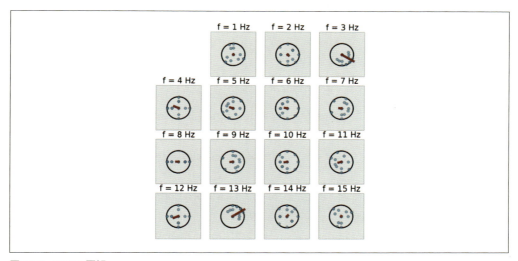

図10-5　DFTの図解

　次の図は、図解信号のPSDを表しています。

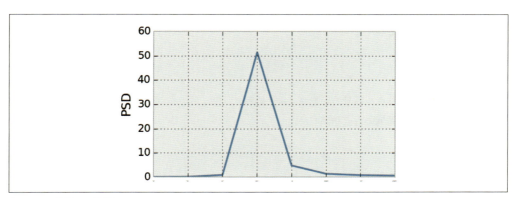

図10-6　例示した信号のPSD

逆フーリエ変換

取り得る周波数をすべて考慮した場合、デジタル信号を周波数領域で完全に表現することが可能です。**逆離散フーリエ変換**を計算する**逆高速フーリエ変換**を使って、元の信号を復元できます。逆フーリエ変換の式は、DFTと非常によく似ています。

$$\forall k \in \{0, ..., N-1\}, \qquad x_k = \frac{1}{N} \sum_{n=0}^{N-1} X_n \, e^{2i\pi kn/N}$$

DFTは周期的なパターンがある場合には有用です。しかし一般的には、特定の周波数の一時的な変化をフーリエ変換はうまく扱えません。スペクトルを局所的に扱う**ウェーブレット変換**のような手法を必要とします。

応用

以下はフーリエ変換に関係する、より詳細な説明へのリンクです。

- SciPy による FFT の紹介（https://scipy-lectures.github.io/intro/scipy.html#fast-fourier-transforms-scipy-fftpack）
- SciPyのfftpackリファレンスマニュアル（https://docs.scipy.org/doc/scipy/reference/fftpack.html）
- Wikipediaの「Fourier transform」記事（https://en.wikipedia.org/wiki/Fourier_transform、またはWikipedia日本語版の「フーリエ変換」記事）
- Wikipediaの「Discrete Fourier transform」記事（https://en.wikipedia.org/wiki/Discrete_Fourier_transform、またはWikipedia日本語版の「離散フーリエ変換」記事）
- Wikipediaの「Fast Fourier transform」記事（https://en.wikipedia.org/wiki/Fast_Fourier_transform、またはWikipedia日本語版の「高速フーリエ変換」記事）
- Wikipediaの「Decibel」記事（https://en.wikipedia.org/wiki/Decibel、またはWikipedia日本語版の「デシベル」記事）

関連項目

- 「レシピ10.2　デジタル信号の線形フィルタ処理」
- 「レシピ10.3　時系列の自己相関」

レシピ10.2　デジタル信号の線形フィルタ処理

　線形フィルタは信号処理の基本的な処理の1つです。線形フィルタにより、デジタル信号から意味のある情報の抽出が可能です。

　このレシピでは、株式市場（NASDAQ証券取引所）のデータ処理例を2つ紹介します。1つ目はローパスフィルタを使って、細かく変動する信号を滑らかにすることで、ゆっくりとした変化をつかみます。ハイパスフィルタを使って、同じ時系列信号の素早い変化も取り出します。この2つの操作は、線形フィルタの応用として、とても一般的なものです。

手順

1.　必要なパッケージをインポートする。

```
>>> import numpy as np
    import scipy as sp
    import scipy.signal as sg
    import pandas as pd
    import matplotlib.pyplot as plt
    %matplotlib inline
```

2.　NASDAQデータ（https://finance.yahoo.com/quote/%5EIXIC/history?period1=631148400&period2=1510786800&interval=1d&filter=history&frequency=1dから入手）をPandasに読み込む。

```
>>> nasdaq_df = pd.read_csv(
        'https://github.com/ipython-books/'
        'cookbook-2nd-data/blob/master/'
        'nasdaq.csv?raw=true',
        index_col='Date',
        parse_dates=['Date'])
>>> nasdaq_df.head()
```

Date	Open	High	Low	Close	Adj Close	Volume
1990-01-02	452.899994	459.299988	452.700012	459.299988	459.299988	110720000
1990-01-03	461.100006	461.600006	460.000000	460.899994	460.899994	152660000
1990-01-04	460.399994	460.799988	456.899994	459.399994	459.399994	147950000
1990-01-05	457.899994	459.399994	457.799988	458.200012	458.200012	137230000
1990-01-08	457.100006	458.700012	456.500000	458.700012	458.700012	115500000

3.　日付と終値を取り出す。

```
>>> date = nasdaq_df.index
    nasdaq = nasdaq_df['Close']
```

4.　データをグラフ化してみよう。

```
>>> fig, ax = plt.subplots(1, 1, figsize=(6, 4))
    nasdaq.plot(ax=ax, lw=1)
```

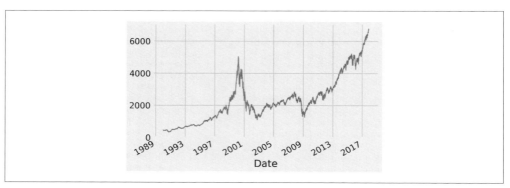

図10-7　データに手を加えずプロット

5. まず1つ目の処理として、信号の大きな動きを取り出す。FIRフィルタに相当する三角窓で信号を畳み込む。この手法の背後にある考え方は、「解説」セクションで説明するので、ここでは単に信号の値を周辺の値との重み付き平均に置き換えるという説明に留める。

```
>>> # We get a triangular window with 60 samples.    60サンプル分の三角窓を作成する
    h = sg.get_window('triang', 60)
    # We convolve the signal with this window.       信号に窓を畳み込む
    fil = sg.convolve(nasdaq, h / h.sum())
>>> fig, ax = plt.subplots(1, 1, figsize=(6, 4))
    # We plot the original signal...                 元の信号をプロット
    nasdaq.plot(ax=ax, lw=3)
    # ... and the filtered signal.                   重ねてフィルタ処理済み信号をプロット
    ax.plot_date(date, fil[:len(nasdaq)],
                 '-w', lw=2)
```

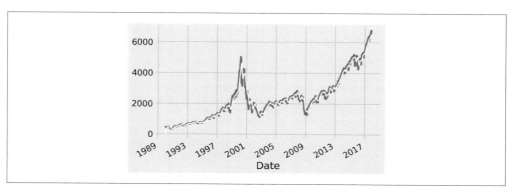

図10-8　ローパスフィルタ処理したデータを重ねてプロット

6. 次に大きな動きを抽出するためのIIRバターワースローパスフィルタを作る。`filtfilt()`関数は、位相遅延を防ぐために、順方向と逆方向にフィルタをかける。

```
>>> fig, ax = plt.subplots(1, 1, figsize=(6, 4))
    nasdaq.plot(ax=ax, lw=3)
    # We create a 4-th order Butterworth low-pass filter.    4次バターワースローパスフィルタを作成
    b, a = sg.butter(4, 2. / 365)
    # We apply this filter to the signal.                    信号をフィルタに通す
    ax.plot_date(date, sg.filtfilt(b, a, nasdaq),
                 '-w', lw=2)
```

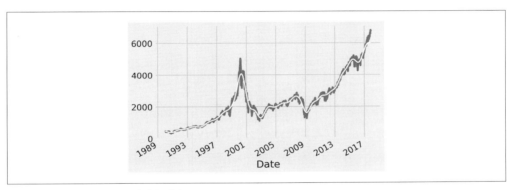

図10-9　IIRローパスフィルタをかける

7. 最後に、同じメソッドを使ってハイパスフィルタを作り、動きの速い信号を取り出す。

```
>>> fig, ax = plt.subplots(1, 1, figsize=(6, 4))
    nasdaq.plot(ax=ax, lw=1)
    b, a = sg.butter(4, 2 * 5. / 365, btype='high')
    ax.plot_date(date, sg.filtfilt(b, a, nasdaq),
                 '-', lw=1)
```

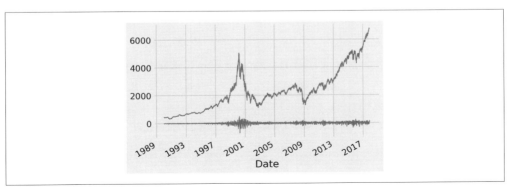

図10-10　ハイパスフィルタをかける

ハイパスフィルタを通した信号の2000年周辺を見てみよう。この時期は、米国のドットコムバブル崩壊の時期であり、株式市場インデックスが乱高下していた様子がわかる。詳細はhttps://en.wikipedia.org/wiki/Dot-com_bubbleを参照してほしい。

解説

このセクションでは、デジタル信号に対する線形フィルタについての基礎を説明します。

デジタル信号は (x_n) $n \geq 0$ のインデックスを持つ離散数列です。数列は無限長を想定しますが、実際のところ有限長 N のベクトルとして表現されます。

連続した信号は、時間に依存する関数 $f(t)$ として操作するのが適しています。時間による離散化を行い、連続信号を離散信号に変換します。

線形フィルタとは

線形フィルタは、入力信号 $x = (x_n)$ を出力信号 $y = (y_n)$ に変換します。この変換は線形なので、2つの信号の和の変換と、変換した2つの信号の和は等しくなります。

$$F(x + y) = F(x) + F(y)$$

さらに、定数 λ を乗じた入力を変換した信号と、変換後に定数 λ を乗じたものは同じです。

$$F(\lambda x) = \lambda F(x)$$

線形時不変（Linear Time-Invariant：LTI）フィルタには、もう1つ特徴があります。信号 (x_n) が (y_n) に変換される場合、あらゆる k に対するシフト信号 (x_{n-k}) の変換は (y_{n-k}) になります。言い換えると、システムは入力の時間に依存しない出力を得るので、時不変と呼びます。

 これ以後は、LTIフィルタのみ扱います。

線形フィルタと畳み込み

LTIシステム理論の重要な帰結により、LTIフィルタはインパルス応答という1つの信号で特徴付けられます。インパルス応答とは、インパルス信号に対するフィルタからの出力です。デジタルフィルタにおいて、インパルス信号は、(1, 0, 0, 0, ...)で表されます。

$x = (x_n)$ から $y = (y_n)$ への変換は、インパルス応答 h と信号 x の**畳み込み**で定義されます。

$$y = h * x, \quad \text{または} \quad y_n = \sum_{k=0}^{n} h_k x_{n-k}$$

畳み込みは信号処理における基礎的な演算です。直感的に考えると、畳み込み関数は0にピークが

あるため、畳み込みは信号（ここではx）の周辺の平均を窓関数（ここではh）で重み付けしたものとなります。

ここでは**因果的フィルタ**（$n < 0$において、$h_n = 0$）のみを扱います。この特性により出力信号は現在と過去の入力だけに依存し、これから発生する未来の入力には依存しないことを意味します。これは多くの場合において、自然な状況です。

FIRとIIRフィルタ

信号（h_n）の領域とは、$h_n \neq 0$となるnの集合です。

LTIフィルタは、この領域を使って2つに分類されます。

有限インパルス応答（Finite Impulse Response：FIR）**フィルタ**
インパルス応答の領域が有限

無限インパルス応答（Infinite Impulse Response：IIR）**フィルタ**
インパルス応答の領域が無限

FIRフィルタは、大きさNの有限インパルス応答で特徴付けられ、信号とインパルス応答との畳み込みでフィルタが実現されます。$n \leq N$に置いて、$b_n = h_n$とするとき、y_nは入力信号の直近$N + 1$個の線形結合となります。

$$y_n = \sum_{k=0}^{n} b_k x_{n-k}$$

一方IIRフィルタは、無限長のインパルス応答で特徴付けられますが、正確に式では表現できません。このため、下記のような代替表現を使用します。

$$y_n = \frac{1}{a_0} \left(\sum_{k=0}^{N} b_k x_{n-k} - \sum_{l=0}^{M} a_l y_{n-l} \right)$$

この**差分方程式**は、入力信号$N + 1$個分の線形結合（FIRフィルタと同様の**フィードフォワード項**）と、出力信号M個分の線形結合（**フィードバック項**）とで、y_nを表現しています。出力信号が入力信号だけに依存するFIRフィルタと比べて、以前の出力を遡って（フィードバック項）使用する分、IIRフィルタは複雑です。

周波数領域のフィルタ

ここでは時間領域のフィルタのみを扱いましたが、ラプラス変換、Z変換、フーリエ変換などによる他領域のフィルタ表現も存在します。

特にフーリエ変換は、畳み込みを周波数領域の乗算に変換できるという都合の良い特徴を持っています。言い換えると、周波数領域では入力信号のフーリエ変換と、インパルス応答のフーリエ変換の

積がLTIフィルタとなります。

ローパス、ハイパス、バンドパスフィルタ

フィルタは入力信号の周波数に対する効果で次のように分類できます。

ローパスフィルタ
> カットオフ周波数以上の周波数要素を減衰させる

ハイパスフィルタ
> カットオフ周波数以下の周波数要素を減衰させる

バンドパスフィルタ
> 周波数が特定の範囲に入っている要素を通過させ、範囲外の要素を減衰させる

このレシピでは、最初に入力信号と（有限領域の）三角窓との畳み込みを行いました。この演算はローパスFIRフィルタに相当します。これは信号を滑らかにするために局所的な加重平均を計算するという、**移動平均アルゴリズム**の特殊なケースです。

次に、IIRフィルタの一種である**バターワースフィルタ**を2つ適用しました。バターワースフィルタは、ローパス、ハイパス、バンドパスフィルタとして働きますが、このレシピでは信号を滑らかにするローパスフィルタとして、続いて信号の速い動きを抽出するハイパスフィルタとして使いました。

応用

デジタル信号処理と線形フィルタに関する一般的な参考資料です。

- Wikipediaの「Digital signal processing」記事（https://en.wikipedia.org/wiki/Digital_signal_processing、またはWikipedia日本語版の「デジタル信号処理」記事）
- Wikipediaの「Linear filter」記事（https://en.wikipedia.org/wiki/Linear_filter）
- Wikipediaの「LTIフィルタ」記事（https://en.wikipedia.org/wiki/LTI_system_theory、またはWikipedia日本語版の「LTIシステム理論」記事）

関連項目

- 「レシピ10.1　高速フーリエ変換による信号の周波数成分分析」

レシピ10.3　時系列の自己相関

時系列の自己相関は、時系列の繰り返しパターンまたは系列相関についての情報をもたらします。系列相関とは、ある時点の信号と一定時間経過後の信号との相関関係を表します。自己相関の分析に

より、繰り返しの時間尺度を求められます。ここでは米国社会保障局提供のデータを使い、米国の新生児に対する名付けの変化を分析します。

手順

1. 次のパッケージをインポートする。

```
>>> import os
    import numpy as np
    import pandas as pd
    import matplotlib.pyplot as plt
    %matplotlib inline
```

2. requestsパッケージを使ってBabiesデータセット（本書のGitHubデータリポジトリから入手可能）をダウンロードする。データセットはdata.govのWebサイト（https://catalog.data.gov/dataset/baby-names-from-social-security-card-applications-national-level-data）で提供されていたものを使用している。babiesサブディレクトリにアーカイブを展開する。データセットは1年ごとに1つのCSVファイルに格納されており、各ファイルにはその年に名付けられた名前と対応する人数が記録されている。

```
>>> import io
    import requests
    import zipfile
>>> url = ('https://github.com/ipython-books/'
           'cookbook-2nd-data/blob/master/'
           'babies.zip?raw=true')
    r = io.BytesIO(requests.get(url).content)
    zipfile.ZipFile(r).extractall('babies')
>>> %ls babies
yob1902.txt
yob1903.txt
yob1904.txt
...
yob2014.txt
yob2015.txt
yob2016.txt
```

3. Pandasを使用してデータを辞書として読み込み、年ごとに1つのDataFrameを作成する。

```
>>> files = [file for file in os.listdir('babies')
                if file.startswith('yob')]
>>> years = np.array(sorted([int(file[3:7])
                         for file in files]))
>>> data = {year:
               pd.read_csv('babies/yob%d.txt' % year,
                       index_col=0, header=None,
                       names=['First name',
                              'Gender',
```

```
                                        'Number'])
                for year in years}
>>> data[2016].head()
```

	Gender	Number
First name		
Emma	F	19414
Olivia	F	19246
Ava	F	16237
Sophia	F	16070
Isabella	F	14722

4. 名前、性別、生年の関数として名前の頻度を取得する関数を作成する。

```
>>> def get_value(name, gender, year):
        """Return the number of babies born a given year,    指定された年、性別、名前に対する新生児の
        with a given gender and a given name."""             数を返す
        dy = data[year]
        try:
            return dy[dy['Gender'] ==
            gender]['Number'][name]
        except KeyError:
            return 0
>>> def get_evolution(name, gender):
        """Return the evolution of a baby name over    名前の年次変化を返す
        the years."""
        return np.array([get_value(name, gender, year)
                        for year in years])
```

5. 信号の自己相関を計算する関数を作る。この関数はNumPyのcorrelate()関数を利用する。

```
>>> def autocorr(x):
        result = np.correlate(x, x, mode='full')
        return result[result.size // 2:]
```

6. 名前の変化と（正規化した）自己相関を表示する関数を作成する。

```
>>> def autocorr_name(name, gender, color, axes=None):
        x = get_evolution(name, gender)
        z = autocorr(x)

        # Evolution of the name.    名付けの変化
        axes[0].plot(years, x, '-o' + color,
                    label=name)
        axes[0].set_title("Baby names")
        axes[0].legend()
```

```
# Autocorrelation.    自己相関
axes[1].plot(z / float(z.max()),
             '-' + color, label=name)
axes[1].legend()
axes[1].set_title("Autocorrelation")
```

7. 2つの女性名について調べる。

```
>>> fig, axes = plt.subplots(1, 2, figsize=(12, 4))
autocorr_name('Olivia', 'F', 'k', axes=axes)
autocorr_name('Maria', 'F', 'y', axes=axes)
```

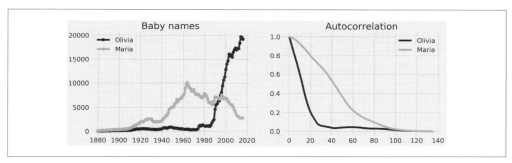

図10-11　OliviaとMariaという名前の数と自己相関

　Oliviaの自己相関は、Mariaのよりも速く減衰している。これはOliviaが20世紀の終わりから急激に増加しているのが主な原因である。対照的に、Mariaは全体的にゆっくりした動きをしており、自己相関の減衰も緩慢である。

解説

　時系列は時間のインデックスを持つ信号です。株式市場、製品売上、天気予報、生体信号などが重要な応用分野となっています。時系列分析は、統計的データ分析、信号処理、機械学習などの重要な要素です。

　自己相関にはいくつかの定義がありますが、ここでは時系列 (x_n) の自己相関は次の式として定義します。

$$R(k) = \frac{1}{N} \sum_n x_n x_{n+k}$$

　2つの信号の自己相関を比較するため、自己相関のグラフを最大値で正規化しています。自己相関とは、信号と同じ信号の時間シフトしたものとの類似性を定量化し、シフト時間の関数として表したものです。言い換えると、自己相関は信号の繰り返しパターンに関する情報を、信号の変化のタイムスケールと共に提供しています。自己相関の急速な減衰は、信号の素早い変化を表しています。

応用

以下参考資料です。

- NumPyの`correlation`関数マニュアル (https://docs.scipy.org/doc/numpy/reference/generated/numpy.correlate.html)
- `statsmodels`の自己相関関数マニュアル (http://statsmodels.sourceforge.net/stable/tsa.html)
- Wikipediaの「Time series」記事 (https://en.wikipedia.org/wiki/Time_series、または Wikipedia日本語版の「時系列」記事)
- Wikipediaの「Serial dependence」(連続依存性) 記事 (https://en.wikipedia.org/wiki/Serial_dependence)
- Wikipediaの「Autocorrelation」記事 (https://en.wikipedia.org/wiki/Autocorrelation、または Wikipedia日本語版の「自己相関」記事)

関連項目

- 「レシピ10.1　高速フーリエ変換による信号の周波数成分分析」

11章
画像処理と音声処理

本章で取り上げる内容
- 画像の露出補正
- 画像のフィルタ処理
- 画像の分割
- 特徴点の検出
- OpenCVを使った顔検出
- 音声へのデジタルフィルタ処理
- Notebook上のシンセサイザー作成

はじめに

前の章では、信号処理の技術を1次元の時系列に対して適用しました。この章では画像と音声に対する信号処理を扱います。

一般的な信号処理技術は画像や音声に対しても適用可能ですが、画像処理や音声処理の多くは特別なアルゴリズムを必要とします。ここでは、画像分割、画像からの特徴点抽出、顔の検出などを見てみましょう。また、音声に対する線形フィルタの効果も取り上げます。

画像処理におけるPythonの主要パッケージの1つが、scikit-imageです。この章のレシピでは、主にこのパッケージを使用します。scikit-imageの詳細についてはhttps://scikit-image.orgを参照してください。

また、コンピュータビジョン向けのC++ライブラリ OpenCV (https://opencv.org) を、Pythonラッパーを通して使用します。

最初に、信号処理の観点から画像処理と音声処理における特殊性について取り上げます。

画像

グレースケール画像は、各画素それぞれに**明暗度**を割り当てる関数 f によって表現される2次元の

信号です。明暗度は、0（暗い）から1（明るい）間での実数で表されます。カラー画像では、関数は各画素に明暗度の三つ組（一般的に赤、緑、青（RGB）の要素）を割り当てます。

コンピュータ上では、デジタルサンプリングされた画像を扱います。明暗度は実数ではなく、整数か浮動小数点数として表されます。連続関数の数学的定式化は、微分や積分などの解析手段を適用を可能とします。一方で、処理対象の画像デジタルデータとしての性質を考慮する必要もあります。

音声

信号処理の観点では、音声は時間依存の信号であり、可聴周波数域（おおよそ20Hzから20kHz）の信号を扱います。そのため、（「10章　信号処理」で紹介した）ナイキスト-シャノン定理によると、デジタル音声信号としての最低サンプリングレートは40kHzとなります。実際には、44,100Hzが広く使われています。

応用

以下参考資料です。

- Wikipediaの「Image processing」記事（https://en.wikipedia.org/wiki/Image_processing、または Wikipedia 日本語版の「画像処理」記事）
- データサイエンスの数学的トピックを解説した「Numerical Tours of Data Science」のPython版（https://www.numerical-tours.com/python/）
- Wikipediaの「Audio signal processing」記事（https://en.wikipedia.org/wiki/Audio_signal_processing、または Wikipedia 日本語版の「音響信号処理」記事）
- Wikipediaの「44,100Hz」記事（https://en.wikipedia.org/wiki/44,100_Hz）

レシピ11.1　画像の露出補正

画像の**露出**を見れば、画像が明るいのか、暗いのか、適正なのかを判断できます。画素の明るさはヒストグラムで把握できます。露出の改善は、画像修正の基礎的な操作であり、scikit-imageを使えば簡単に行えます。

準備

scikit-imageコマンドは、デフォルトでAnacondaに含まれています。conda install scikit-imageコマンドを実行して個別にインストール可能です。

手順

1. 必要なパッケージをインポートする。

```
>>> import numpy as np
    import matplotlib.pyplot as plt
    import skimage.exposure as skie
    %matplotlib inline
```

2. 画像をMatplotlibで読み込む。グレースケール画像として、1つのRGB要素だけを使用する（カラー画像をグレースケール画像に変換する、もっと優れた方法もレシピの最後に紹介する）。

```
>>> img = plt.imread('https://github.com/ipython-books/'
                     'cookbook-2nd-data/blob/master/'
                     'beach.png?raw=true')[..., 0]
```

3. 画像と、画像のヒストグラム（明るさの分布グラフで露出を表す）を併せて表示する関数を作る。

```
>>> def show(img):
        # Display the image.  画像を表示
        fig, (ax1, ax2) = plt.subplots(1, 2,
                                       figsize=(12, 3))

        ax1.imshow(img, cmap=plt.cm.gray)
        ax1.set_axis_off()

        # Display the histogram.  ヒストグラムを表示
        ax2.hist(img.ravel(), lw=0, bins=256)
        ax2.set_xlim(0, img.max())
        ax2.set_yticks([])

        plt.show()
```

4. 画像とヒストグラムを表示する。

```
>>> show(img)
```

図11-1 画像とヒストグラム

ヒストグラムのバランスが悪く、画像は露出オーバー（多くの画素が明るすぎる）気味である。

5. scikit-imageの`rescale_intensity`関数を使って、画素の明るさを再スケールする。`in_range`と

out_range引数は、元画像と修正画像の線形写像を指定する。in_rangeの範囲外の明るさを持つ画素はout_rangeの範囲に補正される。つまり、暗い（明るさが100以下）画素は、黒（0）に、明るい（明るさが240を超える）画素は白（255）となる。

```
>>> show(skie.rescale_intensity(
        img, in_range=(0.4, .95), out_range=(0, 1)))
```

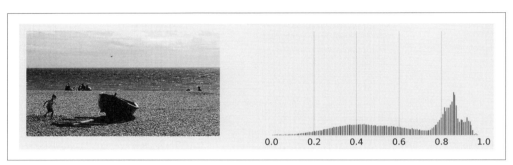

図11-2　大まかな露出補正テクニック

ヒストグラムには、ところどころ欠けた場所があり、この簡単な露出補正手法が画質的にあまり良くないことを示している。

6. 次に、より高度な露出補正手法である**コントラスト制限付き適応ヒストグラム均等化**（Contrast Limited Adaptive Histogram Equalization：CLAHE）を使う。

```
>>> show(skie.equalize_adapthist(img))
```

図11-3　露出補正手法コントラスト制限付き適応ヒストグラム均等化の結果

ヒストグラムのバランスは良くなり、画像もくっきりと改善された。

解説

画像のヒストグラムは、画素の明るさの分布を表しています。ヒストグラムは画像補正、画像処理、画像認識の中心となるツールです。

レシピ11.2　画像のフィルタ処理 | **365**

rescale_intensity()関数は明るさの範囲を伸縮します。1つの使用例は、データ型によって許容される値の全範囲がイメージによって使用されることを保証することです。

equalize_adapthist()関数は、画像を矩形の領域に分割し、領域ごとのヒストグラムを計算します。そして、画素の明るさを調整することで、コントラストを改善して、細部を強調します。

skimage.color.rgb2gray()関数は、輝度が保存されるようにカラーチャネルへの特別な重み付けを行い、カラー画像をグレースケール画像に変換します。

応用

以下参考資料です。

- 画像変換（Transforming image data）に関する scikit-image ドキュメント（https://scikit-image.org/docs/dev/user_guide/transforming_image_data.html）
- ヒストグラム均等化（Histogram equalization）に関する scikit-image ドキュメント（http://scikit-image.org/docs/dev/auto_examples/color_exposure/plot_equalize.html）
- Wikipedia の「Image histogram」（画像ヒストグラム）記事（https://en.wikipedia.org/wiki/Image_histogram）
- Wikipedia の「Histogram equalization」（ヒストグラム均等化）記事（https://en.wikipedia.org/wiki/Histogram_equalization）
- Wikipedia の「Adaptive histogram equalization」「適応ヒストグラム均等化」記事（https://en.wikipedia.org/wiki/Adaptive_histogram_equalization）
- Wikipedia の「Contrast (vision)」記事（https://en.wikipedia.org/wiki/Contrast_(vision)、または Wikipedia 日本語版の「コントラスト」記事）

関連項目

- 「レシピ11.2　画像のフィルタ処理」

レシピ11.2　画像のフィルタ処理

このレシピでは、ぼかし、ノイズ除去、エッジ検出など、さまざまなフィルタ処理を画像に適用します。

解説

1. 必要なパッケージをインポートする。

```
>>> import numpy as np
    import matplotlib.pyplot as plt
```

```
import skimage
import skimage.color as skic
import skimage.filters as skif
import skimage.data as skid
import skimage.util as sku
%matplotlib inline
```

2. グレースケール画像を表示する関数を作成する。

```
>>> def show(img):
        fig, ax = plt.subplots(1, 1, figsize=(8, 8))
        ax.imshow(img, cmap=plt.cm.gray)
        ax.set_axis_off()
        plt.show()
```

3. (scikit-imageにバンドルされている)宇宙飛行士の画像をロードし、rgb2gray()関数を使ってグレースケール画像に変換する。

```
>>> img = skic.rgb2gray(skid.astronaut())
>>> show(img)
```

図11-4　宇宙飛行士アイリーン・コリンズのオリジナル画像

4. 画像にガウシアンぼかしフィルタを適用する。

```
>>> show(skif.gaussian(img, 5.))
```

図11-5　ガウシアンぼかしフィルタを適用

5. 次にソーベル（Sobel）フィルタを通して、画像のエッジを検出する。

```
>>> sobimg = skif.sobel(img)
    show(sobimg)
```

図11-6　画像のエッジを検出

6. 手書き風の効果を得るために、フィルタリングされた画像に閾値処理を加え、エッジを示す二値の画像[*1]を作る。適正な閾値を見つけるために、Notebookのウィジェットを使用する。@interactデコレータで画像の上にスライダーコントロールを追加し、閾値を動的に変更した画像を表示する。

---

*1　訳注：閾値を下回る値か否かで、式 sobimg < x は、TRUE か FALSE を持つ値の配列となる。

```
>>> from ipywidgets import widgets

    @widgets.interact(x=(0.01, .2, .005))
    def edge(x):
        show(sobimg < x)
```

図11-7　手書き風効果を追加

7. 次に、ノイズ除去フィルタの効果を見るために、まず画像にノイズを乗せる。

```
>>> img = skimage.img_as_float(skid.astronaut())

    # We take a portion of the image to show the details.　細部を見るために、画像の一部を使う
    img = img[50:200, 150:300]

    # We add Gaussian noise.　ガウシアンノイズを加える
    img_n = sku.random_noise(img)
    show(img_n)
```

図11-8　ノイズを追加

denoise_tv_bregman()関数は、分割ブレグマン法を使用したトータルバリエーションノイズ除去を実装している。

```
>>> img_r = skimage.restoration.denoise_tv_bregman(
        img_n, 5.)

    fig, (ax1, ax2, ax3) = plt.subplots(
        1, 3, figsize=(12, 8))

    ax1.imshow(img_n)
    ax1.set_title('With noise')
    ax1.set_axis_off()

    ax2.imshow(img_r)
    ax2.set_title('Denoised')
    ax2.set_axis_off()

    ax3.imshow(img)
    ax3.set_title('Original')
    ax3.set_axis_off()
```

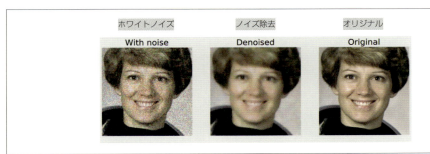

図11-9　ノイズを除去

解説

　画像処理で使われるフィルタの多くは線形フィルタです。これらは2次元のデータに適用されるという点を除いて、「10章　信号処理」で見たものと非常によく似ています、画像への線形フィルタ適用とは、画像と特定の関数との離散畳み込み演算に他なりません。ガウシアンフィルタは、画像をぼかすためにガウシアン関数の畳み込みを行います。

　ソーベルフィルタは、画素変化の勾配を算出します。そのため、空間的に急激な変化、つまり物体の輪郭（エッジ）を検出できます。

　また、画像からノイズを取り除くことを**ノイズ除去**と呼びます。**トータルバリエーションノイズ除去**は、元の（ノイズの多い）画像に近い正則画像を探索します。正則化とは、画像全体の変化総量を計算して、周期性を定量化したものです。

$$V(x) = \sum_{i,\,j} \sqrt{\,|\,x_{i+1,\,j} - x_{i,\,j}\,|^{\,2} + |\,x_{i,\,j+1} - x_{i,\,j}\,|^{\,2}}$$

分割ブレグマン法はL1ノルムを使用した手法の一種です。この手法は、**圧縮センシング**の一例であり、ノイズの乗った実世界のデータから正則かつスパースな近似を得ることを目的としています。

応用

以下参考資料です。

- skimage.filterモジュールのAPIリファレンスマニュアル（https://scikit-image.org/docs/dev/api/skimage.filters.html）
- Wikipediaの「Noise reduction」記事（https://en.wikipedia.org/wiki/Noise_reduction、またはWikipedia日本語版の「ノイズリダクション」記事）
- Wikipediaの「Gaussian filter」（ガウシアンフィルタ）記事（https://en.wikipedia.org/wiki/Gaussian_filter）
- Wikipediaの「Sobel_operator」（ソーベルフィルタ）記事（https://en.wikipedia.org/wiki/Sobel_operator）
- 分割ブレグマンアルゴリズムの解説（https://www.ece.rice.edu/~tag7/Tom_Goldstein/Split_Bregman.html）

関連項目

- 「レシピ11.1　画像の露出補正」

レシピ11.3　画像の分割

　画像分割とは、同じ性質を持つ領域に画像を分割することを指します。この技術は、画像認識、顔認識、医療画像分野における基礎的な処理の1つです。例えば、画像認識アルゴリズムを使えば、医療画像中の臓器輪郭を自動的に検出できます。

　scikit-imageは、いくつかの画像分割機能を提供しています。このレシピで紹介するのは、異なる物体の画像を分割する方法です。これはhttps://scikit-image.org/docs/dev/user_guide/tutorial_segmentation.htmlで説明されているscikit-imageの使用例を参考にしています。

手順

1. 必要なパッケージをインポートする。

```
>>> import numpy as np
    import matplotlib.pyplot as plt
    from skimage.data import coins
```

```
from skimage.filters import threshold_otsu
from skimage.segmentation import clear_border
from skimage.morphology import label, closing, square
from skimage.measure import regionprops
from skimage.color import lab2rgb
%matplotlib inline
```

2. グレースケール画像を表示する関数を作る。

```
>>> def show(img, cmap=None):
        cmap = cmap or plt.cm.gray
        fig, ax = plt.subplots(1, 1, figsize=(8, 6))
        ax.imshow(img, cmap=cmap)
        ax.set_axis_off()
        plt.show()
```

3. scikit-imageにバンドルされている、無地の背景にさまざまな硬貨を表示したテスト画像を読み込む。

```
>>> img = coins()
>>> show(img)
```

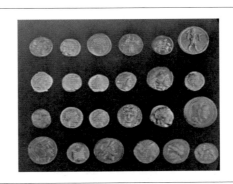

図11-10　オリジナルの画像

4. 手始めに、(明るく写る) 硬貨と (暗い) 背景とを分けている閾値を見つける。**大津の方法** (Otsu method) は、そのような閾値を自動的に見つけるための簡単なアルゴリズムを定義する。

```
>>> threshold_otsu(img)
107
>>> show(img > 107)
```

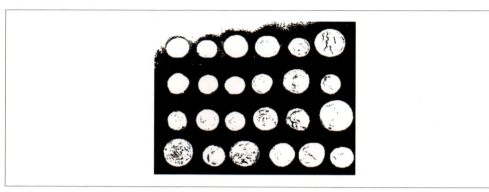

図 11-11　大津の方法を使った境界画像

5. 背景の一部が明るすぎるため、画像の左上隅で問題がある。より良い閾値が見つけられるように、Notebookウィジェットを使おう。

    ```
    >>> from ipywidgets import widgets

        @widgets.interact(t=(50, 240))
        def threshold(t):
            show(img > t)
    ```

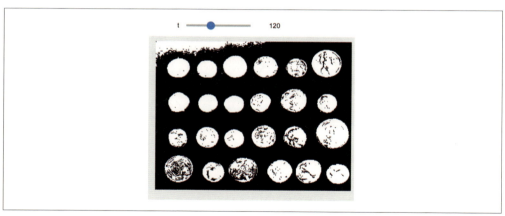

図 11-12　選択した閾値による画像の分割

6. 閾値は、120が良さそうである。次のステップでは、2値画像を整理して硬貨との境界を滑らかにする。scikit-imageライブラリには、このための関数がいくつか用意されている。

    ```
    >>> img_bin = clear_border(closing(img > 120, square(5)))
        show(img_bin)
    ```

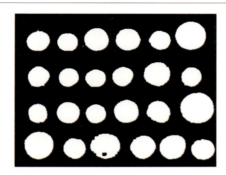

図11-13　境界を滑らかにした画像

7. それでは、`label()`関数を実行して、画像分割を試みる。この関数は画像中のつながっている領域を検知し、各領域に異なるラベル付けを行う。ここでは2値画像に対して色をラベルとして付加する。

```
>>> labels = label(img_bin)
    show(labels, cmap=plt.cm.rainbow)
```

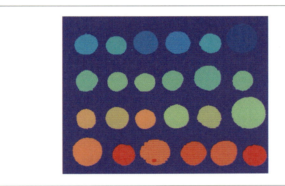

図11-14　分割後の画像

8. 画像中に検知された小さな領域により、実際には硬貨ではない誤りのラベルが生成された。そのため、100ピクセル以上の領域のみ扱うことにする。

`regionprops()`関数を使って、各領域の属性（ここでは、面積と分割画像）を取り出す。

```
>>> regions = regionprops(labels)
    boxes = np.array([label['BoundingBox']
                      for label in regions
                      if label['Area'] > 100])
    print(f"There are {len(boxes)} coins.")
There are 24 coins.
```

9. 最後に、元の画像の認識された硬貨の領域に重ねて、番号を付ける。

```
>>> fig, ax = plt.subplots(1, 1, figsize=(8, 6))
    ax.imshow(img, cmap=plt.cm.gray)
    ax.set_axis_off()

    # Get the coordinates of the boxes.    ボックスの座標を取得する
    xs = boxes[:, [1, 3]].mean(axis=1)
    ys = boxes[:, [0, 2]].mean(axis=1)

    # We reorder the boxes by increasing    ボックスを列の順に並べる
    # column first, and row second.
    for row in range(4):
        # We select the coins in each of the four rows.    4行それぞれに属する硬貨を選択する
        if row < 3:
            ind = ((ys[6 * row] <= ys) &
                   (ys < ys[6 * row + 6]))
        else:
            ind = (ys[6 * row] <= ys)
        # We reorder by increasing x coordinate.    x座標の昇順で並び替える
        ind = np.nonzero(ind)[0]
        reordered = ind[np.argsort(xs[ind])]
        xs_row = xs[reordered]
        ys_row = ys[reordered]
        # We display the coin number.    硬貨の番号を表示する
        for col in range(6):
            n = 6 * row + col
            ax.text(xs_row[col] - 5, ys_row[col] + 5,
                    str(n),
                    fontsize=20)
```

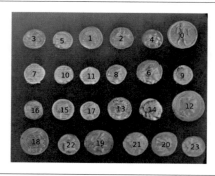

図11-15　番号を重ねる

解説

閾値で分割した硬貨画像を整理する際に、**数理形態学**の知識を使います。この手法は、集合、幾何学、トポロジーの理論を基礎とし、幾何構造の操作を可能とします。

例えば、**膨張**（dilation）と**収縮**（erosion）について説明しましょう。まず A を画素の集合、b を2次元のベクトルとします。集合 A を b で変換した A_b を次のように記述します。

$$A_b = \{a + b \mid a \in A\}$$

A を整数要素ベクトルの集合とします。B を**構造要素**（structuring element）と呼びます（ここでは矩形を使用しています）。この集合は、画素の近傍を表します。B による A の膨張を次の式で表します。

$$A \oplus B = \bigcup_{b \in B} A_b$$

B による A の収縮は次の式になります。

$$A \ominus B = \{z \in E \mid B_z \subseteq A\}$$

膨張は境界付近にある画素を集合に加え、収縮は境界付近の画素を削除します。膨張の後に縮小を行う処理を**クロージング**と呼びます。この操作により、暗く小さな領域を取り除き、明るい亀裂を接続します。このレシピでは、矩形の構造要素を使いました。

応用

以下参考資料です。

- 画像処理に関する SciPy のレクチャーノート（https://scipy-lectures.github.io/packages/scikit-image/）
- Wikipedia の「Image_segmentation」（画像分割）記事（https://en.wikipedia.org/wiki/Image_segmentation）
- 大津の方法による閾値の判定方法（https://en.wikipedia.org/wiki/Otsu%27s_method）
- （このレシピの元となった）scikit-image を使った画像分割チュートリアル（https://scikit-image.org/docs/dev/user_guide/tutorial_segmentation.html）
- Wikipedia の「Mathematical morphology」記事（https://en.wikipedia.org/wiki/Mathematical_morphology、または Wikipedia 日本語版の「数理形態学」記事）
- skimage.morphology モジュールの API リファレンスマニュアル（https://scikit-image.org/docs/dev/api/skimage.morphology.html）

376 | 11章 画像処理と音声処理

関連項目

- 「14章 グラフ、幾何学、地理情報システム」の「レシピ14.4 画像中の連結成分の処理」

レシピ11.4 特徴点の検出

画像の中には、**特徴点**（Points of interest：POI）となるエッジ、コーナー、目を引く物体などが配置されています。例えば、風景写真の中には建物や人物のそばに特徴点は位置します。特徴点の検出は、画像認識や医療画像処理などで使われます。

このレシピでは、scikit-imageを使って特徴点の検出を行います。この検出により、たとえ対象物が画像の中心にない場合でも対象物のトリミングが可能となります。

手順

1. 必要なパッケージをインポートする。

```
>>> import numpy as np
    import matplotlib.pyplot as plt
    import skimage
    import skimage.feature as sf
    %matplotlib inline
```

2. カラー画像またはグレースケール画像を表示する関数を作成する。

```
>>> def show(img, cmap=None):
        cmap = cmap or plt.cm.gray
        fig, ax = plt.subplots(1, 1, figsize=(8, 6))
        ax.imshow(img, cmap=cmap)
        ax.set_axis_off()
        return ax
```

3. 画像の読み込みを行う。

```
>>> img = plt.imread('https://github.com/ipython-books/'
                     'cookbook-2nd-data/blob/master/'
                     'child.png?raw=true')
>>> show(img)
```

図11-16　オリジナルの画像

4. **ハリスのコーナー検出法**を用いて、画像中の目立った点を検出する。corner_harris()関数を使い、ハリスのコーナー検出法を適用した画像を生成する（この検出法については、「解説」セクションで説明する）。この関数はグレースケール画像を必要とするので、RGB要素の最初の1つを使う。

```
>>> corners = sf.corner_harris(img[:, :, 0])
>>> show(corners)
```

図11-17　コーナー評価画像

このアルゴリズムでは、子供のコートの柄が良く検出された。

5. 次にcorner_peaks()関数を用いて、この評価イメージのコーナーを抽出する。

```
>>> peaks = sf.corner_peaks(corners)
>>> ax = show(img)
    ax.plot(peaks[:, 1], peaks[:, 0], 'or', ms=4)
```

図11-18　corner_peaks()でコーナーを抽出

6. 最後に、注目している領域を切り出すため、抽出したコーナーの中央周辺を囲む矩形を作成する。

```
>>> # The median defines the approximate position of
    # the corner points.
    ym, xm = np.median(peaks, axis=0)
    # The standard deviation gives an estimation
    # of the spread of the corner points.
    ys, xs = 2 * peaks.std(axis=0)
    xm, ym = int(xm), int(ym)
    xs, ys = int(xs), int(ys)
    show(img[ym - ys:ym + ys, xm - xs:xm + xs])
```

medianはコーナーポイントのおおよその位置を定義する

標準偏差はコーナーの広がりの推定値を与える

図11-19　注目する領域をトリミング

解説

このレシピの手法を説明します。最初のステップは画像の**構造テンソル**（または、**ハリス行列**）の計算です。

$$A = \left[\begin{array}{cc} \langle I_x^2 \rangle & \langle I_x I_y \rangle \\ \langle I_x I_y \rangle & \langle I_y^2 \rangle \end{array} \right]$$

ここで、$I(x, y)$ は画像、I_x と I_y はそれぞれ I の偏導関数、かぎカッコは近傍の空間平均を表します。

この構造テンソルは、各画素における $(2, 2)$ の正対称行列と関連しています。この行列は、その点における、ある種の自己相関を計算するために使われます。

λ と μ をこの行列の固有値とします（この行列は実数かつ対称であるため、対角化が可能です）。おおよそ、コーナーとは全方向における自己相関の大きな変化、または大きな固有値 λ と μ として特徴付けられます。コーナー評価画像は、次の式で定義されます。

$$M = \det(A) - k \times \mathrm{trace}(A)^2 = \lambda\mu - k(\lambda + \mu)^2$$

ここで k は調節可能なパラメータです。コーナーであれば、M の値が大きくなります。corner_peaks() 関数は、コーナー評価画像の極値点を探しコーナーを検出します。

応用

以下参考資料です。

- scikit-image を使ったコーナー検出の例（https://scikit-image.org/docs/dev/auto_examples/features_detection/plot_corner.html）
- scikit-image による画像処理のチュートリアル（http://blog.yhathq.com/posts/imageprocessing-with-scikit-image.html）
- Wikipedia の「Corner detection」記事（https://en.wikipedia.org/wiki/Corner_detection、または Wikipedia 日本語版の「コーナー検出法」記事）
- Wikipedia の「Structure_tensor」（構造テンソル）記事（https://en.wikipedia.org/wiki/Structure_tensor）
- skimage.feature モジュールの API リファレンスマニュアル（https://scikit-image.org/docs/dev/api/skimage.feature.html）

レシピ11.5　OpenCVを使った顔検出

OpenCV（Open Computer Vision）は、画像処理のためのオープンソース C++ ライブラリです。画像分割、オブジェクト認識、拡張現実、顔検出をはじめとした画像処理のアルゴリズムを実装しています。

380 | 11章　画像処理と音声処理

このレシピでは、OpenCVを使い画像内の顔検出を行います。

準備

必要となるOpenCVとPythonラッパーは、次のコマンドでインストールできます。

```
conda install opencv
```

手順

1. 使用するパッケージをインポートする。

```
>>> import io
    import zipfile
    import requests
    import numpy as np
    import cv2
    import matplotlib.pyplot as plt
    %matplotlib inline
```

2. dataサブフォルダにデータセットをダウンロードしてzipファイルを展開します。

```
>>> url = ('https://github.com/ipython-books/'
           'cookbook-2nd-data/blob/master/'
           'family.zip?raw=true')
    r = io.BytesIO(requests.get(url).content)
    zipfile.ZipFile(r).extractall('data')
```

3. OpenCVを使って、JPG画像を読み込む。

```
>>> img = cv2.imread('data/family.jpg')
```

4. 顔認識を行うための情報はグレースケール画像で十分に得られる上に処理も高速となるため、OpenCVのcvtColor()関数を用いて、グレースケール画像に変換する。

```
>>> gray = cv2.cvtColor(img, cv2.COLOR_BGR2GRAY)
```

5. 顔の検出には、ヴィオラ-ジョーンズのオブジェクト検出法を使用する。Haar-like検出器の多段組み合わせは、多数の画像により学習させてあり（詳細は次のセクションで取り上げる）、学習の結果は手順2でダウンロードしたzipファイルの中にXMLファイルの形式で格納されている。このファイルをOpenCVのCascadeClassifierクラスに読み込む。

```
>>> path = 'data/haarcascade_frontalface_default.xml'
    face_cascade = cv2.CascadeClassifier(path)
```

6. 最後に、読み込んだクラスのdetectMultiScale()メソッドを使って、グレースケールの画像からオブジェクトを検出し、オブジェクト周辺の矩形リストを作成する。

```
>>> for x, y, w, h in face_cascade.detectMultiScale(
```

```
            gray, 1.3):
        cv2.rectangle(
            gray, (x, y), (x + w, y + h), (255, 0, 0), 2)
fig, ax = plt.subplots(1, 1, figsize=(8, 6))
ax.imshow(gray, cmap=plt.cm.gray)
ax.set_axis_off()
```

図11-20　顔を検出

　検出されたオブジェクトは確かに顔であったが、4つのうち1つは検出されなかった。これはおそらく、検出されなかった顔が正面を向いていないのに対して、学習に使った画像は正面を向いたものであった点が原因と思われる。つまりこの手法の効果は、学習に使った画像の質と一般性に依存していることがわかる。

解説

　ヴィオラ-ジョーンズ法によるオブジェクト検出は、Haar-like特徴による分類器組み合わせ学習により機能します。まず、特徴の集合を考えます。

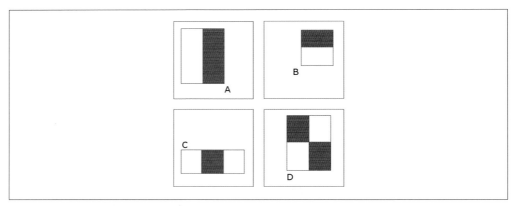

図11-21　Haar-like特徴

　特徴は、画像中の特定の位置に特定の大きさで存在し、画像中の小さな領域（例えば、24×24画素）を覆います。この中で黒い領域画素の合計から白い領域の画素合計差を計算します。この計算は**積算画像**（Integral image）で効率的に計算が可能です。

　ブースティングと呼ばれる、最も良い結果を得られる検出器を組み合わせる学習手法を用いて、検出器の集合を学習させます。学習には、正しい画像と共に誤った画像（顔のある画像と顔のない画像）も使います。個々の検出器の性能は低いのですが、検出器を多段階に組み合わせることで、処理の高速化と効率性の両立が可能となります。そのため、この手法はリアルタイム処理に適しています。

　XMLファイルを`OpenCV`パッケージに読み込みます。異なる学習結果を格納した複数ファイルの読み込みに対応しているので、独自の学習結果を加えた独自の検出器の組み合わせを作ることも可能です。

応用

以下参考資料です。

- OpenCV（C++）のCascade分類器チュートリアル（https://docs.opencv.org/doc/tutorials/objdetect/cascade_classifier/cascade_classifier.html）
- Cascade分類器の学習方法解説（https://docs.opencv.org/doc/user_guide/ug_traincascade.html）
- Haar-like特徴を使った分類器組み合わせライブラリ（https://github.com/Itseez/opencv/tree/master/data/haarcascades）
- OpenCV分類器APIリファレンスマニュアル（https://docs.opencv.org/modules/objdetect/doc/cascade_classification.html）
- Wikipediaの「Viola–Jones object detection framework」（ヴィオラ-ジョーンズのオブジェクト検

レシピ11.6　音声へのデジタルフィルタ処理 | **383**

出) 記事（https://en.wikipedia.org/wiki/Viola%E2%80%93Jones_object_detection_framework）

● ブースティングによる弱い検出器の組み合わせによる強い検出器構成の解説（https://en.wikipedia.org/wiki/Boosting_(machine_learning)）、またはWikipedia日本語版の「ブースティング」文章）

レシピ11.6　音声へのデジタルフィルタ処理

このレシピでは、Notebookで音声を再生する方法を紹介します。音声信号への簡単なデジタルフィルタの影響についても解説します。

準備

このレシピでは、pydubパッケージを使用します。pip install pydubコマンドを使うか、https://github.com/jiaaro/pydub/からダウンロードします。

このパッケージはMP3ファイルから音声データを復元をするために、https://www.ffmpeg.orgで提供されているオープンソースのマルチメディアライブラリであるFFmpegを必要とします。

手順

1. 必要なパッケージをインポートする。

```
>>> from io import BytesIO
    import tempfile
    import requests
    import numpy as np
    import scipy.signal as sg
    import pydub
    import matplotlib.pyplot as plt
    from IPython.display import Audio, display
    %matplotlib inline
```

2. MP3サウンドをロードし、生のサウンドデータを含むNumPy配列を返すPython関数を作成する。

```
>>> def speak(data):
        # We convert the mp3 bytes to wav.      mp3データをwavに変換する
        audio = pydub.AudioSegment.from_mp3(BytesIO(data))
        with tempfile.TemporaryFile() as fn:
            wavef = audio.export(fn, format='wav')
            wavef.seek(0)
            wave = wavef.read()

        # We get the raw data by removing the 24 first   ヘッダから24バイト削除し音声データのみ取り出す
        # bytes of the header.
        x = np.frombuffer(wave, np.int16)[24:] / 2.**15
```

```
        return x, audio.frame_rate
```

3. IPython の `Audio` クラスを使用して、Notebook 上で（NumPy 配列に格納されている）音声を再生する関数を作成する。

    ```
    >>> def play(x, fr, autoplay=False):
            display(Audio(x, rate=fr, autoplay=autoplay))
    ```

4. http://www.fromtexttospeech.com から取得した音声を再生する。

    ```
    >>> url = ('https://github.com/ipython-books/'
               'cookbook-2nd-data/blob/master/'
               'voice.mp3?raw=true')
        voice = requests.get(url).content
    >>> x, fr = speak(voice)
        play(x, fr)
        fig, ax = plt.subplots(1, 1, figsize=(8, 4))
        t = np.linspace(0., len(x) / fr, len(x))
        ax.plot(t, x, lw=1)
    ```

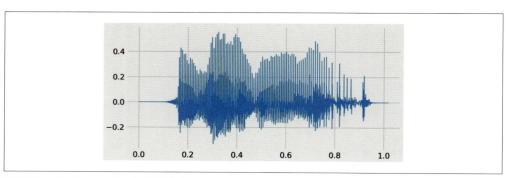

図11-22 「Hello world」の音声波形を表示

5. この音声にバターワースローパスフィルタ（カットオフ周波数 500 Hz）適用した効果を確認する。

    ```
    >>> b, a = sg.butter(4, 500. / (fr / 2.), 'low')
        x_fil = sg.filtfilt(b, a, x)
    >>> play(x_fil, fr)
        fig, ax = plt.subplots(1, 1, figsize=(8, 4))
        ax.plot(t, x, lw=1)
        ax.plot(t, x_fil, lw=1)
    ```

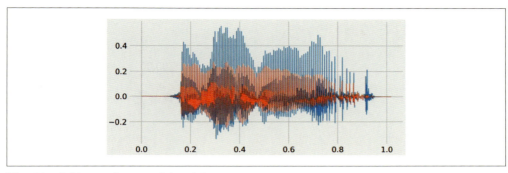

図11-23　音声にローパスフィルタをかける

こもった感じの声に聞こえる。

6. 次にハイパスフィルタ（カットオフ周波数1,000 Hz）を通す。

```
>>> b, a = sg.butter(4, 1000. / (fr / 2.), 'high')
    x_fil = sg.filtfilt(b, a, x)
>>> play(x_fil, fr)
    fig, ax = plt.subplots(1, 1, figsize=(6, 3))
    ax.plot(t, x, lw=1)
    ax.plot(t, x_fil, lw=1)
```

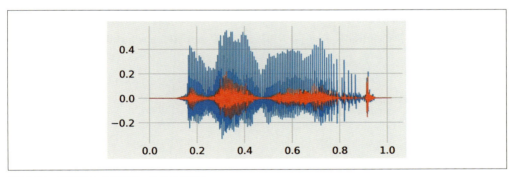

図11-24　音声にハイパスフィルタをかける

電話の音のように聞こえる。

7. 最後にハイパスフィルタのカットオフ周波数を自由に選択できるよう、簡単なウィジェットを作成する。カットオフ周波数を変更するスライダーを使い、その効果をリアルタイムに確認できる。

```
>>> from ipywidgets import widgets

    @widgets.interact(t=(100., 5000., 100.))
    def highpass(t):
        b, a = sg.butter(4, t / (fr / 2.), 'high')
```

```
x_fil = sg.filtfilt(b, a, x)
play(x_fil, fr, autoplay=True)
```

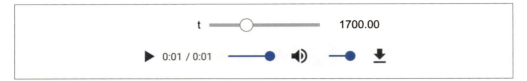

解説

人間の耳は最高でも20kHzの音まで聞き分けられます。一方、人間の声の帯域はおおよそ300Hzから3,000Hz程度です。

デジタルフィルタについては「10章　信号処理」で紹介しました。この例では、ローパスおよびハイパスフィルタの効果を音として聞くことができます。

応用

以下参考資料です。

- Wikipediaの「Audio signal processing」記事（https://en.wikipedia.org/wiki/Audio_signal_processing、またはWikipedia日本語版の「音響信号処理」記事）
- Wikipediaの「Audio filter」（音声フィルタ）記事（https://en.wikipedia.org/wiki/Audio_filter）
- Wikipediaの「Voice frequency」（音声周波数）記事（https://en.wikipedia.org/wiki/Voice_frequency）
- 音声処理ライブラリPortAudioを使用するPythonパッケージPyAudio（https://people.csail.mit.edu/hubert/pyaudio/）

関連項目

- 「レシピ11.7　Notebookでシンセサイザーを作成する」

レシピ11.7　Notebook上のシンセサイザー作成

このレシピでは簡単な電子ピアノをNotebook上に作成します。録音した音ではなく、NumPyを使って正弦波音を合成します。

手順

1. 必要なモジュールをインポートする。

    ```
    >>> import numpy as np
    ```

```
import matplotlib.pyplot as plt
from IPython.display import (
    Audio, display, clear_output)
from ipywidgets import widgets
from functools import partial
%matplotlib inline
```

2. サンプリングレートと音の長さ（duration）を定義する。

```
>>> rate = 16000.
    duration = .25
    t = np.linspace(
        0., duration, int(rate * duration))
```

3. IPythonのAudioクラスとNumPyを使い、指定された周波数（正弦関数）の音を生成して再生する関数を作成する。

```
>>> def synth(f):
        x = np.sin(f * 2. * np.pi * t)
        display(Audio(x, rate=rate, autoplay=True))
```

4. 基本となる440 Hzの音を再生する。

```
>>> synth(440)
```

5. 次に、ピアノの各音に対する周波数を定義する。公比2^1/12の等比数列で半音階を作成する。

```
>>> notes = 'C,C#,D,D#,E,F,F#,G,G#,A,A#,B,C'.split(',')
    freqs = 440. * 2**(np.arange(3, 3 + len(notes)) / 12.)
    notes = list(zip(notes, freqs))
```

6. 最後にNotebookウィジェットを使ってピアノを作成する。各音はボタンとして割り当て、水平ボックス内に配置する。1つの音をクリックすると、対応する周波数の音が鳴る。

```
>>> layout = widgets.Layout(
        width='30px', height='60px',
        border='1px solid black')

    buttons = []
    for note, f in notes:
        button = widgets.Button(
            description=note, layout=layout)

        def on_button_clicked(f, b):
            # When a button is clicked, we play the sound
```

ボタンがクリックされると、作成した出力ウィジェットで再生

```
            # in a dedicated Output widget.
            with widgets.Output():
                synth(f)

        button.on_click(partial(on_button_clicked, f))
        buttons.append(button)

    # We place all buttons horizontally.  すべてのボタンを水平に並べる
    widgets.Box(children=buttons)
```

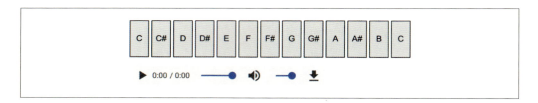

解説

純音は正弦波の音で、楽音を表現する最も簡単な方法です。楽器の奏でる音は、もっと複雑に多数の周波数音を含みますが、人間は楽音（**基本周波数**）を知覚します。

正弦波の代わりに他の周期関数を使って音を合成しても、同じ高さの音として認識できますが、異なる音色となります。シンセサイザーはこの考え方を元に作られています。

応用

以下参考資料です。

- Wikipediaの「Synthesizer」記事（https://en.wikipedia.org/wiki/Synthesizer、またはWikipedia日本語版の「シンセサイザー」記事）
- Wikipediaの「Equal temperament」記事（https://en.wikipedia.org/wiki/Equal_temperament、またはWikipedia日本語版の「平均律」記事）
- Wikipediaの「Chromatic scale」記事（https://en.wikipedia.org/wiki/Chromatic_scale、またはWikipedia日本語版の「半音階」記事）

関連項目

- 「レシピ11.6　音声へのデジタルフィルタ処理」

389

12章
決定論的力学系

本章で取り上げる内容
- カオス力学系の分岐図作成
- 基本セルオートマトンのシミュレーション
- SciPyを使った常微分方程式のシミュレーション
- 偏微分方程式のシミュレーション：反応拡散系とチューリングパターン

はじめに

　これまでの章では、統計学、機械学習、信号処理などデータサイエンスの古典的な手法を取り上げました。この章および次の章では、異なる手法を取り上げます。ここではデータを直接分析するのではなく、データがどのように作成されたかを示す数学モデルをいくつかシミュレートします。代表的なモデルにより、私たちが扱うデータの背後に隠された実世界のプロセスを理解することができます。

　具体的には、**力学系**の例をいくつか取り上げます。これらを表現する方程式は空間や時間に伴う量の変化を記述します。そのため、物理学、化学、生物学、経済学、社会科学、コンピュータ科学、工学、その他多くの分野において、実世界のさまざまな現象を表現することができます。

　この章では、決定論的な力学系を扱います。この系は、ランダムな振る舞いを含む確率論的な系とは対照的なものです。この確率論的力学系については、次章で取り上げます。

力学系の種類

　本章では次の決定論的力学系について扱います。

- 離散時間力学系
- セルオートマトン
- **常微分方程式**（Ordinary Differential Equations：ODE）

- **偏微分方程式**（Partial Differential Equations：PDE）

これらのモデルでは、着目している物理量は1つ、もしくは複数の**独立変数**に依存します。これらの独立変数はたいてい、時間と空間の一方あるいは両方に依存します。独立変数は連続的あるいは離散的であるため、それぞれに応じてモデルおよび分析手法やシミュレーション手法が異なります。

離散時間力学系は、$f(x), f(f(x)), f(f(f(x)))$ のように、関数を繰り返し適用することで記述されるものです。この種の系は、複雑であり、時にはカオス的に振る舞います。

セルオートマトンは、有限個の状態を取り得る格子状の区画（セル）で表現されます。1つの区画がどのように変化するかは、隣接する区画の状態により決まります。簡単なルールから、非常に複雑な振る舞いが生まれます。

ODEは、連続関数とその導関数との関係を表します。微分方程式では、未知変数は数値ではなく、関数になります。ODEは、ある物理量の変化がその現在の値に依存するような場合によく登場します。例えば、古典力学では（惑星や衛星の運動を含めて）物体の運動の法則はODEによって記述されます。

PDEは（例えば、時間や空間のような）独立変数を複数持つ点を除き、ODEと同じです。この方程式は、異なるそれぞれの独立変数に対する**偏導関数**を含みます。PDEは、例えば波（音響振動、電磁波、機械振動）の伝播や流体（**流体力学**）を記述するものであり、量子力学においても重要です。

微分方程式

ODEやPDEは、対象とする空間の次元により1次元の場合もあれば、多次元となる場合もあります。多重微分方程式系は、多次元方程式と見なせます。

ODEとPDEは、方程式に含まれる最も高い導関数の**階数**で分類されます。例えば、1階導関数で作られるのは1階微分方程式であり、2階導関数（導関数の導関数）で作られるのが2階微分方程式です。

常微分方程式、偏微分方程式は**初期条件**や**境界条件**を持ちます。これらの条件は、求めようとする関数の時間的あるいは空間的な境界の振る舞いを与えるものです。例えば古典力学では、着目している物体の初期位置や初速度などが境界条件となります。

力学系は（未知関数に関して）運動の法則が線形か否かにより、**線形力学系**か**非線形力学系**かに分類されます。非線形方程式は線形方程式と比較して、数学的にも数値計算上でもより難しいものであり、とても複雑な振る舞いを示す解を与えることがあります。

例えば**ナビエ-ストークス方程式**は流体の動きを説明する非線形PDEです。多くの流体における高度なカオス的振る舞いである**乱流**を表現できます。気象学、医学、工学における重要性にもかかわらず、ナビエ-ストークス方程式の基本的な特性についてはいまだによくわかっていません。例えば3次元空間におけるナビエ-ストークス方程式の解の存在と滑らかさの問題は、クレイ数学研究所が発表した7つのミレニアム懸賞問題の1つとなっています。この問題を解決すると、100万ドルの賞金が得られます。

レシピ12.1 カオス力学系の分岐図作成 | **391**

応用

以下参考資料です。

- Wikipediaの「Dynamical system」記事（https://en.wikipedia.org/wiki/Dynamical_system、または Wikipedia 日本語版の「力学系」記事）
- Wikipediaの「Dynamical system (definition)」（力学系の数学的定義）記事（https://en.wikipedia.org/wiki/Dynamical_system_%28definition%29）
- 「List of dynamical systems and differential equations topics（力学系に関するトピックのリスト）」（https://en.wikipedia.org/wiki/List_of_dynamical_systems_and_differential_equations_topics）
- Wikipediaの「Navier–Stokes equations」記事（https://en.wikipedia.org/wiki/Navier%E2%80%93Stokes_equations、または Wikipedia 日本語版の「ナビエ・ストークス方程式」記事）
- Jupyter Notebook で記述された、Lorena Barba 教授による数値流体力学講義（https://github.com/barbagroup/CFDPython）
- 離散力学系のモデリングと可視化のためのPythonパッケージである、Pynamical（https://pynamical.readthedocs.io/en/latest/）

レシピ12.1　カオス力学系の分岐図作成

カオス力学系は、初期状態に鋭敏です。あらゆる時点で加えられる摂動はそれが小さなものであっても、まったく異なる軌跡を生み出します。カオス系の描く軌跡は、非常に複雑で予測不能な振る舞いをする傾向があります。

実世界の現象の多くはカオス的です。特に、構成要素[*1]が多数あり、それらが非線形な相互作用を持つ場合に顕著です。実例は気象学、経済学、生物学、などの分野で見られます。

このレシピでは、よく知られたカオス系として**ロジスティック写像**を取り上げます。非常に単純な非線形方程式からカオスが生じる典型的な例です。ロジスティック写像は人口の増減をモデル化したもので、過密を原因とした大量死（飢餓）と繁殖の両方を考慮しています。

ここでは、パラメータによって系の長期的な振る舞い（平衡、不動点、周期性の挙動、カオス軌道）が変化することを示す**分岐図**を描きます。併せてモデルの初期値鋭敏性を示す**リアプノフ指数**の概算値も求めます。

手順

1. 最初にNumPyとMatplotlibをインポートする。

[*1] 訳注：原書ではagentとなっており、それぞれが独立のルールをもって動作（運動）する物体を意味している。

```
>>> import numpy as np
    import matplotlib.pyplot as plt
    %matplotlib inline
```

2. ロジスティック関数は次の式で定義される。

$$f_r(x) = rx(1-x)$$

この式をPythonで実装する。

```
>>> def logistic(r, x):
        return r * x * (1 - x)
```

3. ロジスティック関数をグラフに描画する。

```
>>> x = np.linspace(0, 1)
    fig, ax = plt.subplots(1, 1)
    ax.plot(x, logistic(2, x), 'k')
```

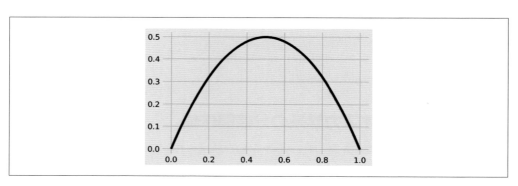

4. ロジスティック関数を繰り返し適用することで、離散力学系を定義する。

$$x_{n+1}^{(r)} = f_r(x_n^{(r)}) = rx_n^{(r)}(1 - x_n^{(r)})$$

次の2つの異なる値を使用して、この系についての繰り返し計算を行ってみる。

```
>>> def plot_system(r, x0, n, ax=None):
        # Plot the function and the        関数とy = xの対角線をプロットする
        # y=x diagonal line.
        t = np.linspace(0, 1)
        ax.plot(t, logistic(r, t), 'k', lw=2)
        ax.plot([0, 1], [0, 1], 'k', lw=2)

        # Recursively apply y=f(x) and plot two lines:   再帰的にy=f(x)を適用し、次の2本の線を
        # (x, x) -> (x, y)                               描画する
        # (x, y) -> (y, y)
        x = x0
        for i in range(n):
            y = logistic(r, x)
```

```python
        # Plot the two lines.
        ax.plot([x, x], [x, y], 'k', lw=1)
        ax.plot([x, y], [y, y], 'k', lw=1)
        # Plot the positions with increasing
        # opacity.
        ax.plot([x], [y], 'ok', ms=10,
                alpha=(i + 1) / n)
        x = y

    ax.set_xlim(0, 1)
    ax.set_ylim(0, 1)
    ax.set_title(f"$r={r:.1f}, \, x_0={x0:.1f}$")


fig, (ax1, ax2) = plt.subplots(1, 2, figsize=(12, 6),
                               sharey=True)
plot_system(2.5, .1, 10, ax=ax1)
plot_system(3.5, .1, 10, ax=ax2)
```

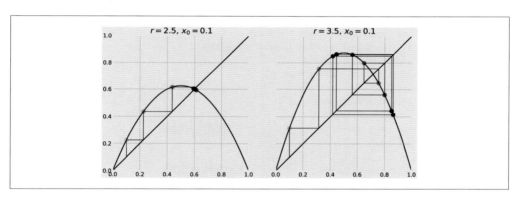

左側のプロットでは、系が曲線と対角線の交点（固定点）に収束していることがわかる。しかし、右側のプロットでは異なるrの値を使用することで、系のカオス的な振る舞いが観測できる。

5. 2.5から4の間で等間隔に定義した10,000個rを用いてこの系をシミュレートし、独立した系（パラメータ1つごとに1つの力学系）のシミュレーションをNumPyでベクトル化する。

```
>>> n = 10000
    r = np.linspace(2.5, 4.0, n)
```

6. ロジスティック写像のシミュレートを1,000回繰り返し、最後の100回分の繰り返しを分岐図として表示する。

```
>>> iterations = 1000
    last = 100
```

7. $x_0 = 0.00001$という同じ初期条件で、系を初期化する。

394 | 12章　決定論的力学系

```
>>> x = 1e-5 * np.ones(n)
```

8. 各 r に対するリアプノフ指数の概算値も計算する。リアプノフ指数は次の式で定義される。

$$\lambda(r) = \lim_{n \to \infty} \frac{1}{n} \sum_{i=0}^{n-1} \log \left| \frac{df_r}{dx} \left(x_i^{(r)} \right) \right|$$

リアプノフ配列を初期化する。

```
>>> lyapunov = np.zeros(n)
```

9. 系をシミュレートして、分岐図を作る。配列 x に対して logistic() 関数を繰り返し適用し、分岐図を表示する。最後の100回の繰り返しの間、$x_n^{(r)}$ について1点当たり1ピクセルずつ描画する。

```
>>> fig, (ax1, ax2) = plt.subplots(2, 1, figsize=(8, 9),
                                   sharex=True)
    for i in range(iterations):
        x = logistic(r, x)
        # We compute the partial sum of the          リアプノフ指数の部分合計を計算
        # Lyapunov exponent.
        lyapunov += np.log(abs(r - 2 * r * x))
        # We display the bifurcation diagram.         分岐図を表示
        if i >= (iterations - last):
            ax1.plot(r, x, ',k', alpha=.25)
    ax1.set_xlim(2.5, 4)
    ax1.set_title("Bifurcation diagram")

    # We display the Lyapunov exponent.               リアプノフ指数を表示
    # Horizontal line.
    ax2.axhline(0, color='k', lw=.5, alpha=.5)
    # Negative Lyapunov exponent.                     負のリアプノフ指数
    ax2.plot(r[lyapunov < 0],
             lyapunov[lyapunov < 0] / iterations,
             '.k', alpha=.5, ms=.5)
    # Positive Lyapunov exponent.                     正のリアプノフ指数
    ax2.plot(r[lyapunov >= 0],
             lyapunov[lyapunov >= 0] / iterations,
             '.r', alpha=.5, ms=.5)
    ax2.set_xlim(2.5, 4)
    ax2.set_ylim(-2, 1)
    ax2.set_title("Lyapunov exponent")
    plt.tight_layout()
```

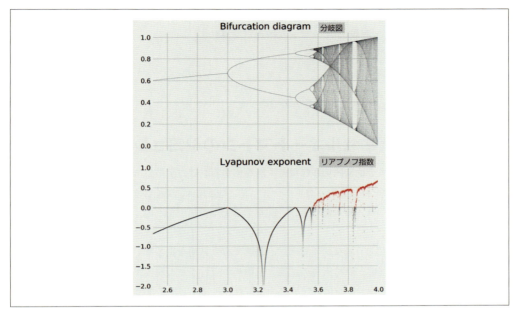

図12-1　ロジスティック写像の分岐図とリアプノフ指数

　分岐図から、$r<3$で不動点に至り、その後2箇所ないしは4箇所の平衡点に達するが、rがある領域以上になるとカオス的な振る舞いを示すことがわかる。

　下の図では、系がカオス的になる（赤で示す）領域ではリアプノフ指数の値が正となるという重要な特徴を確認できる。

応用

以下参考資料です。

- Wikipediaの「Chaos theory」記事（https://en.wikipedia.org/wiki/Chaos_theory、またはWikipedia日本語版の「カオス理論」記事）
- Wikipediaの「Complex system」記事（https://en.wikipedia.org/wiki/Complex_system、またはWikipedia日本語版の「複雑系」記事）
- Wikipediaの「Logistic map」記事（https://en.wikipedia.org/wiki/Logistic_map、またはWikipedia日本語版の「ロジスティック写像」記事）
- Wikipediaの「Iterated function」記事（https://en.wikipedia.org/wiki/Iterated_function、またはWikipedia日本語版の「反復合成写像」記事）
- Wikipediaの「Bifurcation diagram」記事（https://en.wikipedia.org/wiki/Bifurcation_diagram、またはWikipedia日本語版の「分岐図（力学系）」記事）

- Wikipediaの「Lyapunov exponent」記事（https://en.wikipedia.org/wiki/Lyapunov_exponent、またはWikipedia日本語版の「リアプノフ指数」）記事)

関連項目

- 「レシピ12.3　SciPyを使った常微分方程式のシミュレーション」

レシピ12.2　基本セルオートマトンのシミュレーション

セルオートマトンは、格子状に区切られたセルが進化する離散力学系の一種です。セルは有限個の状態（例えばオンとオフ）を持ちます。セルオートマトンの進化は、いくつかのルールにより規定されます。このルールはそれぞれのセルの状態が、隣接するセルの状態でどのように変化するのかを規定するものです。

非常に単純ですが、このようなモデルはとても複雑でカオス的な振る舞いを実現します。セルオートマトンは、交通、化学反応、森林火災の延焼、伝染病の流行などの現実世界の現象をモデル化することができます。セルオートマトンは自然界の中にも存在します。例えば、ある貝殻の模様は、天然のセルオートマトンから生成されています。

図12-2　イモガイ（タガヤサンミナシTextile Cone）の模様——Richard Ling（wikipedia@rling.com）撮影；撮影場所 Cod Hole, Great Barrier Reef, Australia；クリエイティブコモンズBY-SA 3.0; https://commons.wikimedia.org/w/index.php?curid=293495

基本セルオートマトンは、二値の1次元オートマトンです。各セルの変化は、左右のセルの状態だけで決まります。

このレシピでは、NumPyを使って基本セルオートマトンのウルフラムコードをシミュレートします。

レシピ 12.2　基本セルオートマトンのシミュレーション | **397**

手順

1. NumPy と Matplotlib をインポートする。

```
>>> import numpy as np
    import matplotlib.pyplot as plt
    %matplotlib inline
```

2. 数値の2進数表現を得るために次の配列を使用する。

```
>>> u = np.array([[4], [2], [1]])
```

3. 格子上で繰り返しを行う関数を作成する。

2進数で与えられたルールに従い、すべてのセルを一度に更新する（「解説」セクションで詳しく説明する）。最初のステップは、各セル（y）に対する三つ組 LCR（Left、Center、Right）を得るためにグリッドの循環シフトを行う。次に三つ組を3ビットの数値（z）に変換する。最後に、ルールに従い各セルの次の状態を計算する。

```
>>> def step(x, rule_b):
        """Compute a single stet of an elementary cellular     基本セルオートマトンの1ステップを計算
        automaton."""
        # The columns contains the L, C, R values              すべてのセルのL, C, Rの値
        # of all cells.
        y = np.vstack((np.roll(x, 1), x,
                       np.roll(x, -1))).astype(np.int8)
        # We get the LCR pattern numbers between 0 and 7.       LCRのパターンを0から7の数値とする
        z = np.sum(y * u, axis=0).astype(np.int8)
        # We get the patterns given by the rule.               ルールに従い、次のパターンを計算
        return rule_b[7 - z]
```

4. 次に基本オートマトンをシミュレートする関数を作成する。まず、ルール（ウルフラムコード）の2進数表現を計算する。次に最初の行をランダムに埋めた後、step()を繰り返し適用する。

```
>>> def generate(rule, size=100, steps=100):
        """Simulate an elementary cellular automaton given     0から255までの基本セルオートマトンを
        its rule (number between 0 and 255)."""                シミュレートする
        # Compute the binary representation of the rule.        ruleの2進数表現を計算
        rule_b = np.array(
            [int(_) for _ in np.binary_repr(rule, 8)],
            dtype=np.int8)
        x = np.zeros((steps, size), dtype=np.int8)
        # Random initial state.                                初期状態はランダム
        x[0, :] = np.random.rand(size) < .5
        # Apply the step function iteratively.                 関数を繰り返し適用
        for i in range(steps - 1):
            x[i + 1, :] = step(x[i, :], rule_b)
        return x
```

5. 9つの異なるオートマトンをシミュレートし、表示する。

```
>>> fig, axes = plt.subplots(3, 3, figsize=(8, 8))
    rules = [3, 18, 30,
             90, 106, 110,
             158, 154, 184]
    for ax, rule in zip(axes.flat, rules):
        x = generate(rule)
        ax.imshow(x, interpolation='none',
                  cmap=plt.cm.binary)
        ax.set_axis_off()
        ax.set_title(str(rule))
```

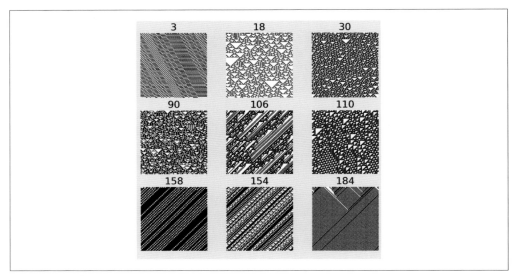

図12-3　さまざまなオートマトン

解説

　1次元の基本セルオートマトンについて考えます。各セル C には2つのセル (L と R) が隣接し、それらセルは状態としてオフ (0) とオン (1) を持ちます。未来のセルの状態は、L, C, R の3つのセルの状態に依存します。この3セルの状態を0から7の数 (2進数表現で3ビット分) で表します[*1]。

　基本セルオートマトンは、この8つの状態が次に遷移する方法で区別します。そのため、基本オートマトンは、256 (2の8乗) 種類存在します。そこで、基本オートマトンは0から255の番号で識別されます。

　8種類のLCRの組み合わせを111, 110, 101, 100, 011, 010, 001, 000の順で考えます。オートマトンの

[*1] 訳注：L, C, R がすべてオンの場合は、111。L, C がオン、R がオフなら、110。すべてオフは、000で表す。L, C, R のオン／オフの組み合わせは8種類存在する。

番号を2進数で表現した8ビットの数が、このLCR状態からの遷移先を表します。例えば**ルール110**（2進数表現で、`01101110`）オートマトンでは、LCRが111である場合、Cセルの次の値は0に、110は1に、101は1に遷移します[*1]。この110オートマトンは**チューリング完全**（万能チューリングマシン）であることが証明されており、あらゆるコンピュータプログラムを理論的にシミュレート可能です。

応用

コンウェイのライフゲームは、2次元のセルオートマトンです。この有名な系はさまざまな動的パターンを生成します。このオートマトンもまた、チューリング完全であることが知られています。

以下参考資料です。

- Wikipediaの「セルオートマトン」記事（https://en.wikipedia.org/wiki/Cellular_automaton、またはWikipedia日本語版の「セル・オートマトン」記事）
- Wikipediaの「基本セルオートマトン」記事（https://en.wikipedia.org/wiki/Elementary_cellular_automaton）
- ルール110の解説（https://en.wikipedia.org/wiki/Rule_110）
- ウルフラムコード（基本セルオートマトンに0から255の番号を割り当てたもの）（https://en.wikipedia.org/wiki/Wolfram_code）
- Wikipediaの「Conway's Game of Life」記事（https://en.wikipedia.org/wiki/Conway's_Game_of_Life、またはWikipedia日本語版の「ライフゲーム」記事）
- コンウェイのライフゲーム上に実装したコンピュータ（https://codegolf.stackexchange.com/questions/11880/build-a-working-game-of-tetris-in-conways-game-of-life）

レシピ12.3　SciPyを使った常微分方程式のシミュレーション

常微分方程式（Ordinary Differential Equations：ODE）は、内部自由度と外部自由度のダイナミクス両方の影響を受ける系の時間変化を説明します。具体的には、1つの独立変数（例えば時間）に依存

[*1] 訳注：つまりLCRの取り得る8つの状態と、オートマトン番号の8ビット表現のビット値がそれぞれ対応する。例えば110（2進数で`01101110`）の場合、次の対応となる。

現在のLCRの状態	Cの次の状態
111	0
110	1
101	1
100	0
011	1
010	1
001	1
000	0

400 | 12章　決定論的力学系

する量とその導関数とを関連付けます。加えて、系は外部要因の影響を受けることもあります。1階ODEは次の式で表現されます。

$$y'(t) = f(t, y(t))$$

より一般的には、n階ODEはyのn階までの一連の導関数で定義されます。また、fのyに対する線形性により線形ODEか非線形ODEに分類されます。

ODEは、ある物理量の変化の速さがその値に依存する場合に、自然に導かれるものです。そのため、機械工学（外力に対する物体の変化）、化学（反応生成物の濃度）、生物学（伝染病の伝播）、生態学（個体数の増減）、経済学、財政学など多くの学問分野にODEは登場します。

単純なODEは解析的に解けますが、多くのODEを解くには数値的な取り扱いが必要となります。このレシピでは、重力と粘性抵抗の影響を受ける空気中の粒子を表す簡単な線形2階自励系ODEをシミュレートします。この方程式は解析的にも解けますが、ここではSciPyを使って数値シミュレーションを行ってみましょう。

手順

1. NumPy、SciPy（integrateパッケージ）、Matplotlibをインポートする。

    ```
    >>> import numpy as np
        import scipy.integrate as spi
        import matplotlib.pyplot as plt
        %matplotlib inline
    ```

2. このモデルで使用するパラメータを定義する。

    ```
    >>> m = 1.  # particle's mass        粒子の質量
        k = 1.  # drag coefficient       抗力係数
        g = 9.81  # gravity acceleration 重力加速度
    ```

3. （2次元を表すために）2つの変数xとyを使う。$u = (x, y)$であり、ここでシミュレートするODEは次の式で表される。

    $$u'' = -\frac{k}{m}u' + g$$

    ここで、gは重力加速度、kは抗力係数、mは粒子の質量を表す。

    SciPyを使ってこの2階ODEをシミュレートするため、この方程式を1階ODEに変換する（まず最初にu'を解くという方法も可能である）。そのため、2つの2次元変数uとu'を考える。$v = (u, u')$とした上で、v'をvの関数として表現する。そこで、時間$t = 0$における初期ベクトルとして、4つの要素からなるv_0を作成する。

    ```
    >>> # The initial position is (0, 0).   初期位置は (0, 0)
        v0 = np.zeros(4)
        # The initial speed vector is oriented  初期速度ベクトルは右上方に向かう
    ```

```
        # to the top right.
        v0[2] = 4.
        v0[3] = 10.
```

4. 現在のベクトル $v(t_0)$ と時間 t_0 を引数として受け取り、導関数 $v'(t_0)$ を返す関数 f を作る。

```
>>> def f(v, t0, k):
        # v has four components: v=[u, u'].       vは4つの要素を持つv = [u, u']
        u, udot = v[:2], v[2:]
        # We compute the second derivative u'' of u.   uの2階導関数u''を計算する
        udotdot = -k / m * udot
        udotdot[1] -= g
        # We return v'=[u', u''].                  v'=[u', u'']を返す
        return np.r_[udot, udotdot]
```

5. 異なる k の値で系をシミュレートする。`scipy.integrate` パッケージで定義されている SciPy の `odeint()` 関数を使う。

 SciPy 1.0 からは、古い関数 `odeint()` の代わりに、汎用の `scipy.integrate.solve_ivp()` 関数を使用することができる。

```
>>> fig, ax = plt.subplots(1, 1, figsize=(8, 4))
    # We want to evaluate the system on 30 linearly    時間t=0からt=3まで、等間隔の30個の点で系
    # spaced times between t=0 and t=3.                を評価する
    t = np.linspace(0., 3., 30)

    # We simulate the system for different values of k.   異なるkの値を使い、シミュレートする
    for k in np.linspace(0., 1., 5):
        # We simulate the system and evaluate $v$ on the   与えられた時間のvをシミュレートする
        # given times.
        v = spi.odeint(f, v0, t, args=(k,))
        # We plot the particle's trajectory.               粒子の軌跡をプロットする
        ax.plot(v[:, 0], v[:, 1], 'o-', mew=1, ms=8,
                mec='w', label=f'k={k:.1f}')
    ax.legend()
    ax.set_xlim(0, 12)
    ax.set_ylim(0, 6)
```

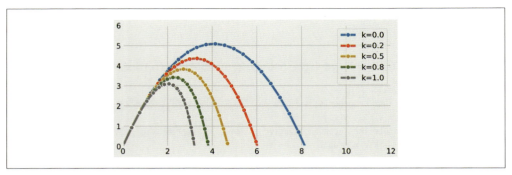

図12-4　粒子の軌跡

　この図では、最も外側の軌道（青色）は、空気による抵抗がない場合に相当し、放物線を描いている。その他の軌道では、kで表される空気抵抗の影響が大きくなる様子が観察できる。

解説

　このモデルから前述の微分方程式がどのように得られたかを説明しましょう。まず$u = (x, y)$で粒子の2次元位置を、mで質量を表現します。この粒子は2つの力、つまり重力$mg = (0, -9.81 \cdot m)$と空気抵抗$F = -ku'$の影響を受けます。後者は粒子の速度に依存し、低速度の場合のみ成立します。速度が速い場合には、より複雑な非線形の式を使う必要があります。

　ここでは古典力学における**ニュートンの第二運動法則**に従います。法則によると、慣性基準系の下で、質量と加速度の積は、その粒子に加えられる力の合計に等しくなります。そこで、次の式が得られます。

$$m \cdot u'' = F + mg$$

この式から、前述の2階ODEが得られます。

$$u'' = -\frac{k}{m}u' + g$$

$v = (u, u')$を使って、1階ODEに変換します。

$$v' = (u', u'') = (u', -\frac{k}{m}u' + g)$$

　最後の項は、vのみの関数として表せます。

　SciPyの`odeint()`関数は、ブラックボックスソルバーであり、系を表す関数を指定すればSciPyが自動的に解を求めます。この関数はFORTRANのODEPACKライブラリを利用しています。このライブラリは、数十年にわたり多くの科学者やエンジニアが使用してきた実績のあるコードです。

　新しい`solve_ivb()`関数では、さまざまなODEソルバーのPython実装向け共通APIを提供します。

オイラー法は、簡単な数値解法の1つです。自励系ODE $y' = f(y)$ を数値的に解くには、時間ステップ dt で時間を離散化し、y' を一次近似で置き換えます。

$$y'(t) \simeq \frac{y(t + dt) - y(t)}{dt}$$

初期条件 $y_0 = y(t_0)$ から始めて、次の漸化式を反復して利用することで y を求めます。

$$y_{n+1} = y_n + dt \cdot f(y_n) \quad ただし \quad t = n \cdot dt, \quad y_n = y(n \cdot dt)$$

応用

以下参考資料です。

- SciPy integrate パッケージのマニュアル（https://docs.scipy.org/doc/scipy/reference/integrate.html）
- SciPy 1.0以降で利用可能となった solve_ivp() 関数（https://docs.scipy.org/doc/scipy/reference/generated/scipy.integrate.solve_ivp.html）
- Wikipediaの「Ordinary differential equation」記事（https://en.wikipedia.org/wiki/Ordinary_differential_equation、またはWikipedia日本語版の「常微分方程式」記事）
- 筆者のリンク集「驚くべき数学：Awesome Math」のODEセクション（https://github.com/rossant/awesome-math/#ordinary-differential-equations）
- Wikipediaの「Newton's laws of motion」記事（https://en.wikipedia.org/wiki/Newton's_laws_of_motion、またはWikipedia日本語版の「ニュートン力学」記事）
- Wikipediaの「Drag (physics)」記事（https://en.wikipedia.org/wiki/Drag_%28physics%29、またはWikipedia日本語版の「抗力」記事）
- Wikipediaの「Numerical methods for ordinary differential equations」（ODE数値解法）記事（https://en.wikipedia.org/wiki/Numerical_methods_for_ordinary_differential_equations）
- Wikipediaの「Euler method」記事（https://en.wikipedia.org/wiki/Euler_method、またはWikipedia日本語版の「オイラー法」記事）
- FORTRANのODEPACKマニュアル（https://www.netlib.org/odepack/opks-sum）

関連項目

- 「レシピ12.1　カオス力学系の分岐図作成」

レシピ12.4　偏微分方程式のシミュレーション：反応拡散系とチューリングパターン

偏微分方程式（Partial Differential Equations：PDE）は、時間と空間の両方を含む力学系の変化を記述します。物理での例としては、音の伝播、熱伝導、電磁気学、流体の流れ、弾性などを扱います。生物学では、腫瘍の増殖、個体数変化、伝染病の伝播などにも応用されます。

PDEは解析的に解くのが困難であるため、数値的なシミュレーションによって研究されます。

このレシピでは、**フィッツヒュー-南雲方程式**と呼ばれるPDEで表される**反応拡散系**をシミュレートする方法を紹介します。反応拡散系は、1つまたは複数の変数が、反応（変数がお互いに変化し合うこと）および拡散（空間領域への広がること）の2つのプロセスにより変化する様子をモデル化したものです。化学反応のいくつかはこのモデルで記述されますが、物理学、生物学、生態学などの分野では同じタイプのモデルが別の問題に応用されます。

アラン・チューリングによって提案された動物の体表面の模様の形成モデルをシミュレートしましょう。皮膚の色素沈着に影響を与える2つの化学物質が反応拡散モデルに従って相互作用します。この系では、シマウマ、ジャガー、キリンなどの毛皮を連想させる模様を生成します。

この系を有限差分法を用いてシミュレートしてみましょう。この手法は、時間と空間を離散化する手順と、導関数を等価な離散関数に置き換える手順からなります。

手順

1. 必要なパッケージをインポートする。

   ```
   >>> import numpy as np
       import matplotlib.pyplot as plt
       %matplotlib inline
   ```

2. 次の偏微分方程式で表される系を $E = [-1, 1]^2$ の領域でシミュレートする。

$$\frac{\partial u}{\partial t} = a \Delta u + u - u^3 - v + k$$

$$\tau \frac{\partial v}{\partial t} = b \Delta v + u - v$$

   変数uは皮膚の色素沈着を促進する物質の濃度を表し、変数vは最初の物質と反応し色素沈着を阻害するもう1つの物質の濃度を表す。

   初期状態では、uとvはそれぞれの位置でランダムかつ独立な値を持っていると仮定する。ここではまた、ノイマン境界条件も適用する。つまり領域の境界において、法線方向の空間導関数は0（ゼロ）とする。

3. モデルのパラメータを定義する。

レシピ12.4　偏微分方程式のシミュレーション：反応拡散系とチューリングパターン | **405**

```
>>> a = 2.8e-4
    b = 5e-3
    tau = .1
    k = -.005
```

4. 時間と空間を離散化する。時間ステップ dt は、数値シミュレーションの安定性を保証するために十分小さくなければならない。

```
>>> size = 100  # size of the 2D grid        2次元格子のサイズ
    dx = 2. / size  # space step            空間ステップ
>>> T = 9.0  # total time                    総時間
    dt = .001  # time step                   時間ステップ
    n = int(T / dt)  # number of iterations  繰り返し数
```

5. 変数 u と v を初期化する。行列 U と V の行列要素は、2次元格子の頂点におけるこれらの変数の値である。変数値は、0から1の間の均一なランダム値で初期化される。

```
>>> U = np.random.rand(size, size)
    V = np.random.rand(size, size)
```

6. 次に、5点ステンシル有限差分法を用いて、2次元格子上の変数に対する離散ラプラス作用素（ラプラシアン）を求める関数を定義する。この作用素は次の式で定義される。

$$\Delta u(x, y) \simeq \frac{u(x + h, y) + u(x - h, y) + u(x, y + h) + u(x, y - h) - 4u(x, y)}{dx^2}$$

この作用素は、ベクトル化行列演算を使って計算できる。行列の端における影響があるので、格子の境界を取り除く必要がある。

```
>>> def laplacian(Z):
        Ztop = Z[0:-2, 1:-1]
        Zleft = Z[1:-1, 0:-2]
        Zbottom = Z[2:, 1:-1]
        Zright = Z[1:-1, 2:]
        Zcenter = Z[1:-1, 1:-1]
        return (Ztop + Zleft + Zbottom + Zright -
                4 * Zcenter) / dx**2
```

7. 格子パターンを表示する関数を定義する。

```
>>> def show_patterns(U, ax=None):
        ax.imshow(U, cmap=plt.cm.copper,
                  interpolation='bilinear',
                  extent=[-1, 1, -1, 1])
        ax.set_axis_off()
```

8. 有限差分法を使って、系をシミュレートする。各時間ステップにおいて2つの方程式の右辺を離散空間導関数（ラプラシアン）を使って計算する。続いて、離散時間導関数を使い変数を更新する。9つの異なる時点（ステップ）における系の状況を示します。

```python
>>> fig, axes = plt.subplots(3, 3, figsize=(8, 8))
    step_plot = n // 9
    # We simulate the PDE with the finite difference    # 有限差分法でPDEをシミュレートする
    # method.
    for i in range(n):
        # We compute the Laplacian of u and v.    # uとvのラプラシアンを計算する
        deltaU = laplacian(U)
        deltaV = laplacian(V)
        # We take the values of u and v inside the grid.    # 格子内のuとvの値を使用する
        Uc = U[1:-1, 1:-1]
        Vc = V[1:-1, 1:-1]
        # We update the variables.    # 変数を更新
        U[1:-1, 1:-1], V[1:-1, 1:-1] = \
            Uc + dt * (a * deltaU + Uc - Uc**3 - Vc + k),\
            Vc + dt * (b * deltaV + Uc - Vc) / tau
        # Neumann conditions: derivatives at the edges    # ノイマン境界条件：境界の値をnullとする
        # are null.
        for Z in (U, V):
            Z[0, :] = Z[1, :]
            Z[-1, :] = Z[-2, :]
            Z[:, 0] = Z[:, 1]
            Z[:, -1] = Z[:, -2]

        # We plot the state of the system at    # 異なる9つのステップにおける系の状態を表示する
        # 9 different times.
        if i % step_plot == 0 and i < 9 * step_plot:
            ax = axes.flat[i // step_plot]
            show_patterns(U, ax=ax)
            ax.set_title(f'$t={i * dt:.2f}$')
```

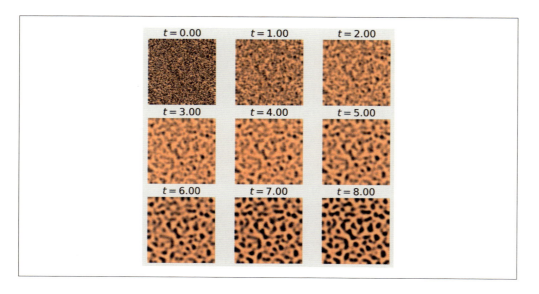

9. 最後に、シミュレーション終了時の系の状態を示します。

    ```
    >>> fig, ax = plt.subplots(1, 1, figsize=(8, 8))
        show_patterns(U, ax=ax)
    ```

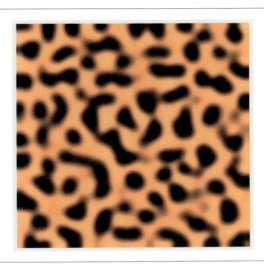

図12-5　反応拡散系のシミュレーション

初期状態における変数はランダムであったにもかかわらず、十分な時間経過後には、何らかの模様が形成されているのが観察できる。

解説

有限差分法により、繰り返しの処理を使って計算ができるかを説明します。次の方程式で表される系で考えてみましょう。

$$\frac{\partial u}{\partial t}(t; x, y) = a\Delta u(t; x, y) + u(t; x, y) - u(t; x, y)^3 - v(t; x, y) + k$$

$$\tau \frac{\partial u}{\partial t}(t; x, y) = b\Delta v(t; x, y) + u(t; x, y) - v(t; x, y)$$

まず、離散ラプラス作用素に次の手法を適用します。

$$\Delta u(x, y) \simeq \frac{u(x+h, y) + u(x-h, y) + u(x, y+h) + u(x, y-h) - 4u(x, y)}{dx^2}$$

次に、u と v の導関数を次の手法で求めます。

$$\frac{\partial u}{\partial t}(t; x, y) \simeq \frac{u(t + dt; x, y) - u(t; x, y)}{dt}$$

最後に、次の繰り返しを使って値を更新します。

$$u(t + dt; x, y) = u(t; x, y) + dt\,(a\,\Delta u(t; x, y) + u(t; x, y) - u(t; x, y)^3 - v(t; x, y) + k)$$

$$u(t + dt; x, y) = v(t; x, y) + \frac{dt}{\tau}(b\,\Delta v(t; x, y) + u(t; x, y) - v(t; x, y))$$

ここで、ノイマン境界条件により、領域 E の境界では法線方向の空間導関数は 0 となります。

$$\forall w \in \{u, v\}, \forall t \geqq 0, \forall x, y \in \partial E:$$

$$\frac{\partial w}{\partial x}(t; -1, y) = \frac{\partial w}{\partial x}(t; 1, y) = \frac{\partial w}{\partial y}(t; x, -1) = \frac{\partial w}{\partial y}(t; x, 1) = 0$$

この境界条件は U と V の端の値をコピーすることで実装しています（前に示したコードを参照してください）。

応用

偏微分方程式、反応拡散系およびそれらの数値シミュレーションについての参考資料は以下の通りです。

- Wikipediaの「Partial differential equation」記事 (https://en.wikipedia.org/wiki/Partial_differential_equation、またはWikipedia日本語版の「偏微分方程式」記事)
- 筆者のリンク集「驚くべき数学：Awesome Math」のPartial Differential Equationsセクション (https://github.com/rossant/awesome-math/#partial-differential-equations)
- Wikipediaの「Reaction–diffusion system」記事 (https://en.wikipedia.org/wiki/Reaction%E2%80%93diffusion_system、またはWikipedia日本語版の「反応拡散系」記事)
- Wikipediaの「FitzHugh–Nagumo model」記事 (https://en.wikipedia.org/wiki/FitzHugh%E2%80%93Nagumo_equation、またはWikipedia日本語版の「フィッツフュー－南雲モデル」記事)
- Wikipediaの「Neumann boundary condition」記事 (https://en.wikipedia.org/wiki/Neumann_boundary_condition、またはWikipedia日本語版の「ノイマン境界条件」記事)
- Lorena Barba博士によりJupyter Notebook形式で提供されている流体力学のコンピュータ解析コース (https://github.com/barbagroup/CFDPython)

13章
確率力学系

本章で取り上げる内容
- 離散時間マルコフ連鎖のシミュレーション
- ポアソン過程のシミュレーション
- ブラウン運動のシミュレーション
- 確率微分方程式のシミュレーション

はじめに

確率力学系は、ノイズの影響下における力学系を扱います。ノイズがもたらす乱雑さは、実世界の現象で見られる変化（流動性）を引き起こします。例えば株価の変化は、時間ごと、日ごとの変化を反映した小さい振幅の速い振動を伴う長期的な振る舞いを示します。

データサイエンスへの確率系の適用分野には、統計的推定法（例えばマルコフ連鎖モンテカルロ法）や時系列および地理空間の確率モデルなどがあります。

離散時間**マルコフ連鎖**は確率的離散時間系の一例です。**マルコフ性**とは、時刻 $n+1$ における状態が、時刻 n における状態にのみ依存する特性を意味します。セルオートマトンに確率的な拡張を施した**確率的セルオートマトン**は、マルコフ連鎖の一種です。

連続時間系において、ノイズを伴った常微分方程式は、**確率微分方程式**（Stochastic Differential Equations：SDE）として表されます。同様にノイズを伴う偏微分方程式は、**確率偏微分方程式**（Stochastic Partial Differential Equations：SPDE）となります。

点過程と呼ばれる過程も確率過程の一例です。これは時間内に瞬間的に発生する偶発的事象（待ち行列への顧客の到着や、神経系における活動電位など）や空間内に存在する点（森林中の樹木の位置、領域内の都市、星の位置など）をモデル化します。

数学的に確率力学系理論は、確率論と測度論に基づいています。連続時間における確率系の研究は、確率過程に対する（導関数や積分を含む）微積分学の拡張である確率微積分学を使って行われます。

410 | 13章　確率力学系

この章では、各種の確率系をPythonでシミュレートする方法を紹介します。

応用

参考資料をいくつか示します。

- 確率力学系の概要 (http://www.scholarpedia.org/article/Stochastic_dynamical_systems)
- Wikipediaの「Markov property」記事 (https://en.wikipedia.org/wiki/Markov_property、または Wikipedia日本語版の「マルコフ性」記事)
- 筆者のリンク集「驚くべき数学：Awesome Math」のStochastic processesセクション (https://github.com/rossant/awesome-math/#stochastic-processes)

レシピ13.1　離散時間マルコフ連鎖のシミュレーション

　離散時間マルコフ連鎖は、状態空間の中で、これから起きる状態から別の状態への変化を表した確率過程です。この遷移はステップごとに起こります。マルコフ連鎖とは、現在の状態から次の状態への変化の確率が現在の状態にのみ依存し、過去の状態には依存しないという点 (記憶の欠落) で特徴付けられます。このモデルは、科学や工学のさまざまな分野で広く利用されています。

　連続時間マルコフ過程という過程もありますが、これについては、本章の別セクションで取り上げます。

　マルコフ連鎖は、数学的な理解も数値的シミュレーションも容易です。このレシピでは人口変化をモデル化したマルコフ連鎖に関するシミュレーションを行います。

手順

1. NumPyとMatplotlibをインポートする。

    ```
    >>> import numpy as np
        import matplotlib.pyplot as plt
        %matplotlib inline
    ```

2. ここでは、人口が100人を超えない状況を考える。まず出生率と死亡率もそれぞれ定義する。

    ```
    >>> N = 100  # maximum population size    人口の最大値
        a = .5 / N # birth rate               出生率
        b = .5 / N # death rate               死亡率
    ```

3. 有限の状態空間 {0, 1, ..., N} でマルコフ連鎖をシミュレートする。1つ1つの状態は人口を表す。配列 x には、各時間ステップの人口を格納し、初期状態として $x_0 = 25$ (つまり、最初の状態として25人から開始) を設定する。

    ```
    >>> nsteps = 1000
        x = np.zeros(nsteps)
        x[0] = 25
    ```

4. 各時間ステップ t において新生児が ax_t の確率で生まれ、それとは独立に bx_t の確率で死亡者が出る。この確率は、その時点の人口に比例する。人口が0またはNに達すると、変化は停止する。

```
>>> for t in range(nsteps - 1):
        if 0 < x[t] < N - 1:
            # Is there a birth?  出生児はいるか？
            birth = np.random.rand() <= a * x[t]
            # Is there a death?  死亡者はいるか？
            death = np.random.rand() <= b * x[t]
            # We update the population size.  人口を更新
            x[t + 1] = x[t] + 1 * birth - 1 * death
        # The evolution stops if we reach $0$ or $N$.  0かNに達したら、更新を終了
        else:
            x[t + 1] = x[t]
```

5. 人口の変化を確認する。

```
>>> fig, ax = plt.subplots(1, 1, figsize=(8, 4))
    ax.plot(x, lw=2)
```

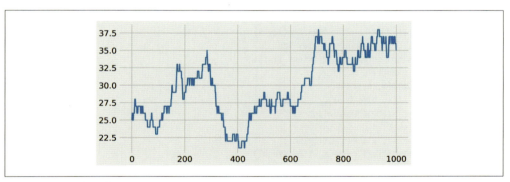

図13-1　人口変化のグラフ

各時間ステップで、人口が一定あるいは1ずつ増加/減少することがわかる。

6. マルコフ連鎖のシミュレーションを繰り返し行う。前のシミュレーションをループで繰り返すことも可能であるが、計算には時間がかかる（forループが二重になるため）。ここでは代わりにすべての独立な試行を一度に計算できるよう、シミュレーションをベクトル化して、全体でループを1つとする。すべての時間ステップで配列に対するベクトル演算を行い、すべての試行を同時に計算する。配列 x はすべての試行での人口の値を持つ。初期状態では、人口の値は0から N の間の乱数を用いて設定される。

```
>>> ntrials = 100
    x = np.random.randint(size=ntrials,
                          low=0, high=N)
```

7. シミュレーションを行う関数を定義する。各時間ステップごとに乱数配列を生成し、その値に従い新生児と死亡者の有無を求め、ベクトル演算で人口の項を更新する。

```python
>>> def simulate(x, nsteps):
        """Run the simulation."""                  # シミュレーションの実行
        for _ in range(nsteps - 1):
            # Which trials to update?              # 更新の必要なシミュレーションの特定
            upd = (0 < x) & (x < N - 1)
            # In which trials do births occur?     # シミュレーションごとの新生児の有無
            birth = 1 * (np.random.rand(ntrials) <= a * x)
            # In which trials do deaths occur?     # シミュレーションごとの死亡者の有無
            death = 1 * (np.random.rand(ntrials) <= b * x)
            # We update the population size for all trials  # シミュレーションごとの人口を更新
            x[upd] += birth[upd] - death[upd]
```

8. 異なる時間での人口をヒストグラム化する。このヒストグラムは、独立したシミュレーション（モンテカルロ法に相当する）で推定したマルコフ連鎖の確率分布を表す。

```python
>>> bins = np.linspace(0, N, 25)
>>> nsteps_list = [10, 1000, 10000]
    fig, axes = plt.subplots(1, len(nsteps_list),
                             figsize=(12, 3),
                             sharey=True)
    for i, nsteps in enumerate(nsteps_list):
        ax = axes[i]
        simulate(x, nsteps)
        ax.hist(x, bins=bins)
        ax.set_xlabel("Population size")
        if i == 0:
            ax.set_ylabel("Histogram")
        ax.set_title(f"{nsteps} time steps")
```

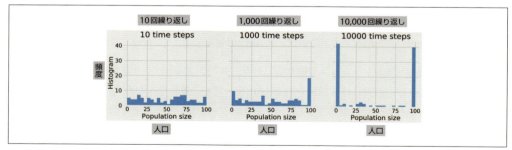

図13-2　シミュレーション回数を変えた人口変化のグラフ

初期状態では、0からNの間に散らばっていた人口は、十分な時間が経過すると0またはNに収束してしまう。これは、0とNが最終状態であり、そこに到達した後は変化しないようにシミュレートしているからである。さらに言うと、この状態には他のあらゆる状態からも到達できる。

解説

数学的には、空間 E における離散マルコフ連鎖とは、マルコフ性を満たすランダムな値 $X_1, X_2,...$ の列です。

$$\forall n \geq 1, \qquad P(X_{n+1} \mid X_1, X_2, ..., X_n) = P(X_{n+1} \mid X_n)$$

（定常）マルコフ連鎖は遷移確率 $P(X_j \mid X_i)$ で特徴付けられます。この値は行列で表され、**遷移行列**と呼ばれます。またこの行列は、**状態遷移図**と呼ばれる有向グラフの隣接行列でもあります。各ノードは状態を表し、ノード i と j の間で遷移する確率が0ではないなら、2つのノードは接続されています。

応用

1つのマルコフ連鎖のシミュレーションは、1つの for ループで処理されるため、Pythonを使う利点はあまりありません。独立した複数の同じシミュレーションを実行するならばベクトル化と並列化（それぞれの処理は独立しているので、**超並列**）により効率的に処理されます。このシミュレーションは（例えばモンテカルロ法を適用する場合のような）統計的な特性に着目している場合に役立ちます。

マルコフ連鎖については膨大な量の論文が存在します。その中で報告されている理論的な結果の多くは、線形代数と確率論を用いて得られています。

離散時間マルコフ連鎖の一般化は広く行われています。マルコフ連鎖は無限個の状態空間または連続的な時間を用いて定義されます。また広範囲な確率過程の分野でも、マルコフ性は重要な特性となっています。

以下参考資料です。

- Wikipediaの「Markov chain」記事（https://en.wikipedia.org/wiki/Markov_chain、または Wikipedia日本語版の「マルコフ連鎖」記事）
- Wikipediaの「Absorbing_Markov_chain」（吸収的マルコフ連鎖）記事（https://en.wikipedia.org/wiki/Absorbing_Markov_chain）
- Wikipediaの「Monte Carlo method」記事（https://en.wikipedia.org/wiki/Monte_Carlo_method、またはWikipedia日本語版の「モンテカルロ法」記事）

関連項目

- 「レシピ13.3　ブラウン運動のシミュレーション」

414 | 13章　確率力学系

レシピ13.2　ポアソン過程のシミュレーション

ポアソン過程は**点過程**の一種であり、瞬間的な事象のランダムな発生を表現する確率的モデルです。大まかには、ポアソン過程は最もランダムであり、最も構造化されていない点過程と言えます。

ポアソン過程は特別な連続時間マルコフ過程でもあります。

点過程、特にポアソン過程は顧客の来店、サーバへのジョブ投入、電話の着信、放射性物質の崩壊、神経細胞の活動電位など、ランダムに発生する事象の多くをモデル化できます。

このレシピでは均一定常ポアソン過程をシミュレートするさまざまな方法を紹介します。

手順

1. NumPyとMatplotlibをインポートする。

   ```
   >>> import numpy as np
       import matplotlib.pyplot as plt
       %matplotlib inline
   ```

2. パラメータ rate を指定する。これは、1秒間に発生する事象の平均値である。

   ```
   >>> rate = 20.  # average number of events per second   1秒間の事象発生回数の平均値
   ```

3. 最初に、1ミリ秒の小さな時間ビン[*1]を使った過程をシミュレートする。

   ```
   >>> dt = .001  # time step              時間ステップ
       n = int(1. / dt)  # number of time steps   ステップ数
   ```

4. 時間ステップ dt が十分に小さければ、各時間ビンにおいて事象の発生する確率は rate * dt となる。さらに、ポアソン過程には無記憶性があるので、ビンごとの事象発生は独立している。そのため、ベルヌーイ確率変数（1か0の値を取り、それぞれ試行が成功するか失敗するかを表す）をベクトル化してシミュレーションが行える。

   ```
   >>> x = np.zeros(n)
       x[np.random.rand(n) <= rate * dt] = 1
   ```

   配列 x には、すべての時間ビンに対して0または1が入っている。ここでは1が、事象の発生を表す。

   ```
   >>> x[:10]
   array([ 1.,  0.,  ...,  0.,  0.])
   ```

5. シミュレーション結果を表示する。各事象に対して縦棒を描画してみよう。

   ```
   >>> fig, ax = plt.subplots(1, 1, figsize=(6, 2))
       ax.vlines(np.nonzero(x)[0], 0, 1)
       ax.set_axis_off()
   ```

[*1]　訳注：対象をグループ分けして比較を行うための値の範囲をビン（bin）と呼ぶ。ヒストグラムでは個々の棒として表現される。

図13-3　事象発生のシミュレーション

6. 同じ対象を表現する別の方法として、時間 t までに発生した事象の回数を表す**計数過程** $N(t)$ を使う方法がある。ここでは cumsum() 関数を使って結果を表示する。

```
>>> fig, ax = plt.subplots(1, 1, figsize=(6, 4))
    ax.plot(np.linspace(0., 1., n),
            np.cumsum(x), lw=2)
    ax.set_xlabel("Time")
    ax.set_ylabel("Counting process")
```

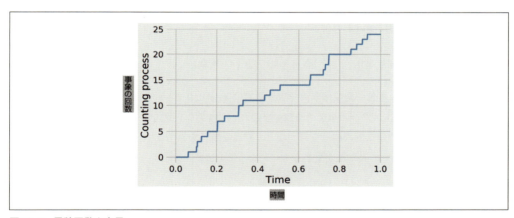

図13-4　累積回数を表示

7. 均一ポアソン過程をシミュレートする別の（そしてより効果的な）方法では、連続する事象の時間間隔は指数分布に従うという性質を利用する。さらに加えると、この時間間隔はそれぞれ独立であるため、ベクトル化によってサンプリングを行い、時間間隔の累計を表す。

```
>>> y = np.cumsum(np.random.exponential(1. / rate,
                                        size=int(rate)))
```

配列 y の内容もまたポアソン過程を表しているが、データの構造は最初のものとは異なっている。配列の各要素は事象の発生した時刻を表す。

```
>>> y[:10]
array([ 0.021,  0.072,  0.087,  0.189,  0.224,
        0.365,  0.382,  0.392,  0.458,  0.489])
```

8. シミュレーション結果を表示する。

```
>>> fig, ax = plt.subplots(1, 1, figsize=(8, 3))
    ax.vlines(y, 0, 1)
    ax.set_axis_off()
```

図13-5　均一ポアソン過程をシミュレート

解説

母数（単位時間内に発生する事象の回数）がλであるポアソン過程では、時間間隔τ内に発生する事象の数は、ポアソン分布に従います。

$$\forall k \geq 0, \quad P[N(t+\tau) - N(t) = k] = e^{-\lambda\tau}\frac{(\lambda\tau)^k}{k!}$$

$\tau = dt$が小さい場合、事象の発生確率第一次近似では$\lambda\tau$となります。

また、**保留時間**（連続した2つの事象の時間的な遅れ）は独立で、指数分布に従います。ポアソン過程にはその他に、独立で定常的な増分を持つなど、有益な特性を持ちます。この特性のおかげでこのレシピの最初のシミュレーション法が妥当なものになっています。

応用

このレシピでは、均一時間依存ポアソン過程のみを考慮しています。その他には、時間変化する速度（λ）で特徴付けられる不均一（または非均一）ポアソン過程や、多次元空間ポアソン過程なども存在します。

以下参考資料です。

- Wikipediaの「Poisson process」（ポアソン過程）記事（https://en.wikipedia.org/wiki/Poisson_process）
- Wikipediaの「Point process」（点過程）記事（https://en.wikipedia.org/wiki/Point_process）
- Wikipediaの「Renewal theory」（再生理論）記事（https://en.wikipedia.org/wiki/Renewal_theory）
- Wikipediaの「Spatial Poisson process」（空間ポアソン過程）記事（https://en.wikipedia.org/wiki/Spatial_Poisson_process）

レシピ13.3　ブラウン運動のシミュレーション | **417**

関連項目

● 「レシピ13.1　離散時間マルコフ連鎖のシミュレーション」

レシピ13.3　ブラウン運動のシミュレーション

ブラウン運動（または**ウィーナ過程**）は数学、物理学、その他多くの科学や工学分野における基礎的な研究対象です。このモデルは、流体中で高速に運動する分子が不規則に衝突することにより、流体中に浮遊する微粒子が不規則に運動する現象を説明します。より一般的に言うならば、微粒子が空間をあらゆる方向に独立かつ不規則に移動する連続時間ランダムウォークをモデル化したものがブラウン運動です。

数学的には、ブラウン運動は連続時間マルコフ確率過程の一種です。また、ブラウン運動は確率解析学、確率過程理論など数学の中核的な分野であるだけでなく、数理ファイナンス、生態学、神経科学など応用科学分野の重要な役割を果たしています。

このレシピでは、2次元のブラウン運動をシミュレートし、その結果を可視化します。

手順

1. NumPyとMatplotlibをインポートする。

   ```
   >>> import numpy as np
       import matplotlib.pyplot as plt
       %matplotlib inline
   ```

2. 5,000時間ステップのシミュレーションを行う。

   ```
   >>> n = 5000
   ```

3. 2つの独立した1次元ブラウン運動を組み合わせて、2次元のブラウン運動を構成する。（離散）ブラウン運動は各時間ステップで独立したガウシアンジャンプを行う。そのため、単純な乱数の累積値を計算し、各時間ステップの値とする。

   ```
   >>> x = np.cumsum(np.random.randn(n))
       y = np.cumsum(np.random.randn(n))
   ```

4. このブラウン運動を表示するためにplot(x, y)を使用しても良いが、そのままでは表示は白黒となるため、時間の進行を色で表現（色相を時間の関数とする）して、グラデーション表示する。Matplotlibはネイティブにこうした機能を持っていないため、scatter()を使用する。この関数は点ごとに色を指定できるが、散布図向けの関数なので点と点の間の線が引けない。そこで連続した線分の代わりに補間のための中間点を配置する。

   ```
   >>> # We add 10 intermediary points between two    連続する2点の間に10の中間点を作り、
       # successive points. We interpolate x and y.     xとyをそれぞれ補間する
       k = 10
   ```

```
            x2 = np.interp(np.arange(n * k), np.arange(n) * k, x)
            y2 = np.interp(np.arange(n * k), np.arange(n) * k, y)
>>> fig, ax = plt.subplots(1, 1, figsize=(8, 8))
    # Now, we draw our points with a gradient of colors.  グラデーション色を使って描画する
    ax.scatter(x2, y2, c=range(n * k), linewidths=0,
               marker='o', s=3, cmap=plt.cm.jet,)
    ax.axis('equal')
    ax.set_axis_off()
```

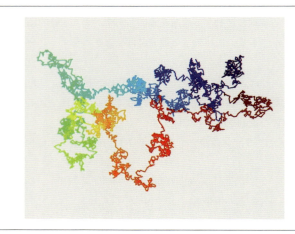

図13-6　2次元ブラウン運動

解説

　ブラウン運動 $W(t)$ にはいくつかの重要な性質があります。第一に（ほぼ確実に）連続な軌跡を描きます。第二に増分 $W(t+\tau) - W(t)$ は、重ならない時間間隔においてそれぞれ独立です。そして第三に、その増分はガウス確率変数です。より正確には次の式で表されます。

$$\forall t, \tau > 0, \qquad W(t+\tau) - W(t) \sim N(0, \tau)$$

　特に、$W(t)$ の密度は、分散 t の正規分布となります。

　加えて、ブラウン運動と一般的な確率過程は偏微分方程式と密接な関係を持ちます。拡散方程式の一種である**熱方程式**の解は、$W(t)$ の密度となります。さらに一般化すると、確率微分方程式の解の密度により満たされる偏微分方程式が**フォッカー - プランク**方程式です。

応用

　ステップサイズを無限小の極限に制限したランダムウォークがブラウン運動です。ここでのシミュレーションは、この特性を使っています。

　以下参考資料です。

- Wikipediaの「Brownian motion」記事 (https://en.wikipedia.org/wiki/Brownian_motion、または はWikipedia日本語版の「ブラウン運動」記事)
- Wikipediaの「Wiener process」記事 (https://en.wikipedia.org/wiki/Wiener_process、または Wikipedia日本語版の「ウィーナ過程」記事)
- ブラウン運動はレヴィー過程の一種です。Wikipediaの「Lévy process」記事 (https:// en.wikipedia.org/wiki/Lévy_process、またはWikipedia日本語版の「独立増分過程」記事)
- フォッカー - プランク方程式は確率過程を偏微分方程式で表す (https://en.wikipedia.org/wiki/ Fokker%E2%80%93Planck_equation、またはWikipedia日本語版の「フォッカー・プランク方程 式」記事)

関連項目

- 「レシピ13.4 確率微分方程式のシミュレーション」

レシピ13.4 確率微分方程式のシミュレーション

確率微分方程式 (Stochastic Differential Equations：SDE) は、ノイズの影響を受ける力学系をモデル化するもので、物理学、生物学、金融、その他の分野で広く使われています。

このレシピでは、ランジュバン方程式の解である**オルンシュタイン - ウーレンベック過程**をシミュレートします。このモデルは、摩擦のある流体内における粒子の確率的変化を表します。流体分子との衝突 (拡散) により粒子に動きが生じます。摩擦の影響下にある点がブラウン運動との相違です。

オルンシュタイン - ウーレンベック過程は、定常的でガウス性とマルコフ性を満たす定常ランダムノイズの良い例でもあります。

ここでは**オイラー - 丸山法**と呼ばれる数値解法を使ってシミュレートします。これは常微分方程式に対するオイラー法を確率微分方程式へと単純に一般化したものです。

手順

1. NumPyとMatplotlibをインポートする。

```
>>> import numpy as np
    import matplotlib.pyplot as plt
    %matplotlib inline
```

2. モデルに対するパラメータを定義する。

```
>>> sigma = 1.  # Standard deviation.    標準偏差
    mu = 10.  # Mean.                     平均
    tau = .05  # Time constant.           時定数
```

3. シミュレーションに対するパラメータを定義する。

```
>>> dt = .001  # Time step.              # 時間ステップ
    T = 1.  # Total time.                # 時総時間
    n = int(T / dt)  # Number of time steps.  # 時間ステップ数
    t = np.linspace(0., T, n)  # Vector of times.  # 時間ベクトル
```

4. （各時間ステップで、これらの定数を再計算しなくても良いように）再正規化した定数を定義する。

```
>>> sigma_bis = sigma * np.sqrt(2. / tau)
    sqrtdt = np.sqrt(dt)
```

5. シミュレーションの結果を格納する配列を作成する。

```
>>> x = np.zeros(n)
```

6. オイラー-丸山法を使ってシミュレーションを行う。これはODEに対する標準的なオイラー法に似ているが、（単にスケールされた正規確率変数である）確率項が追加されている。方程式と数値解法の詳細は、解説のセクションで説明する。

```
>>> for i in range(n - 1):
        x[i + 1] = x[i] + dt * (-(x[i] - mu) / tau) + \
            sigma_bis * sqrtdt * np.random.randn()
```

7. シミュレーション結果を表示する。

```
>>> fig, ax = plt.subplots(1, 1, figsize=(8, 4))
    ax.plot(t, x, lw=2)
```

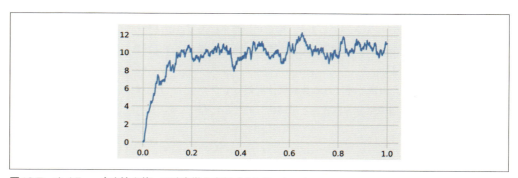

図13-7　オイラー-丸山法を使って確率微分方程式をシミュレート

8. この確率過程の分布がどのように時間変化するか確認しよう。そのためには、ベクトル化を用いて同じ確率過程の独立したシミュレーションを何度も行う。配列Xを使って、ある時点におけるすべてのシミュレーションの値を保持する（言い換えると、すべてのシミュレーションのすべての時間における値をメモリ上に持つわけではない）。この配列は各時間ステップごとに上書きされる。いくつかの時点における推定分布（ヒストグラム）を表示する。

```
>>> ntrials = 10000
    X = np.zeros(ntrials)
```

```
>>> # We create bins for the histograms.          ヒストグラムのビンを作成する
    bins = np.linspace(-2., 14., 100)
    fig, ax = plt.subplots(1, 1, figsize=(8, 4))
    for i in range(n):
        # We update the process independently for  各過程をそれぞれ更新する
        # all trials
        X += dt * (-(X - mu) / tau) + \
            sigma_bis * sqrtdt * np.random.randn(ntrials)
        # We display the histogram for a few points in  時間内のいくつかの点でヒストグラムを描画する
        # time
        if i in (5, 50, 900):
            hist, _ = np.histogram(X, bins=bins)
            ax.plot((bins[1:] + bins[:-1]) / 2, hist,
                    {5: '-', 50: '.', 900: '-.', }[i],
                    label=f"t={i * dt:.2f}")
    ax.legend()
```

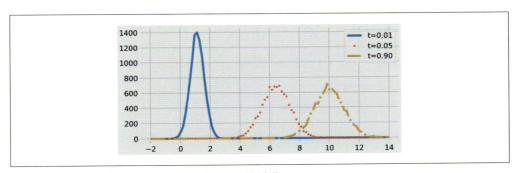

図13-8　オルンシュタイン-ウーレンベック過程の時間変化

この確率過程の分布は、平均 $\mu = 10$、標準偏差 $\sigma = 1$ の正規分布になる。初期分布が適正なパラメータによる正規分布に従うならば、このプロセスは定常的となる。

解説

このレシピで使用したランジュバン方程式は、次の確率微分方程式です。

$$dx = -\frac{(x - \mu)}{\tau}dt + \sigma\sqrt{\frac{2}{\tau}}dW$$

ここで $x(t)$ は確率過程、dx は微小量の増分、μ は平均、σ は標準偏差、τ は時間の定数です。また、W はこのSDEの根底にあるブラウン運動（またはウィーナ過程）です。

右辺の第1項は、（dt の）決定論的項であり、第2項は確率論的項です。この第2項がなければ、この方程式は通常の決定論的ODEと等しくなります。

ブラウン運動の微小ステップは、ガウス確率変数です。具体的には（ある意味において）ブラウン運動の導関数は**ホワイトノイズ**、つまり一連の独立なガウス確率変数列です。

オイラー-丸山法では、時間の離散化を行うと共に、各時間ステップに極微小のステップをプロセスに加えます。この手法は、**決定論的項** (ODEに対する標準的なオイラー法) と確率論的項 (ガウス確率変数) を含みます。特に次の方程式

$$dx = a(t, x)\, dt + b(t, x)\, dW$$

に対する数値解析手法は、$(t = n \times dt$ とすると) 次の式となります。

$$x_{n+1} = x_n + dx = x_n + a(t, x_n)\, dt + b(t, x_n)\sqrt{dt}\, \xi, \quad \xi \sim N(0, 1)$$

ここで ξ は (各時間ステップで独立な) 分散1のガウス確率変数です。正規化係数が $\sqrt{dt}$ であるのは、ブラウン運動の微小ステップが標準偏差 $\sqrt{dt}$ を持つ事実から導かれています。

応用

SDEの数学的理論は、確率解析学、伊藤の公式、マルチンゲールなどの理論で構成されています。これらの理論は非常に複雑なものではありますが、このレシピで見たように確率過程の数値的なシミュレーションは、比較的簡単です。

オイラー-丸山法の誤差は $\sqrt{dt}$ のオーダーになります。これに対し、ミルシュタイン法は dt オーダーの、より精度の高い数値解析手法です。

関連するトピックの参考資料をいくつか示します。

- Wikipediaの「Stochastic differential equation」記事 (https://en.wikipedia.org/wiki/Stochastic_differential_equation、またはWikipedia日本語版の「確率微分方程式」記事)
- Wikipediaの「White noise」記事 (https://en.wikipedia.org/wiki/White_noise、またはWikipedia日本語版の「ホワイトノイズ」記事)
- Wikipediaの「Langevin equation」記事 (https://en.wikipedia.org/wiki/Langevin_equation、またはWikipedia日本語版の「ランジュバン方程式」記事)
- Wikipediaの「Ornstein–Uhlenbeck process」記事 (https://en.wikipedia.org/wiki/Ornstein-Uhlenbeck_process、またはWikipedia日本語版の「オルンシュタイン゠ウーレンベック過程」記事)
- Wikipediaの「Itô calculus」(伊藤の公式) 記事 (https://en.wikipedia.org/wiki/Itô_calculus)
- Wikipediaの「Euler–Maruyama method」(オイラー-丸山法) 記事 (https://en.wikipedia.org/wiki/Euler–Maruyama_method)
- Wikipediaの「Milstein method」(ミルシュタイン法) 記事 (https://en.wikipedia.org/wiki/Milstein_method)

関連項目

- 「レシピ13.3　ブラウン運動のシミュレーション」

14章
グラフ、幾何学、地理情報システム

本章で取り上げる内容
- NetworkXを使ったグラフ操作と可視化
- NetworkXによる飛行ルートの描画
- トポロジカルソートを使った有向非巡回グラフの依存関係の解決
- 画像中の連結成分の処理
- 点集合に対するボロノイ図の計算
- Cartopyによる地理空間データの操作
- 道路網の経路探索

はじめに

　この章ではグラフ理論、幾何学、地理学に関するPythonの機能を取り上げます。

　グラフは、物と物との関係を表す数学的なオブジェクトです。例えばソーシャルネットワークでの友人、分子を構成する原子、Webのリンク、神経回路網の細胞、画像データでの隣接する画素など、実世界における物事の関係を表すことができるため、科学や工学の分野で広く普及しています。グラフはコンピュータ科学の古典的なデータ構造でもあります。領域固有問題の多くはグラフ問題として表現可能であり、よく知られたアルゴリズムで解けるものが存在します。

　またこの章では空間的、地理的、地形的なデータ処理や分析を行う**地理情報システム**（GIS）のレシピも扱います。

　最初に、これらのトピックを簡単に説明しましょう。

グラフ

　数学的に**グラフ** $G = (V, E)$ とは、**頂点**または**ノード**の集合 V と、（V の2要素からなる部分集合である）**エッジ**の集合 E として定義されます。(v, v') がエッジ（E の要素）である場合、2つのノード v と v' は接続されていると言います。

- エッジに順序がない（つまり $(v, v') = (v', v)$）である場合、無向グラフと言う。
- エッジに順序がある（つまり $(v, v') \neq (v', v)$）である場合、有向グラフと言う。

無向グラフのエッジは、2ノード間を結ぶ線分として表現されるのに対し、有向グラフでは矢印で表現されます。

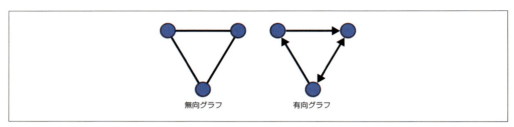

図14-1　無向グラフと有向グラフ

グラフはさまざまなデータ構造で表現できます。**隣接リスト**（各頂点ごとの、隣接する頂点のリスト）や**隣接行列**（頂点間の接続の行列）などが使われます。

グラフ理論の問題

古典的なグラフ理論の問題をいくつか挙げましょう。

グラフ走査

グラフを渡り歩く方法（https://en.wikipedia.org/wiki/Graph_traversal）

グラフ彩色

2つの隣接する頂点に別の色を割り当てる問題（https://en.wikipedia.org/wiki/Graph_coloring、またはWikipedia日本語版の「グラフ彩色」記事）

連結成分

グラフの中で連結成分を見つける方法（https://en.wikipedia.org/wiki/Connected_component_%28graph_theory%29）

最短経路

1つのノードから別のノードに至る最短の経路を探る方法（https://en.wikipedia.org/wiki/Shortest_path_problem、またはWikipedia日本語版の「最短経路問題」記事）

ハミルトン路

すべての頂点を一度だけ通るハミルトン路がグラフに含まれるか判定する問題（https://en.wikipedia.org/wiki/Hamiltonian_path、またはWikipedia日本語版の「ハミルトン路」記事）

オイラー路

すべてのエッジを一度だけ通るオイラー路がグラフに含まれるか判定する問題（https://en.wikipedia.org/wiki/Eulerian_path）

巡回セールスマン問題

すべての頂点を一度だけ通る経路（ハミルトン路）の中で最短のものを探索する問題（https://en.wikipedia.org/wiki/Traveling_salesman_problem、またはWikipedia日本語版の「巡回セールスマン問題」記事）

ランダムグラフ

ランダムグラフは確率的な規則で定義されるグラフの一種であり、ソーシャルネットワークのような巨大な実世界の構造を理解するのに活用されます。

特にスモールワールドネットワークでは、直接のつながりはないけれども、たいていのノードはあらゆるノードから少ないステップで到達できるという特性があります。この特性は、非常に多くの接続を持つ少数のハブが存在することで成り立っています。

Pythonとグラフ操作

グラフはPython組み込みのデータ構造でも操作できますが、専用のライブラリによるデータ構造と操作関数を使うほうが簡単です。この章では純粋なPythonライブラリであるNetworkXを使います。その他の選択肢として、大部分がC++で実装されているgraph-toolが挙げられます。

NetworkXはグラフ操作のための柔軟なデータ構造を持ち、多くのアルゴリズムを実装しています。NetworkXを使うと、Matplotlibを通して図を描画するのも簡単です。

Pythonと幾何学

Shapelyは点、直線、多角形などの2D図形を操作するためのPythonライブラリです。これは地理情報システムで非常に役立ちます。

Pythonと地理情報システム

地理データを操作し地図を描画するためのPythonモジュールは、いくつか存在します。この章では、CartopyとShapelyを使ってGISファイルを扱います。

ESRIのシェープファイルは、地理空間のベクトルデータ形式として普及したファイルフォーマットです。CartopyとNetworkXで読み込みが可能です。

Cartopyは地図作成ツールを提供するPythonライブラリです。これを使って地図投影を行い、Matplotlibで地図を描くことができます。このライブラリはShapelyに依存しています。

geoplotは、CartopyとMatplotlibの上に構築された、比較的新しい高レベルの地理空間データ可視

426 | 14章　グラフ、幾何学、地理情報システム

化ライブラリです。

　ここでは、世界中の地図データを提供するフリーの協調的サービスであるOpenStreetMapサービス
も使います。

　GeoPandasやKartographなど、その他にもPython向けGIS/地図システムは存在しますが、ここ
では取り上げません。

応用

グラフに関する参考資料です。

- Wikipediaの「Graph theory」記事 (https://en.wikipedia.org/wiki/Graph_theory、または
  Wikipedia日本語版の「グラフ理論」記事)
- 筆者のリンク集「驚くべき数学：Awesome Math」のGraph Theoryセクション (https://github.
  com/rossant/awesome-math/#graph-theory)
- Wikipediaの「Graph (abstract data type)」記事 (https://en.wikipedia.org/wiki/Graph_
  (abstract_data_type)、またはWikipedia日本語版の「グラフ (データ構造)」記事)
- Wikipediaの「Random graph」(ランダムグラフ) 記事 (https://en.wikipedia.org/wiki/Random_
  graph)
- Wikipediaの「Smallworld network」(スモールワールドネットワーク) 記事 (https://en.wikipedia.
  org/wiki/Smallworld_network)
- NetworkXパッケージ (https://networkx.github.io)
- graph-toolパッケージ (https://graph-tool.skewed.de)

次は、Pythonの幾何学と地図向けライブラリに関する参考資料です。

- Cartopyパッケージ (https://scitools.org.uk/cartopy/latest/)
- Shapelyパッケージ (https://shapely.readthedocs.io/en/latest/)
- Wikipediaの「Shapefile」記事 (https://en.wikipedia.org/wiki/Shapefile、またはWikipedia日本
  語版の「シェープファイル」記事)
- geoplotパッケージ (https://github.com/ResidentMario/geoplot)
- Foliumパッケージ (https://github.com/wrobstory/folium)
- GeoPandasパッケージ (http://geopandas.org)
- Kartographパッケージ (https://kartograph.org)
- OpenStreetMap (https://www.openstreetmap.org)

レシピ14.1　NetworkXを使ったグラフ操作と可視化

このレシピでは、NetworkXを使ったグラフの作成、操作、可視化を紹介します。

準備

NetworkXはデフォルトでAnacondaにインストールされていますが、必要に応じて`conda install networkx`コマンドを使って手動でインストールすることもできます。

手順

1. NumPy、NetworkX、Matplotlibをインポートする。

```
>>> import numpy as np
    import networkx as nx
    import matplotlib.pyplot as plt
    %matplotlib inline
```

2. グラフの作成方法はさまざまだが、ここではエッジ（ノードのペア）のリストを使う。

```
>>> n = 10  # Number of nodes in the graph.
    # Each node is connected to the two next nodes,
    # in a circular fashion.
    adj = [(i, (i + 1) % n) for i in range(n)]
    adj += [(i, (i + 2) % n) for i in range(n)]
```

ノードの数

各ノードは隣とその先の2つの
ノードとつながり、巡回する

3. エッジのリストから、`Graph`オブジェクトを作る。

```
>>> g = nx.Graph(adj)
```

4. グラフに含まれるノードとエッジのリスト、および隣接行列を確認する。

```
>>> print(g.nodes())
[0, 1, 2, 3, 4, 5, 6, 7, 8, 9]
>>> print(g.edges())
[(0, 1), (0, 9), (0, 2), (0, 8), (1, 2), ...,
 (6, 8), (7, 8), (7, 9), (8, 9)]
>>> print(nx.adjacency_matrix(g))
  (0, 1)    1
  (0, 2)    1
  (0, 8)    1
  (0, 9)    1
  (1, 0)    1
  ...
  (8, 9)    1
  (9, 0)    1
  (9, 1)    1
  (9, 7)    1
  (9, 8)    1
```

5. このグラフの表示を行う。NetworkXには多様な描画関数が用意されている。各ノードの位置を明示的に指定しても、適切な配置が自動的に行われるアルゴリズムを使っても構わない。ここではノードが単純な環状に配置される draw_circular() を使う。

```
>>> fig, ax = plt.subplots(1, 1, figsize=(6, 6))
    nx.draw_circular(g, ax=ax)
```

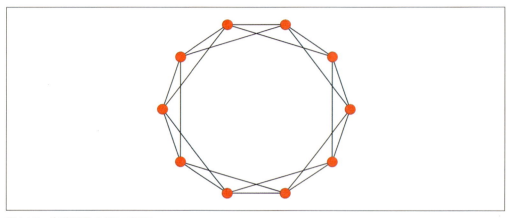

図14-2　自動配置でグラフ描画

6. グラフは容易に変更できる。ここでは既存のノードすべてに接続する新しいノードを追加して、色も指定する。NetworkXのノードとエッジには任意の属性を含むPythonの辞書が付属している。

```
>>> g.add_node(n, color='#fcff00')
    # We add an edge from every existing      新しいノードと既存のノード間にエッジを追加する
    # node to the new node.
    for i in range(n):
        g.add_edge(i, n)
```

7. 修正したグラフを表示する。今度は、ノードの位置と色を指定する。

```
>>> # We define custom node positions on a circle     中心に配置する最後のノード以外は、環状に位置を
    # except the last node which is at the center.    定義する
    t = np.linspace(0., 2 * np.pi, n)
    pos = np.zeros((n + 1, 2))
    pos[:n, 0] = np.cos(t)
    pos[:n, 1] = np.sin(t)

    # A node's color is specified by its 'color'      ノードの色は 'color' 属性で指定されているもの
    # attribute, or a default color if this attribute か、定義されていなければデフォルトの色を使う
    # doesn't exist.
    color = [g.node[i].get('color', '#88b0f3')
             for i in range(n + 1)]
```

```
# We now draw the graph with matplotlib.   Matplotlibを使ってグラフを表示する
fig, ax = plt.subplots(1, 1, figsize=(6, 6))
nx.draw_networkx(g, pos=pos, node_color=color, ax=ax)
ax.set_axis_off()
```

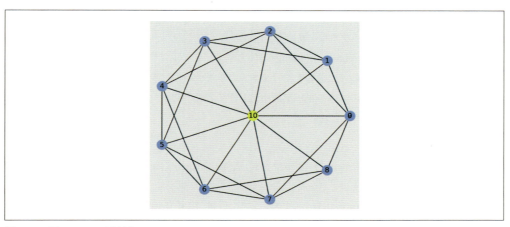

図14-3　新しいノードを追加

8. 自動配置アルゴリズムを使った表示も試してみよう。

```
>>> fig, ax = plt.subplots(1, 1, figsize=(6, 6))
    nx.draw_spectral(g, node_color=color, ax=ax)
    ax.set_axis_off()
```

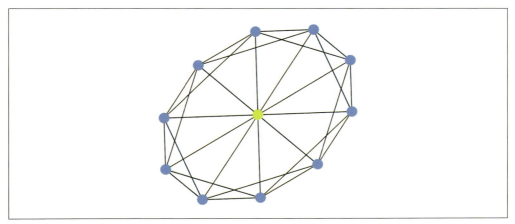

図14-4　自動配置アルゴリズムで再配置する

430 | 14章 グラフ、幾何学、地理情報システム

応用

　NetworkXのノードが整数である必要はありません。数値、文字列、タプルだけでなく、ハッシュ可能なPythonクラスであれば何でも構いません。

　各ノードとエッジには、(辞書形式の)属性を付加できます。

　NetworkXにはいくつかの配置アルゴリズムが用意されています。draw_spectral()関数は、グラフのラプラシアン行列の固有ベクトルを使います。

　draw_spring()関数は、Fruchterman-Reingoldの力学モデルアルゴリズムを実装しています。ノードは質量を持ち、エッジ方向の力に影響を受けます。力学モデルのアルゴリズムは、グラフの平衡配置を見つけるために、系全体のエネルギーを最小化します。この結果、エッジの交差数が少なく美しい配置となります。

　以下参考資料です。

- Wikipediaの「Graph drawing」(グラフ描画)記事 (https://en.wikipedia.org/wiki/Graph_drawing)
- Wikipediaの「Laplacian matrix」(ラプラシアン行列)記事 (https://en.wikipedia.org/wiki/Laplacian_matrix)
- Wikipediaの「Force-directed graph drawing」記事 (https://en.wikipedia.org/wiki/Force-directed_graph_drawing、またはWikipedia日本語版の「力学モデル(グラフ描画アルゴリズム)」記事)

関連項目

- 「レシピ14.2　NetworkXによる飛行ルートの描画」

レシピ14.2　NetworkXによる飛行ルートの描画

　このレシピでは、世界中の飛行ルートと空港を数多く含むデータセット(OpenFlightsのWebサイト https://openflights.org/data.htmlから入手)をロードして可視化します

準備

　地図上にグラフを描くには、Cartopy (https://scitools.org.uk/cartopy/docs/latest/) が必要となるので、conda install cartopyコマンドでインストールします。

手順

1. 必要なパッケージをインポートする。

レシピ 14.2　NetworkX による飛行ルートの描画 | **431**

```
>>> import math
    import json
    import numpy as np
    import pandas as pd
    import networkx as nx
    import cartopy.crs as ccrs
    import matplotlib.pyplot as plt
    from IPython.display import Image
    %matplotlib inline
```

2. 多数の飛行ルートを含む最初のデータセットをロードする。

```
>>> names = ('airline,airline_id,'
             'source,source_id,'
             'dest,dest_id,'
             'codeshare,stops,equipment').split(',')
>>> routes = pd.read_csv(
        'https://github.com/ipython-books/'
        'cookbook-2nd-data/blob/master/'
        'routes.dat?raw=true',
        names=names,
        header=None)
    routes
```

	airline	airline_id	source	source_id	dest	dest_id	codeshare	stops	equipment
0	2B	410	AER	2965	KZN	2990	NaN	0	CR2
1	2B	410	ASF	2966	KZN	2990	NaN	0	CR2
2	2B	410	ASF	2966	MRV	2962	NaN	0	CR2
3	2B	410	CEK	2968	KZN	2990	NaN	0	CR2
4	2B	410	CEK	2968	OVB	4078	NaN	0	CR2
...	...	...	...	...	...	...	...	...	...
67658	ZL	4178	WYA	6334	ADL	3341	NaN	0	SF3
67659	ZM	19016	DME	4029	FRU	2912	NaN	0	734
67660	ZM	19016	FRU	2912	DME	4029	NaN	0	734
67661	ZM	19016	FRU	2912	OSS	2913	NaN	0	734
67662	ZM	19016	OSS	2913	FRU	2912	NaN	0	734

67663 rows × 9 columns

3. 2つ目のデータセットとして空港に関する詳細情報をロードし、米国の空港だけを残す。

```
>>> names = ('id,name,city,country,iata,icao,lat,lon,'
             'alt,timezone,dst,tz,type,source').split(',')
>>> airports = pd.read_csv(
        'https://github.com/ipython-books/'
        'cookbook-2nd-data/blob/master/'
        'airports.dat?raw=true',
        header=None,
        names=names,
        index_col=4,
```

432 | 14章　グラフ、幾何学、地理情報システム

```
          na_values='\\N')
airports_us = airports[airports['country'] ==
                        'United States']
airports_us
```

iata	id	name	city	country	icao	...	timezone	dst	tz	type	source
BTI	3411	Barter Island LR...	Barter Island	United States	PABA	...	-9.0	A	America/Anchora...	airport	OurAirports
LUR	3413	Cape Lisburne L...	Cape Lisburne	United States	PALU	...	-9.0	A	America/Anchora...	airport	OurAirports
PIZ	3414	Point Lay LRRS ...	Point Lay	United States	PPIZ	...	-9.0	A	America/Anchora...	airport	OurAirports
ITO	3415	Hilo Internationa...	Hilo	United States	PHTO	...	-10.0	N	Pacific/Honolulu	airport	OurAirports
ORL	3416	Orlando Executiv...	Orlando	United States	KORL	...	-5.0	A	America/New_Y...	airport	OurAirports
...	...	...	...	...	...	...	...	...	...	...	...
XMR	11866	Cape Canaveral...	Cocoa Beach	United States	KXMR	...	NaN	NaN	NaN	airport	OurAirports
NaN	11867	Homey (Area 51...	Groom Lake	United States	KXTA	...	NaN	NaN	NaN	airport	OurAirports
ZZV	11868	Zanesville Munic...	Zanesville	United States	KZZV	...	NaN	NaN	NaN	airport	OurAirports
ENN	11918	Nenana Municip...	Nenana	United States	PANN	...	NaN	NaN	NaN	airport	OurAirports
WWA	11919	Wasilla Airport	Wasilla	United States	PAWS	...	NaN	NaN	NaN	airport	OurAirports

1435 rows × 13 columns

DataFrameのインデックスは、空港を識別する3文字コードであるIATAコードが使われる。

4. すべての米国国内線の飛行ルート、つまり出発地と目的地の空港が米国の空港リストに属しているものを保持する。

```
>>> routes_us = routes[
        routes['source'].isin(airports_us.index) &
        routes['dest'].isin(airports_us.index)]
    routes_us
```

	airline	airline_id	source	source_id	dest	dest_id	codeshare	stops	equipment
172	2O	146	ADQ	3531	KLN	7162	NaN	0	BNI
177	2O	146	KLN	7162	KYK	7161	NaN	0	BNI
260	3E	10739	BRL	5726	ORD	3830	NaN	0	CNC
261	3E	10739	BRL	5726	STL	3678	NaN	0	CNC
262	3E	10739	DEC	4042	ORD	3830	NaN	0	CNC
...	...	...	...	...	...	...	...	...	...
67565	ZK	2607	SHR	5769	DEN	3751	NaN	0	EM2
67566	ZK	2607	SOW	7078	FMN	3743	NaN	0	BE1
67567	ZK	2607	SOW	7078	PHX	3462	NaN	0	BE1
67569	ZK	2607	VIS	7121	LAX	3484	NaN	0	BE1
67570	ZK	2607	WRL	5777	CYS	3804	NaN	0	BEH BE1

10507 rows × 9 columns

5. 空港をノードとし、それらの間に飛行ルートが存在する場合には、2つの空港が接続されている

ことを表すエッジの配列（フライトネットワーク）を作成する。

```
>>> edges = routes_us[['source', 'dest']].values
    edges
array([['ADQ', 'KLN'],
       ['KLN', 'KYK'],
       ['BRL', 'ORD'],
       ...,
       ['SOW', 'PHX'],
       ['VIS', 'LAX'],
       ['WRL', 'CYS']], dtype=object)
```

6. エッジ配列からNetworkXグラフを作成する。

```
>>> g = nx.from_edgelist(edges)
```

7. グラフの統計を見てみよう。

```
>>> len(g.nodes()), len(g.edges())
(546, 2781)
```

データセットには、546の空港と2781のルートがある。

8. グラフをプロットする。

```
>>> fig, ax = plt.subplots(1, 1, figsize=(6, 6))
    nx.draw_networkx(g, ax=ax, node_size=5,
                     font_size=6, alpha=.5,
                     width=.5)
    ax.set_axis_off()
```

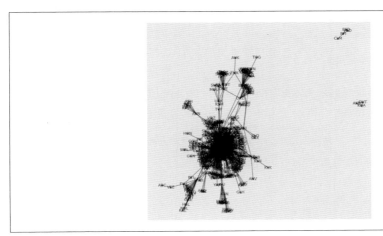

図14-5　米国の飛行ルート全体

9. いくつかの空港は、その他の空港と接続していません。次のように最も多くの接続を持つグラフ

を使う[*1]（connected_component_subgraphs()によって返される部分グラフは、接続数の降順に並んでいる）。

```
>>> sg = next(nx.connected_component_subgraphs(g))
```

としても同じ。

10. 最大の連結を持つ部分グラフをプロットする。

```
>>> fig, ax = plt.subplots(1, 1, figsize=(6, 6))
    nx.draw_networkx(sg, ax=ax, with_labels=False,
                     node_size=5, width=.5)
    ax.set_axis_off()
```

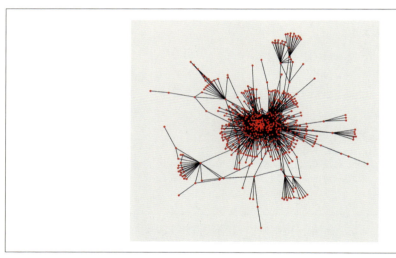

図14-6　接続数が最大の飛行ルート部分グラフ

グラフはトポロジ（空港間の接続）のみを表し、ジオメトリ（地図上の空港の実際の位置）は表していない。グラフの中央にある空港は、最も多くの接続を持つ空港を示す。

11. 空港の地理的座標を使用して、地図上にグラフを描画する。そのために、キーが空港のIATAコードで、値が座標である辞書を作成する。

```
>>> pos = {airport: (v['lon'], v['lat'])
           for airport, v in
           airports_us.to_dict('index').items()}
```

[*1] 訳注：グラフgは、お互いに接続していない、いくつかの部分グラフを含んでいる。connected_component_subgraphs()は、それらのサブグラフを接続数ごとに降順にソートしたシーケンスを返す。next関数でシーケンスの最初の要素、つまり接続数が最も多い部分グラフを取り出しているが、これは、sg = list(nx.connected_component_subgraphs(g))[0]

12. ノードの規模、つまり各ノードに接続されている空港の数をノードの大きさで表す。

    ```
    >>> deg = nx.degree(sg)
        sizes = [5 * deg[iata] for iata in sg.nodes]
    ```

13. 空港の高度をノードの色で表す。

    ```
    >>> altitude = airports_us['alt']
        altitude = [altitude[iata] for iata in sg.nodes]
    ```

14. 規模の大きな空港（少なくとも20以上の接続を持つ）のみラベルを付加する。

    ```
    >>> labels = {iata: iata if deg[iata] >= 20 else ''
                  for iata in sg.nodes}
    ```

15. Cartopyを使用して、地図上に点を投影する。

    ```
    >>> # Map projection                        地図の投影
        crs = ccrs.PlateCarree()
        fig, ax = plt.subplots(
            1, 1, figsize=(12, 8),
            subplot_kw=dict(projection=crs))
        ax.coastlines()
        # Extent of continental US.             米国本土を範囲とする
        ax.set_extent([-128, -62, 20, 50])
        nx.draw_networkx(sg, ax=ax,
                         font_size=16,
                         alpha=.5,
                         width=.075,
                         node_size=sizes,
                         labels=labels,
                         pos=pos,
                         node_color=altitude,
                         cmap=plt.cm.autumn)
    ```

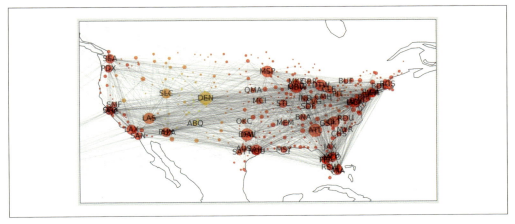

図14-7　米国地図上に投影した飛行ルート

436 | 14章　グラフ、幾何学、地理情報システム

関連項目

- 「レシピ14.1　NetworkXを使ったグラフ操作と可視化」
- 「レシピ14.6　Cartopyによる地理空間データの操作」

レシピ14.3　トポロジカルソートを使った有向非巡回グラフの依存関係の解決

このレシピでは、よく知られているグラフアルゴリズムである**トポロジカルソート**を使ったアプリケーションを紹介します。項目間の依存関係を表した有向グラフを考えてみましょう。例えば、パッケージマネージャでは、あるパッケージPをインストールする前に、依存する別のパッケージをインストールする必要があります。

依存関係の集合は有向グラフを形成します。トポロジカルソートにより、パッケージマネージャは依存関係を解決して、パッケージの正しいインストール順序を見つけることができます。

トポロジカルソートには他にも多くの用途があります。ここでは、JavaScriptパッケージマネージャnpmの実データを使ってこの概念を説明します。Reactに必要なパッケージのインストール順序を調べてみましょう。

手順

1. 必要なパッケージをインポートする。

```
>>> import io
    import json
    import requests
    import numpy as np
    import networkx as nx
    import matplotlib.pyplot as plt
    %matplotlib inline
```

2. データセット（https://github.com/graphcommons/npm-dependency-networkのスクリプトを使用して作成したGraphMLファイル）をダウンロードし、それをNetworkX関数 read_graphml() でロードする。

```
>>> url = ('https://github.com/ipython-books/'
           'cookbook-2nd-data/blob/master/'
           'react.graphml?raw=true')
    f = io.BytesIO(requests.get(url).content)
    graph = nx.read_graphml(f)
```

3. このグラフは、ノードとエッジがほとんどない有向グラフ（DiGraph）です。

```
>>> graph
<networkx.classes.digraph.DiGraph at 0x7f69ac6dfdd8>
```

```
>>> len(graph.nodes), len(graph.edges)
(16, 20)
```

4. このグラフを表示する。

```
>>> fig, ax = plt.subplots(1, 1, figsize=(8, 8))
    nx.draw_networkx(graph, ax=ax, font_size=10)
    ax.set_axis_off()
```

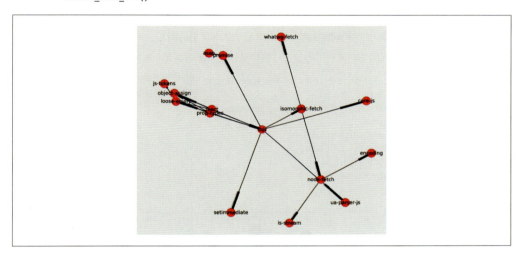

5. トポロジカルソートは、**有向非巡回グラフ**（directed acyclic graph：DAG）に対してのみ行える。グラフの中に巡回がないこと、言い換えると巡回する依存性が存在しないことが必要となる。確認してみよう。

```
>>> nx.is_directed_acyclic_graph(graph)
True
```

6. トポロジカルソートを実行して、すべての依存関係を満たす線形インストール順序を得ることができる。

```
>>> ts = list(nx.topological_sort(graph))
    ts
['react',
 'prop-types',
 'fbjs',
 'ua-parser-js',
 'setimmediate',
 'promise',
 'asap',
 'object-assign',
 'loose-envify',
 'js-tokens',
 'isomorphic-fetch',
```

```
         'whatwg-fetch',
         'node-fetch',
         'is-stream',
         'encoding',
         'core-js']
```

Aの前にBをインストールする必要がある場合は、AからBへの向きで（AはBに依存する）表現することにしたため、インストール順序はリストの逆順となる。

7. 最後に、シェルレイアウトアルゴリズムを使用してグラフを描画し、ノードの色を使用して依存関係の順序を表示す（明るいノードの前に、暗いノードをインストールする必要がある）。

```
>>> # Each node's color is the index of the node in the        各ノードの色は、トポロジカルソート
    # topological sort.                                         のインデックスを表す
    colors = [ts.index(node) for node in graph.nodes]
>>> nx.draw_shell(graph,
                  node_color=colors,
                  cmap=plt.cm.Blues,
                  font_size=8,
                  width=.5
                  )
```

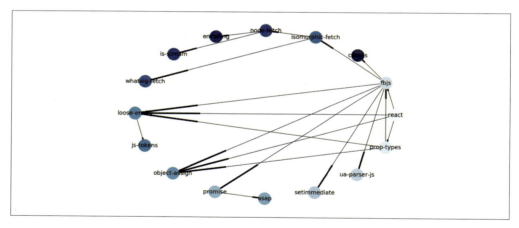

解説

次のコード（https://github.com/graphcommons/npm-dependency-networkを修正）を使用して、`react` npmパッケージの依存関係グラフを取得しました。

```
>>> from lxml.html import fromstring
    import cssselect  # Need to do: pip install cssselect          pip install cssselectを行う必要がある
    from requests.packages import urllib3

    urllib3.disable_warnings()
```

```
        fetched_packages = set()

        def import_package_dependencies(graph, pkg_name,
                                        max_depth=3, depth=0):
            if pkg_name in fetched_packages:
                return
            if depth > max_depth:
                return
            fetched_packages.add(pkg_name)
            url = f'https://www.npmjs.com/package/{pkg_name}'
            response = requests.get(url, verify=False)
            doc = fromstring(response.content)
            graph.add_node(pkg_name)
            for h3 in doc.cssselect('h3'):
                content = h3.text_content()
                if content.startswith('Dependencies'):
                    for dep in h3.getnext().cssselect('a'):
                        dep_name = dep.text_content()
                        print('-' * depth * 2, dep_name)
                        graph.add_node(dep_name)
                        graph.add_edge(pkg_name, dep_name)
                        import_package_dependencies(
                            graph,
                            dep_name,
                            depth=depth + 1
                        )

        graph = nx.DiGraph()
        import_package_dependencies(graph, 'react')
        nx.write_graphml(graph, 'react.graphml')
```

　このコードを使用して、他のnpmパッケージの依存関係グラフを取得できます。スクリプトの実行には数分かかることがあります。

応用

　有向非巡回グラフは、因果関係、影響図表、依存関係などの概念を表現できるため、さまざまな分野で使われています。1つの例として、Gitなどの分散型バージョン管理システムでは、バージョン履歴をDAGで表現しています。

　また、トポロジカルソートは、あらゆる作業計画（プロジェクト管理や命令スケジューリング）に対して役立ちます。

　以下参考資料です。

- NetworkXの有向非巡回グラフ機能（https://networkx.github.io/documentation/latest/reference/algorithms/dag.html）
- NetworkXのトポロジカルソート機能（https://networkx.github.io/documentation/latest/

reference/algorithms/generated/networkx.algorithms.dag.topological_sort.html）

- Wikipediaの「Topological sorting」記事（https://en.wikipedia.org/wiki/Topological_sorting、またはWikipedia日本語版の「トポロジカルソート」記事）

- Wikipediaの「Directed acyclic graph」記事（https://en.wikipedia.org/wiki/Directed_acyclic_graph、またはWikipedia日本語版の「有向非巡回グラフ」記事）

レシピ14.4　画像中の連結成分の処理

このレシピでは、グラフ理論を画像処理に応用した例を紹介します。画像中でつながりを持つ要素を処理します。例えば、ペイントプログラムのバケツツールが特定の領域を塗りつぶすように、この手法を使って画像中の連続する領域を識別できます。

連結成分の認識は、マインスイーパーやバブルシューターでおなじみのパズルゲームで活用されます。この類のゲームでは、隣り合う同じ色を持つ要素が自動的に認識されます。

手順

1. 必要なパッケージをインポートする。

```
>>> import itertools
    import numpy as np
    import networkx as nx
    import matplotlib.colors as col
    import matplotlib.pyplot as plt
    %matplotlib inline
```

2. 10×10のイメージを作り、それぞれのピクセルに3つのラベル（または3つの色）の中から1つを割り当てる。

```
>>> n = 10
>>> img = np.random.randint(size=(n, n),
                            low=0, high=3)
```

3. このイメージの構造を表す2次元の格子を作成する。各ノードはピクセルであり、隣り合うノードは接続されている。NetworkXはこのグラフを生成するために`grid_2d_graph()`関数を提供している。

```
>>> g = nx.grid_2d_graph(n, n)
```

4. イメージと対応するグラフを表示する関数をそれぞれ作成する。

```
>>> def show_image(img, ax=None, **kwargs):
        ax.imshow(img, origin='lower',
                  interpolation='none',
                  **kwargs)
```

```
            ax.set_axis_off()
>>> def show_graph(g, ax=None, **kwargs):
        pos = {(i, j): (j, i) for (i, j) in g.nodes()}
        node_color = [img[i, j] for (i, j) in g.nodes()]
        nx.draw_networkx(g,
                         ax=ax,
                         pos=pos,
                         node_color='w',
                         linewidths=3,
                         width=2,
                         edge_color='w',
                         with_labels=False,
                         node_size=50,
                         **kwargs)
>>> cmap = plt.cm.Blues
```

5. イメージとグラフを重ねて表示する。

```
>>> fig, ax = plt.subplots(1, 1, figsize=(8, 8))
    show_image(img, ax=ax, cmap=cmap, vmin=-1)
    show_graph(g, ax=ax, cmap=cmap, vmin=-1)
```

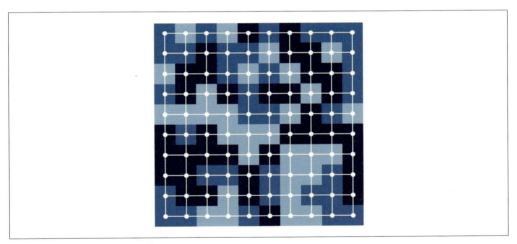

図14-8　イメージとグラフを重ねる

6. 3ピクセル以上連続した濃紺の領域を識別する。まず、すべての濃紺ピクセルからなる部分グラフを考える。

```
>>> g2 = g.subgraph(zip(*np.nonzero(img == 2)))
>>> fig, ax = plt.subplots(1, 1, figsize=(8, 8))
    show_image(img, ax=ax, cmap=cmap, vmin=-1)
    show_graph(g2, ax=ax, cmap=cmap, vmin=-1)
```

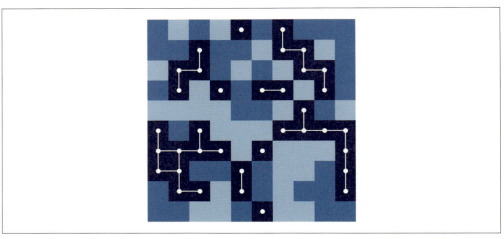

図14-9 3ピクセル以上連続した濃紺の領域を識別

7. 部分グラフの中には、3ノード以上連続した箇所が見られる。NetworkXのconnected_components()関数を使って、これらを識別する。

```
>>> components = [np.array(list(comp))
                  for comp in nx.connected_components(g2)
                  if len(comp) >= 3]
    len(components)
4
```

8. 識別したノードに別の色を割り当て、表示する。

```
the new image:
>>> # We copy the image, and assign a new label
    # to each found component.
    img_bis = img.copy()
    for i, comp in enumerate(components):
        img_bis[comp[:, 0], comp[:, 1]] = i + 3
>>> # We create a new discrete color map extending
    # the previous map with new colors.
    colors = [cmap(.5), cmap(.75), cmap(1.),
              '#f4f235', '#f4a535', '#f44b35',
              '#821d10']
    cmap2 = col.ListedColormap(colors, 'indexed')
>>> fig, ax = plt.subplots(1, 1, figsize=(8, 8))
    show_image(img_bis, ax=ax, cmap=cmap2)
```

イメージをコピーして、新しいラベルを割り当てる

識別したノードを別の色とするよう、カラーマップを拡張する

図14-10　3ノード以上連続した箇所を別の色に変換

解説

ここで解いたのは**連結成分ラベリング**（connected-component labeling）と呼ばれる問題で、**フラッドフィル塗りつぶしアルゴリズム**と密接な関係にあります。

格子状のグラフと画像を関連付けるのは、画像処理の一般的な手法です。ここでは同色の連続した領域を、グラフの連結として処理しました。連結成分とは、到達可能関係と等価であると定義されます。

1つのノードから別のノードへの経路が存在するなら、それらのノードはグラフ上で接続されていると考えられます。一方のノードからもう1つのノードへ到達可能であると考えることも可能です。

ここでは小さな画像に対して基本的な処理を行いましたが、「11章　画像処理と音声処理」で取り上げたアルゴリズムは、もっと複雑なものです。

応用

以下参考資料です。

- Wikipediaの「Connected component (graph theory)」（連結成分）記事（https://en.wikipedia.org/wiki/Connected_component_%28graph_theory%29）
- Wikipediaの「Connectedcomponent labeling」（連結成分ラベリング）記事（https://en.wikipedia.org/wiki/Connectedcomponent_labeling）
- Wikipediaの「Flood fill」（フラッドフィルアルゴリズム）記事（https://en.wikipedia.org/wiki/Flood_fill）

レシピ14.5　点集合に対するボロノイ図の計算

　母点の集合に対する**ボロノイ図**は、空間をいくつかの領域に分割します。領域内のあらゆる点は、1つの母点に対して他の母点よりも近くに存在するという特徴があります。

　ボロノイ図は計算幾何学の基本構造であり、計算機科学、ロボット工学、地理学など多くの分野で広く活用されています。例えば地下鉄の駅に対するボロノイ図は、最も近い駅を示します。

　このレシピでは、パリ市内の地下鉄駅に対するボロノイ図をSciPyを使って作成します。

準備

　パリのOpenStreetMap地図を表示するために、Smopyモジュールを使います。`pip install git+https://github.com/rossant/smopy.git`コマンドでインストールします。

手順

1.　必要なパッケージをインポートする。

    ```
    >>> import numpy as np
        import pandas as pd
        import scipy.spatial as spatial
        import matplotlib.pyplot as plt
        import matplotlib.path as path
        import matplotlib as mpl
        import smopy
        %matplotlib inline
    ```

2.　2.（パリの公共交通機関RATPオープンデータWebサイト（https://data.ratp.fr）から入手した）データセットを、Pandasに読み込む。

    ```
    >>> df = pd.read_csv('https://github.com/ipython-books/'
                         'cookbook-2nd-data/blob/master/'
                         'ratp.csv?raw=true',
                         sep='#', header=None)
    >>> df[df.columns[1:]].tail(3)
    ```

	1	2	3	4	5
11608	2.350173	48.937238	THEATRE GERA…	SAINT-DENIS	tram
11609	2.301197	48.933118	TIMBAUD	GENNEVILLIERS	tram
11610	2.230144	48.913708	VICTOR BASCH	COLOMBES	tram

3.　この`DataFrame`オブジェクトには座標、名称、都市名、行政区、駅の種類が記録されている。この中からすべての地下鉄駅を選択する。

    ```
    >>> metro = df[(df[5] == 'metro')]
    ```

レシピ14.5　点集合に対するボロノイ図の計算 | **445**

```
>>> metro[metro.columns[1:]].tail(3)
```

	1	2	3	4	5
305	2.308041	48.841697	Volontaires	PARIS-15EME	metro
306	2.379884	48.857876	Voltaire (Léon B...	PARIS-11EME	metro
307	2.304651	48.883874	Wagram	PARIS-17EME	metro

4. パリ市内の駅の行政区番号を取り出す。Pandasでは対象列の`str`属性を通して文字列演算子を
   配列に対して適用できる。

```
>>> # We only extract the district from stations in Paris.
    paris = metro[4].str.startswith('PARIS').values
>>> # We create a vector of integers with the district
    # number of the corresponding station, or 0 if the
    # station is not in Paris.
    districts = np.zeros(len(paris), dtype=np.int32)
    districts[paris] = metro[4][paris].str.slice(6, 8) \
        .astype(np.int32)
    districts[~paris] = 0
    ndistricts = districts.max() + 1
```

> パリ市内の駅のみを取り出す
>
> 駅がパリ市にある場合は行政区番号を、ない
> 場合には0を値とする行列を作成

5. すべての地下鉄駅の座標も取り出す。

```
>>> lon = metro[1]
    lat = metro[2]
```

6. 次にOpenStreetMapからパリの地図を取得する。地下鉄駅の緯度経度の最大値と最小値を使っ
   て範囲を指定する。地図の生成には、Smopyモジュールを使用する。

```
>>> box = (lat[paris].min(), lon[paris].min(),
           lat[paris].max(), lon[paris].max())
    m = smopy.Map(box, z=12)
    m.show_ipython()
```

図14-11　パリ市街の地図

7. SciPyを使ってボロノイ図を計算する。各地点の座標からVoronoiオブジェクトを生成する。オブジェクトには、表示に使用する属性が含まれる。

    ```
    >>> vor = spatial.Voronoi(np.c_[lat, lon])
    ```

8. ボロノイ図を表示する汎用の関数を作成しよう。

    SciPyは同じ機能を既に実装しているが、扱える地点数に制限がある。使用する実装は、https://stackoverflow.com/a/20678647/1595060 から入手できる。

    ```
    >>> def voronoi_finite_polygons_2d(vor, radius=None):
            """Reconstruct infinite Voronoi regions in a          # 無限個のボロノイ領域を有限の2D平面上に構成する
            2D diagram to finite regions.
            Source:                                                # 出典 https://stackoverflow.com/a/20678647/1595060
            https://stackoverflow.com/a/20678647/1595060
            """
            if vor.points.shape[1] != 2:
                raise ValueError("Requires 2D input")
            new_regions = []
            new_vertices = vor.vertices.tolist()
            center = vor.points.mean(axis=0)
            if radius is None:
                radius = vor.points.ptp().max()
            # Construct a map containing all ridges for a          # 指定された点のすべての境界線を表示する地図を作成する
            # given point
            all_ridges = {}
            for (p1, p2), (v1, v2) in zip(vor.ridge_points,
    ```

レシピ14.5　点集合に対するボロノイ図の計算 | **447**

```python
                                      vor.ridge_vertices):
        all_ridges.setdefault(
            p1, []).append((p2, v1, v2))
        all_ridges.setdefault(
            p2, []).append((p1, v1, v2))
    # Reconstruct infinite regions        無限領域を再構築する
    for p1, region in enumerate(vor.point_region):
        vertices = vor.regions[region]
        if all(v >= 0 for v in vertices):
            # finite region                有限領域
            new_regions.append(vertices)
            continue
        # reconstruct a non-finite region  有限領域を再構築する
        ridges = all_ridges[p1]
        new_region = [v for v in vertices if v >= 0]
        for p2, v1, v2 in ridges:
            if v2 < 0:
                v1, v2 = v2, v1
            if v1 >= 0:
                # finite ridge: already in the region  有限の境界線：領域内に存在する
                continue
            # Compute the missing endpoint of an    無限境界線の欠けている端点を計算する
            # infinite ridge
            t = vor.points[p2] - \
                vor.points[p1]  # tangent        接線
            t /= np.linalg.norm(t)
            n = np.array([-t[1], t[0]])  # normal   法線
            midpoint = vor.points[[p1, p2]]. \
                mean(axis=0)
            direction = np.sign(
                np.dot(midpoint - center, n)) * n
            far_point = vor.vertices[v2] + \
                direction * radius
            new_region.append(len(new_vertices))
            new_vertices.append(far_point.tolist())
        # Sort region counterclockwise.  領域を反時計回りにソートする
        vs = np.asarray([new_vertices[v]
                         for v in new_region])
        c = vs.mean(axis=0)
        angles = np.arctan2(
            vs[:, 1] - c[1], vs[:, 0] - c[0])
        new_region = np.array(new_region)[
            np.argsort(angles)]
        new_regions.append(new_region.tolist())
    return new_regions, np.asarray(new_vertices)
```

9. voronoi_finite_polygons_2d()関数は領域のリスト（regions）と頂点のリスト（vertices）を返す。領域は頂点のインデックスをリストしたものである。頂点の座標はverticesに格納されている。これらのデータからセルのリスト（cells）を作成する。セルは、頂点座標の配列で構成される多角

形である。また、緯度と経度を地図上のピクセル位置に変換する`smopy.Map`の`to_pixels()`関数を使う。

```
>>> regions, vertices = voronoi_finite_polygons_2d(vor)
>>> cells = [m.to_pixels(vertices[region])
             for region in regions]
```

10. 各多角形の表示にどの色を使うか計算する。

```
>>> cmap = plt.cm.Set3
    # We generate colors for districts using a color map.   # カラーマップを使い、行政区ごとの色を生成する
    colors_districts = cmap(
        np.linspace(0., 1., ndistricts))[:, :3]
    # The color of every polygon, grey by default.          # 各多角形を彩色する。デフォルトは灰色
    colors = .25 * np.ones((len(districts), 3))
    # We give each polygon in Paris the color of            # 各多角形を行政区ごとの色で塗り分ける
    # its district.
    colors[paris] = colors_districts[districts[paris]]
```

11. 最後に、地図とボロノイ図を`Map`インスタンスの`show_mpl()`関数を使って表示する。

```
>>> ax = m.show_mpl(figsize=(12, 8))
    ax.add_collection(
        mpl.collections.PolyCollection(
            cells, facecolors=colors,
            edgecolors='k', alpha=.35))
```

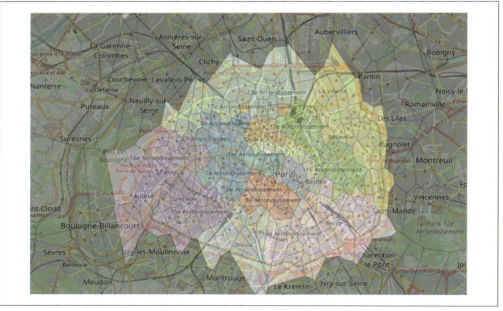

図14-12　ボロノイ図

解説

ユークリッド空間におけるボロノイ図の数学的定義を与えましょう。(x_i) が点の集合だとして、この点集合のボロノイ図は、次の式で定義される V_i (**セル**または**領域**) の集合です。

$$V_i = \{\mathbf{x} \in \mathbb{R}^d \mid \forall j \neq i, \quad ||\mathbf{x} - \mathbf{x}_i|| \leq ||\mathbf{x} - \mathbf{x}_j||\}$$

ボロノイ図の双対グラフが**ドロネー三角形分割**です。この幾何図形オブジェクトは、点集合の凸包を三角形で覆います。

SciPyでは、C++の計算機科学ライブラリであるQhullを使ってボロノイ図を計算します。

応用

以下参考資料です。

- Wikipedia の「Voronoi diagram」記事 (https://en.wikipedia.org/wiki/Voronoi_diagram、または Wikipedia 日本語版の「ボロノイ図」記事)
- Wikipedia の「Delaunay triangulation」記事 (https://en.wikipedia.org/wiki/Delaunay_triangulation、または Wikipedia 日本語版の「ドロネー図」記事)
- scipy.spatial.voronoiのマニュアル (https://docs.scipy.org/doc/scipy-dev/reference/generated/scipy.spatial.Voronoi.html)
- Qhull ライブラリのWebサイト (http://www.qhull.org)

関連項目

- 「レシピ14.6 Cartopyによる地理空間データの操作」

レシピ14.6 Cartopyによる地理空間データの操作

このレシピではシェープファイル形式の地理空間データを読み込み、表示する方法を紹介します。具体的には Natural Earth (https://www.naturalearthdata.com) が提供するアフリカの地図を描画し、人口と国内総生産 (Gross Domestic Product:GDP) で色分けします。この種のグラフは、階級区分図 (choropleth map) と呼ばれます。

シェープファイル (https://en.wikipedia.org/wiki/Shapefile、またはWikipedia日本語版「シェープファイル」)は、GISソフトウェア用地理情報ベクトル形式の標準的なデータフォーマットです。シェープファイルはPythonのGISパッケージであるCartopyによって読むことができます。

準備

https://scitools.org.uk/cartopy/docs/latest/ で提供されているCartopyを使用します。Anaconda

450 │ 14章　グラフ、幾何学、地理情報システム

にはデフォルトで含まれていますが、個別にインストールするには`conda install cartopy`コマンド
を使います。

手順

1. 必要なパッケージをインポートする。

```
>>> import io
    import requests
    import zipfile
    import numpy as np
    import matplotlib.pyplot as plt
    import matplotlib.collections as col
    from matplotlib.colors import Normalize
    import cartopy.crs as ccrs
    from cartopy.feature import ShapelyFeature
    import cartopy.io.shapereader as shpreader
    %matplotlib inline
```

2. Fionaを使ってシェープファイルデータを読み込む。このデータには、すべての国境が含まれる。
すべての国についての地理的、行政的情報を含むShapefile
（これは、Natural EarthのWebサイトhttps://www.naturalearthdata.com/downloads/10m-
cultural-vectors/10m-admin-0-countries/から入手した）をロードする

```
>>> url = ('https://github.com/ipython-books/'
           'cookbook-2nd-data/blob/master/'
           'africa.zip?raw=true')
    r = io.BytesIO(requests.get(url).content)
    zipfile.ZipFile(r).extractall('data')
    countries = shpreader.Reader(
        'data/ne_10m_admin_0_countries.shp')
```

3. アフリカの国々を選択する。

```
>>> africa = [c for c in countries.records()
              if c.attributes['CONTINENT'] == 'Africa']
```

4. アフリカ大陸の国境を描く関数を作成する。

```
>>> crs = ccrs.PlateCarree()
    extent = [-23.03, 55.20, -37.72, 40.58]
>>> def draw_africa(ax):
        ax.set_extent(extent)
        ax.coastlines()
>>> fig, ax = plt.subplots(
        1, 1, figsize=(6, 8),
        subplot_kw=dict(projection=crs))
    draw_africa(ax)
```

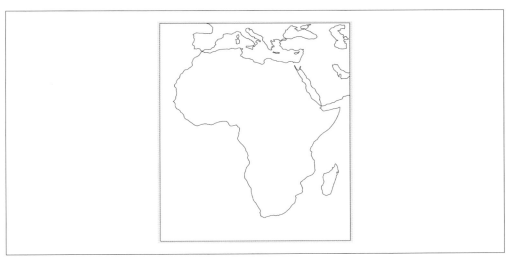

図14-13 アフリカ全体の輪郭を描画

5. 次に、人口やGDPなど、特定の属性に応じた色でアフリカの国々を塗り分ける関数を作成する。

```
>>> def choropleth(ax, attr, cmap_name):
        # We need to normalize the values before we can
        # use the colormap.
        values = [c.attributes[attr] for c in africa]
        norm = Normalize(
            vmin=min(values), vmax=max(values))
        cmap = plt.cm.get_cmap(cmap_name)
        for c in africa:
            v = c.attributes[attr]
            sp = ShapelyFeature(c.geometry, crs,
                                edgecolor='k',
                                facecolor=cmap(norm(v)))
            ax.add_feature(sp)
```

> カラーマップを使用する前に、値を正規化する必要がある

6. 最後に、アフリカのすべての国の人口とGDPを含む2つの階級区分図を表示する。

```
>>> fig, (ax1, ax2) = plt.subplots(
        1, 2, figsize=(10, 16),
        subplot_kw=dict(projection=crs))
    draw_africa(ax1)
    choropleth(ax1, 'POP_EST', 'Reds')
    ax1.set_title('Population')

    draw_africa(ax2)
    choropleth(ax2, 'GDP_MD_EST', 'Blues')
    ax2.set_title('GDP')
```

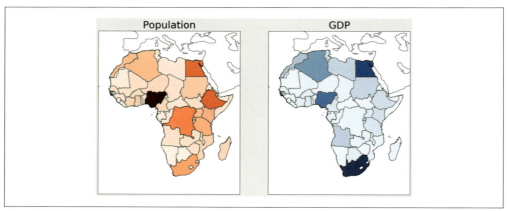

図14-14　アフリカの人口と国内総生産

応用

https://github.com/ResidentMario/geoplotで提供されているgeoplotパッケージは、階級区分図やその他の地理空間図を描画するための高度な機能を提供します。

関連項目

- 「レシピ14.7　道路網の経路探索」

レシピ14.7　道路網の経路探索

このレシピでは、ここまでに紹介した技法を使い、簡単なカーナビ風ルート探索をPythonで作ります。最短経路検索のために、米国国勢調査局（United States Census Bureau）からカリフォルニア州の道路網データを取得します。これにより、カリフォルニアのあらゆる2地点間のルートを地図上に表示できます。

準備

このレシピではSmopyを使用するため、`pip install smopy`コマンドでインストールします。NetworkXでシェープファイルを読み込むために使用するGDAL/OGRは、`conda install gdal`コマンドでインストールします。

手順

1. 必要なパッケージをインポートする。

    ```
    >>> import io
    import zipfile
    ```

レシピ14.7　道路網の経路探索 | **453**

```
import requests
import networkx as nx
import numpy as np
import pandas as pd
import json
import smopy
import matplotlib.pyplot as plt
%matplotlib inline
```

2. NetworkXでデータ（シェープファイルデータ）を読み込む。このデータセットには、カリフォルニア州の主要道路に関する詳細が収められている。NetworkXの read_shp() 関数は、地図上の位置をノードとし、2つのノード間をつなぐ道路をエッジとしたグラフを返す。このデータは米国国勢調査局のWebサイト https://www.census.gov/geo/maps-data/data/tiger.html から取得したものである。

```
>>> url = ('https://github.com/ipython-books/'
           'cookbook-2nd-data/blob/master/'
           'road.zip?raw=true')
    r = io.BytesIO(requests.get(url).content)
    zipfile.ZipFile(r).extractall('data')
    g = nx.read_shp('data/tl_2013_06_prisecroads.shp')
```

3. このグラフは必ずしも連結グラフ[*1]とはならないが、最短経路を求めるためには連結グラフである必要がある。そのため、connected_component_subgraphs() を使い最大の連結サブグラフを作成する。

```
>>> sgs = list(nx.connected_component_subgraphs(
        g.to_undirected()))
    i = np.argmax([len(sg) for sg in sgs])
    sg = sgs[i]
    len(sg)
464
```

4. （緯度と経度を指定して）2つの地点を定義し、その二地点間の最短経路を探索する。

```
>>> pos0 = (36.6026, -121.9026)
    pos1 = (34.0569, -118.2427)
```

5. グラフの各エッジには、通過する地点のリストを含めた道路の情報が含まれる。まず、グラフ内の任意のエッジに含まれる座標のリストを返す関数を作る。

```
>>> def get_path(n0, n1):
        """If n0 and n1 are connected nodes in the graph,
        this function returns an array of point
        coordinates along the road linking these two
        nodes."""
```

ノードn0とn1にグラフ上の接続があるならば、2つのノードをつなぐ道に沿った地点座標の配列を返す

[*1]　訳注：連結グラフとは、任意の2ノード間がつながっているグラフのことを指す。

454 | 14章　グラフ、幾何学、地理情報システム

```
        return np.array(json.loads(sg[n0][n1]['Json'])
                         ['coordinates'])
```

6. 道のりを計算するために、経路を利用する。まず、2つの地点の地理的な距離[*1]を計算する関数を定義する。

```
>>> # from https://stackoverflow.com/a/8859667/1595060
    EARTH_R = 6372.8
```
　　　出典 https://stackoverflow.com/a/8859667/1595060

```
    def geocalc(lat0, lon0, lat1, lon1):
        """Return the distance (in km) between two points
        in geographical coordinates."""
        lat0 = np.radians(lat0)
        lon0 = np.radians(lon0)
        lat1 = np.radians(lat1)
        lon1 = np.radians(lon1)
        dlon = lon0 - lon1
        y = np.sqrt((np.cos(lat1) * np.sin(dlon)) ** 2 +
            (np.cos(lat0) * np.sin(lat1) - np.sin(lat0) *
             np.cos(lat1) * np.cos(dlon)) ** 2)
        x = np.sin(lat0) * np.sin(lat1) + \
            np.cos(lat0) * np.cos(lat1) * np.cos(dlon)
        c = np.arctan2(y, x)
        return EARTH_R * c
```
　　　座標から 2 地点の距離 (km) を返す

7. 経路の道のりを計算する関数を定義する。

```
>>> def get_path_length(path):
        return np.sum(geocalc(path[1:, 1], path[1:, 0],
                          path[:-1, 1], path[:-1, 0]))
```

8. 接続された2つのノード間の距離をグラフに追加する。この情報は、エッジの distance 属性として格納する。

```
>>> # Compute the length of the road segments.
    for n0, n1 in sg.edges:
        path = get_path(n0, n1)
        distance = get_path_length(path)
        sg.edges[n0, n1]['distance'] = distance
```
　　　道路の区間長を計算する

9. グラフ上の最短経路を求めるために、指定された2点に一番近いノードを見つける。

```
>>> nodes = np.array(sg.nodes())
    # Get the closest nodes in the graph.
    pos0_i = np.argmin(
        np.sum((nodes[:, ::-1] - pos0)**2, axis=1))
    pos1_i = np.argmin(
        np.sum((nodes[:, ::-1] - pos1)**2, axis=1))
```
　　　グラフ上直近のノードを探索

[*1]　訳注：この関数は地球の丸みを考慮に入れた距離を計算する。

レシピ14.7 道路網の経路探索 | **455**

10. NetworkXの`shortest_path()`関数を用いて、2つの位置を最短で結ぶ経路を求める。各エッジの重みとして、距離を指定する。

```
>>> # Compute the shortest path.  最短経路の探索
    path = nx.shortest_path(
        sg,
        source=tuple(nodes[pos0_i]),
        target=tuple(nodes[pos1_i]),
        weight='distance')
    len(path)
19
```

11. ルートが求められた。path変数には、2つの地点を最短で結ぶエッジのリストが格納されている。Pandasを使ってルートの情報を取り出す。データには、道路の名前や種類（州道や国道など）の情報も含まれている。

```
>>> roads = pd.DataFrame(
        [sg.edges[path[i], path[i + 1]]
         for i in range(len(path) - 1)],
        columns=['FULLNAME', 'MTFCC',
                 'RTTYP', 'distance'])
    roads
```

	FULLNAME	MTFCC	RTTYP	distance
0	State Rte 1	S1200	S	100.658130
1	State Rte 1	S1200	S	33.419556
2	Cabrillo Hwy	S1200	M	4.399051
3	State Rte 1	S1200	S	12.400382
4	Cabrillo Hwy	S1200	M	36.693272
...	...	...	...	...
13	US Hwy 101	S1200	U	75.852281
14	Ventura Fwy	S1200	M	49.045475
15	Hollywood Fwy	S1200	M	0.885826
16	Hollywood Fwy	S1200	M	14.087603
17	Hollywood Fwy	S1200	M	0.010107

18 rows × 4 columns

このルートの道のりを求める。

```
>>> roads['distance'].sum()
508.664
```

12. 最後に、検索したルートを地図上に表示する。最初にSmopyで地図を取得する。

```
>>> m = smopy.Map(pos0, pos1, z=7, margin=.1)
```

456 | 14章　グラフ、幾何学、地理情報システム

---

13. 求めたルートはグラフ上のノードを接続したものである。ノード間のエッジは、（道路を構成する）通過地点のリストで構成される。そのため、経路上のすべてのエッジ上の地点を連結する関数を定義する必要がある。経路上の点を正しい順番で連結しなければならないので、あるエッジの最後の点が、次のエッジの最初の点と最も近いという特徴を利用して順番を決める。

```
>>> def get_full_path(path):
        """Return the positions along a path."""   経路上の点を求める
        p_list = []
        curp = None
        for i in range(len(path) - 1):
            p = get_path(path[i], path[i + 1])
            if curp is None:
                curp = p
            if (np.sum((p[0] - curp) ** 2) >
                    np.sum((p[-1] - curp) ** 2)):
                p = p[::-1, :]
            p_list.append(p)
            curp = p[-1]
        return np.vstack(p_list)
```

14. 経路をSmopyの地図上に表示するために、経路をピクセルに変換する。

```
>>> linepath = get_full_path(path)
    x, y = m.to_pixels(linepath[:, 1], linepath[:, 0])
```

15. 最後に地図と、選択した2地点を結ぶルートを表示する。

```
>>> ax = m.show_mpl(figsize=(8, 8))
    # Plot the itinerary.
    ax.plot(x, y, '-k', lw=3)
    # Mark our two positions.
    ax.plot(x[0], y[0], 'ob', ms=20)
    ax.plot(x[-1], y[-1], 'or', ms=20)
```

図14-15　最短経路の探索

解説

NetworkXのshortest_path()関数を使って、最短経路を探索しました。この関数はダイクストラ法を使用しています。このアルゴリズムは、ネットワークのルーティングプロトコルなど、さまざまな分野で応用されています。

2つの地点の地理的距離を算出するには、さまざまな方法があります。このレシピでは、地球が完全な球体であることを前提とした、比較的精密な算出方法である大圏距離（もしくは大円距離）を用いました。2つの連続した地点がそれほど離れていないのであれば、もっと簡単な方法で距離を求めても構いません。

応用

最短経路問題およびダイクストラ法に関する参考資料です。

- NetworkXのShortest paths機能ドキュメント（https://networkx.github.io/documentation/stable/reference/algorithms/shortest_paths.html）
- StackOverflowの記事「AからB地点までのルートを求めるアルゴリズムについて」（https://stackoverflow.com/q/430142/1595060）

458 | 14章　グラフ、幾何学、地理情報システム

- Wikipediaの「Shortest path problem」記事（https://en.wikipedia.org/wiki/Shortest_path_problem、またはWikipedia日本語版の「最短経路問題」記事）
- Wikipediaの「Dijkstra's algorithm」記事（https://en.wikipedia.org/wiki/Dijkstra%27s_algorithm、またはWikipedia日本語版の「ダイクストラ法」記事）

地理的距離に関する参考資料です。

- Wikipediaの「Geographical_distance」（地理的距離）記事（https://en.wikipedia.org/wiki/Geographical_distance）
- Wikipediaの「Great circle」記事（https://en.wikipedia.org/wiki/Great_circle、またはWikipedia日本語版の「大圏コース」）
- Wikipediaの「Great-circle distance」記事（https://en.wikipedia.org/wiki/Great-circle_distance、またはWikipedia日本語版の「大円距離」）

15章
記号処理と数値解析

本章で取り上げる内容

- はじめてのSymPy記号処理
- 方程式と不等式の解
- 実数値関数の解析
- 正確な確率の計算と確率変数の操作
- SymPyを使った簡単な数論
- 真理値表から論理命題式を生成する
- 非線形微分系の分析：ロトカ-ヴォルテラ（捕食者と被食者）方程式
- はじめてのSage

はじめに

　この章では、Pythonの記号処理用ライブラリであるSymPyを取り上げます。本書では、多くの数値解析的手法を使ってきましたが、ここでは記号処理が適している例を紹介します。

　NumPyが数値計算を扱うように、SymPyは記号処理を行います。例えば、SymPyはシミュレーションを行う前に数学的モデルを分析するのに役立ちます。

　非常に有効ではあるものの、SymPyは他の数式処理システムに比べて高速ではありません。SymPyがPythonのみで実装されていることが主な理由です。高速かつ強力な数式処理としてSageが挙げられます（本章の、「レシピ15.8　はじめてのSage」も参照してください）。Sageは（SymPyを含めた）数多くのモジュールに依存したスタンドアロンプログラムであり、本書の執筆時点では、Python 2でのみ利用可能でした。このプログラムは対話的に利用することを前提として、Jupyter Notebookに似たインターフェースを提供しています。

LaTeX

　LaTeXは出版品質の数式を扱えるマークアップ言語として広く普及しています。MathJax

460 | 15章　記号処理と数値解析

JavaScriptライブラリを使って、LaTeXで記述された数式をブラウザで表示できます。SymPyは、この仕組みを使ってJupyter Notebook上で数式を表示します。

LaTeXはMatplotlibからも利用できます。この場合、ローカルにLaTeXをインストールすることが推奨されます。

以下参考資料です。

- Wikipediaの「LaTeX」記事 (https://en.wikipedia.org/wiki/LaTeX、またはWikipedia日本語版の「LaTeX」記事)
- MatplotlibからのLaTeXの利用について (https://matplotlib.org/users/usetex.html)
- SymPyの数式表示に関するマニュアル (https://docs.sympy.org/latest/tutorial/printing.html)
- LaTeXのインストール手順 (https://www.latex-project.org/get/)

レシピ15.1　はじめてのSymPy記号処理

このレシピでは、SymPyを使った記号処理を簡単に紹介します。SymPyの高度な使い方については、次のレシピで取り上げます。

準備

SymPyはデフォルトでAnacondaにインストールされていますが、必要に応じて`conda install sympy`コマンドで手動インストールできます。

手順

SymPyはPythonのコードからも、IPythonの対話環境からも使えます。Notebook環境では、MathJax JavaScriptライブラリとLaTeXにより表示されます。SymPyの簡単な使用例を見てみましょう。

1. まず、SymPyをインポートし、Jupyter Notebook上でのLaTeX表示を有効にする。

```
>>> from sympy import *
    init_printing()
```

2. 記号変数を扱うために、定義を行う。

```
>>> var('x y')
```

$$(x, \ y)$$

3. `var()`関数は、記号を定義して名前空間に入れる。この関数は対話モードでのみ使える。Pythonのプログラム内では、記号を返す`symbols()`関数のほうが適している。

レシピ15.1　はじめてのSymPy記号処理 | **461**

```
>>> x, y = symbols('x y')
```

4. この記号を使って、数式を作成する。

```
>>> expr1 = (x + 1) ** 2
    expr2 = x**2 + 2 * x + 1
```

5. これらの式は等しいだろうか？

```
>>> expr1 == expr2
False
```

6. 数学的にこれらの式は等しいが、構文的に同じではない。数学的な等しさを確認するために、SymPyを使ってこれらの差を単純化させてみよう。

```
>>> simplify(expr1 - expr2)
```

$$0$$

7. 数式の中で記号を別の記号や数値で置き換えるのは、一般的な操作である。記号式に対するsubs()関数を使って行う。

```
>>> expr1.subs(x, expr1)
```

$$\left((x + 1)^2 + 1\right)^2$$

```
>>> expr1.subs(x, pi)
```

$$(1 + \pi)^2$$

8. Pythonでは、0.5と解釈されるので、有理数を1/2といった形で表現することができない。そこで、例えばS()関数を使って数値の1をSymPyの整数オブジェクト変換する。

```
>>> expr1.subs(x, S(1) / 2)
```

$$\frac{9}{4}$$

9. evalf()を使って、正確な数値表現が得られる。

```
>>> _.evalf()
```

$$2.25$$

10. lambdify()関数はSymPyの記号式からPythonの関数を作る。作成された関数は、NumPy配列を扱うことも可能となる。これにより、記号処理の世界と数値処理の世界を容易に行き来できる。

```
>>> f = lambdify(x, expr1)
>>> import numpy as np
    f(np.linspace(-2., 2., 5))
array([ 1.,  0.,  1.,  4.,  9.])
```

462 | 15章　記号処理と数値解析

解説

Pythonの構文を使用して正確な数式表現を扱う必要性からSymPyが作成されました。これは非常に有益かつ自然でもありますが、いくつか注意点があります。例えば数学的な変数を表す記号 x は、使う前にインスタンス化しなければなりません（NameError例外が発生します）。この点が他の数式処理システムとは異なる点です。このため、SymPyは事前に記号変数を宣言する方法を提供しているのです。

整数の割り算についてもSymPy的な考慮が必要です。例えば、1/2は0.5（Python 2では0）に評価されるため、これが分数を意図したものであったかを判定する方法はありません。そこで、2の除算を行う前に、数値の1を記号としての1に変換する必要がありました。

また、Pythonの等価性判定は数学的な表現ではなく、構文ツリー的に等しいかどうかを判定します。

関連項目

- 「レシピ15.2　方程式と不等式の解」
- 「レシピ15.8　はじめてのSage」

レシピ15.2　方程式と不等式の解

SymPyは線形および非線形方程式、または連立方程式を解くいくつかの手段を提供しています。もちろんこれらの方法が必ずしも式の厳密解を導くとは限りません。その場合には、数値ソルバーを用いて近似解を求める手段を使う必要があります。

手順

1. 記号をいくつか定義する。

   ```
   >>> from sympy import *
       init_printing()
   >>> var('x y z a')
   ```

   $$(x,\ y,\ z,\ a)$$

2. solve()関数を使って、方程式を解く（方程式の右辺はデフォルトで0）。

   ```
   >>> solve(x**2 - a, x)
   ```

   $$\left[\, -\sqrt{a},\ \sqrt{a}\, \right]$$

3. 不等式を解くことできる。実数領域の一変数不等式を解くには、solve_univariate_inequality()関数を使用する。

   ```
   >>> x = Symbol('x')
   ```

```
solve_univariate_inequality(x**2 > 4, x)
```

$$(-\infty < x \land x < -2) \lor (2 < x \land x < \infty)$$

4. solve() 関数は、連立方程式 (ここでは、線形方程式を使う) も受け付ける。

```
>>> solve([x + 2*y + 1, x - 3*y - 2], x, y)
```

$$\left\{ x : \frac{1}{5}, \ y : -\frac{3}{5} \right\}$$

5. 非線形方程式も扱える。

```
>>> solve([x**2 + y**2 - 1, x**2 - y**2 - S(1) / 2], x, y)
```

$$\left[\left(-\frac{\sqrt{3}}{2}, \ -\frac{1}{2} \right), \ \left(-\frac{\sqrt{3}}{2}, \ \frac{1}{2} \right), \ \left(\frac{\sqrt{3}}{2}, \ -\frac{1}{2} \right), \ \left(\frac{\sqrt{3}}{2}, \ \frac{1}{2} \right) \right]$$

6. 特異線形方程式も解くことができる (ここでは2つの方程式は共線の関係であるため、解は無限個存在する)。

```
>>> solve([x + 2*y + 1, -x - 2*y - 1], x, y)
```

$$\{ x : -2y - 1 \}$$

7. それでは、記号変数を含む行列を使って、線形システムを解いてみよう。

```
>>> var('a b c d u v')
```

$$(a, \ b, \ c, \ d, \ u, \ v)$$

8. 線形係数からなるシステムの行列と右辺行列とを組み合わせた**拡大行列**を作る。この行列は x, y についての線形方程式 $ax + by = u, cx + dy = v$ に相当する。

```
>>> M = Matrix([[a, b, u], [c, d, v]])
    M
```

$$\begin{bmatrix} a & b & u \\ c & d & v \end{bmatrix}$$

```
>>> solve_linear_system(M, x, y)
```

$$\left\{ x : \frac{-bv + du}{ad - bc}, \qquad y : \frac{av - cu}{ad - bc} \right\}$$

9. 解が一意であるためには、このシステムの行列は非特異行列であること、つまり行列の行列式がゼロでないことが必要である (そうでなければ、前式の分数の分母がゼロになる)。

```
>>> det(M[:2, :2])
```

$$ad - bc$$

464 | 15章　記号処理と数値解析

応用

　SymPyの行列サポート機能は豊富であり、数多くの行列に対する操作や分解が用意されています（リファレンスガイド https://docs.sympy.org/latest/modules/matrices/matrices.html を参照）。

　以下線形代数に関する参考資料です。

- Wikipediaの「Linear algebra」記事の「Further reading」項目（https://en.wikipedia.org/wiki/Linear_algebra#Further_reading、またはWikipedia日本語版の「線形代数学」記事）
- Wikibooksの「Linear Algebra」記事（https://en.wikibooks.org/wiki/Linear_Algebra、またはWikibooks日本語版の「線形代数学」記事）
- 筆者のリンク集「驚くべき数学：Awesome Math」のLinear Algebraセクション（https://github.com/rossant/awesome-math/#linear-algebra）。

レシピ15.3　実数値関数の解析

　SymPyには、極限、冪級数、導関数、積分、フーリエ変換など、実数値関数を解析するための高機能なツールボックスが用意されています。このレシピでは、これらの機能の基礎を紹介します。

手順

1. 最初にいくつかのシンボルと関数（これは x にだけ依存する式にする）を定義する。

```
>>> from sympy import *
    init_printing()
>>> var('x z')
```

$$(x,\ z)$$

```
>>> f = 1 / (1 + x**2)
```

2. この関数を1で評価する。

```
>>> f.subs(x, 1)
```

$$\frac{1}{2}$$

3. 次にこの関数の導関数を求める。

```
>>> diff(f, x)
```

$$-\frac{2x}{\left(x^2 + 1\right)^2}$$

4. 無限大に対する f' の極限値を見てみよう（2つのo（oo）は無限大を表す記号）。

レシピ 15.3　実数値関数の解析 | **465**

```
>>> limit(f, x, oo)
```

$$0$$

5. 次は、テイラー級数を計算する方法である（ここでは0の周りで9次までを求める）。高次の項を表す大文字$\mathcal{O}$は removeO() メソッドで取り除ける。

```
>>> series(f, x0=0, n=9)
```

$$1 - x^2 + x^4 - x^6 + x^8 + \mathcal{O}(x^9)$$

6. 定積分の計算を行う（ここでは、実数全体にわたって行う）。

```
>>> integrate(f, (x, -oo, oo))
```

$$\pi$$

7. SymPy は不定積分も計算することができる。

```
>>> integrate(f, x)
```

$$\operatorname{atan}(x)$$

8. 最後に、f のフーリエ変換を計算する。

```
>>> fourier_transform(f, x, z)
```

$$\pi e^{-2\pi z}$$

応用

SymPy は、フーリエ変換以外の積分変換も数多く提供しています（https://docs.sympy.org/dev/modules/integrals/integrals.html を参照してください）。しかしながら、必ずしも閉形式の解を見つけることができるとは限りません。

以下は、実解析と微積分に関する一般的な参考資料です。

- Wikipedia の「Real analysis」記事（https://en.wikipedia.org/wiki/Real_analysis#Bibliography、または Wikipedia 日本語版の「実解析」記事）
- Wikibooks の「Calculus」記事（https://en.wikibooks.org/wiki/Calculus、または Wikibooks 日本語版の「解析学基礎」記事）
- 筆者のリンク集「驚くべき数学：Awesome Math」の Real Analysis セクション（https://github.com/rossant/awesome-math/#real-analysis）

466 | 15章　記号処理と数値解析

レシピ15.4　正確な確率の計算と確率変数の操作

　SymPyには、確率変数を操作するためのstatsモジュールが用意されています。この機能は確率モデルや統計モデルを扱う際に、確率変数の期待値、分散、確率、確率密度などを記号処理で求めることを可能とします。

手順

1. SymPyとstatsモジュールをインポートする。

   ```
   >>> from sympy import *
   from sympy.stats import *
   init_printing()
   ```

2. 6面のサイコロ2つ、XとYを振る。

   ```
   >>> X, Y = Die('X', 6), Die('Y', 6)
   ```

3. 不等式、または等式 (Eq演算子を使う) で定義した事象の確率を計算する。

   ```
   >>> P(Eq(X, 3))
   ```
   $$\frac{1}{6}$$

   ```
   >>> P(X > 3)
   ```
   $$\frac{1}{2}$$

4. 条件は、複数の確率変数で構成しても構わない。

   ```
   >>> P(X > Y)
   ```
   $$\frac{5}{12}$$

5. 条件付き確率も計算できる。

   ```
   >>> P(X + Y > 6, X < 5)
   ```
   $$\frac{5}{12}$$

6. 任意の離散確率変数や連続確率変数も扱える。

   ```
   >>> Z = Normal('Z', 0, 1)  # Gaussian variable
   ```
   ガウス変数
   ```
   >>> P(Z > pi)
   ```
   $$\frac{\sqrt{2}\sqrt{\pi}}{4}\left(-\frac{\sqrt{2}}{\sqrt{\pi}}\operatorname{erf}\left(\frac{\sqrt{2}\pi}{2}\right) + \frac{\sqrt{2}}{\sqrt{\pi}}\right)$$

7. 期待値と分散を計算する。

```
>>> E(Z**2), variance(Z**2)
```
$$(1,\ 2)$$

8. 次に確率密度を計算する。

```
>>> f = density(Z)
>>> var('x')
    f(x)
```

$$\frac{\sqrt{2}e^{-\frac{x^2}{2}}}{2\sqrt{\pi}}$$

9. 最後にこの確率密度のプロットを行う。

```
>>> %matplotlib inline
    plot(f(x), (x, -6, 6))
```

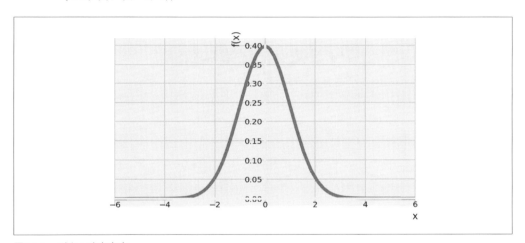

図15-1　ガウス確率密度

解説

SymPyのstatsモジュールには、古典的法則（二項分布、指数分布など）や離散分布、連続分布を使って確率変数を定義するための離散的または連続的な関数が数多く用意されています。これらの機能は、SymPyが備える強力な積分アルゴリズムを活用して、確率分布を積分することで正確な確率量を求めています。例えば$P(Z>\pi)$は次のように計算されます。

```
>>> Eq(Integral(f(x), (x, pi, oo)),
       simplify(integrate(f(x), (x, pi, oo))))
```

$$\int_{\pi}^{\infty} \frac{\sqrt{2}e^{-\frac{x^2}{2}}}{2\sqrt{\pi}}\ dx = -\frac{1}{2}\ \mathrm{erf}\left(\frac{\sqrt{2}\pi}{2}\right) + \frac{1}{2}$$

最後に、Pythonの文法では標準である==ではなくEq演算子を使って等式を定義する点に注意しましょう。これはSymPyの機能であり、==がPythonの変数の等価性を評価するのに対して、Eqは記号表現に対する数学的な等価性を示すものとなっています。

応用

以下参考資料です。

- SymPyのstatsモジュールドキュメント (https://docs.sympy.org/latest/modules/stats.html)
- 筆者のリンク集「驚くべき数学：Awesome Math」のProbabilityセクション (https://github.com/rossant/awesome-math/#probability-theory)
- 筆者のリンク集「驚くべき数学：Awesome Math」のStatisticsセクション (https://github.com/rossant/awesome-math/#statistics)

レシピ15.5　SymPyを使った簡単な数論

SymPyには素数、素因数分解など数論に関する関数も数多く用意されています。ここでは、そのうちのいくつかを紹介しましょう。

準備

LaTeXによる数式をMatplotlibの凡例として表示するには、LaTeXがインストールされている必要があります（この章の「はじめに」を参照してください）。

手順

1. SymPyとNumber theoryパッケージをインポートする。

    ```
    >>> from sympy import *
        import sympy.ntheory as nt
        init_printing()
    ```

2. 指定した数が、素数かどうかをテストする。

    ```
    >>> nt.isprime(2017)
    True
    ```

3. 与えた数以降の次の素数を探す。

    ```
    >>> nt.nextprime(2017)
    ```
    2027

4. 1000番目の素数を計算する。

    ```
    >>> nt.prime(1000)
    ```

$$7919$$

5. 2017以下の素数の個数を数える。

   ```
   >>> nt.primepi(2017)
   ```
   $$306$$

6. x以下の素数の数を表す**素数計数関数**$\pi(x)$のグラフを描いてみよう。**素数定理**によると、この関数は$x/\log(x)$に漸近的に等価となる。つまりこの式は、すべての整数に対して、素数の分布状態をおおよそ表していることになる。

   ```
   >>> import numpy as np
       import matplotlib.pyplot as plt
       %matplotlib inline
       x = np.arange(2, 10000)
       fig, ax = plt.subplots(1, 1, figsize=(6, 4))
       ax.plot(x, list(map(nt.primepi, x)), '-k',
               label='$\pi(x)$')
       ax.plot(x, x / np.log(x), '--k',
               label='$x/\log(x)$')
       ax.legend(loc=2)
   ```

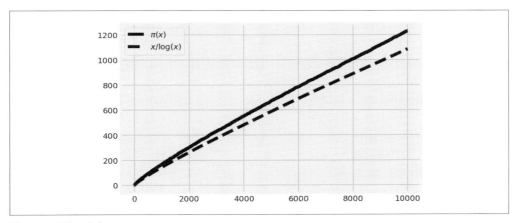

図15-2　素数の分布

7. 与えた数を素因数分解する。

   ```
   >>> nt.factorint(1998)
   ```
   $$\{2:1,\ 3:3,\ 37:1\}$$
   ```
   >>> 2 * 3**3 * 37
   ```
   $$1998$$

8. 最後に小さな問題を解いてみよう。怠け者の数学者が碁石を数えている。碁石を3行に並べると、最後の列は碁石が1つになる。4行に並べると最後の列は2つに、そして5行に並べると3つにな

る。碁石は全部で何個あるだろうか？（ヒント：怠け者の数学者が持っている碁石は100個以下である）

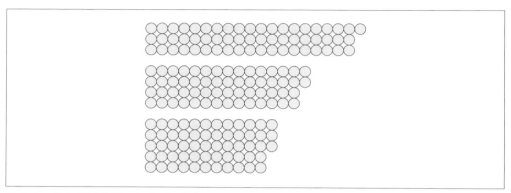

図15-3　中国の剰余定理による碁石の勘定

中国の剰余定理により、答えが求められる。

```
>>> from sympy.ntheory.modular import solve_congruence
    solve_congruence((1, 3), (2, 4), (3, 5))
```

$$(58, 60)$$

60の倍数に58を加えたものが解であり、これは無限に存在する。条件が100個以下であるなら、58が正しい答えとなる。

解説

SymPyは数論関連の関数を数多く提供しています。ここでは、**中国の剰余定理**を用いて、次の方程式の解を求めました。

$$n \equiv a_1 \mod m_1$$
$$\vdots$$
$$n \equiv a_k \mod m_k$$

図15-5　中国の剰余定理

三本線の記号は、モジュロ合同を表します。ここでは、$a_i - n$ が m_i で割り切れます。言い換えると、n と a_i は、m_i の倍数から見て同じ関係にあります。合同は周期性を考えるときに便利な概念です。例えば、12時間刻みの時計は12を法として操作可能です。11と23は、その差が12の倍数であることから12を法として等価（どちらも同じ時刻を表す）となります。

このレシピの例では、3つの合同を満たさなければなりません。碁石の数を3で割った余りは1（3行に整列させた場合、1つの碁石が余る）であり、4の余りは2、5の余りは3でした。これらの値をSymPyのsolve_congruence()関数に与えると、解が得られます。

m_i中の対がそれぞれ互いに素（m_iから異なる2つの数をどのように選んでも、それらが互いに素）である場合、解が存在することが定理により示されています。この数論における基本的な定理は、さまざまな領域で応用されていますが、とりわけ暗号の分野で広く使われています。

応用

数論についての教科書をいくつか紹介します。

- 学部生レベル：『Elementary Number Theory』Gareth A. Jones、Josephine M. Jones著、Springer刊、1998
- 大学院レベル：『A Classical Introduction to Modern Number Theory』Kenneth Ireland、Michael Rosen著、Springer刊、1982

以下参考資料です。

- SymPyのnumber-theoryモジュールマニュアル（https://docs.sympy.org/latest/modules/ntheory.html）
- Wikipediaの「Chinese remainder theorem」記事（https://en.wikipedia.org/wiki/Chinese_remainder_theorem、またはWikipedia日本語版の「中国の剰余定理」記事）
- 中国の剰余定理の応用分野（https://mathoverflow.net/questions/10014/applications-ofthe-chinese-remaindertheorem）
- 筆者のリンク集「驚くべき数学：Awesome Math」のNumber Theoryセクション（https://github.com/rossant/awesome-math/#number-theory）

レシピ15.6　真理値表から論理命題式を生成する

SymPyのlogicモジュールは**命題式**と呼ばれる複雑な論理式の操作を可能にします。このレシピでは、logicモジュールの有用性を示します。

3つの論理変数で構成される複雑なif文を含むプログラムを書かなければならないとしましょう。このif文の持つ8つの状態（例えば、真、真、偽の組み合わせで1つ）のそれぞれについて、結果としてどうなるか考えることができます。

SymPyはこの真偽の組み合わせを満たす単純な論理式を生成します。

472 | 15章　記号処理と数値解析

手順

1. SymPyをインポートする。

   ```
   >>> from sympy import *
       init_printing()
   ```

2. シンボルをいくつか定義する。

   ```
   >>> var('x y z')
   ```

   $$(x, \; y, \; z)$$

3. このシンボルと演算子を組み合わせて、命題式を定義する。

   ```
   >>> P = x & (y | ~z)
       P
   ```

   $$x \wedge (y \vee \neg z)$$

4. subs()関数を使って、それぞれのシンボルに論理値を与えた結果を評価できる。

   ```
   >>> P.subs({x: True, y: False, z: True})
   ```

   False

5. 次の真理値表を満たすx, y, zからなる命題式を見つける。

x	y	z	??
T	T	T	*
T	T	F	*
T	F	T	**T**
T	F	F	**T**
F	T	T	**F**
F	T	F	**F**
F	F	T	**F**
F	F	F	**T**

図15-4　真理値表

6. 結果が真と評価される組み合わせと、真でも偽でも構わない組み合わせをすべて書き出す。

   ```
   >>> minterms = [[1, 0, 1], [1, 0, 0], [0, 0, 0]]
       dontcare = [[1, 1, 1], [1, 1, 0]]
   ```

7. SOPform()関数を使って、適切な関数を導き出す。

   ```
   >>> Q = SOPform(['x', 'y', 'z'], minterms, dontcare)
       Q
   ```

   $$x \vee (\neg y \wedge \neg z)$$

レシピ15.7　非線形微分系の分析：ロトカ-ヴォルテラ（捕食者と被食者）方程式 | **473**

8. この命題式が意図通りの結果となるかテストする。

```
>>> Q.subs({x: True, y: False, z: False}), Q.subs(
        {x: False, y: True, z: True})
```

$$(\text{True}, \text{False})$$

解説

SOPform()関数は、与えられた真理値表から命題式を生成し、**クワイン-マクラスキー法**を使って、式を単純化します。その結果は、最も単純な論理積の論理和（または、合接の離接）の形式となります。同様に、POSform()関数を使うと、和積の形式が得られます。

ここでの真理値表は次のような場合を表しています。例えば、あるファイルがまだ存在していない場合（z）、またはファイルに対する書き込みを強制する場合（x）を考えます。加えて、ファイルに対する書き込みをユーザが抑止（y）できるとします。命題式がTrueに評価された場合、ファイルへの書き込みが可能です。このSOP式はxとyを同時に設定させないことで、うまく働きます（強制的な書き込みと、書き込み抑止を同時に指定できない）。

応用

以下参考資料です。

- SymPyのlogicモジュールドキュメント（https://docs.sympy.org/latest/modules/logic.html）
- Wikipediaの「Propositional formula」（命題式）記事（https://en.wikipedia.org/wiki/Propositional_formula）
- Wikipediaの「Canonical_normal_form」（和積標準形）記事（https://en.wikipedia.org/wiki/Canonical_normal_form）
- Wikipediaの「Quine-McCluskey algorithm」記事（https://en.wikipedia.org/wiki/Quine-McCluskey_algorithm、またはWikipedia日本語版の「クワイン・マクラスキー法」記事）
- 筆者のリンク集「驚くべき数学：Awesome Math」のLogicセクション（https://github.com/rossant/awesome-math/#logic）

レシピ15.7　非線形微分系の分析：ロトカ-ヴォルテラ（捕食者と被食者）方程式

ここでは、有名な非線形微分システムである**ロトカ-ヴォルテラ方程式**、または捕食者と被食者の方程式に関する簡単な分析を行います。捕食者と獲物（例えば、サメとイワシ）のような関連する個体数の変化を表した1階の微分方程式です。この例では、SymPyを使い厳密な式による表現と、その結

474 | 15章 記号処理と数値解析

果から不動点と安定状態を求めます。

準備

このレシピについて、あらかじめ線形および非線形微分方程式の基礎知識を学んでおくことをお勧
めします。

手順

1. いくつかのシンボルを定義する。

```
>>> from sympy import *
    init_printing(pretty_print=True)

    var('x y')
    var('a b c d', positive=True)
```

$$(a,\ b,\ c,\ d)$$

2. x と y はそれぞれ獲物と捕食側の個体数を表す。パラメータ a, b, c, d は、値を正の数に制限する
   (詳細は「解説」セクションで説明する)。使用する方程式は次の通り。

$$\frac{dx}{dt} = f(x) = x\,(a - by) \tag{1}$$

$$\frac{dy}{dt} = g(x) = -y\,(c - dx) \tag{2}$$

```
>>> f = x * (a - b * y)
    g = -y * (c - d * x)
```

3. この系の不動点を見つける ($f(x, y) = g(x, y) = 0$ を解く)。この結果を (x_0, y_0) と (x_1, y_1) と呼ぶ。

```
>>> solve([f, g], (x, y))
```

$$\left[(0,\ 0),\ \left(\frac{c}{d},\ \frac{a}{b}\right)\right]$$

```
>>> (x0, y0), (x1, y1) = _
```

4. 2つの方程式で2次元配列を作る。

```
>>> M = Matrix((f, g))
    M
```

$$\begin{bmatrix} x\,(a - by) \\ -y\,(c - dx) \end{bmatrix}$$

5. (x, y) の関数としてこの系の**ヤコビアン**を計算する。

レシピ15.7　非線形微分系の分析：ロトカ-ヴォルテラ（捕食者と被食者）方程式 | **475**

```
>>> J = M.jacobian((x, y))
    J
```

$$\begin{bmatrix} a - by & -bx \\ dy & -c + dx \end{bmatrix}$$

6. 最初の不動点に対するヤコビアンの固有値を求めることで、この点の安定性を調べる。最初の不動点は、絶滅状態に相当する。

```
>>> M0 = J.subs(x, x0).subs(y, y0)
    M0
```

$$\begin{bmatrix} a & 0 \\ 0 & -c \end{bmatrix}$$

```
>>> M0.eigenvals()
```

$$\{a : 1, \ -c : 1\}$$

パラメータaとcは正の数に制限しているため、固有値は実数かつ負数であり、この点は鞍点となる。これは不安定であるため、このモデルにおいて両者が絶滅する見込みはない。

7. 2つ目の不動点について調べよう。

```
>>> M1 = J.subs(x, x1).subs(y, y1)
    M1
```

$$\begin{bmatrix} 0 & -\frac{bc}{d} \\ \frac{ad}{b} & 0 \end{bmatrix}$$

```
>>> M1.eigenvals()
```

$$\{-i\sqrt{a}\sqrt{c} : 1, \ i\sqrt{a}\sqrt{c} : 1\}$$

固有値は虚数となったので、この固有値は双曲線形とならなかった。このため、2つ目の不動点周辺での定性的振る舞いに関して、この線形分析による結論は出せない。しかし、他の手法により不動点周辺では振動が発生することがわかっている。

解説

ロトカ-ヴォルテラ方程式は、捕食側と獲物の側の関係に配慮した個体数をモデル化します。最初の式ではaxの項が獲物の急激な増加を、$-bxy$が捕食されることによる減少を表しています。同様に、2つ目の式では$-yc$が捕食者の自然死を、dxyは餌を食べることによる増加を表しています。

系が平衡する点を見つけるには、変数がそれ以上変化しなくなるための、$dx/dt = dy/dt = 0$つまり$f(x, y) = g(x, y) = 0$となるようなxとyの値を探す必要があります。ここでは solve() 関数を使って平衡点の解析値を得ます。

476 | 15章 記号処理と数値解析

それらの安定性を調べるために、平衡点の**ヤコビ行列**を使って非線形方程式の線形分析を行う必要があります。この行列は線形化したシステムを表現し、その固有値は平衡点周辺の安定性を示します。**ハートマン-グロブマンの定理**により、平衡点が双曲線形である（つまり、行列の固有値すべての値の実数部が0ではない）場合、この平衡点の周辺において元の系の振る舞いは線形化した系と定性的に一致します。ここでは1つ目の点は a と c が0以上であることから**双曲線形**でしたが、2つ目の点はそうではありませんでした。このようにヤコビ行列と、不動点における固有値を記号式から求めることができました。

応用

微分系が（この例のように）解析的に解けない場合でも、系の振る舞いを数値解析により定量的に把握できます。数値誤差と近似により系の振る舞いに対して誤った結論が得られる可能性から、定性的結論に興味がある場合には、数値解析が常に適切なものであるとは限りません。

以下参考資料です。

- SymPy の Matrix マニュアル (https://docs.sympy.org/dev/modules/matrices/matrices.html)
- Wikipedia の「Dynamical system」記事 (https://en.wikipedia.org/wiki/Dynamical_system、または Wikipedia 日本語版の「力学系」記事)
- Scholarpedia の「Equilibrium」（平衡点）記事 (http://www.scholarpedia.org/article/Equilibrium)
- Wikipedia の「Bifurcation theory」記事 (https://en.wikipedia.org/wiki/Bifurcation_theory、または Wikipedia 日本語版の「分岐（カオス理論）」記事)
- Wikipedia の「Chaos theory」記事 (https://en.wikipedia.org/wiki/Chaos_theory、または Wikipedia 日本語版の「カオス理論」記事)
- Wikipedia の「Dynamical system」記事の「Further reading」（参考文献）項目(https://en.wikipedia.org/wiki/Dynamical_system#Further_reading)
- 筆者のリンク集「驚くべき数学：Awesome Math」の ordinary differential equations セクション (https://github.com/rossant/awesome-math/#ordinary-differential-equations)

レシピ15.8　はじめてのSage

Sage[*1] (https://www.sagemath.org) は Python をベースにした、スタンドアロンの数式ソフトウェアであり、Mathematica、Maple、MATLAB などのオープンソース版と言って良いでしょう。Sage は、

---

*1　訳注：Sage は SageMath の略した呼び方であるが、公式のドキュメントでは Sage と書かれているので、本書でも Sage で統一する。

多くの数学ライブラリに対する統一されたインターフェースを提供します。これらのライブラリには、SciPy、SymPy、NetworkX、およびその他のPythonの科学計算ライブラリに加え、ATLAS、BLAS、GSL、LAPACK、Singularなど、Python以外のライブラリも含みます。

このレシピではSageを簡単に紹介します。

準備

Sageを使うには、2つの方法があります。

- Sageをインストールする（https://www.sagemath.org/doc/installation/ を参照）
- CoCalcを使ってJupyter Notebook形式のSageを利用する（https://cocalc.com/ を参照）

非常に多くのライブラリに依存しているため、Sageは重く、ソースからコンパイルするのは困難です。Ubuntuでは、システムのパッケージマネージャを使うことができます（https://www.sagemath.org/download-linux.htmlを参照）。

Sageをインストールした後は、ターミナルで sage -n jupyter コマンドを実行することでJupyter上でSageを実行できます。

手順

ここでは、新しいNotebookを作り、基本的な機能を紹介します。

1. Sageは、計算式を受け付ける。

    ```
    >>> 3 * 4
    12
    ```

2. Pythonをベースにしているので、Sageの文法はPythonに似ているが、いくつかの相違点がある。例えば累乗は古典的な^記号を使う。

    ```
    >>> 2 ^ 3
    8
    ```

3. SymPyのように、記号変数は使用する前に var() 関数で宣言する必要がある。しかし、変数xだけは、あらかじめ定義されている。xを使用した新しい数式を定義する。

    ```
    >>> f = 1 - sin(x) ^ 2
    ```

4. fを単純化する。

    ```
    >>> f.simplify_trig()
    cos(x)^2
    ```

5. 値を指定して、fを評価する。

    ```
    >>> f(x=pi)
    1
    ```

6. 導関数と積分を求める。

    ```
    >>> f.diff(x)
    -2*cos(x)*sin(x)
    >>> f.integrate(x)
    1/2*x + 1/4*sin(2*x)
    ```

7. Sageは記号計算だけでなく、数値計算もサポートする。

    ```
    >>> find_root(f - x, 0, 2)
    0.6417143708729726
    ```

8. Sageは（対話型ウィジェットを含めて）豊富なグラフ描画機能も付属しています。

    ```
    >>> f.plot((x, -2 * pi, 2 * pi))
    ```

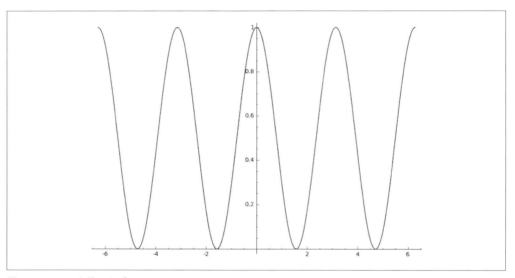

図15-5　Sageを使ったプロット

```
>>> x, y = var('x,y')
    plot3d(sin(x ^ 2 + y ^ 2) / (x ^ 2 + y ^ 2),
        (x, -5, 5), (y, -5, 5))
```

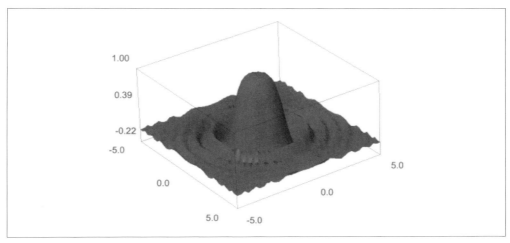

図15-6　Sageを使った3次元プロット

応用

非常に簡単なこのレシピだけでは、Sageのもたらす膨大な可能性の良し悪しを判断できません。Sageの機能は代数、組合せ、数値解析、数論、微積分、幾何学、グラフ理論など非常に多くの数学的分野を網羅しています。以下参考資料です。

- Sageの詳細なチュートリアル（http://doc.sagemath.org/html/en/tutorial/index.html）
- Sageのマニュアル（http://doc.sagemath.org/html/en/reference/index.html）
- Sageの動画解説（https://www.sagemath.org/help-video.html）

関連項目

- 「レシピ15.1　はじめてのSymPy記号処理」

付録 A
日本語の取り扱い

A.1 文字列とエンコーディング

Python 3.Xを使うならば、日本語の扱いで考慮しなければならないことは、あまり多くありません。変数名に日本語も使用できます。

Python 2.Xには、unicode型が用意されているので、日本語文字列はstr型と互換性のあるunicode型のインスタンスを使えば文字列処理が可能です。Python 3.Xではstr型がUnicode文字列となったため、unicode型を使う必要はありません。

文字列リテラルはソースコードのエンコーディングを使って解釈されますが、デフォルト以外のエンコーディングでソースコードを記述すると、Pythonコマンドがエラーとなります。Python 3.XのデフォルトエンコーディングはUTF-8ですが、Python 2.XはASCIIなので、日本語文字列リテラルやコメントを含むPython 2.Xのコードはエラーとなります。

デフォルトエンコーディングはsys.getdefaultencoding()で調べられます。

```
In [1]: # Python 3のデフォルトエンコーディング
        import sys
        sys.getdefaultencoding()
Out [1]: 'utf-8'
```

例えば、次のPythonコードを含むソースファイルを作ります。エディタとしてWindowsのメモ帳を使いましょう。

```
print("こんにちは")
```

ファイル名をsample.pyとします。メモ帳の「名前をつけて保存」ダイアログのオプションで文字コードを「ANSI」とします。これで日本語文字列はShiftJISエンコードで保存されます。

このファイルをPythonで実行します。

```
python sample.py
```

Python 3.7の場合

```
    File "sample.py", line 1
SyntaxError: Non-UTF-8 code starting with '\x82' in file sample.py on line 1, but no encoding
declared; see http://python.org/dev/peps/pep-0263/ for details
```

> SyntaxError: ファイルsample.pyの1行目に\x82で始まるUTF-8ではない文字があるが、エンコーディングは指定されていない。詳細は http://python.org/dev/peps/pep-0263/を参照

Python 2.7の場合

```
    File "sample.py", line 1
SyntaxError: Non-ASCII code starting with '\x82' in file sample.py on line 1, but no encoding
declared; see http://python.org/dev/peps/pep-0263/ for details
```

> SyntaxError: ファイルsample.pyの1行目に\x82で始まるASCIIではない文字があるが、エンコーディングは指定されていない。詳細は http://python.org/dev/peps/pep-0263/を参照

　文字列リテラルの内部が、デフォルトのエンコーディングで解釈できないためエラーとなりました。Python 2ではデフォルトエンコーディングとしてASCIIを期待していることがわかります。

　デフォルト以外のエンコーディングを使うか、Python 2.Xで日本語の文字列リテラルを使うのであれば、ソースコードの1行目か2行目に特殊な形式のコメントを置いてエンコーディングを指定します。以下はこの行を含むソースコードが、ShiftJISエンコーディングで記述されていることを示しています。

```
# coding: shift_jis
```

　この指定方法は、PEP 0263として定められています。詳しくはPEP 0263を参照してください。

　先ほどのsample.pyにエンコード指定のコメントを追加します。

```
# coding: shift_jis
print(" こんにちは ")
```

　同じようにPythonで実行します。

```
python sample.py
こんにちは
```

　Python 3.Xの場合は、エンコーディング指定のコメントを追加する代わりに、UTF-8エンコーディングでソースコードを保存しても構いません。Windowsのメモ帳であれば、ファイル保存時の文字コードにUTF-8を指定します。

　ソースコードをどのエンコーディングで記述するかは、ソースコードの作成方法に依存します。この例ではWindowsのメモ帳の例を紹介しましたが、使用するテキストエディタの設定を確認してください。

参考資料

以下参考資料です。

- Unicode HOWTO 日本語版（Python 3.X）（http://docs.python.jp/3/howto/unicode.html）
- PEP 0263（https://www.python.org/dev/peps/pep-0263/）

A.2　Jupyter Notebook と日本語

Jupyter Notebook はブラウザを使ってコードを入力するため、ソースコードのエンコーディングを気にする必要はありません。コードはデフォルトエンコーディングが UTF-8 である JSON フォーマットで保存され、日本語のリテラルも問題なく扱われます。Jupyter Notebook のコードをリファクタリングして、Python コマンドのスクリプトにする際に、ソースコードエンコーディングについての配慮が必要となります。

以下参考資料です。

- Wikipedia 日本語版「JSON」記事（https://ja.wikipedia.org/wiki/JavaScript_Object_Notation）

A.3　Matplotlib と日本語

A.3.1　フォントの指定

本書では可視化のために Matplotlib を使用したグラフを多用しています。Matplotlib のグラフで日本語を表示するためには、日本語を表示可能なフォントを指定しなければなりません。まず、何も指定しない場合のグラフ表示を見てみましょう。

```
In [1]: import numpy as np
        import matplotlib.pyplot as plt
        %matplotlib inline
In [2]: x = np.linspace(0, 10)
        y = np.sin(x)
In [3]: plt.plot(x, y)
        plt.title("三角関数")
        plt.ylabel("$sin(x)$")
        plt.xlabel("$x$")
```

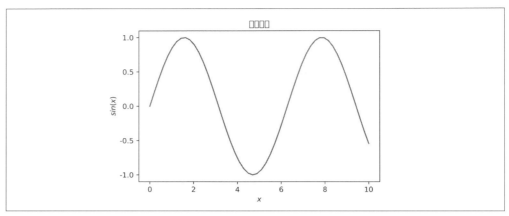

図A-1　日本語タイトルのグラフ

　グラフのタイトルを「三角関数」としましたが、表示フォントが対応していないために、正しく表示されていません。

　グラフ描画のコードに直接フォントを指定します。

```
In [1]: import numpy as np
        import matplotlib.pyplot as plt
        import matplotlib.font_manager as fm
        %matplotlib inline
In [2]: x = np.linspace(0, 10)
        y = np.sin(x)
In [3]: prop = fm.FontProperties(fname="C:/Windows/Fonts/msgothic.ttc")
        plt.plot(x, y)
        plt.title("三角関数", fontproperties=prop)
        plt.ylabel("$sin(x)$")
        plt.xlabel("$x$")
```

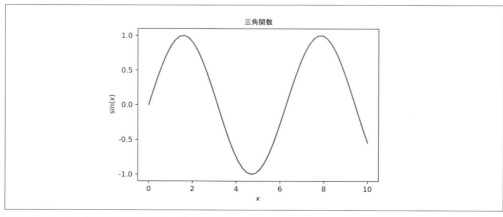

図A-2　フォントを指定した日本語タイトルのグラフ

最初のコードとの違いは、

1. `matplotlib.font_manager`をインポート。
2. フォントファイル名を直接指定した`FontProperties`インスタンスの作成。
3. `plt.title()`関数の`fontproperties`オプション引数に`FontProperties`インスタンスを指定。

の3点です。ここではWindowsを想定して、MSゴシックのフォントファイルを指定しています。フォントファイルは、TTF (TrueType Font) または OTF (OpenType Font) がサポートされています。OSにより用意されているフォントの種類や、フォントファイルが配置されている場所は異なるため、次のコードを使って、用意されているフォントとその場所を調べてみましょう。

```
In [1]: import matplotlib.font_manager as fm
        fm.findSystemFonts()
Out [1]:
['c:\\windows\\fonts\\shrutib.ttf',
 'C:\\Windows\\Fonts\\GOUDOSI.TTF',
 ...
 'c:\\windows\\fonts\\leelawdb.ttf']
```

A.3.2　Matplotlib設定の変更による日本語フォントの指定

グラフを使う毎に`FontProperties`インスタンスを作成するのではなく、デフォルトで使用するフォント設定を変更して、日本語タイトルを表示する方法を紹介します。

Matplotlibはrcファイルと呼ばれる設定ファイルを起動時に読み込みます。rcファイルは配置場所が決まっており、次の順で使われます。

1. カレントディレクトリの`matplotlibrc`ファイル
2. ユーザのMatplotlib設定ディレクトリの`matplotlibrc`ファイル
3. Matplotlibとしてインストールされた`matplotlibrc`ファイル

2.のMatplotlib設定ディレクトリと3.のインストールディレクトリがどこであるか調べましょう。Windowsのユーザ "python" の環境で実行した例を示します。

```
In [1]: import matplotlib as mpl

In [2]: mpl.get_configdir()
Out [2]: 'C:\\Users\\python\\.matplotlib'

In [3]: mpl.__file__
Out[3]: 'C:\\Users\\python\\Anaconda3\\lib\\site-packages\\matplotlib\\__init__.py'
```

`get_configdir()`の出力から、Matplotlib設定ディレクトリがC:\Users\python.matplotlibであること、`mpl.__file__`の値から、MatplotlibのインストールディレクトリがC:\Users\python\Anaconda3\lib\site-packages\matplotlibであることがわかります。ここから、インストール

486 | 付録A　日本語の取り扱い

されたrcファイルは、C:\Users\python\Anaconda3\lib\site-packages\matplotlib\mpl-data\
matplotlibrcとなります。

　rcファイルを変更する場合、インストールされたrcファイルを、上記1か2の場所にコピーして変更を加えます。ここでは、2.のMatplotlib設定ディレクトリにrcファイルをコピーしたことにします。

　どのrc設定ファイルが有効であるかは、次のコードで調べます。

```
In [1]: import matplotlib as mpl

In [2]: mpl.matplotlib_fname()
Out [2]: 'C:\\Users\\python\\.matplotlib\\matplotlibrc'
```

　それでは、C:\Users\python\.matplotlib\matplotlibrcを修正して、使用されるフォントを変更します。matplotlibrcファイルの中で、次の行

```
#font.family        : sans-serif
```

を変更します。

```
font.family         : Yu Mincho
```

行頭のコメントを外し、具体的なフォント名として「Yu Mincho (游明朝)」を指定します。

　この状態で、グラフを描いてみましょう。

```
In [1]: import numpy as np
        import matplotlib.pyplot as plt
        %matplotlib inline
In [2]: x = np.linspace(0, 10)
        y = np.sin(x)
In [3]: plt.plot(x, y)
        plt.title("三角関数")
        plt.ylabel("$sin(x)$")
        plt.xlabel("$x$")
```

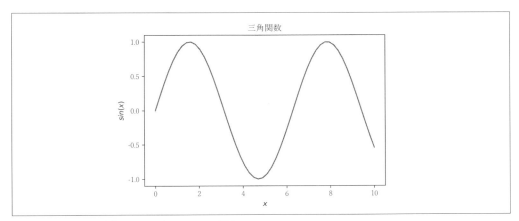

図A-3　Matplotlib設定による日本語フォント指定

　Matplotlibは、上記Matplotlib設定ディレクトリの`fontlist-v300.json`ファイルに、フォント名とフォントファイルとの関連付けをJSON形式のフォントリストとして保持しています。このフォントリストにあるフォントを`matplotlibrc`ファイルの`font.family`に指定することができます。

　Matplotlibでは、拡張子が`ttc`であるTrueTypeフォントをグラフ描画用のフォントとして使用しません。このためフォントファイルが`ttc`拡張子を持つファイルはこのフォントリストに含まれず、`matplotlibrc`の指定では使用できません。Windowsの日本語フォントは、多くが`ttc`ファイルとして提供されているため、日本語表示に多少制限があります。

　WindowsやLinux、macOSで使用できるフリーのフォントをインストールして使うことを検討しても良いでしょう。その場合、フォントリストを更新して、新しいフォントをリスト含める必要があります。新しいフォントをインストールした後で`fontlist-v300.json`を削除し、`ipython`を再起動します。フォントリストはMatplotlibがインポートされたタイミングで再作成されます。Matplotlibのバージョン3以前のMatplotlibでは、フォントリストのファイル名は`fontList.py3k.cache`または`fontList.cache`となっています。

　以下参考資料です。

- `matplotlibrc`のカスタマイズ (https://matplotlib.org/users/customizing.html)
- Matplotlib Font Manager (https://matplotlib.org/api/font_manager_api.html)
- Matplotlibトラブルシューティング (https://matplotlib.org/faq/troubleshooting_faq.html)

索引

数字

2次元配列（two-dimensional array）.............................24

A

accelerate.profiling... 127
Altair... 209, 223-230
    グラフ作成................................. 223-230
    参考資料.. 229
Anaconda... 6, 156
AsyncResult.. 186, 188-190
AutoHotKey...67

B

B木（B-tree）....................................... 147
BFGS（Broyden-Fletcher-Goldfarb-Shanno）
    アルゴリズム................................... 326
binder...94
Bitbucket..52
Blinn-Phong シェーディングモデル 177
Bokeh... 209-215
bqplot.. 219

C

Cライブラリ 162-165
CART（Classification and Regression Trees）
    アルゴリズム................................... 308

Cartopy 449-452
Cascade分類器 382
CDF（累積分布関数）.................................. 256
CMA-ESアルゴリズム 331
CLAHE（コントラスト制限付き適応ヒストグラム均等化）
    364
Codeship...77
CommonMark..65
conda...70
coverage.py モジュール 76
cProfile
    IPythonのコードプロファイリング............ 123-127
    概要 123
    参考資料..................................... 126-127
CPython 150
CRAN（Comprehensive R Archive Network）.......... 272
CSV（Comma-separated Values：カンマ区切り）.......16
ctypes 150, 162-165
CUDA
    NVIDAグラフィックカードによる超並列化コード
    178-183
    コア 181
    参考資料..................................... 183
Cython.. 150-151
    高速化..................................... 165-169

D

D3.js... 215
Dask 66, 187, 190-194
Datashade... 214

dill 66
Docker 66
DRAM (Dynamic Random Access Memory) 183
dtype 24

E

Eclipse/PyDev 64
EM アルゴリズム
　（expectation-maximization algorithm）................. 316

F

FIR（有限インパルス応答）フィルタ 355
FFT（高速フーリエ変換）...................... 344-348
Flake8 70
Fruchterman-Reingold 力学モデルアルゴリズム 430
f-strings 47

G

GDP（国内総生産）.. 449
GIL（グローバルインタープリタロック）................. 151
Git 57
git-flow 60-61
GitHub 52
GitLab 52
Git LFS（Git Large File Storage）.....................54
GPGPU（GPU による汎用計算）............................... 178
GPU による汎用計算（GPGPU）
GPU（Graphics Processing Unit）.............. 150, 178, 183
Graphviz パッケージ 307

H

h5py 145
Haar-like 特徴 381-382
HDF5（Hierarchical Data Format）.......................... 147
　巨大配列の操作 145-147
　参考資料 147
HoloViews 209-215
HTT（ハイパースレッディング・テクノロジ）........ 161

I

IDE（統合開発環境）...63
IIR（無限インパルス応答）................... 353, 355
InteractiveShell クラス 28-29
ipy ウィジェット（widget）...................... 94-100
ipyleaflet 219
ipymd モジュール 63
ipyparallel
　概要 66, 184
　参考資料 187
IPython 4, 8-15
　概要 .... vii, 4
　拡張 25-29
　コードのデバッグ 77-79
　コードプロファイリング 123-127
　実行時間計測 122-123
　設定システム
　　Configurable クラス 32
　　HasTraits クラス 31
　　Magics クラス 32
　　参考資料 33
　　設定オブジェクト 31
　　設定ファイル 31
　　マスター 29-33
　　ユーザプロファイリング 31
　デバッグ（debugging）...........................77
　非同期並列タスクの操作方法 187-190
IPython Blocks 84
IPython Notebook 4
ipyvolume 219
ipywidget 100
IRkernel 268

J

Jinja2 94
Joblib 66
JSON（JavaScript Object Notation）.............................81
Julia 195
　Jupyter Notebook で使う 195-200
　参考資料 200
　使い方 195-200

Jupyter
　カーネルの作成 33-39
　概要 4
JupyterHub 83
JupyterLab
　概要 63, 81, 108-119
　参考資料 118
Jupyter Notebook 4, 8-15, 108
　IPython Blocks を用いたプログラミング教育
　　...84-88
　nbconvert を使った変換 88-94
　R言語によるデータ分析 268-272
　アーキテクチャ 82
　ウィジェット 94-100
　概要 8-15
　クライアントをカーネルに接続 82
　シンセサイザーの作成 386-388
　セキュリティ 83
　設定 104-107
　探索的データ分析 16-21
　日本語 483
Just-In-Time (JIT) コンパイル 156-159

K

K近傍分類器 (K-nearest neighbors classifier)
　... 292-296
K近傍法 (K-nearest neighbors：K-NN) 295
K平均法 (K-means clustering algorithm) 316
Kaggle 296
K-D 木 295

L

L^2 ノルム 285
LaTeX 88
　参考資料 459
L-BFGS (L-Broyden-Fletcher-Goldfarb-Shanno-B)
　アルゴリズム 339
Leave-One-Out 交差検証 (LOOCV) 286
Lévi 関数 328
line_profiler 127
　行単位のコードプロファイリング 127-128
LLVM (Low Level Virtual Machine) 158

logic モジュール 471
LOOCV (Leave-One-Out 交差検証) 286

M

MAP (最大事後確率) 246-247
MathJax 459
Matplotlib 6
　概要 6
　スタイル 201-205
　データセットの探索 236-240
　日本語フォントの指定 485
memory_profiler 129-131
　メモリ使用状況のプロファイリング 129-131
Microsoft Visual Studio 152
MKL (Intel Math Kernel Library) 135

N

Natural Earth 449
nbconvert 15, 88, 94
　Jupyter Notebook の変換 88-94
nbformat 88
nbviewer 15, 94
NetworkX
　グラフ操作 427-430
　グラフの可視化 427-430
　飛行ルートの描画 430-436
NetworkX グラフ
　D3.js 215-219
　Jupyter Notebook と D3.js による可視化 215-219
　参考資料 219
NPY ファイルフォーマット 147
nteract 15
Numba
　Python コードの高速化 156-159
　概要 150
　参考資料 159
number-theory モジュール 471
Numerical Tours 344, 362
NumExpr
　概要 150
　参考資料 161
　配列計算の高速化 160-161

NumPy
    概要...5-6
    高速配列計算のための多次元配列.................21-24
    最適化...121
    参考資料...25
    ストライドトリック.................................137-140
    ブロードキャストルール.............................134
NumPy配列
    概要...144
    効率...135
    コピーしない形状変更.............................133
    メモリマップを使った処理.............................143
    不必要な配列コピーを排除する.................131-137
NVIDIAグラフィックカード
    CUDAカーネルを記述.............................178-183
    超並列化コード

O

OLS (最小二乗法)...285
OpenCL...178
OpenCV (Open Computer Vision).............361, 379-383
    顔検出...379-383
OpenFlights...430
OpenMP...176-178
out-of-coreアルゴリズム.............................143

P

p値 (p value)...242
Pandas...6
    概要...5
    参考資料...240
    データセットの探索.............................236-240
    バージョン...6
pandoc...89
PCA (主成分分析)...309
PEP 8 (Python Enhancement Proposal number8).....69
pip...7
Plotly...214
PMF (確率質量関数)...244
podocモジュール...63
PSD (パワースペクトル密度).............................346
pstats...126

pullリクエスト...61
PyCall...200
PyCharm...64
pydot...308
Pyjulia...200
Pylint...70
PyMC3...233, 263
PyPI (Pythonパッケージインデックス).............................7
PyPy...150
PyTables最適化ガイド.............................147
pytest...72-77
Python
    ctypesを使ったCライブラリのラッピング
   162-165
    URL...156
    インストール...6-7
    概要...3-4
    コンパイラ...152
    最新機能...46-51
    参考資料...51
    デバッガ...79
Python Tools for Visual Studio (PTVS).............................64
Python Tutor...129
Pythonコード
    コンパイル...156-159
    Cythonによる高速化.............................165-169
    IPython...184-187
    IPythonによるマルチコア分散実行.............184-190
    Just-In-Timeコンパイルを使った高速化.....156-159
    Numbaによる高速化.............................156-159
    改善...152-156
    記述...68-72
    参考資料...71
Pythonパッケージインデックス (PyPI).............................7
pythreejs...219

R

R言語...268
    Notebook...268-272
    参考資料...272
    データ分析...268-272
Rackspace...94
RAM (ランダムアクセスメモリ).............................134

RandomForestRegressor......................................306, 309
RBF（放射基底関数）... 302
REPL（Read-Evaluate-Print Loop）........................82
RequireJS.. 101, 104
reStructuredText（reST）...65
RGB（赤、緑、青）.. 362
RISE..94
Rodeo...64
rpy2...268

S

Sage... 476-479
　　概要... 459, 476-479
scikit-learn.. 279-296
　　API.. 284
　　概要.. 279-284
　　グリッドサーチ.. 286
　　交差検証.. 286
　　最小二乗回帰.. 285
　　参考資料.. 287
　　線形回帰による多項式補間.......................... 285
　　テキストデータの処理........................... 296-299
　　リッジ回帰.. 286
SciPy...5
　　エコシステム... 5-6
　　常微分方程式のシミュレーション.......... 399-403
　　バージョン...6
Scott のルール（Scott's Rule）............................... 262
Seaborn.. 205
　　参考資料.. 209
　　統計グラフの作成.................................... 205-209
SIMD（Single Instruction, Multiple Data：1つの命令
　　を複数のデータに適用する）.................. 131, 159, 178
SnakeViz... 126
SPDE（確率偏微分方程式）..................................... 409
Sphinx...65
Spyder...64
stats モジュール... 466
StatsModels.. 233
SVC（サポートベクター分類器）.............................. 300
SVD（特異値分解）... 312
SVG（スケーラブルベクターグラフィックス）...........12
SVM（サポートベクターマシン）.............................. 299

SymPy
　　概要.. 459
　　確率の計算.. 466-468
　　確率変数の操作.. 466-468
　　記号処理.. 460-462
　　数論.. 468-471
　　不等式の解.. 462-463
　　方程式の解.. 462-463

T

TDD（テスト駆動開発）概要......................................76
t-SNE（t分布の確率的近傍埋め込み：t-Distributed
　　Stochastic Neighbor Embedding）......................... 317
tf-idf（term frequency-inverse document frequency）
　　... 299
trace モジュール.. 129
traitlets パッケージ..29
Travis CI...76-77

U

UMAP（Uniform Manifold Approximation and
　　Projection）.. 317
Unix シェル..41-47

V

Vega.. 209, 223
Vega-Lite
　　グラフ作成.. 223-230
　　参考資料.. 229
VirtualBox... 477

W

Windows..42
Windows コンパイラ... 152

X

xarray ライブラリ.. 214

Z

Zacharyの空手クラブのグラフ 215
ZeroMQ (ZMQ) 82

あ行

アイリスデータセット (Iris flower dataset) 310
圧縮センシング (compressed sensing) 343, 344
アナログ信号 (analog signal) 342
アンサンブル学習 (ensemble learning) 305, 309
依存関係 (dependency)
    機能的依存関係 186
    実行順序的依存関係 186
一変量手法 (univariate method) 235
移動平均アルゴリズム (rolling average algorithm)
    356
    概要 140
    ストライドトリックを使った実装 140-143
因果的フィルタ (causal filter) 355
ウィーナ過程 (Wiener process) 417
ヴィオラ-ジョーンズのオブジェクト検出法
    (Viola-Jones object detection framework) 380-381
ウェーブレット変換 (wavelet transform) 350
ウルフラムコード (Wolfram code) 397, 399
エンコーディング (encoding) 481
オイラー法 (Euler method) 403
オイラー-丸山法 (Euler-Maruyama method) 419
オイラー路 (Eulerian path) 425
大津の方法 (Otsu's method) 375
オフセット (offset) 132
オルンシュタイン-ウーレンベック過程
    (Ornstein-Uhlenbeck process) 419
音声 (sound) 362
    シンセサイザー 386-388
音声周波数 (voice frequency) 386
音声信号処理 (audio signal processing) 362, 386
音声フィルタ (audio filter) 386

か行

カーディナルサイン (cardinal sine) 325
カーネル (kernel)
    Jupyterカーネルの作成 33-39

    概要 82, 182
    クライアントを接続 82
    参考資料 39
カーネル関数 (kernel function) 261
カーネル密度推定 (Kernel Density Estimation：
    KDE) 206, 258, 260-262
外因的データ (exogenous data) 269
回帰 (regression) 274
    最小二乗回帰 285
    線形回帰による多項式補間 285
    リッジ回帰 286
    ロジスティック回帰 287-292
階級区分図 (choropleth map) 449
階数 (order) 390
解像度 (resolution) 342
カイ二乗検定 (chi-squared test)
    概要 250
    数間の相関推定 248-252
    参考資料 252
外積 (outer product) 134
ガウシアンフィルタ (Gaussian filter) 370
ガウスカーネル (Gaussian kernel) 258
カオス力学系 (chaotic dynamical system)
    概要 391
    分岐図作成 391-396
カオス理論 (Chaos theory) 395, 476
過学習 (overfitting) 274, 277
    概要 283
確信区間 (credible interval) 247
拡大行列 (augmented matrix) 463
確率過程 (Stochastic process) 409
確率質量関数 (Probability Mass Function：PMF)
    244
確率的アルゴリズム (stochastic algorithms) 321
確率的セルオートマトン
    (Stochastic cellular automata) 409
確率微分方程式
    (Stochastic Differential Equations：SDE) 422
    概要 409
    シミュレーション 419-422
確率微分方程式 (Stochastic Partial Differential
    Equations：SPDE) 409

確率分布 (probability distribution)
　　カーネル密度による推定ノンパラメトリックな
　　　確率密度の推定 258-262
　　最尤法を用いたデータへの確率分布のあてはめ
　　　.. 252-258
　　　事後確率分布 244
　　　事前確率分布 244
　　　条件付き確率分布 246
確率変数 (random variable) 244
確率偏微分方程式 (Stochastic Partial Differential
　Equations：SPDE) 409
確率モデル (probabilistic model) 236
確率力学系 (stochastic dynamical system) 410
過剰適合 (overfitting) 262
カスタムウィジェット (custom widget) 100, 104
　　HTMLにおける作成 101-104
　　JavaScriptにおける作成 101-104
　　Pythonにおける作成 101-104
カスタムmagicコマンド (custom magic command)
　　.. 25-29
画像 (image)
　　OpenCVを使った顔検出 379-383
　　概要 362
　　特徴点検出 376-379
　　ノイズ除去 (image denoising) 368-370
　　フィルタ処理 365-370
　　分割 370-376
画像処理 (image processing) 362, 379
画像ヒストグラム (image histogram) 365
画像分割 (image segmentation) 375
画像露出 (image exposure) 362-365
頑強なモデル (robust model) 277
観察 (observation) 274
カンマ区切り (Comma-separated Values：CSV) 16
機械学習 (machine learning) 278
幾何学 (geometry) 425-426
記号処理 (symbolic computing) 460-462
機能的依存関係 (functional dependency) 186
基本周波数 (fundamental frequency) 388
基本セルオートマトン
　　(elementary cellular automaton) 396-399
帰無仮説 (null hypothesis) 240
逆高速フーリエ変換
　　(Inverse Fast Fourier Transform：IFFT) 350

逆離散フーリエ変換
　　(Inverse Discrete Fourier Transform：IDFT) 350
境界条件 (boundary condition) 390
教師あり学習 (supervised learning)
　　.. 274-275, 277, 305
教師なし学習 (unsupervised learning)
　　概要 274-276
　　クラスタリング 275
　　参考資料 312
　　次元削減 276
　　手法 309
　　多様体学習 276
　　密度推定 275
共役分布 (conjugate distribution) 247
行優先順 (row-major order) 135
行列 (matrix) 24
　　ドキュメント 476
極小 (minimum) 320
局所性 (spatial locality) 134
局所的最小 (local minimum) 320
　　確率的アルゴリズム 321
　　参考資料 322
　　制約なし最適化 321
　　目的関数 320
曲線のあてはめ (curve fitting) 333
極値 (extremum) 319
巨大配列 (large array) 145-147, 190
近傍法 (nearest neighbors) .... K近傍法を参照
空気抵抗 (Air resistance) 402
区画 (partition) 275
クライアント (client) 82
クラスタ (cluster) 313
クラスタリング (clustering)
　　URL 317
　　隠れた構造の抽出 313-317
　　データセット 313-317
グラフ (graph) 423-458
　　NetworkX 427-430
　　Python 425
　　オイラー路 425
　　概要 423-424
　　参考資料 426
　　問題 424-425
　　ランダムグラフ 425

連結成分 424

グラフィックプロセッサ (GPU：graphic processor)
.... 150

グラフ彩色 (graph coloring) 424

グラフ走査 (graph traversal) 424

    巡回セールスマン問題 425

    ハミルトン路 425

グラフ描画 (Graph drawing) 430

グリッド (grid) 182

グリッドサーチ (grid search) 286

グループ (group) 146, 313

グレースケール画像 (grayscale image) 363

クロージング (closing) 375

グローバルインタープリタロック
   (Global Interpreter Lock：GIL) 151

クワイン-マクラスキー法
   (Quine-McCluskey algorithm) 473

訓練セット (training set) 274

経験則 (rule of thumb) 262

経験分布関数 (empirical distribution function) 258

計算 (computing)

    GPUによる汎用計算 178

    確率 466-468

    巨大配列 190-194

    高速配列計算 21-25

    事後確率分布 246

    常微分方程式 440-443

    多次元配列 21-24

    点集合に対するボロノイ図 444

計数過程 (counting process) 415

計測影響 (probe effect) 125

継続的インテグレーション (continuous integration)
.... 76

経路探索 (route planner) 452-458

決定木 (decision tree) 305

決定木学習 (decision tree learning) 309

決定的アルゴリズム (deterministic algorithm) 321

決定理論 (decision theory) 234

決定論的項 (deterministic term) 422

検出器 (cascade) 382

検定統計量 (test statistic) 240

語彙 (vocabulary) 297

交差検証 (cross-validation) 277, 286

構造テンソル (structure tensor) 379

構造要素 (structuring element) 375

高速化 (accelerating)

    Cythonによる 165-169

    Just-In-Timeコンパイルを使う 156-159

    Numba 156-159

    NumExpr 160-161

    コードの高速化 165-169

高速フーリエ変換 (Fast Fourier Transform：FFT)

    逆高速フーリエ変換 350

    参考資料 350

    周波数成分分析 344-350

    成分 344-348

    離散フーリエ変換 348-349

高度に並列化 (embarrassingly parallel) 177

勾配 (gradient) 330

勾配降下法 (gradient descent) 330

コードの最適化 (optimizing code) 170-176

    GILの解放 176-178

    Pythonコードの高速化 165-169

    参考資料 176

コーナー検出 (corner detection) 377

国内総生産 (Gross Domestic Product：GDP) 449

コミット (commit) 55

コルモゴロフ-スミルノフ検定
   (Kolmogorov-Smirnov test) 256, 258

コンウェイのライフゲーム (Conway's Game of Life)
.... 399

コントラスト (contrast) 364

コントラスト制限付き適応ヒストグラム均等化
   (Contrast Limited Adaptive Histogram Equalization：
   CLAHE) 364

さ行

再現性の高い実験的対話型コンピューティング
   (reproducible interactive computing experiment)

    参考資料 67-68

    実行 64-68

最小 (minimum) 320

最小エネルギーの原理 (principle of minimum energy)
.... 339

最小化 (minimizing) 325-331

最小二乗回帰 (Least Squares Regression) 回帰 285

最小二乗法 (least squares method) 272

最小ポテンシャルエネルギーの原理 (principle of minimum total potential energy) 338
最大 (maximum) 320
最大事後確率 (maximum a posteriori：MAP)
.... 246-247
最短経路 (shortest path) 424
　NetworkX 457
　探索 452
最尤法 (maximum likelihood method) 252-258
　URL 258
　データへの確率分布のあてはめ 252-258
差分方程式 (difference equation) 355
サポートベクター分類器
　(Support Vector Classifier：SVC) 300
サポートベクターマシン
　(support vector machines：SVM)
　URL 299
　参考資料 304
　分類 300-305
参照の局所性 (locality of reference) 134
サンプリングレート (sampling rate) 342
サンプル (sample) 274
シェープファイル (Shapefile) 425, 449
ジェフリーズ事前分布 (Jeffreys prior) 247
シグモイド関数 (sigmoid function) 291
時系列 (time series)
　概要 341, 359
　参考資料 360
　自己相関 356-360
次元 (dimensionality) 274
次元削減 (dimension reduction) 276
事前確率分布 (prior probability distribution) 244
自然言語処理 (natural language processing) 299
実解析 (real analysis) 272
　参考資料 465
実行時間とメモリ使用状況のプロファイル
　(time and memory profiling) 121
実行順序的依存関係 (graph dependency) 186
実数関数 (real-valued function) 319
実数値関数 (real-valued functions) 464-465
収縮 (erosion) 375
従属データ (dependent data) 269
重力 (gravitational force) 339
主成分 (principal component) 312

主成分分析 (principal component analysis：PCA)
　概要 309
　データ次元の削減 309-312
出力領域 (output area) 9
純音 (pure tone) 388
巡回セールスマン問題 (Traveling salesman problem)
.... 425
準ニュートン法 (Quasi-Newton method)
　URL 331
　概要 330
条件付き確率分布
　(conditional probability distribution) 245
状態遷移図 (state diagram) 413
常微分方程式
　(Ordinary Differential Equations：ODE)
　SciPy を使ったシミュレーション 399-403
　概要 390
　参考資料 403
初期条件 (initial condition) 390
事例に基づく学習 (instance-based learning) 295
シンセサイザー (synthesizer) 386-383
推定量 (estimation) 235
数学関数 (mathematical function)
　求根 322-325
　求根アルゴリズム 324
　最小化 325-331
数値流体力学 (Computational Fluid Dynamics) 391
数理形態学 (mathematical morphology) 375
数理最適化 (mathematical optimization) 319
　概要 319
　決定的アルゴリズム 321
　制約付き最適化 320
　大域的最小 320-321
スケーラブルベクターグラフィックス
　(Scalable Vector Graphics：SVG) 12
ストライド (stride) 136
ストライドインデックス方式
　(strided indexing scheme) 139
ストライドトリック (stride trick)
　NumPy で使う 137-140
　移動平均アルゴリズムの実装 140-143
ストリームプロセッサ (stream processor) 181
スパース近似 (sparse decomposition) 343

スパースマトリックス（sparse matrix）
....疎行列を参照
スパムフィルタ（spam filtering）.............................. 275
スモールワールドネットワーク
（small-world network）.. 425
スレッド（thread）.. 182
正距円筒図法（plate carrée）.................................... 259
正則化（regularization）.. 277
正則化項（regularization term）.............................. 283
制約付き最適化（constrained optimization）........... 320
制約付き最適化アルゴリズム
（constrained optimization algorithm）................... 338
制約なし最適化（unconstrained optimization）........ 321
積算画像（integral image）...................................... 382
設定オブジェクト（configuration object）...................31
設定ファイル（configuration file）.............................32
セル（cell）.. 449
セルオートマトン（cellular automaton）................... 390
遷移行列（transition matrix）.................................. 413
線形結合（linear combination）................................ 139
線形時不変（Linear Time-Invariant：LTI）フィルタ
.... 354
線形代数（linear algebra）....................................... 464
線形フィルタ（linear filter）
　FIR フィルタ 355-356
　IIR フィルタ 355-356
　概要.. 354
　周波数によるフィルタの分類 356
　畳み込み 354
　デジタル信号の線形フィルタ処理.............. 351-356
　ハイパスフィルタ 356
　バンドパスフィルタ 356
線形力学系（linear systems）.................................. 390
双曲線（hyperbolic）... 475
ソーベルフィルタ（Sobel filter）............................. 370
疎行列（sparse matrix）... 297
　概要.. 144
　参考資料 144
測地座標系（geodetic coordinate system）.............. 260
素数計数関数（prime-counting function）.................. 469
素数定理（prime number theorem）.......................... 469
損失関数（loss function）... 285

た行

帯域制限（bandlimited）.. 343
大域的最小（global minimum）................................ 320
大円距離（great-circle distance）............................. 457
ダイクストラ法（Dijkstra's algorithm）.................... 457
大圏距離（orthodromic distance）............................ 457
対話型可視化（interactive visualization）
　Bokeh 209-215
　HoloViews 209-215
　Notebook 上のライブラリ 219-223
対話型コンピューティング（interactive computing）
　IPython を使った作業の流れ..............................61
　Jupyter Notebook 63
　Python コードのマルチコア分散実行 184-187
　URL 63
　概要..41
　検死デバッグモード...77
　ターミナル 62
　テキストエディタ 62-63
多項式補間（polynomial interpolation）.................... 285
多次元配列（multidimensional array）
　計算..21-24
　高速配列計算のための NumPy 多次元配列.....21-25
畳み込み（convolution）.. 354
多変量手法（multivariate method）........................... 235
多様体学習（Manifold learning）.............................. 276
探索的手法（exploratory method）............................ 234
探索的データ分析（exploratory data analysis）......16-21
弾性ポテンシャルエネルギー
（elastic potential energy）...................................... 339
単体テスト（unit test）
　pytest を使って書く..72-77
　テストカバレッジ...75
　ワークフロー...76
逐次的局所性（sequential locality）........................... 134
地図（map）... 426
　座標系 260
チホノフの正則化（Tikhonov regularization）......... 286
チャンク（chunk）... 147
中間コード（intermediate representation）............... 199
中間値の定理（intermediate value theorem）.......... 324
中国の剰余定理（Chinese Remainder Theorem）.... 470
チューリング完全（Turing complete）....................... 399

頂点 (vertices) 423
超並列 (embarrassingly parallel) 413
直積 (outer product) 139
直接インターフェース (direct interface) 186
直接変更 (in-place operation) 135
地理空間データ (geospatial data) 449-452
地理情報システム
　(Geographic Information Systems：GIS) 423-458
　　Python 425
　　概要 423
地理的距離 (geographical distance) 457
ディープラーニング (deep learning) 279
データ可視化 (data visualization) 309
データ型 (data type) 135-136, 139, 144
データ次元 (data dimensionality)
　　主成分分析による削減 309-312
データ正規化 (data normalization) 276
データセット (dataset)
　　Matplotlib による探索的データ分析 236-240
　　Pandas による探索的データ分析 236-240
　　概要 146
データ操作 (data manipulation) 21
データバッファ (data buffer) 134
データポイント (data point) 274
手書き数字認識 (handwritten digit recognition) 274
適応ヒストグラム均等化
　(adaptive histogram equalization) 364
適合不足 (underfitting) 262
テキスト特徴抽出 (text feature extraction) 299
デザインパターン (design pattern) 68
　　参考資料 71
デジタル信号 (digital signal)
　　解像度 342
　　概要 342, 354
　　サンプリングレート 342
　　線形フィルタ処理 351-356
デジタルフィルタ (digital filter) 383-386
テスト関数 (test function) 328
テスト駆動開発 (test-driven development：TDD) 76
テストセット (test set) 274
点過程 (point process) 409, 414
統計 (statistics) 236
統計グラフ (statistical plot) 205-209

統計的仮説検定 (statistical hypothesis testing)
　.. 240-243
統計的推定 (statistical inference) 234
統計的データ分析 (statistical data analysis) 233-272
統合開発環境 (IDE：Integrated Development
　Environments) 63
到達可能関係 (reachability relation) 443
トータルバリエーション (total variation) 369
　　ノイズ除去 369
特異値分解 (Singular Value Decomposition：SVD)
　.. 312
特徴 (feature) 274
特徴スケーリング (feature scaling) 276
特徴選択 (feature selection) 277
特徴抽出 (feature extraction) 276
特徴点 (points of interest) 376-379
独立データ (independent data)
独立変数 (independent variable) 390
凸関数 (convex function) 320
凸最適化 (convex optimization) 320
ドットコムバブル崩壊 (dot-com bubble burst) 354
トポロジカルソート (topological sorting)
　　URL 440
　　ドキュメント 440
　　有向非巡回グラフの依存関係の解決 436-440
ドロネー三角分割 (Delaunay triangulation) 449

な行

ナイーブベイズ (Naive Bayes) 296-299
ナイーブベイズ分類器 (Naive Bayes classifier) 299
内因的データ (endogenous data) 269
ナイキスト基準 (Nyquist criterion) 343
ナイキスト-シャノンのサンプリング定理
　(Nyquist-Shannon sampling theorem) 343
ナイキストレート (Nyquist rate) 343
ナイキスト周波数 (Nyquist frequency) 343
ナビエ-ストークス方程式 (Navier-Stokes equation)
　.. 391
二項分布 (binomial distribution) 244
二分法 (bisection method、dichotomy method)
　.. 323-324
二変量手法 (bivariate method) 235

日本語の取り扱い (handling Japanese characters) 481-487
日本語フォントの指定 (specifying Japanese fonts) 485
ニュートンの運動法則 (Newton's laws of motion) 403
ニュートン法 (Newton's method)
    URL 331
    概要 324
    参考資料 324
ニューラルネットワーク (neural network) 279
音色 (timbre) 388
熱方程式 (heat equation) 418
ノイズ除去 (noise reduction) 368-370
ノイマン境界条件 (Neumann boundary condition) 404
ノード (node) 423
ノンパラメトリック推定 (nonparametric estimation) 258
ノンパラメトリックモデル (nonparametric model) 236

は行

バージョン管理システム (version control system) .... ix, 51, 439
ハートマン-グロブマンの定理
    (Hartman-Grobman theorem) 476
バーンバウム-サンダース分布
    (Birnbaum-Sanders distribution) 256
バイアス-バリアンストレードオフ
    (bias-variance tradeoff) 262, 286
バイアス-バリアンスのジレンマ
    (bias-variance dilemma) 277
ハイパースレッディング・テクノロジ
    (Hyper-Threading Technology：HTT) 161
ハイパスフィルタ (high-pass filter) 356
パイプ (pipe) 45
配列 (array) 24
    NumPy 144
    巨大配列の計算実行 190-194
    計算の高速化 160-161
    多次元 21-25
    メモリ割り当て 122

バギング (bagging) 305
バターワースフィルタ (Butterworth filter) 356
ハミルトン路 (Hamiltonian path) 425
パラメータベクトル (parameter vector) 285
パラメトリック手法 (parametric method) 236
パラメトリック推定 (parametric estimation method) 258
バリアンス (variance) 277
ハリスのコーナー検出法
    (Harris corner measure response image) 377
ハリス行列 (Haris matrix) 379
パワースペクトル密度
    (Power Spectral Density：PSD) 346
半音階 (chromatic scale) 387
バンドパスフィルタ (band-pass filter) 356
バンド幅 (bandwidth) 261-262
反応拡散系 (reaction-diffusion system)
    概要 404
    参考資料 408
反復合成写像 (iterated function) 395
汎用計算 (GPGPU：General Purpose Programming on Graphics Processing Units) 178
ピアソンの相関係数 (Pearson correlation coefficient) 251
飛行ルート (flight route) 430-436
    NetworkX を使った操作 430-436
ヒストグラム均等化 (histogram equalization) 364
微積分 (calculus) 465
非線形カーネル (nonlinear kernel) 302
非線形最小二乗法 (nonlinear least squares) 332-334
    曲線あてはめ 332
    参考資料 334
    データへの関数あてはめ 332-334
非線形力学系 (nonlinear system) 390
左特異ベクトル (left singular vector) 312
ビット深度 (bit depth) 342
非同期並列タスク (asynchronous parallel task) 187-190
微分可能関数 (differentiable function) 320
微分方程式 (differential equation) 390-391
    参考資料 391
    種類 390
ビュー (view) 135
非連続 (non-contiguous) 133

頻度主義とベイズ主義
(frequentist and Bayesian method) 235
頻度主義の手法 (frequentist method) 235
ファンデルモンド行列 (Vandermonde matrix)
.... 282, 285
フィードバック項 (feedback term) 355
フィードフォワード項 (feedforward term) 355
フィクスチャ (fixture) 75
フィッツヒュー-南雲方程式
(FitzHugh-Nagumo equation) 404, 409
フィルタ (filter)
　　音声フィルタ 386
　　ガウシアンフィルタ 370
　　画像のフィルタ処理 365-370
　　スパムフィルタ 275
　　線形フィルタ処理 351-356
　　ソーベルフィルタ 370
　　バターワースフィルタ 356
　　バンドパスフィルタ 356
　　ローパスフィルタ 356
ブートストラップ標本 (bootstrap sample) 308
ブートストラップ法 (bootstrap aggregating) 305
フーリエ変換 (Fourier transform) 343
　　逆高速フーリエ変換 (IFFT) 350
　　逆離散フーリエ変換 (IDFT) 350
　　高速フーリエ変換 (FFT) 344-348
　　離散フーリエ変換 (DFT) 348
フォーク (forking) 60
フォッカー-プランク方程式
(Fokker-Planck equation) 419
複雑系 (complex system) 395
フックの法則 (Hooke's law) 339
物理系 (physical system) 334-339
ブラウン運動 (Brownian motion)
　　参考資料 419
　　シミュレーション 417-419
フラッドフィル塗りつぶしアルゴリズム
(flood-fill algorithm) 443
ブランチ (branch)
　　作業の流れ 57-61
　　参考資料 61
ブレント法 (Brent's method) 323-324
ブロードキャスト (broadcasting) 24
ブロードキャストルール (broadcasting rule) 134

ブロッキングモード (blocking mode) 185
ブロック (block) 182
プロビットモデル (probit model) 275
プロファイリング (profiling) 121-147
プロファイリングツール (profiling tool)
.... 7-8, 126-127
分解 (decomposition) 312
分割表 (contingency table)
　　URL 252
　　概要 250
　　数間の相関推定 248-252
分割ブレグマン法 (Split Bregman algorithm)
.... 369-370
分岐 (branch) 57
分岐図 (bifurcation diagram) 395
　　オス力学系の分岐図作成 391-396
分岐理論 (Bifurcation theory) 476
分散型バージョン管理システム
(distributed version control system) 52-57
分類 (classification) 274
分類器組み合わせライブラリ (cascades library) ... 382
平均率 (equal temperament) 388
平衡点 (equilibrium point) 476
ベイジアンモデル (Bayesian model) 263-268
ベイズの定理 (Bayes' theorem) 244
ベイズ法 (Bayesian method)
　　概要 235, 243-245
　　確信区間 247
　　共役分布 247
　　最大事後確率 (MAP) 246-247
　　事後確率分布の計算 246
　　ベイズの定理 244
　　無情報事前分布 247
ベイスンホッピングアルゴリズム
(basin-hopping Algorithms) 328, 330-331
並列プログラミング (concurrent programming)
.... 150-151
ベクトル (vector) 24
ベクトル演算命令 (vectorized instruction) 135
ベクトル化 (vectorizer) 299
ヘッセ行列 (Hessian) 330
ベルヌーイナイーブベイズ分類器
(Bernoulli Naive Bayes classifier) 298
ベルヌーイ分布 (Bernoulli distribution) 241

変数 (variable) 274
ベンチマーク (benchmarking) 123, 130, 328
偏導関数 (partial derivatives) 390
偏微分方程式 (Partial Differential Equation：PDE)
　　概要 390
　　参考資料 408
　　シミュレーション 404-408
ポアソン過程 (Poisson process) 264
　　概要 264
　　参考資料 416
　　シミュレーション 414-417
ポインタ (pointer) 165
防衛的プログラミング (defensive programming) 69
放射基底関数 (Radial Basis Function：RBF) 302
膨張 (dilation) 375
ボール木 (ball tree) 295
ポテンシャルエネルギー (potential energy) 339
保留時間 (holding time) 416
ボロノイ図 (Voronoi diagram) 449
　　点集合に対する計算 444-449
ホワイトノイズ (white noise) 421
ホワイトボックスモデル (white box model) 308

ま行

マトリクス (matrix) 24
マルコフ性 (Markov property) 409
マルコフ連鎖 (Markov chain) 413
マルコフ連鎖モンテカルロ法
　(Markov chain Monte Carlo：MCMC) 263-268
マルチプロセスモジュール (multiprocessing module)
　.. 184
マルチプロセッサ (multiprocessor) 181
未学習 (underfitting) 277
密度推定 (density estimation) 275
ミルシュタイン法 (Milstein method) 422
無限インパルス応答 (IIR：Infinite Impulse Response)
　... 353, 355
無情報事前分布 (uninformative prior) 247
明暗度 (intensity) 362
命題式 (propositional formula) 471
メタヒューリスティクス (Metaheuristics) 331
メトロポリス-ヘイスティングス法
　(Metropolis-Hastings algorithm) 263, 267

メモリ使用状況 (memory usage) 129-131
メモリマップ (memory mapping) 143-145
目的関数 (objective function) 320
文字列 (string) 481
文字列処理 (string processing) 481
文字列リテラル (string literals) 47, 481-482
モデル選択 (model selection) 277-278
モデル評価 (model evaluation) 278
モンテカルロ法 (Monte Carlo method) 413

や行

ヤコビアン (Jacobian) 475
ヤコビ行列 (Jacobian matrix) 476
有限インパルス応答 (Finite Impulse Response：FIR)
　フィルタ 355
有向非巡回グラフ (Directed Acyclic Graph：DAG)
　　概要 436
　　参考資料 440
ユーザプロファイリング (user profile) 31
要素 (component) 274
予測 (prediction) 235

ら行

ラプラシアン行列 (Laplacian matrix) 430
ランジュバン方程式 (Langevin equation) 419-422
ランダムアクセスメモリ
　(Random Access Memory：RAM) 134
ランダムグラフ (random graph) 425
ランダムサブスペース法 (random subspace method)
　.. 308
ランダムフォレスト (random forest)
　　参考資料 309
　　回帰 305-309
　　回帰特徴の選択 305-309
　　概要 305
乱流 (turbulence) 390
リアプノフ指数 (Lyapunov exponent) 391, 394-396
力学系 (dynamical system) 389
離散最適化 (discrete optimization) 319
離散時間マルコフ連鎖 (discrete-time Markov chain)
　... 410-413

離散時間力学系 (discrete-time dynamical system)
.... 390

離散フーリエ変換
(Discrete Fourier Transform：DFT) 348

リッジ回帰 (ridge regression) 283, 286

リベース (rebasing) 60

流体力学 (fluid dynamics) 390

領域 (region) 449

量子化信号 (quantified signal) 342

隣接行列 (adjacency matrix) 413, 424

隣接リスト (adjacency list) 424

累積分布関数
(Cumulative Distribution Function：CDF) 256

ルール110 (Rule 110) 399

レイトレーシング (Ray tracing) 176

レーベンバーグ-マーカート法
(Levenberg-Marquardt algorithm) 334

列優先順 (column-major order) 135

連結成分 (connected component) 424, 440-443
    ラベリング 443

連続関数 (continuous function) 320

連続最適化 (continuous optimization) 319

連続したメモリブロック (contiguous memory block)
.... 147

ロイドアルゴリズム (Lloyd's algorithm) 316

ロードバランサーインターフェース
(load-balanced interface) 186

ローパスフィルタ (low-pass filter) 356

ローリング平均 (rolling mean) 19

ロジスティック回帰 (logistic regression)
    参考資料 292
    予測に使う 287-292

ロジスティック写像 (logistic map) 395

露出 (exposure) 362

露出補正 (exposure correction) 362

ロトカ-ヴォルテラ (捕食者と被食者) 方程式
    (Lotka-Volterra (predator-prey) equation) 473-476

論理命題式 (Boolean propositional formula)
    参考資料 473
    真理値表から生成 471-472

わ行

ワープ (warp) 182

和積 (Sum of Product) 473

●著者紹介

Cyrille Rossant（シリル・ロサント）

ユニヴァーシティ・カレッジ・ロンドンの神経科学の研究者であり、ソフトウェアエンジニア。パリ高等師範学校で数学とコンピュータサイエンスを学ぶ。プリンストン大学、コレージュ・ド・フランスにも勤務した経験がある。データサイエンスプロジェクト、ソフトウェア工学プロジェクトを通じて、数値計算、並列計算、ハイパフォーマンスデータビジュアライゼーションの経験を積んだ。このクックブックの前編にあたる『Learning IPython for Interactive Computing and Data Visualization, Second Edition』（Packt Publishing）の著者でもある。

> 「Matthias Bussonnier、Thomas Caswell、Guillaume Gay、Brian Granger、Matthew Rocklin、Steven Silvester、Jake VanderPlasをはじめ、この本についてフィードバックを寄せてくれたすべての人に感謝する。また、家族のサポートにも感謝する。」

●訳者紹介

菊池 彰（きくち あきら）

日本アイ・ビー・エム株式会社勤務。翻訳書に『Pythonデータサイエンスハンドブック』『ゼロからはじめるデータサイエンス』『詳説Cポインタ』『GNU Make第3版』『make改訂版』（以上オライリー・ジャパン）がある。

●査読協力

大橋 真也（おおはし しんや）

千葉県公立高等学校教諭。Apple Distinguished Educator、Wolfram Education Group、日本数式処理学会、CIEC（コンピュータ利用教育学会）

鈴木 駿（すずき はやお）

平成元年生まれのPythonプログラマ。
神奈川県立横須賀高等学校卒業、電気通信大学電気通信学部情報通信工学科卒業、同大学院情報理工学研究科総合情報学専攻博士前期課程修了。修士（工学）。
Pythonとは大学院の研究においてオープンソースの数学ソフトウェアであるSageMathを通じて出会った。
現在は株式会社アイリッジにてPythonでプログラムを書いて生活している。
Twitter：@CardinalXaro　　Blog：https://xaro.hatenablog.jp/

藤村 行俊（ふじむら ゆきとし）

輿石 健太（こしいし けんた）

カバーの説明

　表紙の動物はモリセオレガメ(Forest Hinged-back Tortoise、学名Kinixys erosa)です。漢字では「森背折亀」と書き、その名前の通り、背中 (back) に蝶つがい (hinge) のようなものがあり、甲羅の後部を折り曲げることができます。リクガメ科セオレガメ属の最大種で、オスの甲羅の長さは30センチ以上になります。アフリカの熱帯雨林地帯やサハラ以南のステップ地帯の沼沢や河川の土手の木や草の根元に生息しています。

　陸生ですが、泳ぎも得意です。雑食性で、植物や昆虫、動物の死骸、果物などを餌とします。メスは1回で最大4個の卵を産みます。熱帯林の減少による環境の悪化や食用を目的とした乱獲などで、個体数の減少が懸念されています。

IPythonデータサイエンスクックブック 第2版
対話型コンピューティングと可視化のためのレシピ集

2019年 5 月24日　　初版第 1 刷発行

著　　　者	Cyrille Rossant（シリル・ロサント）	
訳　　　者	菊池 彰（きくち あきら）	
発　行　人	ティム・オライリー	
制　　　作	ビーンズ・ネットワークス	
印刷・製本	日経印刷株式会社	
発　行　所	株式会社オライリー・ジャパン	
	〒160-0002　東京都新宿区四谷坂町12番22号	
	Tel　　（03）3356-5227	
	Fax　　（03）3356-5263	
	電子メール　japan@oreilly.co.jp	
発　売　元	株式会社オーム社	
	〒101-8460　東京都千代田区神田錦町3-1	
	Tel　　（03）3233-0641（代表）	
	Fax　　（03）3233-3440	

Printed in Japan（ISBN978-4-87311-854-3）
乱丁本、落丁本はお取り替え致します。

本書は著作権上の保護を受けています。本書の一部あるいは全部について、株式会社オライリー・ジャパン
から文書による許諾を得ずに、いかなる方法においても無断で複写、複製することは禁じられています。